冷热轧板带轧机的模型与控制

孙一康　编著

北　京
冶 金 工 业 出 版 社
2010

内 容 提 要

本书将着重讨论冷热轧板带轧制设定模型的理论基础、建模方法、模型自学习以及基础自动化各项质量控制功能，内容包括：温度模型以及终轧及卷取温度控制，厚度模型及自动厚度控制，板形模型及自动板形控制，宽度模型及自动宽度控制等。

本书可供从事冶金自动化工作的工程技术人员、高等院校自动化专业的师生阅读，也可供相关专业的工程技术人员参考。

图书在版编目(CIP)数据

冷热轧板带轧机的模型与控制/孙一康编著. —北京：冶金工业出版社，2010. 1

ISBN 978-7-5024-5102-8

Ⅰ. 冷… Ⅱ. 孙… Ⅲ. ①冷轧机：板材轧机—数学模型 ②热轧机：板材轧机—数学模型 ③冷轧机：带材轧机—数学模型 ④热轧机：带材轧机—数学模型 Ⅳ. TG333. 7

中国版本图书馆 CIP 数据核字(2009)第 206870 号

出 版 人 曹胜利
地　　址 北京北河沿大街嵩祝院北巷 39 号，邮编 100009
电　　话 (010)64027926 电子信箱 postmaster@ cnmip. com. cn
责任编辑 戈 兰 美术编辑 李 新 版式设计 张 青
责任校对 石 静 责任印制 牛晓波
ISBN 978-7-5024-5102-8
北京兴华印刷厂印刷；冶金工业出版社发行；各地新华书店经销
2010 年 1 月第 1 版，2010 年 1 月第 1 次印刷
787mm × 1092mm 1/16；21. 5 印张；516 千字；326 页；1-3000 册
59. 00 元

冶金工业出版社发行部 电话:(010)64044283 传真:(010)64027893
冶金书店 地址:北京东四西大街 46 号(100711) 电话:(010)65289081
(本书如有印装质量问题,本社发行部负责退换)

前　言

冷热轧板带在轧材产量中所占比重反映了一个国家的现代化水平。我国近二十年来不仅国有钢铁企业建立了一批高水平的中厚板轧机及带钢冷热连轧机，民营企业也建设了一批水平不低的板带轧机，使我国板带材年产量达到了一亿五千多万吨。

板带轧机是冶金工业中要求自动化程度最高的领域，几乎所有板带轧机都应用了计算机控制技术。值得庆贺的是我国60%以上板带轧机的计算机控制系统是由国内自主集成和自主开发的。不仅民营企业板带轧机计算机控制系统主要由国内自行开发，一批国有企业，如鞍山钢铁集团公司这样的大型国有钢铁企业亦以自己为主，依靠国内力量自主集成板带轧机计算机控制系统。与此同时，国内的科研人员对板带轧制计算机控制（模型及控制）技术进行了深入的研究，对从国外引进的设备和技术进行了学习、改造和创新。

为了适应我国经济发展的需要，为大批新建的板带轧机工程技术人员提供一些有用的参考资料，作者将多年来在工程实践和理论研究中的成果和经验以及收集的国内外技术资料进行了整理，编写成本书。

本书将着重讨论数学模型的理论基础、建模方法、模型自学习以及各项质量控制功能，包括：温度模型以及终轧及卷取温度控制，厚度模型及自动厚度控制，板形模型及自动板形控制，宽度模型及自动宽度控制。本书反映了北京科技大学自动控制研究所多年工作的成果。

本书为《带钢热连轧的模型与控制》、《带钢冷连轧计算机控制》两书的更新版，并增加了中厚板控制的内容。

编　者

2009年8月

本书所用符号

（1）厚度

H_s——板坯厚度，mm；

H_{Rij}——粗轧区 R_i 轧机 j 道次轧出厚度，mm；

H_{RC}——粗轧机组出口厚度，mm；

ΔH——粗轧机绝对压下量，mm；

H_0——精轧机组来料厚度，mm；

h_0——轧入厚度（h_{0i} 为 i 机架入口厚度），mm；

h_1 或 h——轧出厚度（h_i 为 i 机架出口厚度），mm；

Δh——精轧绝对压下量，mm；

h_n——成品机架轧出厚度，mm；

h_m——变形区（精轧）平均厚度 $\left(h_m = \dfrac{h_0 + h_1}{2}\right)$，mm；

H_m——变形区（粗轧）平均厚度，mm；

h_γ——对应中性角 γ 处的厚度，mm；

δH_0——精轧来料厚度变动量，mm；

δh_0——轧机入口厚度变动量，mm；

δh_1——轧机出口厚度变动量，mm。

（2）工艺参数

l_c——变形区接触弧长（水平投影），mm；

l'_c——压扁后接触弧长（水平投影），mm；

u_m——变形区内平均变形速度，1/s；

ε——相对变形程度；

$\dot{\varepsilon}_0$——入口累计变形程度；

$\dot{\varepsilon}_1$——出口累计变形程度；

$\dot{\varepsilon}$——平均累计变形程度；

e——真正变形程度；

Q——秒流量，mm^3/s；

D——轧辊直径，mm；

R——轧辊半径，mm；

R'——压扁后轧辊半径，mm；

B——带钢宽度，m 或 mm；

B_S——板坯宽度，m 或 mm；

B_{RC}——粗轧机组出口带坯宽度，m 或 mm；

B_0——粗轧入口带坯宽度，m 或 mm；
B_1——粗轧出口带坯宽度，m 或 mm；
b_0——精轧入口带钢宽度，m 或 mm；
b——精轧出口带钢宽度，m 或 mm；
b_n——精轧机组出口宽度（成品宽度），m 或 mm；
DB——粗轧绝对展宽量，m 或 mm；
ΔB——粗轧立辊侧压量；
B_m——粗轧变形区平均带钢宽度，m 或 mm；
Db——精轧绝对展宽量，m 或 mm；
Δb——精轧立辊侧压量；
b_m——精轧变形区平均带钢宽度，m 或 mm；
L_0，l_0——入口带钢长度，m 或 mm；
L_1，l——出口带钢长度，m 或 mm；
φ，ψ——力臂系数；
μ——变形区摩擦系数；
f——前滑值，%；
β——后滑值，%；
α——咬入角，rad；
γ——中性角，rad；
η——压下系数；
χ——宽展系数；
λ——延伸系数；
$\delta\mu$——摩擦系数变动量；
δf——前滑值变动量，%；
$\delta\beta$——后滑值变动量，%。

（3）速度和张力

v——带钢出口速度，m/s；
v_0——轧辊线速度，m/s；
v'——带钢入口速度，m/s；
n_0——对应于 v_0 的电机转速，r/min；
n_H——电机额定转速，r/min；
δv——带钢出口速度变动量，m/s；
$\delta v'$——带钢入口速度变动量，m/s；
δv_0——轧辊线速度变动量，m/s；
τ_b——后张应力，MPa；
τ_f——前张应力，MPa；
τ_i——i 机架前张应力，MPa；
T_f——前张力，kN；
T_b——后张力，kN；

K_T ——张力影响系数；

$\delta\tau_i$ —— i 机架前张应力变动量，MPa；

$\Delta\tau_i$ —— i 机架前张应力的附加张应力，MPa；

$\delta\tau_b$ ——后张应力变动量，MPa；

$\delta\tau_f$ ——前张应力变动量，MPa。

（4） 力能参数

P_i —— i 机架轧制力，kN；

M_i —— i 机架轧制力矩，kN · m；

N_i —— i 机架电机功率，kW；

p_x ——坐标 x 处变形区单位压力，MPa；

p_φ ——坐标角 φ 处变形区单位压力，MPa；

t_x ——坐标角 x 处变形区摩擦力，MPa；

t_y ——坐标角 y 处变形区摩擦力，MPa；

Q_p ——应力状态系数；

P_0 ——预压靠力，kN；

σ ——材料变形阻力，MPa；

K ——平面变形时变形阻力（又称硬度），$K = 1.15\sigma$，MPa；

K_0 ——材料强度基本值，MPa；

K_E ——材料强度增量，MPa；

δP ——轧制力变动量，kN；

δK ——材料强度变动量，MPa；

δK_0 ——材料强度基本值变动量，MPa。

（5） 板形参数

CR 或 Δ ——带钢出口凸度（轧出凸度），μm；

CR_0 或 δ ——带钢入口凸度（轧入凸度），μm；

Δ_0 ——冷连轧来料凸度（热轧卷带钢凸度），μm；

ω_H ——轧辊热辊型，μm；

ω_W ——轧辊磨损辊型，μm；

ω_0 ——轧辊原始辊型，μm；

ω_C ——可控辊型，μm；

F_i —— i 机架弯辊力，kN；

δCR ——出口凸度变动量，μm；

$\delta\omega_C$ ——CVC，LVC 或 PC 辊可控辊型变动量，μm；

δF ——弯辊力变动量，kN。

（6） 设备系数

C_0 ——轧辊压靠法所测得的轧机纵向刚度，kN/mm；

C_P ——带钢宽度为 B 时的轧机纵向刚度，kN/mm；

C_F ——弯辊力对测厚仪所在处辊缝影响的纵向刚度，kN/mm；

K_P ——轧制力对辊系弯曲变形影响的横向刚度，kN/mm；

K_F ——弯辊力对辊系弯曲变形影响的横向刚度，kN/mm；

S ——辊缝仪显示的辊缝值，mm；

S_0 ——辊缝零位，mm；

S_P ——辊缝弹跳量，mm；

S_F ——弯辊力造成的辊缝变化，mm；

S_C ——轧辊中间点辊缝，mm；

S_e ——轧辊边部点辊缝，mm；

G_H ——轧辊热膨胀量，mm；

G_ω ——轧辊磨损量，mm；

G 或 G_0 ——轧辊辊缝零位自学习系数，mm；

O ——油膜轴承油膜厚度，mm；

δS ——辊缝变动量，mm。

（7）上标和下标

上标

* ——实测值；

A——动态变规格的前材（A 材）参数；

B——动态变规格的后材（B 材）参数；

U ——上限值；

L——下限值。

下标

i ——机架号；

s——设定值；

m——平均值；

n——成品机架参数；

0——入口处值；

H——额定值；

SET——设定值；

REF——给定值；

FB——反馈控制参数；

FF——前馈控制参数；

MN——监控值；

MR——主令速度值；

SR——相对速度值；

TH ——穿带参数；

max——最大值；

min——最小值；

RL——稳态轧制时参数。

注：某些仅用于局部公式的符号请见文中各公式的说明。

目　　录

第 1 章　板带轧制生产工艺

1.1　板带轧制综述

板带轧制为中厚板轧制、热带轧制和冷带轧制的统称。

板带轧机具有以下共同特点：

（1）产量高，一般可达到 100 万 ~ 500 万吨/年。

（2）轧件宽度大或宽厚比大，宽厚比一般可达到 100 ~ 10000。

（3）轧制力大，可达到 10 万 kN（中厚板），一般为 20000 ~ 40000kN。

（4）由于轧制力大，轧机将产生较大的弹性变形，轧机纵向弹跳变形可达到 5 ~ 10mm，其辊系横向弯曲变形可达到 250 ~ 500μm。

（5）轧机出口厚度和出口凸度不仅决定于辊缝设定值及辊缝原始形状，并且在很大程度上决定于轧机纵向变形及辊系横向变形（亦即决定于轧制力），这对厚度控制及板形控制造成了困难，因此对板带轧制的研究不仅要着眼于轧件的塑性变形，而且要注意轧机的弹性变形。

（6）对板带轧制产品的质量不仅要关注其尺寸（厚度、宽度）及形状（凸度，平坦度及平面形状），而且要关注其轧后的力学性能。

正是这些特殊的要求，板带轧机都配有完整的计算机控制系统，不仅具有较强的基础自动化功能（特别是质量控制功能——自动温度控制（ATC），自动厚度控制（AGC），自动板形控制（ASC）及自动宽度控制（AWC）），并且应具有较强的过程自动化级功能，特别是具有完整的数学模型。

1.2　中厚板生产工艺

由于中厚板生产产品中各类特殊钢（管线钢、造船钢板、容器钢、耐蚀钢、模具钢及结构钢等）比重较大，中厚板生产工艺流程中除热轧所应具有的加热—粗轧/精轧—冷却的设施外，还应设有较强的精整及调质处理能力，包括矫直、剪切（切边、切头尾）、控冷控轧、热处理以及钢板表面处理的所需设施，图 1-1 为典型的中厚板生产线布置。

中厚板轧机过去曾采用三辊劳特式轧机或二辊可逆轧机，目前已基本不再采用，现代中厚板轧机由一或两台四辊可逆轧机构成，轧机一般采用电动压下加液压微调缸，不少轧机设有液压弯辊/窜辊，并具有独立的立辊，设有必要的旁路辊道以保证“控制轧制”对多块轧件交叉轧制时“待冷”的需要，轧机后设有较强的冷却装置以实现“控制冷却”，为此需在冷却段后设置强力矫直机以便对控冷后强度较大的钢板进行矫直。

从轧机机械结构来说中厚板轧机与热带轧机类似，但轧机宽度远较热带轧机宽，因此轧机能力亦较热带轧机强，允许轧制力可达 80000 ~ 100000kN，机座刚度往往为 8000 ~ 10000kN/mm，主电机功率亦可达到 15000 ~ 20000kW。表 1-1 列出了典型的中厚板轧机工艺及设备参数。为了实现厚度、板形、宽度及平面形状控制，中厚板轧机前后设有专用检测仪表。

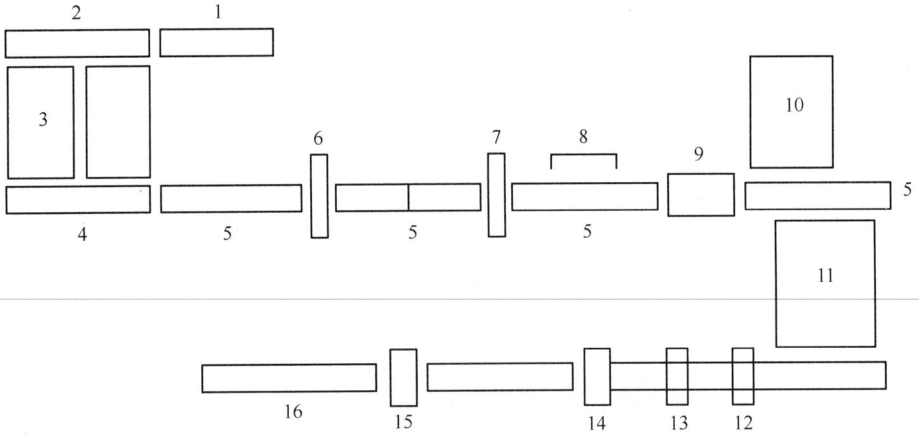

图 1-1　中厚板生产线示意图

1—上料辊道；2—装炉辊道；3—加热炉；4—出炉温度；5—辊道；6—粗轧；7—精轧；
8—冷却区；9—矫直机；10—特厚板冷床；11—冷床；12—切头剪；
13—双边剪及剖分剪；14—定尺剪；15—矫直机；16—热处理线

表 1-1　中厚板轧机工艺及设备参数

参　数		2800mm 中厚板轧机	5000mm 中厚板轧机
工艺参数	原料(厚×宽)/mm×mm	180～250×1000～1600	220～300×1300～2300
	成品(厚×宽)/mm×mm	6～60×1000～2500	6～150(400)×1500～4700
	最大轧制速度/(m/min)	350	440
	产量/万吨	70～100	140～200
设备参数	工作辊/mm×mm	ϕ850～900×2900	ϕ1110～1210×5200
	支撑辊/mm×mm	ϕ1750～1850×2750	ϕ2150～2350×4950
	最大轧制力/kN	50000	100000
	弯辊力/MN	2	4
	窜辊/mm	+/－100	+/－150
	板形控制	CVC＋弯辊	CVC＋弯辊
	轧机功率/kW	2×5000	2×10000

表 1-2 给出了中厚板轧机典型的轧制规程，下面各章对中厚板的有关计算将以表 1-2 轧制规程为依据。

表 1-2　中厚板轧机典型轧制规程

道　次	1	2	3	4	5	6	7
H_0 = 220mm	195	172	148	124	99	74	54.8
H_0 = 220mm	200	181	161	142	117	92	68
H_0 = 120mm	106	87.8	72.6	47.2	30.6	19.8	13.7

续表 1-2

道 次	8	9	10	11	12	13	14
$H_0=220mm$	40.6	30	23.7	20.2	18		
$H_0=220mm$	50.6	37.5	28	20.7	16	13.5	12
$H_0=120mm$	10.3	8.5					

1.3 热轧带钢生产工艺

自 1924 年第一套带钢热连轧机（1470mm）在美国阿斯兰建立以来，热轧带钢的生产工艺在 20 世纪 90 年代前变化不大，但近十来年随着连铸连轧、短流程生产线的发展以及正在试验中的无头轧制，极大地改变了热连轧生产工艺。为了与新发展的热轧带钢生产工艺相区别，本书将长期以来所采用的带钢热连轧工艺称为“传统带钢热连轧”。

1.3.1 传统带钢热连轧

传统带钢热连轧机仍是目前的主流机型，无论是产量和品种目前主要还是由传统带钢热连轧所生产。对于年产量 300 万吨以上以及带宽超过 1600mm 的热带项目仍需选用传统热带生产工艺。

所谓传统热带生产工艺指的是：板坯（连铸坯）厚度 200mm 以上，长度一般为 4.5～9m（亦有达到 12m）；具有一定容量的板坯库；设有加热炉区（一台或多台步进式加热炉）；具有粗轧机，后接精轧机组，热输出辊道（上设层流冷却装置），地下卷取机及成品运输链/成品库的生产线（图 1-2）。

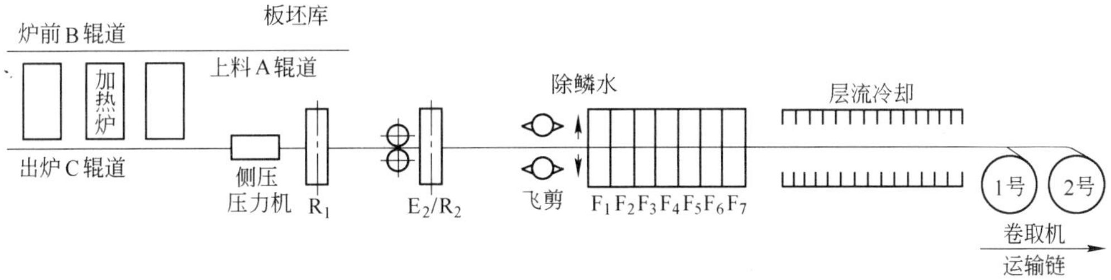

图 1-2 传统带钢热连轧生产线

传统带钢热连轧的布置，在粗轧区及粗精轧间的设备设置可有多种方案。下面分别对各区功能作一简述。

1.3.1.1 板坯库

为了节省能源一般希望能加大热装比例，但为了便于钢种及宽度的灵活变动，以及缓冲轧机与连铸机生产能力的不协调，为保证轧机的高产量，传统带钢热连轧需设置一定面积的板坯库。板坯由生产控制级计算机通过无线遥控吊车按轧制计划进行吊装。

1.3.1.2 加热炉

板坯加热直接影响带钢成品质量。板坯的上、下面加热不均将在粗轧机轧制时形成翘头（或扣头）。长度方向加热不匀将影响成品厚度及凸度精度，推钢式加热炉由于炉内滑道造成的“水印”而使成品带钢产生厚度、凸度波动。目前已广泛采用步进炉，步进炉在采取步进梁“上升下降比”控制后可大大减小水印。

1.3.1.3 粗轧机

粗轧机的布置几十年来发生了多次变化，图1-3给出了粗轧机布置的四种方案。

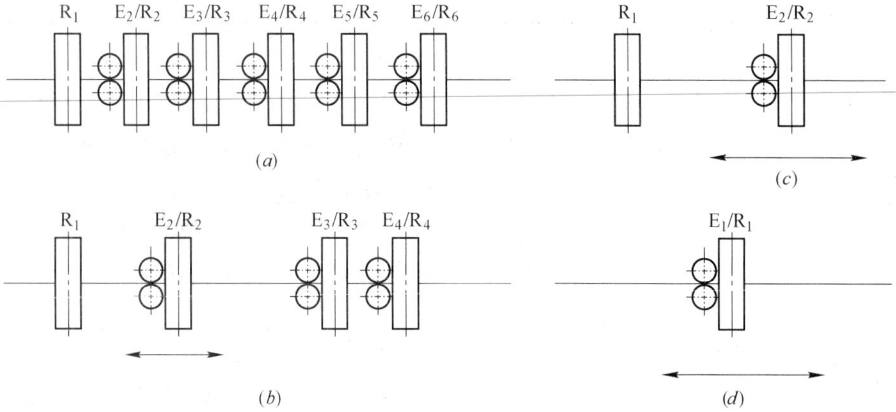

图1-3 粗轧机布置方案

图1-3a为全连续式粗轧机布置，粗轧区设置5～6台粗轧机进行连续（不可逆）轧制，这种布置由于粗轧道次限制为5～6道，加上设备重量过大，生产线过长，目前基本已不再采用。

图1-3b为3/4连轧，即R_1轧制一道，R_2为可逆轧机可轧制3～5道，R_3，R_4为连轧机组，这一布置增加了灵活性，缩短了轧线长度，但设备重量仍嫌较大。

图1-3c为半连轧布置，即R_1和R_2都为可逆轧机，分别可轧制3～5道。

图1-3d则为目前较为流行的单架可逆轧机方案，即采用一架强力粗轧机进行3～7道可逆轧制来满足精轧带坯料的要求。所谓强力粗轧机指的是：允许轧制力达到35000kN以上；主电机功率达到10000～12000kW；轧制速度最高可达6m/s。

强力粗轧机每一道次压下率可达35%甚至更大。将厚度为200mm以上的板坯用5～7道次轧成40mm厚的带坯送7机架精轧机组。采用单机架粗轧机的布置方案大大缩短了粗轧区长度。

对精轧机来说，精轧入口温度是一个十分关键的参数，如果入口温度能达到1010～1030℃，则F_1～F_3能加大压下，使最终能轧出1.2～1.5的产品。为此希望粗轧出口温度能达到1080℃以上。粗精轧间设置保温罩或热板卷箱是减少带坯温降的一个有效方法，并且还具有使带坯全长温度均匀化，进一步消除水印的优点。采用热板卷箱可以缩短中间辊道长度，减小精轧主电机功率（但精轧机只能采用恒速轧制）。

1.3.1.4 精轧机组

精轧机是带钢热连轧的核心设备，产品的质量控制功能主要集中在精轧区。精轧机组一般由6～7个机架组成，近年来为了加大带坯厚度减少中间辊道的温降，有在精轧机组前设置M机架或F_0机架的方案，在热连轧改造时常将一台粗轧机移到精轧前构成M机架。这样可减少粗轧道次，使带坯厚度增加到50mm以上，可以减少头尾温差和带坯温降。这有利于生产由于精轧能力不足而受限制的极限产品。M或F_0机架根据飞剪的能力可放在飞剪前或飞剪后。

精轧机目前由于采用强力机架而减少机架数量。以1700mm热连轧为例，20世纪60年代设计的轧机、精轧机牌坊断面小于4000mm^2，轧机刚度4000kN/mm多一点，允许轧制力仅20000多千牛，而90年代设计的轧机，轧机刚度达到6000kN/mm，允许轧制力达到30000kN，有些方案甚至在F_1～F_3采用更粗的工作辊和支撑辊，使允许轧制力达到35000kN，以便加大压下量达到减少机架数量或减小成品厚度的目的。

精轧终轧温度一般应控制在800～860℃（有些钢种要求一定的终轧温度以实现控制轧制），正是由于希望终轧温度能高于相变点，使精轧机组在奥氏体范围内轧出成品，因此传统带钢热连轧如不采取特殊措施，其最小成品厚度的极限为1.2mm，一般以1.5～1.8mm为其最佳薄规格。

表1-3列出了典型传统带钢热连轧的工艺及设备参数。

表1-3 传统带钢热连轧的工艺及设备参数

参数		1700mm带钢热连轧	2050mm带钢热连轧
工艺参数	原料(厚×宽)/mm×mm	200～230×900～1500	200～230×1200～1800
	成品(厚×宽)mm×mm	1.2～24.7×950～1550	1.5～19.6×1250～1850
	最大轧制速度/(m/min)	1260	1260
设备参数	工作辊/mm×mm	ϕ760～800×1750	ϕ850～950×2150
	支撑辊/mm×mm	ϕ1350～1450×1650	ϕ1450～1550×2040
	最大轧制力/kN	35000	45000
	弯辊力/kN	+/－1000	+/－1500
	窜辊/mm	+/－100	+/－150
	板形控制	CVC+弯辊	CVC+弯辊
	轧机功率/kW	7500	10000

表1-4为典型的热连轧精轧机组轧制规程。下面各章对热连轧精轧机组的有关计算将以表1-4轧制规程为依据。

表1-4 典型的精轧机组轧制规程 (mm)

成品厚度	H_0	h_1	h_2	h_3	h_4	h_5	h_6	h_7
2.00	32	15.8	8.51	5.29	3.65	2.82	2.31	2.00
3.62	34	20.2	12.94	8.38	6.20	5.04	4.16	3.62
5.20	36	23.39	15.91	10.9	8.35	6.96	5.88	5.20
7.00	38	27.2	19.7	14.6	11.4	9.51	8.02	7.00

1.3.1.5 卷取区

精轧后的热输出道上设有层流冷却系统用于冷却成品带钢，其目的有两个：一是进行控制冷却，即通过控制带钢冷却速度来改善带钢性能；二是将带钢温度快速降至650℃左右以便进行卷取，并减少带钢表面氧化铁皮。

卷取区设有侧导板、夹送辊及卷取机，以能在带钢咬入卷取机后及时建立张力，保证成品钢卷的边部齐整不出塔形。

目前普遍采用液压助卷辊以实现踏步控制（AJC），使带钢头部平稳进入每个助卷辊。卷取机的能力（能卷取的最大厚度及最硬的钢种）往往限制了已有轧机能力的进一步提高及其能生产的厚规格及新钢种能力。

1.3.2 连铸连轧

1990年由SMS设计制造的紧凑型热带生产线（CSP）在美国NUCOR厂投产（图1-4）。这是完全崭新的短流程热带生产工艺。CSP取消了加热炉和粗轧区，由薄板坯连铸机直接铸出50mm板坯，通过近100m长的隧道炉进入精轧机（采用强力精轧机以轧制50mm板坯）。精轧机组及其后的设备布置类同于传统热连轧。

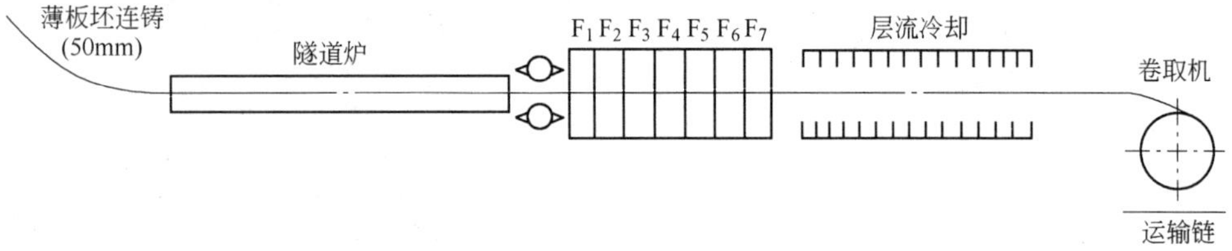

图1-4 CSP连铸连轧生产线

考虑到薄板坯连铸的拉速为4.5～6m/min。因此，从轧机与连铸机速度匹配角度可以设立两台薄板坯连铸机，但即使设两台连铸机，轧机速度最高仍仅需为10～12m/s。

CSP技术使带钢热连轧的初始投资及生产成本大为降低，其年产量为100万～200万吨（两台连铸机时）热轧卷，由电炉供料。不少新厂采用这种方案，特别是在美国等一些废钢、电费都较充足、便宜的国家得到迅速发展。近年来进一步发展为高炉—转炉—薄板坯连铸—热带轧机，使这一技术得到进一步的推广应用。

但是第一代CSP技术亦存在以下缺点：

（1）薄板坯连铸机拉漏率高于常规连铸机；

（2）连铸及连轧任一方的故障将造成全线停产；

（3）生产的钢种受到限制；

（4）产品表面质量稍差。

当然这些缺陷随着CSP技术的不断发展将得到逐步克服。目前已有20多条CSP生产线在各国投产，我国亦相继建成多条CSP生产线。

随着软压下技术的发展，CSP技术开始采用90mm结晶器通过软压下获得70mm板坯，经一架不可逆粗轧后送精轧机组。

奥钢联在瑞典试验了CONROLL技术，在20世纪90年代中结合美国ARMCO老厂改造采用中薄板坯连铸机铸出120～150mm板坯热装进入宽体步进炉短时加热后用该厂已有的粗轧及精轧机轧制不锈钢。

同一时间Danieli亦在意大利采用薄板坯连铸机铸出90mm连铸坯通过软压下获70mm板坯，经隧道炉、粗轧及中间“加热辊道”（保温及少量加热）进精轧的生产工艺。

可以说在20世纪90年代各公司推出了多个连铸连轧方案。

各公司方案归纳起来可分为以下三类工艺方案（图 1-5）：

（1）薄板坯（50mm）通过隧道炉直接进精轧；

（2）薄板坯连铸铸出 90mm 板坯，通过结晶器软压下获 70mm 带坯经隧道炉通过不可逆粗轧，再经保温罩或“中间加热辊道炉”进精轧（亦可以粗轧出来后进热板卷箱，再进精轧）；

（3）中薄板坯连铸机铸出 120 ~ 150mm 连铸坯，装入宽体步进式加热炉，出炉后通过粗轧可逆轧制，再进精轧（亦可在粗精轧间设置热板卷箱或保温罩）。

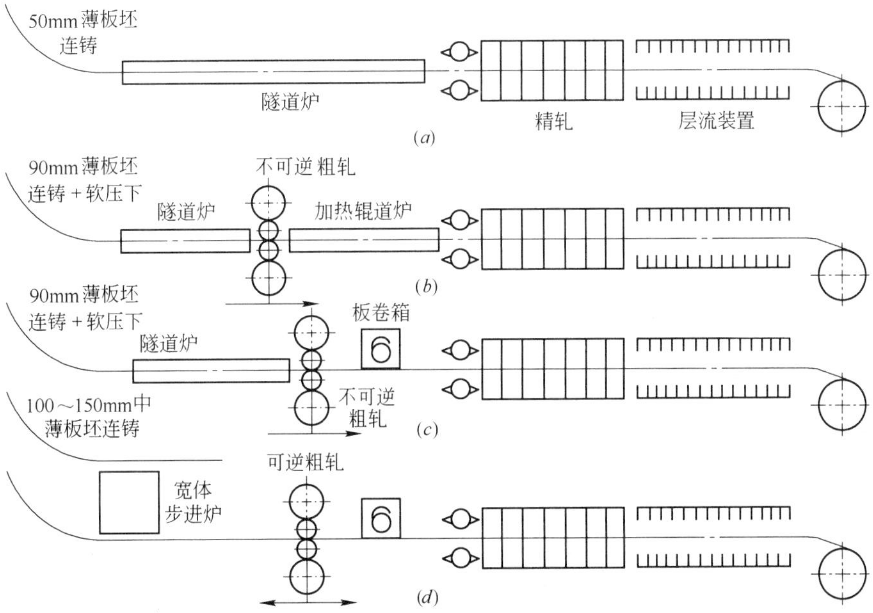

图 1-5 各种连铸连轧方案

我国鞍钢相继建成多套板坯厚度为 135mm 的中薄板坯连铸连轧带钢热连轧机（ASP），其新建的 2150mm ASP 中薄板坯连铸连轧热带轧机产量达到了 500 万吨。

不同钢坯厚度将要求轧机有不同的布置。为了分析板坯厚度对轧机配置，粗精轧功率及能耗的影响，对板坯厚度 50 ~ 230mm 的几类轧机进行了参数计算，板坯厚度越大，由于总压下量加大，轧机数量及总电机功率必将加大。以 1700mm 轧机为例的计算结果列于表 1-5，从表可知：

（1）传统热连轧（板坯厚度 230mm 左右）一般需配置两台粗轧（R_1/R_2 轧 6 ~ 8 道次）及七台精轧机，轧机总功率达到 82000kW，由于采用加速轧制，成品出口速度最高可达 21m/s（采用穿带后加速轧制），年产量 400 万 ~ 450 万吨，钢种不受限制，连铸与轧机间一般设有一定容量的板坯库，板坯库可适当调剂宽度变化，但以热装为主，生产作业率高。

（2）中薄板坯连铸连轧（板坯厚度为 120 ~ 150mm）一般配置一台或两台粗轧机（轧 3 ~ 4 道次）及六台精轧机，1700mm 轧机总功率为 49500 ~ 56500kW，采用小加速轧制，最高轧速为 15m/s，轧制节奏如按成品长度与板坯为 230mm × 9m 的传统轧机相同来计算约为1min（粗轧节奏仅36～40s），年产量为300万吨左右（当配备二流中薄板坯连铸机时），钢种不受限制，由于是连铸连轧，应注意解决同宽度轧制公里数问题，生产作业率亦较高（连铸机故障与传统铸机相当）。

表1-5 1700mm轧机的参数计算结果

（成品厚度2.0mm，宽度1200mm，钢种Q235，粗轧出口温度1080℃）

轧 机	板坯/中间带坯	节 奏	电机功率	轧制力	总能耗
传统热连轧	230mm/32mm	粗轧49s 精轧58s （精轧轧速21m/s）	R_1 6000kW R_2 10000kW $F_1\sim F_6$ 10000kW F_7 6000kW 总共82000kW	R_1/R_2 30000kN $F_1\sim F_3$ 35000kN $F_4\sim F_7$ 30000kN	68843kW·h
中薄板坯连铸连轧	135mm/28mm	粗轧36s 精轧60s （精轧轧速14m/s）	R_1 6000kW R_2 10000kW $F_1\sim F_5$ 7000kW F_6 4500kW 总共55500kW	R_1 30000kN $F_1\sim F_3$ 35000kN $F_4\sim F_7$ 25000kN	67300kW·h
	135mm/24mm	粗轧40s 精轧60s （精轧轧速14m/s）	R_1 10000kW $F_1\sim F_5$ 7000kW F_6 4500kW 总共49500kW	R_1 30000kN $F_1\sim F_3$ 35000kN $F_4\sim F_6$ 25000kN	67000kW·h
薄板坯连铸连轧	90(70)mm/45mm	粗轧15s 精轧65s （精轧轧速10m/s）	R_1 8000kW $F_1\sim F_3$ 7000kW $F_4\sim F_6$ 4500kW 总共42500kW	R_1 30000kN $F_1\sim F_3$ 35000kN $F_4\sim F_6$ 25000kN	67000kW·h
	50mm	粗轧0s 精轧70s （精轧轧速10m/s）	$F_1\sim F_4$ 7000kW $F_5\sim F_7$ 4500kW 总共41500kW	$F_1\sim F_3$ 35000kN $F_4\sim F_6$ 25000kN	67500kW·h

（3）薄板坯连铸连轧机（板坯厚度50mm或90mm软压下后为70mm），50mm板坯直接送6或7机架精轧，70mm板坯需配置一台不可逆粗轧（一道次）轧出40mm带坯送6机架精轧，1700mm轧机总功率为37000～42500kW，一般恒速轧制，成品出口速度10m/s左右，轧制节奏如按相同成品长度原则来计算约为65～70s，年产量为250万吨（当配备二流薄板坯连铸机时），由于板坯较薄，存在连铸机拉漏率高，钢种受限及表面质量稍差的问题，宽度变动亦受薄板坯连铸机限制。初期生产一般建材，经开发目前已可生产更多钢种，包括低牌号硅钢、集装箱板等品种。

（4）不同板坯厚度的生产线当按相同成品长度进行计算，虽电机总功率大小不同，但能耗基本相同（由于粗轧轧件短，能耗远比精轧小，薄板坯连铸连轧能耗反而稍高）。

表1-5仅反映出不同厚度钢坯的轧机数量及功率需求量，实际选用多大钢坯厚度还需根据具体条件考虑下列各种方案的优缺点来决定：

（1）采用薄板坯50mm方案，需考虑以下几点：

1）初始投资省；

2）产量100万~200万吨（用两台铸机时）；

3）能生产1.2~1.5mm的薄规格带卷；

4）连铸机拉漏率较高，但随着技术发展将会逐步改善；

5）钢种有一定限制，成品表面质量稍差；

6）需采用新设计的强力精轧机。

（2）采用薄板坯90mm（软压下后为70mm）方案，需考虑以下几点：

1）初始投资较省；

2）产量120万~240万吨（用两台连铸机时）；

3）能生产1.2~1.5mm的薄规格带卷；

4）连铸机拉漏率比薄板坯50mm方案小；

5）钢种受一些限制；

6）需采用新设计的强力粗轧及精轧机。

（3）采用中薄板坯120~170mm方案，需考虑以下几点：

1）初始投资比前两个方案略高；

2）产量150万~300万吨（用两台铸机时）；

3）能生产1.2~1.5mm的薄规格带卷；

4）连铸机拉漏率与常规连铸机相当；

5）钢种限制少，成品表面质量与传统热连轧机相当；

6）可以与老轧机改造相结合，亦可新设计强力粗轧及精轧机。

（4）采用传统板坯210~230mm方案，需考虑以下几点：

1）初始投资高；

2）产量250万~450万吨（用两台铸机时）；

3）能生产1.2~1.5mm的薄规格带卷；

4）连铸机拉漏率小；

5）钢种限制少，成品表面质量好；

6）可以与老轧机改造相结合。

对于生产成本（包括设备维护、热能/电能消耗、生产作业率等多方面），各公司都认为自己方案较低。这三种方案都还在不断发展，应该说各有特点。

连铸连轧除了加热及粗轧有其特点外，其主要设备——精轧、热输出辊道及卷取机与传统带钢热连轧基本相同，只是由于轧机速度受连铸机的限制，一般不采用高轧速轧制。

1.3.3 新型炉卷轧机

炉卷轧机是一种生产特殊钢中板及热带的生产设备。其布置特点是单机架或双机架可逆轧机，并在轧机两侧设有装在炉内的卷取机，主要用于不锈钢等特殊钢的轧制，年产量40万~120万吨。在轧制较厚中板或带坯时轧件可以不进炉内卷取机，轧件较薄的道次，带钢将进入炉内卷取机，由一侧炉内卷取机出来后经轧制又进入另一侧炉内卷取机进行加热。

老的炉卷轧机主要缺点在于带钢两端不能进入炉内，头部及尾部温降很大使带钢头尾厚度不均匀，加上操作上的困难，因此没有得到大量应用。

近年来对炉内卷取机结构作了很大改进，使带钢能整个进入炉内，轧制时再将头部送出喂入轧机，加上仪表齐全及完善的自动控制系统，使上述缺点得到克服，同时因其投资小，产量不太高（特钢企业不希望产量太高）的特点，适合批量小，品种多的特殊钢生产。

新型炉卷轧机可采用以下多种布置形式（图 1-6）：

（1）可以是两侧各具有两台“炉内卷取机”，这样可实现 A、B 材交叉轧制，即 A 材轧一道后进炉内加热，轧机对 B 材轧制，然后再轧 A 材。

（2）可以设置两个机架的连轧，在连轧机组两侧设置炉内卷取机。

（3）可以在炉卷轧机后设置几个机架的精轧连轧机组。

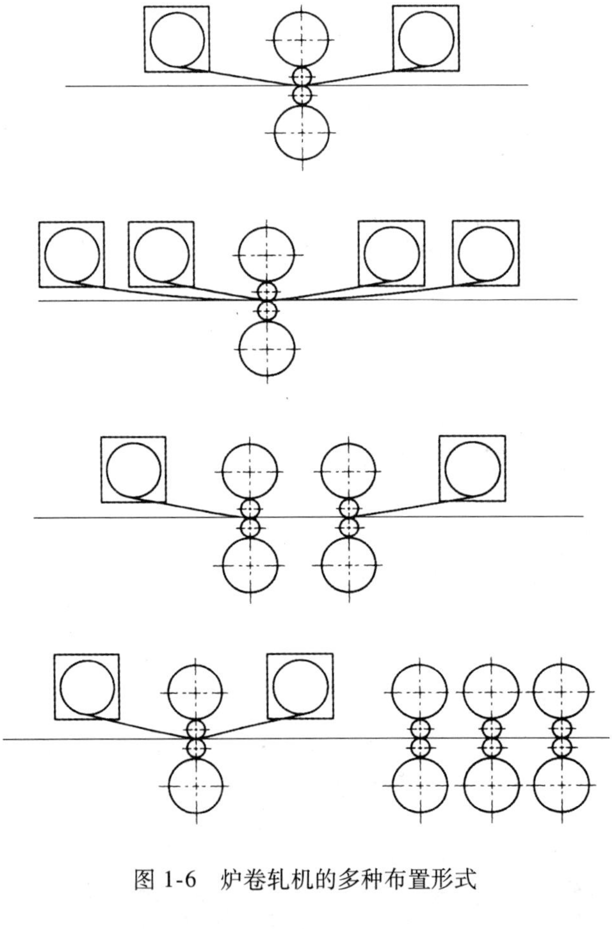

图 1-6　炉卷轧机的多种布置形式

不同的布置产量不同，投资大小亦不同。

轧机后的热输出辊道、层流冷却及卷取机与一般热连轧机类同，老的炉卷轧机一般作精轧用，往往在前面设有一台或两台可逆粗轧机，新型炉卷轧机由于本身可进行较厚轧件的轧制，因此可以设，也可以不设专门的粗轧机，这样可进一步减小投资，缩短厂房长度。

1.4 冷轧带钢生产工艺

带钢冷轧生产工艺流程包括：

（1）酸洗线——清除原料（热轧卷）上的氧化铁皮。

（2）冷轧机组——将酸洗后原料轧制成所需厚度的成品卷。

（3）退火设备（罩式退火炉或连续退火线）——为加工硬化后的带卷退火。

（4）精整线——包括平整、重卷、纵剪、横剪及各种镀层处理线。

冷轧和热轧在以下几个主要工艺参数上具有不同的特点：

（1）轧辊/轧件间（变形区）的摩擦系数 μ。热轧摩擦系数 μ 基本上为定值（μ = 0.5，黏着状态），因此轧制力公式中不存在 μ。而冷轧由于采用乳液润滑，μ 值很小并将随轧制速度变化而变化。由于冷轧穿带速度低，轧制速度较高，μ 值变化范围约为 0.06 ~ 0.12，由于 μ 值直接影响轧制力（冷轧轧制力公式中含有 μ 值），加减速过程将对厚度及凸度（板形）有明显影响（头尾低速 μ 值大，厚度将超厚），需在现场针对具体轧机、具体工艺状况通过实测不同速度下的轧制力来求得实际的 μ 值以确定 $\mu = f(v)$ 关系，进行加减速厚度（凸度）补偿。

（2）前后张力。热连轧机架间采用活套高度控制并保证机架间恒定小张力，而冷轧则采用大张力轧制（机架间以及卷取机张力），因此在冷轧轧制力公式中必须考虑张力的影响。

由于张力对轧制力影响较大，一方面要尽量保证轧制过程中张力恒定，另一方面，因为在穿带过程中头部的逐架“建张”以及抛钢时尾部逐架“失张”将使头尾段轧制力发生突变，建张将使轧制力变小（厚度变小），必然使建张前厚度超厚。而抛钢失张时则使轧制力变大厚度变大。这些都将使头尾段超厚。

冷轧带钢轧机可归结为两大类：可逆式冷轧机及连续式冷轧机。

冷轧由于不受温度的限制，可采用单机架可逆轧机（SCM）、双机架可逆冷连轧（CCM）及五机架冷连轧机组（TCM）进行生产（图 1-7）。冷轧机一般为四辊或六辊轧

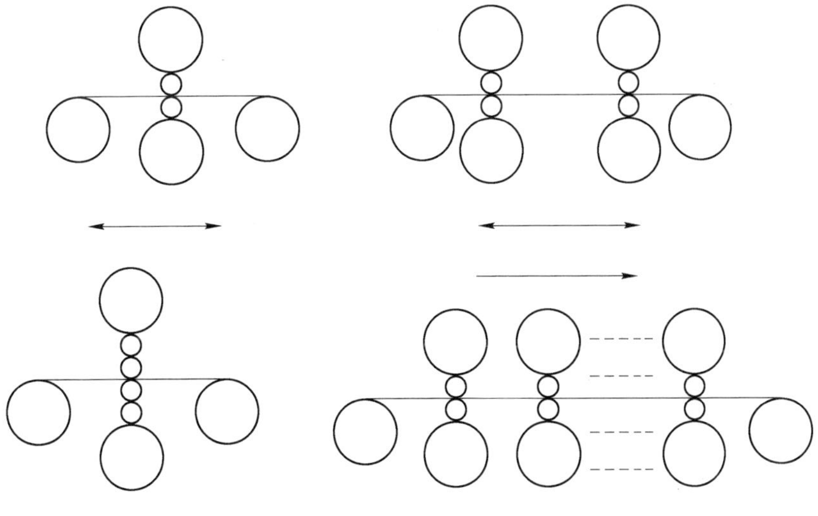

图 1-7 冷轧机布置

机，冷连轧机组可采全四辊、全六辊或四辊/六辊的组合以充分利用六辊轧机的较好板形控制能力，在生产较薄带时则可采用单机架可逆12辊或20辊轧机，冷轧机目前普遍采用全液压压下，并设有液压窜辊和液压弯辊装置，轧机前后配有齐全的测量仪表（测厚、测压、激光测速以及平坦度仪），实现全自动化生产以确保冷轧产品的质量（主要是厚度精度及带钢的板形）。

1.4.1 可逆式冷轧机

由于其工艺比较灵活，可生产多品种，小批量的不同规格产品，其产量大约20万～30万吨/年。随着热轧带卷厚度的减薄，为了配合薄板坯连铸连轧，近年推出了强力单机架可逆冷轧机。

NUCOR冷轧厂的强力单机架可逆冷轧机，其主传动功率达到7457kW，该轧机设计成仅用三个道次将1.27～4.0mm的原料生产出0.38～1.9mm的成品，年产量可达到90万吨。

当热轧钢卷厚度小于1.5mm时，五机架冷连轧能力过剩，为了减少设备重量降低总的投资，SMS开发了双机架可逆冷连轧机（紧凑式冷连轧机，CCM）用于和CSP热轧匹配，其设备参数列于表1-6，双机架可逆冷连轧由于可轧制两道、四道甚至六道，因而可在最后一道次采用平整道次使产品质量得以进一步提高。

表1-6 强力单机架及双机架可逆冷连轧机的工艺及设备参数

参数		1700mm强力单机架可逆冷轧机	1800mm双机架可逆冷连轧机
工艺参数	原料(厚度×宽度)/mm×mm	1.27～4.0×915～1625	1.52～4.0×915～1625
	成品(厚度×宽度)/mm×mm	0.25～1.9×915～1625	0.21～2.18×915～1625
	最大卷重/t	36	36
	单位宽度卷重/(kg/mm)	19	19
	最大轧制速度/(m/min)	900	1490
设备参数	工作辊/mm×mm	ϕ350～420×1780	ϕ380～450×1900
	支撑辊/mm×mm	ϕ1320～1425×1650	ϕ1250～1350×1750
	开卷机/mm	外径ϕ965～1900	外径ϕ965～1900
	张力卷取机/mm	内径ϕ610	内径ϕ610
	最大轧制力/kN	29000	24000
	板形控制	弯辊+CVC	弯辊+CVC
电气参数	开卷机功率/kW	1491	1000
	轧机功率/kW	7457	6000
	张力卷取机功率/kW	2×3356	2×3000
	机组总功率/kW	16443	19000
	单位宽度总功率/(kW/mm)	9.64(约为传统五机架冷连轧机组的50%)	10.6

无论强力单机架可逆冷轧还是双机架可逆冷连轧，其设备投资都远远低于传统的五机架冷连轧机，并且由于采用了强力机架（加大了允许轧制力及主传动功率），产量亦可达到90万吨（强力单机架）或80万～120万吨（双机架可逆冷连轧），能较好地与薄板坯连铸连轧配套，因此近年发展很快。

1.4.2 连续式冷轧机

图1-8为传统的五机架冷连轧机机组（表1-7列出了带钢冷连轧的工艺及设备参数）。

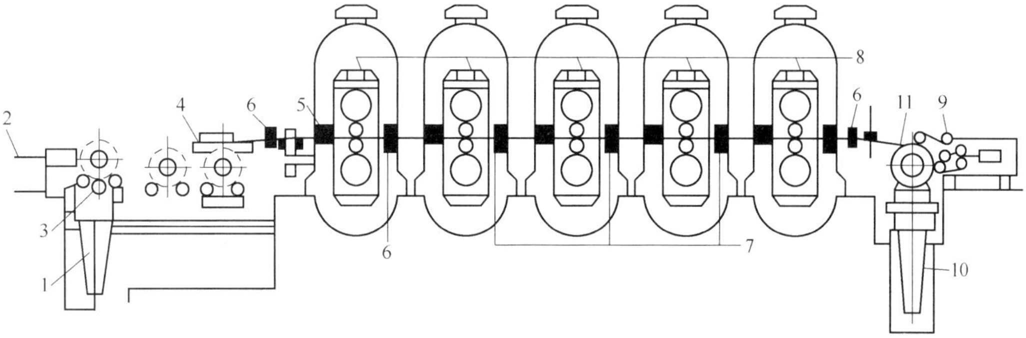

图 1-8　五机架带钢冷连轧机组

1—钢卷小车；2—拆捆机；3—步进式梁；4—开卷机；5—辊式压紧器；6—同位素测厚仪；7—电磁式测厚仪；8—液压压下装置；9—助卷机；10—钢卷小车；11—张力卷取机

经过酸洗处理后的热轧带卷用吊车吊至输入步进梁送到钢卷上料小车以装到开卷机，通过开卷，夹送辊将带头送到矫直辊并进入轧机实现穿带，带钢以穿带速度逐架咬入各机架（逐架建立机架间张力），当带头进入卷取机卷筒并建立张力后机组开始同步加速至轧制速度（20～35m/s），进入稳定轧制阶段后各自动控制系统投入，稳定轧制段占整个轧制过程的90%～95%以上。

表 1-7 列出了典型的冷连轧机组的工艺及设备参数，表 1-8 为典型的冷连轧机组轧制规程。下面各章对冷连轧机组的有关计算将以表 1-8 典型轧制规程为依据。

表 1-7　1700mm 和 2030mm 冷连轧机工艺及设备参数

参　数		1700mm 常规五机架冷连轧	2030mm 全连续五机架冷连轧
工艺参数	原料(厚×宽)/mm×mm	1.8～6×550～1580	1.8～6×900～1850
	成品(厚×宽)/mm×mm	0.15～3×550～1580	0.21～3.6×900～1850
	最大卷重/t	<25	<45
	单位参数卷重/(kg/mm)	11	23
	最大轧制速度/(m/min)	1800	2000
设备参数	工作辊/mm×mm	ϕ540～610×1750	ϕ560～620×2050
	支撑辊/mm×mm	ϕ1350～1450×1700	ϕ1450～1550×2000
	开卷机/mm	外径 ϕ1500	外径 ϕ1200～2510
	张力卷取机/mm	内径 ϕ610	内径 ϕ760
	最大轧制力/kN	25000	30000
	板形控制	弯辊+CVC	弯辊+CVC
电气参数	开卷机功率/kW	2×475	2×540
	C_1～C_5 功率/kW	1500	1120(C_1),4×1750(C_2～C_5)
	张力卷取机功率/kW	2×1640	2×1725
		总共 31250kW	总共 33750kW

表 1-8 典型的冷连轧机组轧制规程

H_0	C_1	C_2	C_3	C_4	C_5
4.25	3.29	2.47	1.93	1.58	1.50
3.50	2.55	1.81	1.27	1.08	1.00
2.00	1.35	0.90	0.66	0.53	0.50
1.50	1.00	0.65	0.43	0.315	0.30

在带钢即将轧完时轧机自动开始减速以使带尾能以低速（2m/s 左右）离开各个机架避免带尾跳动损坏轧辊，带尾进入后部卷取机后轧机自动停车，卸卷小车上升，卷筒收缩以便卸卷小车将钢卷卸出并送往输出步进探，最终由吊车吊至下一工序。传统冷连轧机由于存在穿带—加减以及减速—通尾的过程使产量及产品质量受到一些影响，特别是加减速阶段张力波动大，变形区摩擦系数 μ 变化大，工艺参数不稳定，其厚差往往要比稳定轧制段大一倍，因此现代冷连轧基本上采用全连续式冷连轧机（图 1-9），为了实现“无头”轧制，在冷连轧机组前后增加了许多设备，包括两套开卷机（以保证连续供料）、夹送辊、矫直辊、剪切机及焊机、张力辊、入口活套等，这与前面所述的酸洗机组入口段设备相类似。此外，为了连接入口段和冷连轧机组还需加上大容量活套及导向辊、纠偏辊、张力辊及 S 辊等。

为了实现全连续轧制还需在冷连轧机组出口段加上夹送辊、飞剪及两台张力卷取机（或联合式卷取机以便于卷取机的轮换使用）。

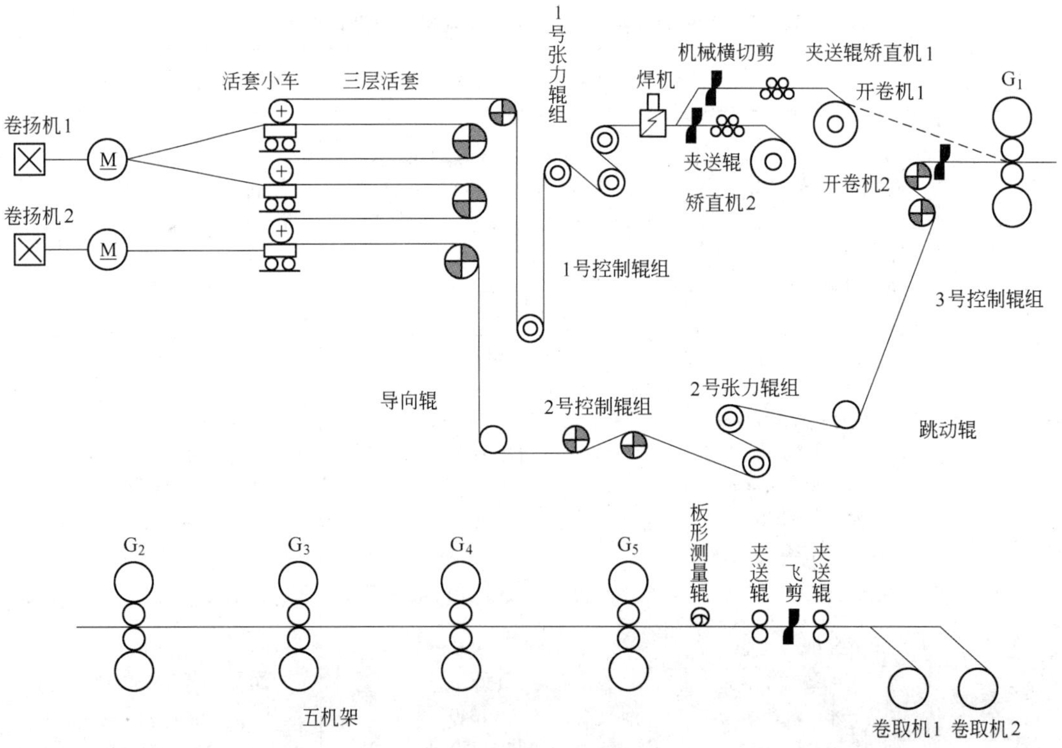

图 1-9 全连续式冷连轧机

由于热轧卷终轧温度高达800～900℃，其表面生成的氧化铁皮层必须在冷轧前去除。目前冷轧机组都配有推拉式或连续式酸洗机组。连续式酸洗有塔式及卧式两类，指的是机组中部酸洗段是垂直还是水平布置，机组入口和出口段则基本相同。塔式的酸洗效率高但容易断带和跑偏，并且厂房太高（21～45m以上），因此目前还是以卧式为主。

正是由于全连续式冷连轧机需要增加许多入口段设备，而这些设备又和酸洗机组入口段类同，因此必然会提出将酸洗机组和冷连轧机组联机的想法，即采用酸洗机组与冷连轧联机的无头轧制方式（图1-10），无头轧制取消了穿带、加速等过程（仅在开始时需要穿带），冷连轧机组基本上一直以稳定轧制速度运行。为此在入口和出口段增加了一些设备以完成钢卷的焊接和切断，为了保证焊接时冷连轧机组仍保持高速运行，在入口处增加了大容量活套从而保证了无头轧制。焊缝进入各机架时机组要适当减速以免焊缝磕伤轧辊。全连续式冷连轧或酸洗-轧机联合机组都需要增加“动态变规格”的功能以及适用于存在带钢情况下的快速换辊装置。

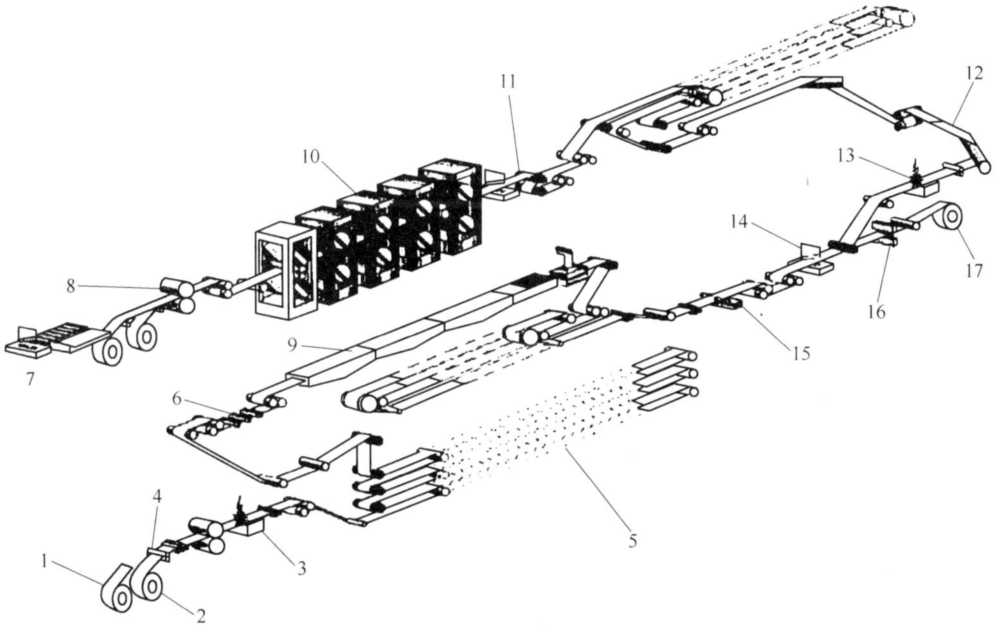

图1-10 酸洗-冷连轧联合机组

1，2—开卷机；3，13—焊机；4—头部矫直；5—入口活套；6—张力矫直机；7—在线检查站；
8—旋转剪；9—酸洗段；10—冷连轧机；11—对中纠偏设备；12—联机段；
14—剪机；15—切边机；16—涂油机；17—张力卷取机

冷连轧采用大张力方式轧制，并对工艺润滑给予特别的注意以保证具有稳定而且较小的摩擦力（轧辊与轧件间），这可以使轧制力减小，保证足够大的压下率。

由于冷连轧过程带钢存在加工硬化，根据成品的要求需增加退火工序（有些精整处理线中含有退火段，则不必通过专门的退火工序）。

退火有罩式炉退火（成卷）和连续退火炉两种，前者较为灵活，设备投资少，因此用得较为广泛，但对于某些要求表面好的成品则必须采用连续退火线。

连续退火线包含了电解清洗、退火、冷却、平整及重卷多个工序。连续退火机组从设备组成看与其他处理线相同，包括入口段设备、工艺段设备、出口段设备。

精整处理线包括横切、纵切、平整、重卷及镀层等机组。精整处理线是进一步提高冷轧带钢附加值的重要工序，亦是为冷轧产品适用于各种用途而进行的深加工处理。

为了获得良好的板形及较低的表面粗糙度，平整是一个重要的工序，平整实际上是一种小压下率的二次冷轧，并实现恒伸长率控制，使带钢板形改善，力学性能提高。除采用四辊平整机外目前在精整处理线中采用张力矫直机改善板形。

镀层处理线包括镀锡镀锌、镀锌铝以及彩镀等，是冷轧产品进一步深加工的主要工序，由于冷轧产品镀层后的用途各异，因而亦将影响镀层机组设备的组成以及工艺段的布置。

1.5　薄带生产工艺的新动向

近年来，提出来两个课题：

（1）超薄带的生产，由于传统带钢热连轧机以及连铸连轧工艺目前所能生产的最薄规格为1.2mm，生产0.8～1.0mm的超薄带成为进一步的课题，热带生产工艺如能轧出0.8mm的带钢就能在一定范围内替代冷轧带，但超薄带生产必将降低成材率和轧机产量，经济上是否合算目前尚有争论。

轧制超薄带遇到最大的问题是由于温降过大，无法保证在奥氏体范围中轧出成品，如果相变发生在轧制过程中将严重影响成品力学性能，因此提出了在铁素体范围中进行精轧。

Danieli在埃及AI-EZZ厂采用的DSRP超薄带连铸连轧生产线（图1-11），其前部工序与上面所述的连铸连轧相同，其特点在于采用二机架粗轧连轧，在粗精轧之间设置了强力冷却系统，使带钢冷却到相变温度以下再进行精轧。实验证明材料的变形阻力在这一温度范围存在一个相对减小区，因此，精轧轧制力不会像想象那样大，其次是在精轧机各架采用润滑轧制，使轧制力和功率下降，第三是在热输出辊道的中间（靠近轧机）设有近距离卷取机避免超薄带在热输出辊道上发飘无法输送太长距离，考虑到该轧机还需轧制一般薄带，因而还应设有距离较远的常规卷取机。超薄带连铸连轧生产线需采用半无头轧制，开始以较厚规格穿带，通过动态变规格逐步过渡到0.8～1.0mm的超薄

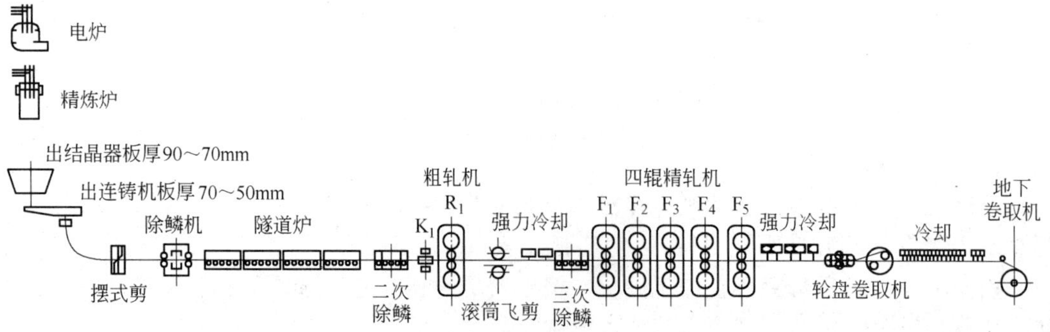

图1-11　超薄带连铸连轧生产线

规格。

（2）无头轧制在带钢热连轧上的应用。日本川崎钢铁公司在其千叶厂第三带钢热连轧机上进行了试验。其特点是在精轧入口处、飞剪后设置了在线焊机及焊口整理设备以焊接前后带坯，使带坯能连续不断地高速进入精轧机，避免了反复穿带升速，因而提高了产量和产品质量。为了分卷在卷取机前还需设置飞剪。

采用无头轧制工艺后带钢热连轧亦必须设有与全连续冷连轧相类似的动态变规格功能。但由于热连轧无头轧制可以中断，不一定需要在线换辊。

第2章　板带轧机计算机控制

2.1　L3/L2/L1 功能概述

板带轧机计算机控制系统包括：生产控制级（L3）、过程自动化级（L2）及基础自动化级（L1）。各级主要功能如下所述。

2.1.1　生产控制级功能

生产控制级用于协调炼钢、连铸、热轧及冷轧之间的生产计划，并以热轧为中心与上游及下游生产线交换生产数据。

生产控制级除生产计划（轧制计划）的编制外，还负责板坯库、成品库以及轧辊磨辊间等管理工作，并对产品质量进行跟踪和管理。

2.1.2　过程自动化级功能

过程自动化级面向热轧或冷轧整个生产线，其中心任务是对生产线上各机组和各个设备进行设定计算，其核心功能为对粗轧、精轧机组进行负荷分配（包括最优化计算）以及应用数学模型对各设备的设定值进行预报。为了实现此核心功能，过程控制计算机必须设有初始数据输入、采样数据的处理、板坯（数据）跟踪、设定模型及模型自学习、数据通信（包括设定值下送）、报表打印以及人机界面显示、打印等功能。热轧过程自动化级的主要功能是粗轧及精轧机组的温度设定、厚度设定、宽度设定及板形设定，冷轧过程自动化级的主要功能只是厚度及板形设定，设定值计算后下送基础自动化（L1）级，由基础自动化级的“设备控制”功能执行设定值的整定。

2.1.3　基础自动化级功能

基础自动化级面向机组，面向设备及其机构。随着电气传动及液压传动控制的数字化，可将传动控制视作基础自动化的一部分，亦可另列为数字传动级（L0）。

基础自动化级控制功能按性质可分为：轧件跟踪及运送控制、顺序/逻辑控制、设备控制及质量控制四类。

为了更好地说明过程自动化级（L2）与基础自动化级（L1）的功能以及 L2/L1 功能间的关系，图 2-1 ~ 图 2-3 给出了中厚板、带钢热连轧及带钢冷连轧计算机控制功能的框图。

图 2-4 ~ 图 2-7 则以热连轧为例分别给出了加热炉区、粗轧区、精轧区及卷取区的 L2/L1 功能结构图。中厚板轧机及带钢冷轧机的 L2/L1 分工与带钢热连轧机类同，但比热连轧简单。

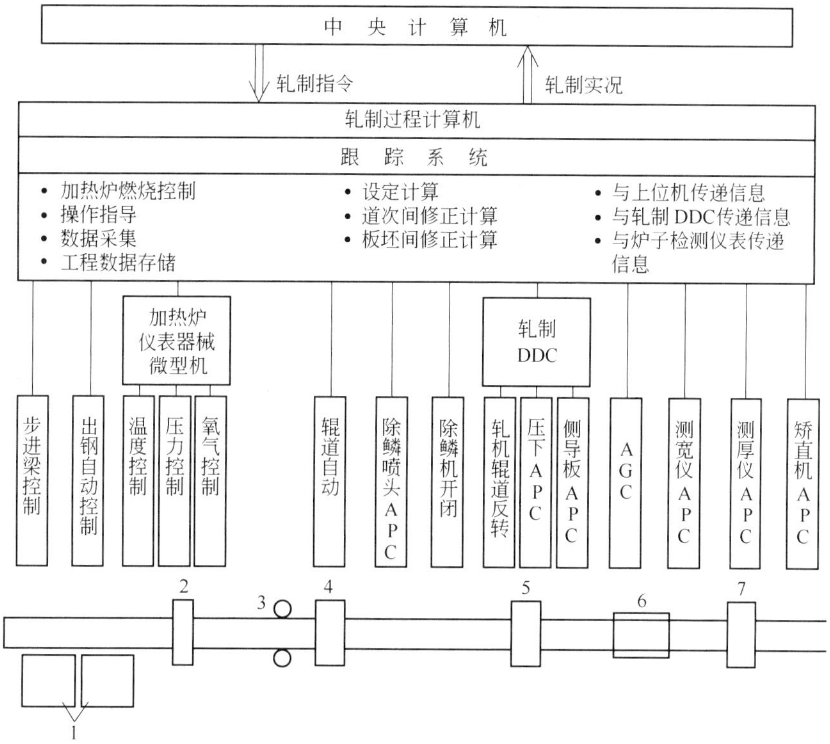

图 2-1 中厚板轧机计算机控制功能

1—加热炉；2—R_1；3—立辊；4—R_2；5—精轧机组；6—层流冷却；7—卷取机

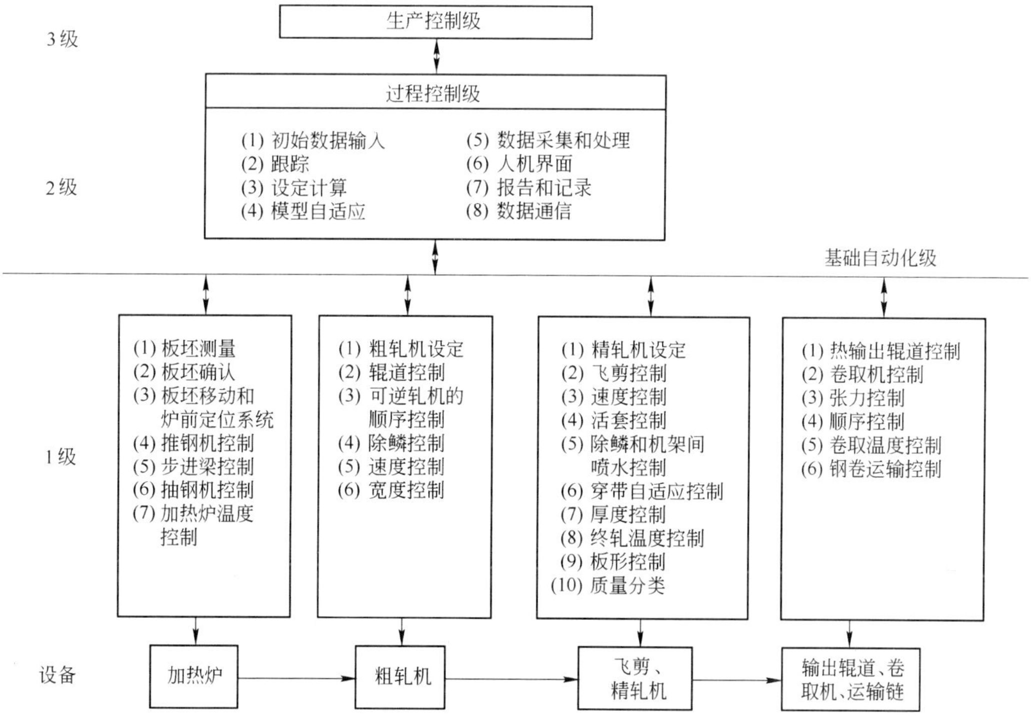

图 2-2 带钢热连轧计算机控制功能

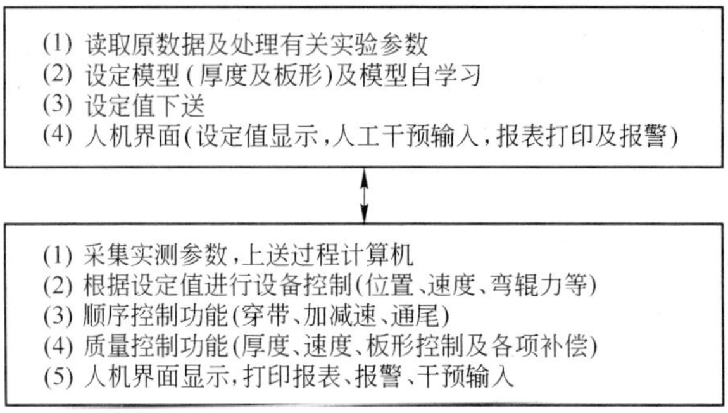

图 2-3　带钢冷连轧计算机控制功能

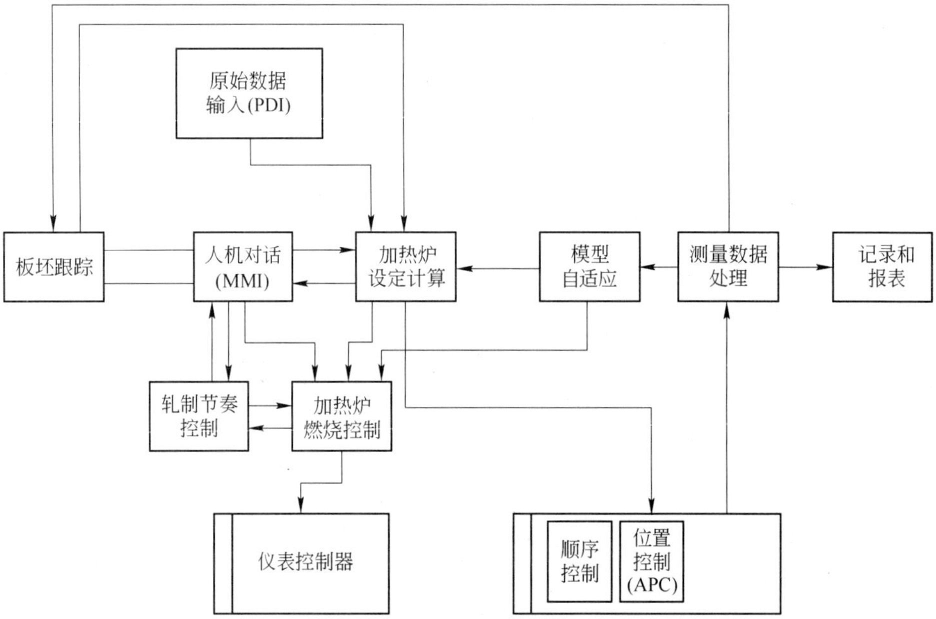

图 2-4　加热炉区 L2/L1 功能结构图

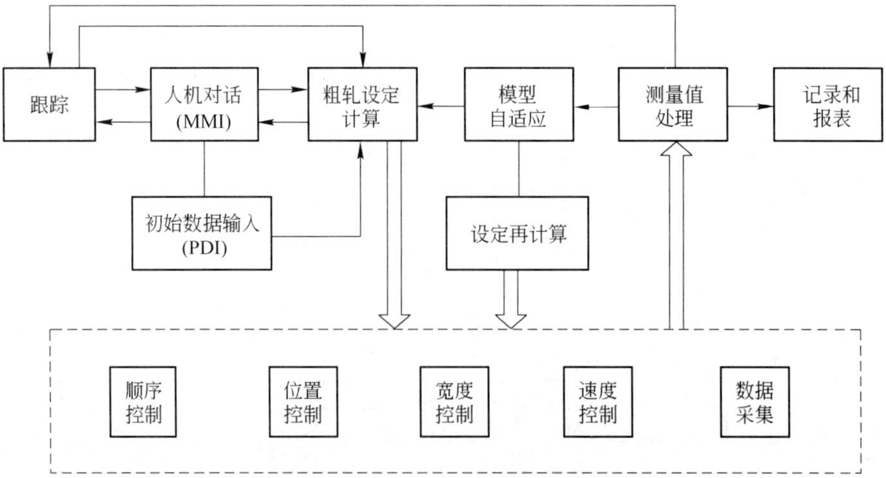

图 2-5　粗轧区 L2/L1 功能结构图

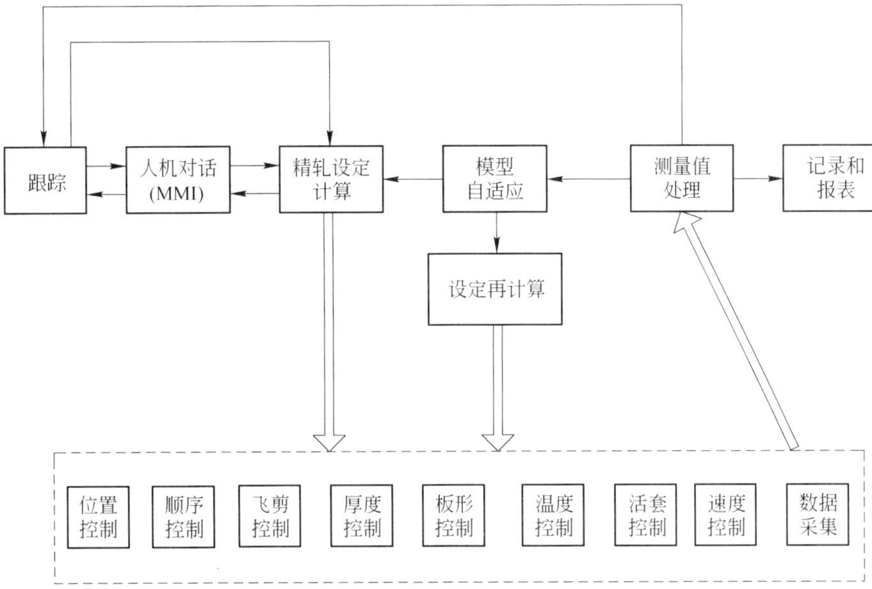

图 2-6　精轧区 L2/L1 功能结构图

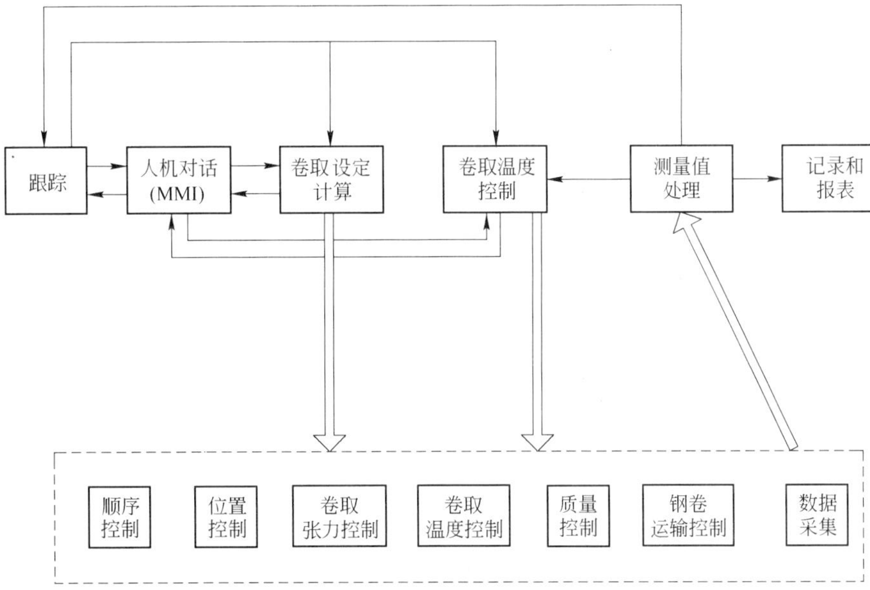

图 2-7　卷取区 L2/L1 功能结构图

由各功能总框及热连轧各区 L2/L1 功能结构图可知：板带轧机主要功能有以下几类：

(1) 用于“事件驱动”的软件；

(2) L1 的轧件位置跟踪及 L2 的轧件数据跟踪；

(3) 轧件运送及节奏控制（防止碰撞）；

(4) 顺序控制和逻辑控制（工艺联锁）；

(5) 数据采集及数据处理；

（6）L2 的设定模型（温度、厚度、宽度及板形）及 L1 的设备设定值整定（设备控制）；

（7）主速度及热连轧活套高度/张力控制或冷连轧机架间张力及卷取张力控制；

（8）质量控制功能，包括热轧终轧温度控制、卷取（冷却）温度控制、冷热轧的厚度控制、板形控制及热轧宽度（形状）控制；

（9）人机界面显示、报表打印及报警等。

本书后面各章将以温度、厚度、板形及宽度的数学模型及它们的自动（质量）控制功能为主要内容。

2.2　热轧轧件跟踪及轧件运送

2.2.1　事件驱动软件

各功能程序需要利用轧件移动时使冷金属检测器（CMD）、热金属检测器（HMD）或负荷继电器（LR）的“状态变化”（即由 OFF 变成 ON 或由 ON 变成 OFF）这样一个“事件”来驱动（启动或停止）功能程序，并对操作人员按动按钮进行的人工干预给与响应。为此设有 CDT（状态变化检测程序）、OSS（一秒扫描程序）及 SYD（系统延迟）三个事件驱动软件。

CDT 软件以 200ms 为周期对 CMD、HMD 或 LR 的“状态”进行采集，存入检测器“当前状态”字，通过“当前”和“过去”（上一次采集）状态字的比较，判断检测器状态是否发生变化，OSS 则以 1s 为周期对各操作台按钮的“状态”进行采集，存入按钮“当前状态”字，并判断按钮状态是否发生变化。通过对新老状态字进行“逻辑和”所得的“状态变化”字可发现某 CMD、HMD、LR 或按钮是否有状态变化，将“状态变化”字与当前状态字进行“逻辑乘”即可得到此 CMD、HMD、LR 或按钮的“状态变化”是“ON 变 OFF”还是“OFF 变 ON”（图 2-8），由此可对轧件进行跟踪及启动功能程序的投入/退出或响应人工干预。

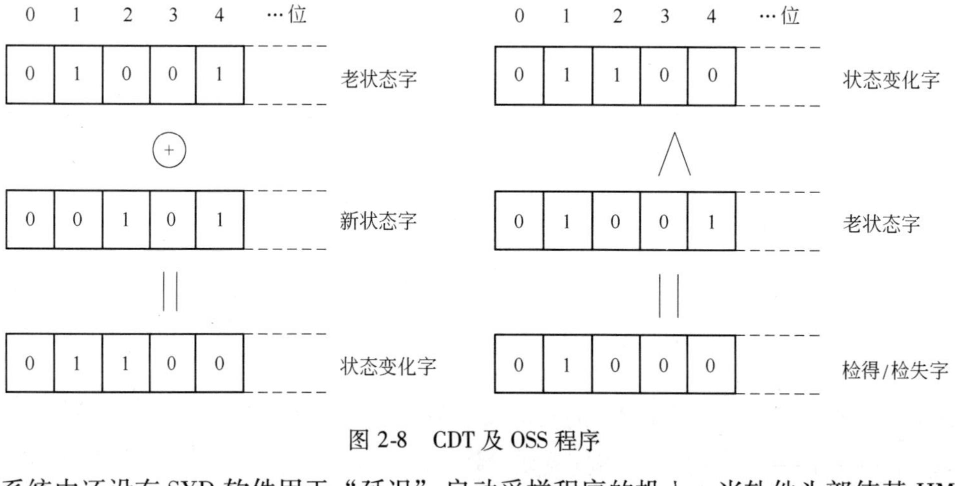

图 2-8　CDT 及 OSS 程序

系统中还设有 SYD 软件用于“延迟”启动采样程序的投入，当轧件头部使某 HMD 由 OFF 变成 ON，为了考虑此 HMD 到检测仪表的距离以及为了避开温度偏低的头部（约

500mm)，可设一个定时器（SYD 管理一批定时器），SYD 每 1/5s 将各定时器减 1，当某定时器减为零时（延迟时间到），由 SYD 软件启动此定时器所对应的采样程序进行数据采集。

为了能根据工艺要求对生产线上多根轧件（带钢热连轧从加热炉出口到运输链最多可有 7 ~ 8 根轧件）进行运送及控制，基础自动化级各控制器需要知道每一个轧件在轧线上的位置及其位置的变化，因此轧件跟踪是一个主要功能程序。轧件跟踪将在基础自动化、过程自动化及生产控制级中分别进行，但各级都以基础自动化的位置跟踪结果为依据。

2.2.2 位置跟踪与数据跟踪

基础自动化级的跟踪功能实质上是对生产线各处轧件的位置及其位置的变化进行跟踪，基础自动化的位置跟踪结果将上送过程自动化级。

过程自动化级的跟踪实质上是对各个轧件的数据进行跟踪使数据和轧件能“对上号”，以便正确地进行设定计算和自学习，同时亦利用基础自动化上送的“事件”信息来启动某些功能程序的投入或退出。

生产控制级的跟踪将用于管理及报表打印。

热轧生产线上一般将存在处于不同位置（跟踪区）的多块轧件，为了能够知道哪一个跟踪区有轧件以及该轧件是什么钢种，要轧成什么规格等信息需对生产线上各个轧件进行位置跟踪及数据跟踪。

位置跟踪由基础自动化级完成，为此设有跟踪及跟踪修正程序（跟踪修正是操作工人根据人机界面对跟踪结果的显示以及生产线上轧件实际位置的偏差对跟踪结果进行修正用)，位置跟踪将用于节奏控制以防止前后轧件碰撞。

为此，跟踪功能需要将生产线划分成多个跟踪区（轧件短时一般一组辊道或一台轧机作为一个跟踪区，轧件长度越来越长后则需将多组辊道及整个连轧机组作为一个跟踪区），计算机内设有相应的跟踪区表，跟踪区之间应设有 CMD、HMD 或 LR（负荷继电器——可利用轧制力或电机电流来获得咬钢、抛钢信号）。生产线上除设有跟踪用 HMD 等外一般还在特定位置设有专用 HMD 或 LR 以便轧件到达该位置时能及时启动某个程序。

跟踪程序根据以下原则来决定轧件在跟踪区之间的移动（图 2-9）：

(1) 轧件头部进入 i 区（使 $i-1$, i 区间 HMD 由“OFF”→“ON”）即认为 i 区有钢；

(2) 头部进入 i 区后如 $i-2$, $i-1$ 区间 HMD 尚未发生“ON”变成“OFF”，则认为 $i-1$ 区亦有轧件，当 $i-2$, $i-1$ 区间 HMD 发生“ON”→“OFF”时即认为 $i-1$ 区内已无轧件。

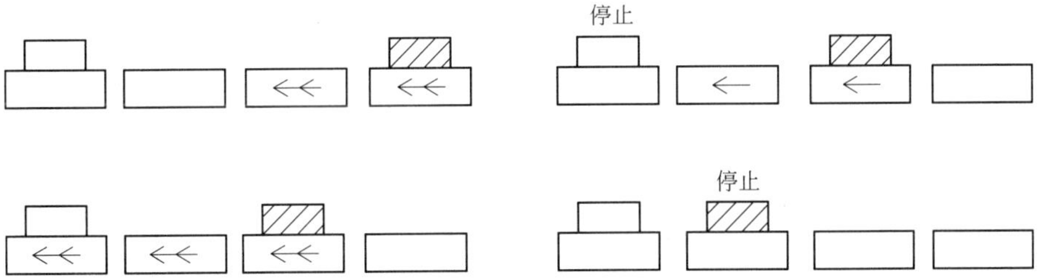

图 2-9 跟踪原则

数据跟踪由过程自动化级完成，为此在内存中设一批“数据区”，对每一块轧件从跟踪开始即分配一个数据区。轧件从板坯库吊运到炉前装料辊道时计算机将为此轧件设置一个“跟踪指示字”，其上各位的置 0 或置 1 给出了此轧件的特征信息（如本轧件为一个批料的“批首”或是换辊后第一块钢等）跟踪指示字的最后几位则用于标明存储该轧件数据的“数据区号”以便设定模型，采样等程度能“对号”从该轧件的数据区取出或存入该轧件的数据。

过程计算机根据基础自动化传上来的位置跟踪结果，从需设定的特定轧件所对应的数据区取出设定计算所需的数据，并将设定计算结果及有关实测值送入该轧件所对应的数据区。

跟踪程序判断，并确定某轧件移入某区时应将该轧件的跟踪指示字在计算机的跟踪区表内移动，使得需要时可从跟踪区表中查到哪个区内有轧件或此特定轧件在哪个区的信息，便于设定模型对需要设定的轧件对号取/存数据。

为了保证跟踪正确，防止由于铁皮或其他光源产生的“误信号”造成“误跟踪”，需对 CMD、HMD 或 LR 的“OFF”→“ON”（称为“检得”）或“ON”→“OFF”（称为“检失”）状态变化信号进行有效性判断，为此要判断图 2-10 中所示的 t_1，t_2，t_3 是否都大于最小值，如小于最小值则认为信号为虚假信号，这是因为轧件有一定长度并以一定速度运动，不可能在这么短的时间使同一个 CMD 或 HMD 再次检得或检失，亦不可能在这么短的时间使下一个 CMD 或 HMD 检得。

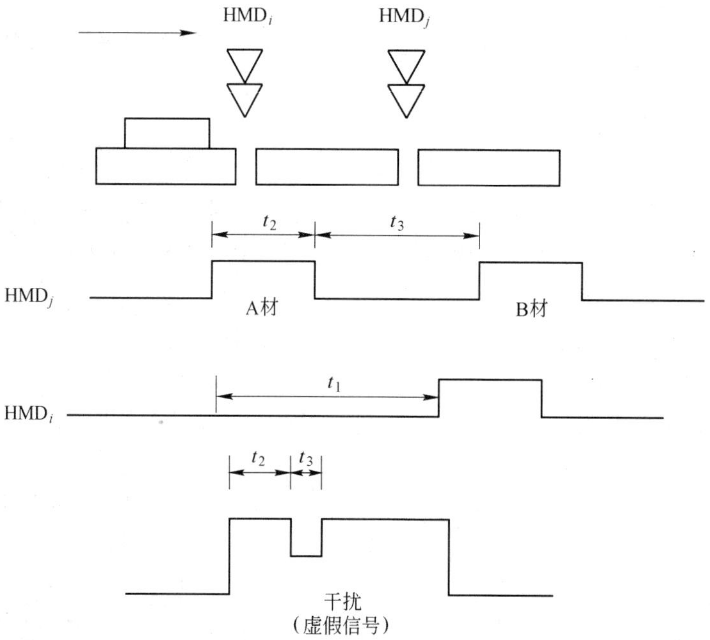

图 2-10　状态变化信号的有效性判断

2.2.3　节奏控制及防止碰撞

轧件的运送是生产工艺所要求的基本功能，热轧板带跟踪及运送的任务是控制各段辊道（轧机）的速度及其转/停，使轧件以最快速度从加热炉入口送入加热炉，运送到粗轧、精轧及卷取（精整区），并在各区进行加工处理后运出，热轧板坯（带坯）在辊道自动运送及轧制时一方面希望以高节奏运行以提高产量，另一方面又要防止前后轧件碰撞，为此需在轧件位置跟踪基础上进行以下判断和控制：

（1）板坯在上料、装料及加热炉出口辊道上运送时应判断前面辊道上是否有“前坯”，以 i 辊道上板坯运送为例，当 $i+1$，$i+2$ 辊道上无板坯时则 i 辊道以高速运送，当 $i+1$ 辊道上无板坯，但 $i+2$ 辊道上有板坯时，则 i 辊道应和 $i+1$ 辊道同步运行，当 $i+1$ 辊道上有板坯，则 i 辊道应停止。

（2）板坯从加热炉抽出前要判断前坯是否已到达规定点。只有前材已到达规定点，并且本坯“在炉时间”已达到要求的时间时才能出炉，当然如果操作工发出强制出炉命令则将强制出炉。

（3）板坯从加热炉区进入粗轧区时要判断粗轧机中（或中厚板可逆轧机中）是否有前坯，如有前坯则要判断是否已是末道次轧制才能进入，以免前材可逆轧制时与进入轧区的后材相碰撞。若不能进入，则发出“徘徊”命令，使本材在辊道上游荡，每次游荡后再重新判断。

（4）从粗轧区进精轧区时亦要作相同判断，对于带钢热连轧则要判断前材尾部离开精轧前的 HMD 及 F_1 的时间和本材以正常速度运送到达此 HMD 及 F_1 的时间，如本材可能先到则要降低运送速度，甚至要发出“徘徊”命令，使本材在辊道上游荡，每次游荡后再重新计算一次，直到计算的到达时间大于前材离开 F_1 的时间才撤消徘徊命令。

2.3　冷轧的钢卷跟踪

钢卷跟踪为对在冷轧机上轧制的带钢以及在轧机及各处理线间运送的钢卷进行跟踪。冷连轧由于其生产工艺及控制的特殊性，它的跟踪功能可分为以下三类：

（1）以钢卷跟踪为基础的物流跟踪和数据跟踪；

（2）以带钢特征点跟踪为基础的带钢映象；

（3）以带钢段跟踪为基础的测量值收集。

2.3.1　物流跟踪和数据跟踪

物流跟踪主要任务是启动及协调各功能程序的运行，因此需知道每一钢卷在轧机内所处的位置。为此目的需在轧机区设置一批跟踪点以及开辟一批数据区，跟踪点的设置位置及数量与功能程序的启动时序有关。表 2-1 作为实例给出了全连续冷连轧为物流跟踪所设置的 23 个跟踪点的位置。

表 2-1　物流跟踪点的位置

编　号	物流跟踪点位置	编　号	物流跟踪点位置
1	钢卷确认位置	13	第五机架 C_5
2	焊机入口位置	14	No. 1 卷取机
3	焊机出口位置	15	No. 2 卷取机
4 ~ 9	活套内 6 个位置	16	No. 1 钢卷小车
10	活套出口位置	17	No. 2 钢卷小车
11	轧机入口位置	18 ~ 22	运输链上 5 个位置
12	第一机架 C_1	23	钢卷检查站

物流跟踪数据区为每一个跟踪点配置了一个跟踪数据记录，当带钢在轧机区内移动一个位置（跟踪点），跟踪数据区内的跟踪数据也随着移动，因此不同跟踪点上的跟踪数据可以反映带钢在轧机区内的实际位置，亦可供相应功能程序使用正确的带钢数据。

钢卷的初始数据进入后存放到钢卷数据文件中（物流跟踪区 1）。此钢卷在进入轧机区入口段时将进行钢卷确认，即由轧机入口段操作人员输入信息后由计算机确认该钢卷是否为轧制计划安排的下一卷要轧制的钢卷，确认后将此钢卷的数据文件登记到确认后数据记录中（由钢卷确认点到活套出口为跟踪区 2），当带头进入第一机架 C_1，此数据记录将转移到跟踪区 3（C_1 到卷取机），同样当钢卷小车卸卷时将转移到跟踪区 4（卸卷小车至称重处）。

物流跟踪以钢卷为基础，因此着重于钢卷的带头及带尾跟踪，直到钢卷称重完。

2.3.2　带钢特征点跟踪

特征点是指带头、带尾、焊缝、楔形段开始点、缺陷段的头及尾、带钢段段头。随着这些特征点到达轧机区不同位置需启动不同功能或作不同的处理，因此应根据这些位置将轧线分为 n 段，并根据测厚仪及压力仪的设置，确定 m 个测量点。带钢特征点跟踪根据带钢焊缝位置、缺陷头尾位置等确定各特征点到各测量点的距离（需根据每一机架的压下率、前滑等计算）。带钢特征点的行程距离可用轧机主传动速度传感器测量或利用现代冷轧机所设置的带速激光测速仪来测量。

2.3.2.1　带头/带尾跟踪

带头/带尾跟踪主要用于传统冷连轧机的穿带及甩尾过程，随着带头到达不同位置来启动程序或投入张力控制，将液压压下位置内环切换到压力内环等工作，而甩尾过程则相反，切除功能，接通尾部辊缝修正等工作。

2.3.2.2　焊缝跟踪

焊缝跟踪主要用于全连续冷连轧或酸洗-轧机联合机组。焊缝需分清其不同类型。焊缝有：

（1）拼卷焊缝。这是为了加大冷轧卷卷重将两个或更多相同的热轧卷拼成一个冷轧卷，对这类焊缝除了焊缝到达轧机时需减速让焊缝通过外，不需作任何其他工作。

（2）酸洗焊缝。酸洗焊缝是为了连续酸洗而焊接。酸洗焊缝和拼卷焊缝都称为内部焊缝，除减速使焊缝通过外不需作任何处理。

（3）变规格焊缝。变规格焊缝为需变规格的前后两个钢卷间的焊缝，这是全连续冷连轧或酸洗-轧机联合机组都需要进行的功能，为了动态变规格过程中张力不变动过大，对前后两个钢卷的参数差别一般有一个限制，表 2-2 列出了动态变规格的限制范围。

表 2-2　动态变规格允许前后钢卷参数的差别

序　号	参　数	允许差别
1	带　宽	<300mm
2	带　厚	<20% 带厚或 0.6mm
3	材料等级	变动 150MPa
4	换辊后宽度由窄向宽改变	

2.3.2.3　带钢段跟踪

为了标明测量值所对应的带钢段，引入了带钢段跟踪。即为带钢定义了一些虚拟标记称作带钢段段头由计算机进行跟踪。

当带钢头部到达测量点时表示新的一段（带钢段）开始，各测量点以 0.2s 周期采样，每当测量点收集到 8 个测量值时，就可定义此时进入到测量位置的带钢点为新带钢段的段头。带钢段的长度与带钢运行速度、测量周期及各机架伸长率等有关。

2.4　顺序控制和逻辑控制

顺序逻辑控制是基础自动化的基本内容之一。实际上基础自动化所有控制功能都含有一定的逻辑功能，包括功能开始执行或停止的逻辑条件等，因此每一个功能都将包括逻辑部分和控制部分，除此之外，根据工艺需要将设置一些只包括逻辑部分的顺序控制功能，主要是炉区和粗轧区的工艺联锁及轧机运转（自动加速、减速以及反转）的顺序控制。

工艺联锁是指工艺要求多个设备的控制功能相协调和联动，以热轧为例其工艺联锁包括：

（1）步进加热炉前后设备的联动，包括入炉辊道、推钢机、步进梁、出钢机及出炉辊道（图 2-11）等。

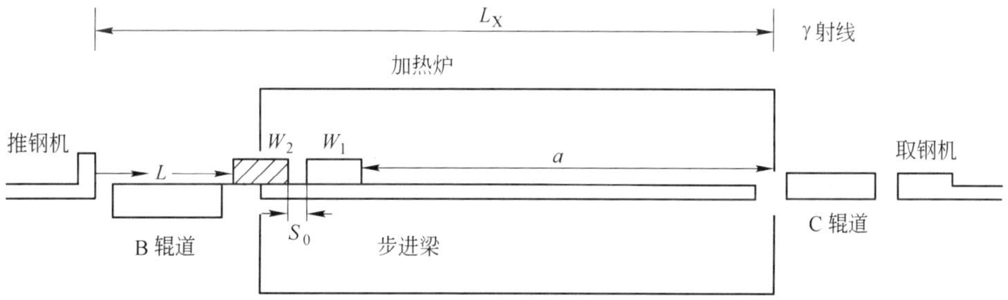

图 2-11　步进加热炉工艺联锁

W_1—前坯宽度；W_2—后坯宽度；a—前坯前沿到出炉端（γ 射线）距离；

L—推钢机应有行程；L_X—推钢机前端到出炉处距离；S_0—两块坯的间隔

1）板坯由上料辊道向入炉辊道运行时推钢机必须处于后退极限位置。

2）推钢机前行时步进梁必须在低位，并且炉内最后入炉的板坯（前材）已被前送，使步进梁上留有的空间大于 D，以使后坯推入后当步进梁上抬时后入板坯不会翻转

$$D = S_0 + \frac{2}{3}B$$

式中　S_0——前后板坯在炉内的间隙以便加热板坯侧面；

　　B——后入板坯的宽度。

3）步进梁只有当推钢机及出钢机处于后退位置时才能动作。

4）步进梁“上抬/前移/下降”为一步，但当炉内最前面的板坯使出炉端 γ 射线接通时，即使前移量未达到标准值，步进梁亦立刻下降。

5）当出炉端 γ 射线检测仪接通而又无出炉命令时步进梁将只做上抬/下降动作（不前移），并计算将要出炉的板坯在炉内总的处于上抬位置的时间和下降位置的时间，并以保持上升下降比相同来控制步进梁上抬/下降动作，使将出炉板坯与固定及活动梁接触面的温度均匀。

6）出钢机只有当步进梁处在低位时才能进炉抽取板坯，此时出炉辊道不能运转。

7）出炉辊道只有出钢机处于后退位置时才能运送已出炉的板坯。

（2）可逆轧机前后设备的工艺联锁，包括：

1）可逆轧机只有压下完成定位后才能反转；

2）压下只有当轧件离开轧机后才能动作；

3）前后辊道只有前后推床开口度不小于板坯宽度时才能运转；

4）轧机前后辊道应与轧机同步，当末道次轧制完成，则前辊道与上游辊道，后辊道与下游辊道同步运送板坯。

（3）带钢进入精轧前的检查。粗轧及精轧间的中间辊道（E 辊道）上设有多个 HMD，当带钢头部到达 HMD_{54}（图 2-12）将起动精轧二次设定，并检查精轧机组中是否有钢（如有钢暂不进行设定位置的控制，一旦前材带尾离开 F_i 机架，F_i 机架立刻进行后材的设定位置控制），如果有钢则计算前材离开 F_1 和本材到达 F_1 的时间，如有可能碰撞则发出“徘徊”命令，即当带钢头部到达 HMD_{55}时 E 辊道将反转，当带钢尾部离开 HMD_{54}时 E 辊道再正转，当带钢头部再次到达 HMD_{54}，将再起动精轧二次设定并再次检查是否与前材在 F_1 有可能碰撞，以决定是否撤消“徘徊”命令。

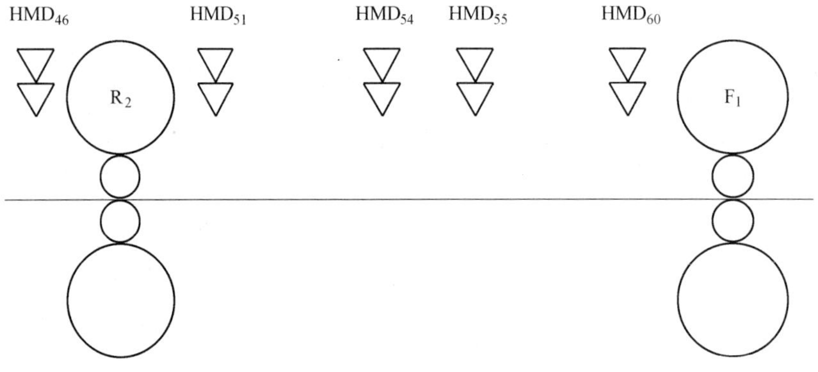

图 2-12　E 辊道的 HMD 设置

（4）当热轧带钢精轧连轧机组采用加速轧制时，由带钢咬入 F_n（末机架）时开始第一次加速，当带头咬入卷取机（一圈）后开始第二次加速，当带尾离开精轧前的 HMD 时开始减速。

（5）当带钢头部进入热输出辊道（G 辊道）时 G 辊道速度应快于带速（超前），当带钢尾部进入热输出辊道后，G 辊道速度应慢于带速（滞后）以保证带钢头部或尾部能被拉直。

2.5　自动位置控制

设备控制功能包括设备的位置控制、弯辊装置的弯辊力控制、轧机及辊道的速度控制及机架间喷水控制等。位置控制包括轧机辊缝及侧导板开口度定位控制、窜辊位置定位控制、推钢机行程控制等。设备控制是典型的反馈闭环控制。全生产线有上百个设备控制回路，因此可以说设备控制是基础自动化最基本的控制功能。

设备控制接受过程自动化级数学模型计算所得的各项设定值（辊缝、弯辊力、速度等），对各执行机构进行位置、力和速度控制。在半自动状态下则接受操作人员通过人机界面输入的设定值并进行定位控制。

自动位置控制的指标为“快速”及“精确”，快速完成设备位置“定位”有利于轧制节奏的加快，但在快速控制的同时更要注意其定位精度（定位完成后的实际值与设定值之差值大小），考虑到机械设备具有一定的惯性，因此快速运行容易发生超调而造成来回调节，为此目前在工程上对自动位置控制（APC）都采用变增益比例控制算法，变增益算法可以有几种增益随位置偏差变化的曲线（图 2-13），其中图 2-13*a* 为基本的变增益曲线，即当位置偏差较大时 APC 输出最大电压使位置控制系统以最高速度运行，当偏差接近允许值时迅速减小输出（减速过程可用折线或曲线）以使位置控制减速并以低速进入目标区，图 2-13*b* 在小偏差区增加了一个脉冲，这是用于当机构在小位置偏差（但尚未达到目标值）时启动时，由于静态摩擦系数较大，小位置偏差的输出电压不足以起动机构，当三次采样发现位置未移动后可发出一个冲动性脉冲，使机构得以起动，然后进入正常控制使位置偏差进入目标区。不同机构由于工艺要求及精度要求不同，应设计不同的“减速曲线”。

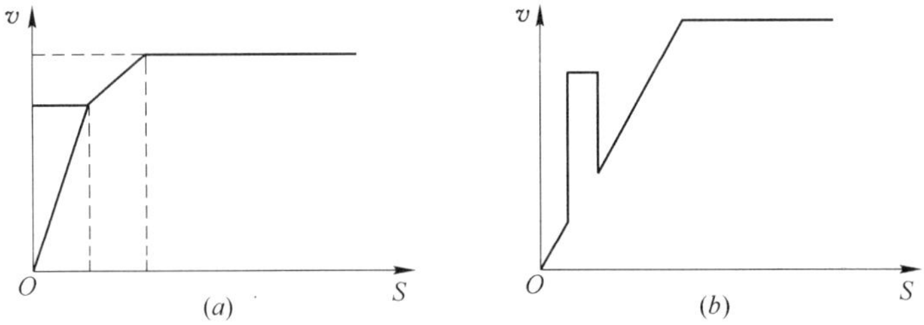

图 2-13　自动位置控制减速曲线

2.6　主速度控制

速度控制是基础自动化设备控制的另一个基本功能，对一般单体设备（如可逆轧机、辊道等）电气传动的数字速度控制回路已完成了由设定模型下送速度设定值的执行。对于连轧机则需在基础自动化增加主传动速度控制以协调各机架的速度，连轧机组主传动速度控制一般将与活套高度/活套张力控制（带钢热连轧）或机架间张力控制系统（带钢冷连轧）联系在一起。

速度设定是由过程计算机根据轧制工艺状况以及设备能力，按照负荷分配得到的各机架出口厚度，在末机架出口速度确定后用秒流量方程反推出各机架速度设定值。由于存在前滑，因此带钢速度与轧辊线速度的关系为

$$v_i = v_{0i}(1 + f_i)$$

因此

$$v_{0i} = \frac{h_n}{h_i} \times \frac{1 + f_n}{1 + f_i} \times v_{0n}$$

式中　f_n ——末机架的前滑值；

f_i ——第 i 机架的前滑值；

v_{0i}，v_{0n} —— i 机架及末机架的轧辊线速度。

秒流量方程仅适用于稳定轧制状态。当对机架间活套（热连轧）进行调节时，各机架流量将不再相等。

连轧机组主速度系统由速度整定及速度调节两大部分组成。速度整定用于将各机架速度整定到设定值，而速度调节则用于轧制时的动态调节（以保证活套或张力恒定），各机架间的级联亦是速度调节的一个重要功能。图 2-14 为热连轧精轧机组主速度系统的功能框图。主速度的整定及调节由基础自动化控制器承担。

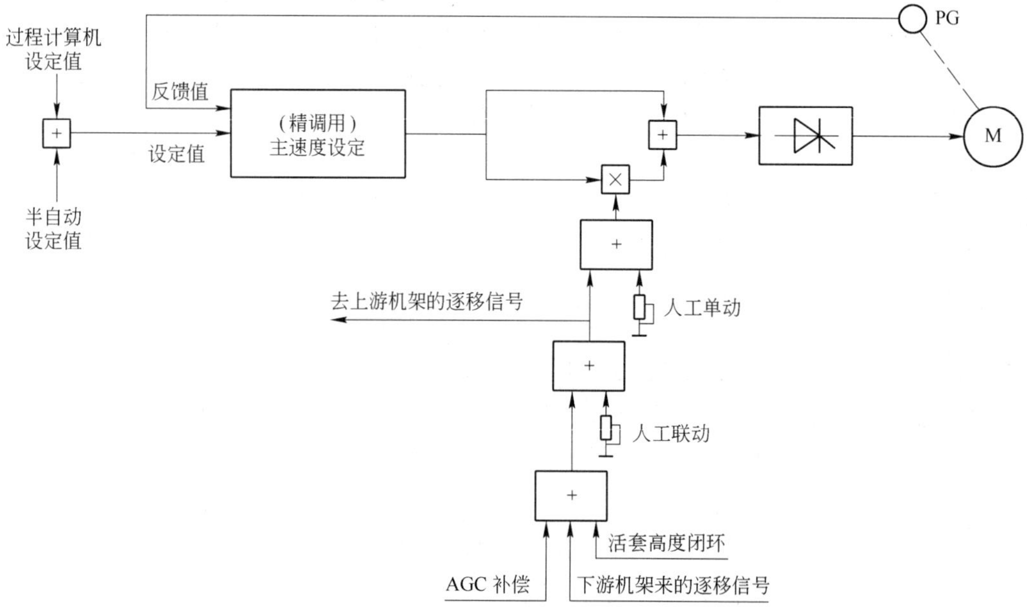

图 2-14　热连轧精轧机组主速度系统的功能框图

速度整定可分为粗调及精调，粗调为根据速度设定值直接输出电压，并按此电压进行开环控制。如果各方面参数比较稳定，粗调一般可满足要求，即使存在小的误差，也将会在活套高度或张力闭环投入后加以纠正，但由于存在电控系统反馈系数的变化，计算机输出口的零点漂移等因素，使得粗调整定值精度不够高。采用速度精调的目的就是在粗调的基础上，引入实测速度值进行反馈闭环控制，直至速度达到要求精度为止。当采用数字传动后，由于传动本身精度较高，有些设备可以考虑不进行速度精调。

主速度整定在以下不同情况下将采用不同的斜率（ramp）：

（1）从停车起动到某一速度时；

（2）换规格时，从某一速度设定值改到另一设定值时；

（3）正常停车时；

（4）紧急停车时。

速度调节包括手动微调、活套高度或张力闭环微调、热轧 AGC 的活套量补偿以及下游机架送来的逐移补偿。

在实际控制过程中，所有上述量都采用百分数形式，以便于进行逐移，每个控制周期都计算逐移量，应按轧线的逆流方向逐机架计算，这样才能保证各机架逐移信号无滞后地进入各机架速度控制系统中。

在升速轧制的机组中，通过级联系统（逐移）使各机架设定值按比例升降，以此保持升降过程中的同步性。

2.7　带钢热连轧活套控制系统

恒定活套量和恒定小张力轧制是现代带钢热连轧精轧机组的一个基本特点，因为在轧制过程中，由于主传动系统存在着动态咬钢速降，稳定轧制时存在的各种外部干扰，不可能始终保持各机架之间的速度配比关系，设置活套器的目的，就在于检测到机架间轧件的活套量因速度偏差而变动时，吸收这些套量变动并保持恒定小张力，使得生产能正常进行。活套装置进行活套量控制（活套高度控制），同时还将进行恒定小张力控制。

活套机构参数的基本关系如图 2-15 所示。

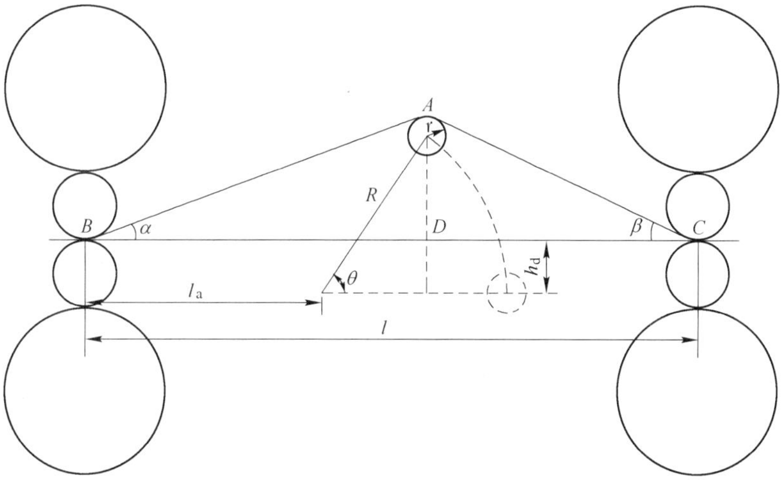

图 2-15　活套机构参数的基本关系

首先，从套量入手来分析活套器与机架之间的各参量关系。机架之间中心距离为 l，活套器支点与上游机架的距离为 l_0，活套器支点在轧制线以下的距离为 h_d。

机架间储存的套量为

$$\Delta l = (AB + AC) - l$$

$$AB = \sqrt{BD^2 + AD^2}$$

$$AC = \sqrt{DC^2 + AD^2}$$

其中：

$$BD = l_a + R\cos\theta$$

$$AD = R\sin\theta - h_d + r$$

$$DC = l - l_a - R\cos\theta$$

所以

$$\Delta l = \sqrt{(l_a + R\cos\theta)^2 + (R\sin\theta - h_d + r)^2} + \sqrt{(l - l_a - R\cos\theta)^2 + (R\sin\theta - h_d + r)^2} - l$$

式中　r——活套辊半径。

此式仅以 θ 为变化量，因此 $\Delta l = f(\theta)$。θ 角从 0° ~90°时的曲线如图 2-16 所示。

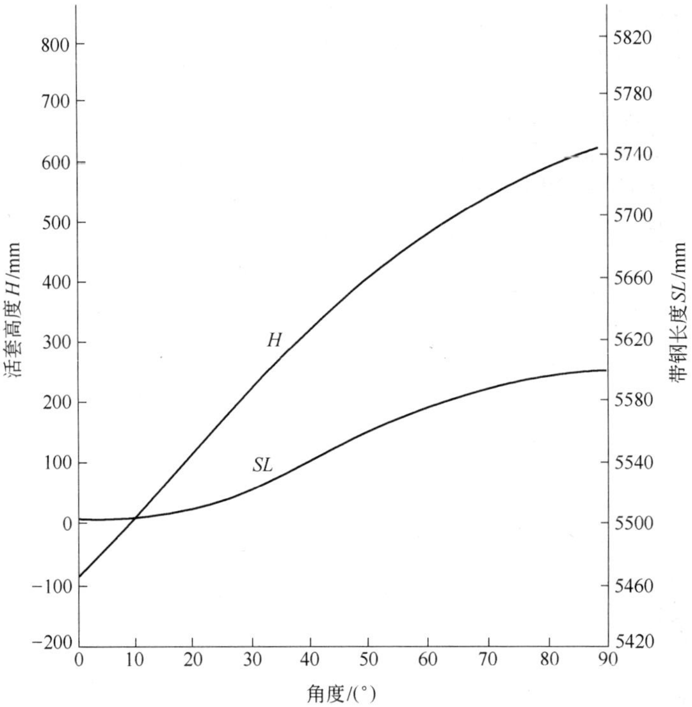

图 2-16　活套高度与角度的关系

活套量与 θ 角的关系在工作段基本符合二次曲线方程。

在实际控制系统中，人们不仅关心实际活套量，而且对不同的 θ 角时，活套器所承受的张力力矩和重力力矩更为关注。因为得到合力矩之后，才能真正去控制活套电动机电流，达到恒定小张力控制。

在轧制过程中，活套支持器承受的力矩主要有两个部分：一是带钢在两机架之间形成的张力力矩；二是带钢重量和活套辊自重量形成的力矩，这称为重力力矩。两者合一的力矩就是活套装置所承受的总力矩。力矩方程的推演见下列各式。

张力力矩

$$M_T = aF_T$$

可以将力矩关系式演变到 θ 的函数关系。

$$F_T = 2T\sin\left(\frac{\alpha + \beta}{2}\right)$$

$$a = R'\sin\left(90° - \theta' + \frac{\alpha + \beta}{2}\right)$$

$$= R'\cos\left(\theta' - \frac{\alpha - \beta}{2}\right)$$

代入后可得到张力力矩公式

$$M_{\mathrm{T}} = R'\cos\left(\theta' - \frac{\alpha - \beta}{2}\right)2T\sin\left(\frac{\alpha + \beta}{2}\right)$$

$$= R'T[\sin(\theta' + \beta) - \sin(\theta' - a)]$$

$$\theta' = \arctan\left(\frac{R\sin\theta + r}{R\cos\theta}\right)$$

$$R' = \sqrt{R^2 + \frac{Rr\sin\theta}{2} + r^2}$$

$$\alpha = \arctan\left(\frac{R\sin\theta - h_{\mathrm{d}} + r}{l_{\mathrm{a}} + R\cos\theta}\right)$$

$$\beta = \arctan\left(\frac{R\sin\theta - h_{\mathrm{d}} + r}{l - l_{\mathrm{a}} + R\cos\theta}\right)$$

重力矩 M_{W} 是带钢重量和活套器自身结构重量共同作用的力矩。

$$M_{\mathrm{W}} = (1 + K_{\mathrm{W}})RW\cos\theta$$

式中 K_{W} ——计算实际活套装置摆臂重量后折算为带钢重量的一个系数。

这样做便于分析计算，W 是带钢重量。

$$W = (l + \Delta l)Bh\gamma$$

式中 $l + \Delta l$ ——实际活套量长度与机架之间平直带钢长度之和；

B——带钢宽度；

h ——带钢厚度；

γ ——钢密度($\gamma = 7.8\mathrm{t/m^3}$)。

由上面各式可以计算出活套器所承受的力矩（带钢弯曲力矩一般可忽略），并且总力矩仅与 θ 角成函数关系。由此可见，活套角的检测对于活套控制系统十分重要。各力矩与 θ 角的关系如图 2-17 所示。在实时控制过程中，只要实时得到活套角 θ，就可得到实际轧制过程活套器承受的力矩，这对恒张力控制提供了反馈信号。因此只有可靠准确地得到活套角信号，才能进行高度闭环控制和张力控制。当活套处于动作过程时，活套电动机实际还将承受一个动力矩，其大小与活套系统转动惯量成正比。

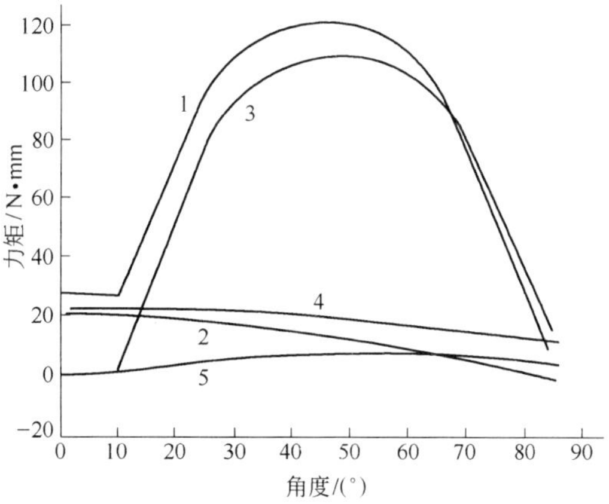

图 2-17 活套力矩与角度的关系
1—全部活套挑扭矩补偿；2—活套挑计数器垂直；
3—带钢张力扭矩；4—带钢垂直补偿；
5—带钢弯曲扭矩

2.7.1 活套高度闭环控制

活套高度闭环控制实际上与活套支持器电控系统没有关系，而是与轧机主速度系统有关。用活套器的目的，在于检测机架之间的活套量。高度闭环就是在预设活套角与反馈的实际活套角有差值时，调节上游机架的主速度，使得带钢活套量回到预设的范围内。

活套高度控制的关键是起套和落套阶段，起套时往往对带钢产生冲击而使带钢头部厚度和宽度变薄变窄，为此，目前开发了“起套软接触”技术。为了达到软接触，必须解决以下两个问题：

（1）保证起套时具有恒定的活套量（在恒定活套臂角度下接触带钢），为此要准确预报咬钢时的动态速降，以便加上必要的速度补偿来达到恒定起套活套量。

（2）根据活套臂上升角度控制活套上升速度，开始时应快速起套，而当活套角达到预定角度的 80% 时，以慢速升套。

落套时，如落套过早将使相当长一段带尾由于失张而变厚；落套过晚，又可能造成带尾上翘。

目前常采用活套带尾补偿技术，即在带尾离开前一机架时，将活套角降低，并同时缓慢减小张力，以使带钢离开本机架前活套能较快地落到初始位置。

2.7.2　活套张力控制

成功的活套控制系统，必须建立在高度闭环与张力控制混合功能实现的基础上，单纯地投入某一个功能，将对轧制过程产生不良影响。在起套过程中，张力控制尚未投入，此时从起套初始阶段后立即进入高度闭环，一旦主速度动态速降恢复，带钢与活套辊接触，则应投入张力控制功能，活套张力控制的目的应在于维持恒定小张力轧制。

张力控制，首先根据预设张力、预设带钢的重力，在给定的活套高度下计算出活套合力矩电流给定值。一旦由于套量变化使活套角产生变化，在新的活套角反馈后，又将计算出此刻的张力力矩和重力力矩，再折算出新合力矩电流设定值。

在起套过程中，必须按照起套时电流输出方法进行张力控制，在实际应用中，张力设定值既不能过大，也不可以过小。过大对带材品质有影响，过小会使活套系统不稳定。应当说，张力设定应当在允许张力范围内偏上限为好。

2.8　热连轧微张力控制

在带钢热连轧生产中，一般不采用无张力轧制。其原因在于张力为零时，连轧机组容易发生“失控”。为此，一般采用微张力或小张力轧制。对于带钢连轧粗轧机组，由于带坯厚度厚，无法采用活套器，一般采用微张力轧制。近年来，由于节能而有加大精轧来料厚度的趋向，精轧头二三机架亦有采用无活套微张力控制的方案，而精轧的其他机架仍采用活套恒定小张力控制。

微张力控制的思想与有活套的小张力控制思想差别较大。微张力控制的关键；不仅在于如何去控制，而且在于如何能较准确地检测出“微”张力，并能保证一定检测精度，这样，张力控制精度就较易保证。本节将讨论双机架粗轧连轧时的微张力控制。

双机架连轧微张力控制可用于双机架粗轧连轧，微张力控制采用头部信号记忆法来实现，最早的方案是采用头部电流记忆，也就是当轧件咬入第一机架而尚未咬入第二机架时对第一机架电流进行多次采样求均值加以记忆，这一电流值反映了无张力状态下第一机架的轧制力矩。当带钢被咬入第二机架后，继续对第一机架电流连续采样，并以头部电流为依据求出每次采样的电流偏差，以对第一机架速度进行控制使偏差小于规定值，以达到微张力轧制。电流记忆法简单易行，但其最大缺点是影响电流的不仅有张力，而且还有轧件温度，当温度有变动时，可能产生对张力的误控。

双机架连轧微张力控制（图 2-18）的改进方案为采用头部轧制力/轧制力矩比记忆法，由于温度对轧制力及轧制力矩的影响基本相同，因此采用“轧制力/轧制力矩比”法后可消除温度波动对张力控制的影响。

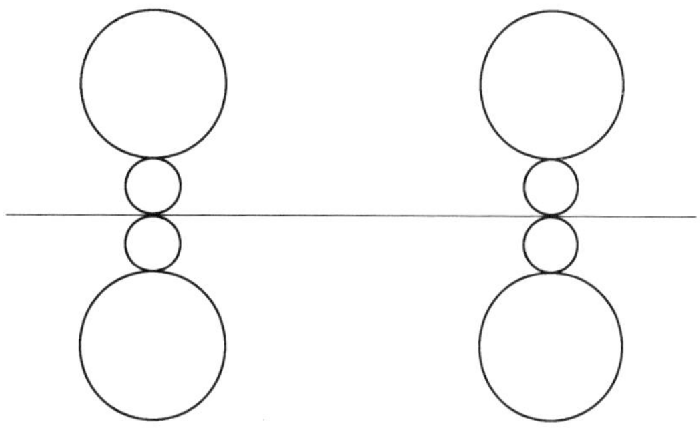

图 2-18 双机架连轧微张力控制

轧制力/轧制力矩比法可用下述公式表示。

轧机力矩（轧辊处）公式为

$$G = 2Pl + R(T_B - T_F)$$

式中 P——轧制力；

l——轧制力的力臂；

R——轧辊半径；

T_B，T_F——后张力和前张力。

由此可得轧制力/轧制力矩比

$$\frac{G}{P} = 2l + \frac{R}{P}(T_B - T_F)$$

当咬入第一机架而尚未咬入第二机架时

$$T_B = T_F = 0$$

因此记忆的值为

$$\left(\frac{G}{P}\right)_0 = 2l$$

下标 0 表示无张力状态下的轧制力/轧制力矩比。

当咬入第二机架后机架间产生张力，此张力即为第一机架的前张力 T_F，轧制力/轧制力矩比的公式成为

$$\left(\frac{G}{P}\right)_k = 2l - \frac{R}{P_k}T_F$$

$$T_F = \left[2l - \left(\frac{G}{P}\right)_k\right]\frac{P_k}{R}$$

由于 $2l = (G/P)_0$，因此

$$T_F = \left[\left(\frac{G}{P}\right)_0 - \left(\frac{G}{p}\right)_k\right]\frac{P_k}{R}$$

下标 k 为带钢咬入第二机架后对第一机架参数的第 k 次采样值，张力偏差为

$$\Delta T = T_F - T$$

式中　T——微张力目标值。

用此 ΔT 通过 PI 调节器对第一机架速度进行控制，即可实现双机架粗轧连轧的微张力控制。

2.9　带钢冷连轧机架间张力控制

大张力轧制是冷连轧与热连轧的根本区别，大张力轧制即带钢在轧辊中轧制变形是在较大的前张力和后张力作用下进行的。张力是冷连轧机轧制过程中最活跃的因素，能否实现高精度的张力自动控制（简称为 ATC），关系到能否按工艺要求成功地完成冷轧轧制过程。维持机架间张力恒定是冷连轧的一个基本工艺要求，是冷轧轧制过程中必须解决的核心问题之一，其意义在于：大张力轧制可以防止带钢在轧制过程中跑偏，减小轧机负荷，改善板形；有利于厚度自动控制和板形自动控制，如果张力波动较大甚至失控，厚度自动控制和板形自动控制将无法获得良好的结果。

现代带钢冷连轧机机架间张力控制方式随轧机类型、轧制速度及 AGC 方式的不同而异，一般有按张力偏差值调下一机架的压下量或调相应机架速度两种形式。通常情况下，张力变化超过给定值 ±30% 时进行压下量的调整；如张力给定值与实际值之差在给定值 ±30% 范围内，可以通过速度控制来调节。

当然也有依据轧制速度来调整控制策略的。图 2-19 为第一、第二两机架张力 T_1 控制系统（调压下）原理框图。

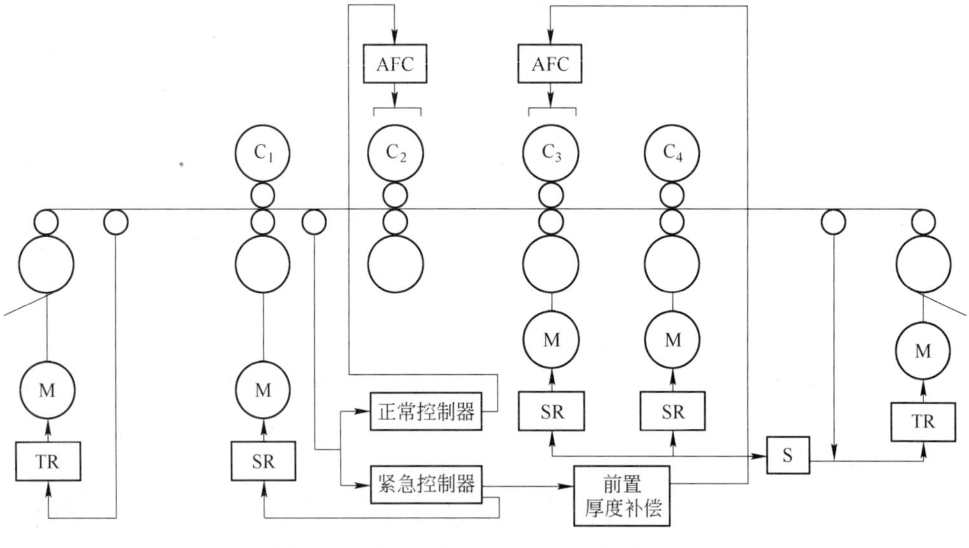

图 2-19　第一、第二机架间张力控制系统

由第一机架后面的测张仪所测得的张力实际值 T_1，与计算机送来的张力给定值 T_{C1} 相比较，得到张力偏差 δT_1。若该偏差超出张力允许范围，张力调节器便输出一个给定的辊缝调节量 S_{C2} 给第二机架压下系统，调节第二机架辊缝来调节机架间的带钢张力 T_1。

当 $T_1 - T_{C1} > 0$ 时，应减小辊缝，使张力减小，直到 $T_1 - T_{C1} = 0$ 为止；当 $T_1 - T_{C1} < 0$ 时，应增大辊缝，使实际张力增加，以消除张力偏差。

图 2-20 为第四、第五两机架张力 T_4 控制系统（调速度）原理框图。

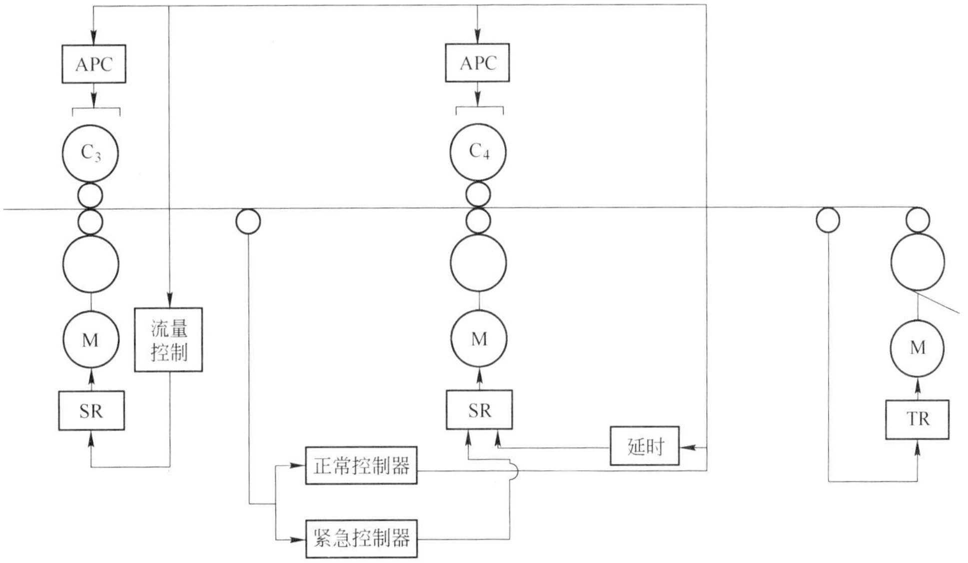

图 2-20 第四、第五机架间张力控制系统

第四机架后面的测张仪所测得的张力实际值 T_4，与计算机送来的张力给定值 T_{C4} 相比较，得到张力偏差 δT_4。若该偏差超出张力允许范围，张力调节器便输出一个给定的调节量给第五机架速度系统，调节第五机架速度来调节机架间的带钢张力 T_4。

当 $T_4 - T_{C4} > 0$ 时，应减小速度，使张力减小，直到 $T_4 - T_{C4} = 0$ 为止；当 $T_4 - T_{C4} < 0$ 时，应加大速度，使实际张力增加，以消除张力偏差。

C_4、C_5 机架间带钢张力死区较大。这是因为 C_4、C_5 的精调 AGC，是通过改变第五机架的速度来调节 C_4、C_5 间带钢张力以消除成品带钢的厚度偏差。因此，C_4、C_5 间的带钢张力需要有一个较大的变动范围来满足厚度调节的要求。

带钢冷连轧机在轧制过程中，开始采用低速穿带，待所轧带钢通过各机架并由张力卷取机卷上几圈后，同步加速到轧制速度，进入稳态轧制阶段；在焊缝进入轧机之前，一般要降速到稳态速度的40% ~70%，以防损伤轧辊表面和断带；焊缝过后又自动升速到稳态速度；在本卷带钢即将轧制完毕之前，应减速至甩尾速度。在加减速过程中，作为速度函数的摩擦系数要发生变化，从而引起轧制力改变，导致带钢出口厚度发生变化。因此，为使轧制力保持基本恒定，各机架间带钢的张力（压下）应随轧制速度的升高（降低）而相应的减小（增大）。

2.10 质量控制功能

对带钢热连轧来说质量控制包括：终轧温度控制、卷取温度控制（包括冷却速度控制）、厚度控制、板形控制和宽度控制。对于带钢冷连轧，质量控制只包括厚度控制和板形控制。

过程自动化设定模型主要任务是对各执行机构的位置、力和速度进行设定以保证带钢头部的温度、厚度、板形（凸度、平坦度）、宽度命中目标值，而基础自动化的质量控制功能则用于保证带钢全长的温度、厚度、板形、宽度等精度。

由于质量控制涉及带钢变形区的工艺参数，需采用轧件塑性变形及轧机弹性变形有关公式进行计算，本书第 6 章 ~ 第 9 章将从模型与控制角度着重讨论设定模型及上述各项质量控制功能。

2.11　板带轧机计算机控制系统

板带轧机计算机控制系统，不同于其他生产过程控制，其基本特点如下：

（1）要求快速控制。由于控制对象是机电、液压系统，要求快速控制。现代轧机设备控制及工艺参数控制的周期一般为 2 ~ 10ms。液压位置控制或液压恒压力控制系统的控制周期应为 2ms，机电设备控制或工艺参数（厚度、宽度等）自动控制则应为 10ms（温度控制周期可以适当放慢），这和以热工参数（温度、压力、流量）为主的生产过程相比，控制周期约快 30 ~ 100 倍。

（2）控制功能众多，而且集中。以带钢冷热连轧机组为例，5 ~ 7 个机架上集中了近十多个机电设备的位置控制，二十多个液压位置或恒压力控制以及一批质量控制功能，包括终轧温度控制（热轧）、自动厚度控制（前馈、反馈、偏心补偿及监控 AGC）、自动板形控制（前馈及反馈闭环 ASC）、宽度控制（热轧）、主速度（级联）控制、热连轧活套高度/张力控制或冷轧的张力控制，总共将近 55 个控制回路，因此要求采用多控制器，控制器内采用多 CPU 结构。

（3）功能间相互影响。由于众多功能最终的影响都将集中到 5 ~ 7 个轧辊/轧件之间的变形区，功能间相互影响显著（图 2-21）。例如当自动厚度控制系统调整压下控制厚度时，必将使轧制力变化，从而改变轧辊辊系弯曲变形而影响辊缝形状，最终影响出口断面形状和带钢平坦度（板形），而当自动板形控制系统调整弯辊力控制断面形状及平坦度时，必将影响出口厚度。

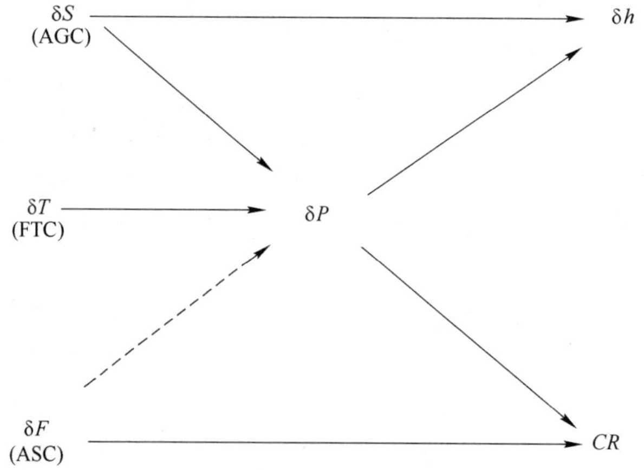

图 2-21　功能间相互影响

因此功能间要互相协调，互相传递补偿信号，传递数据的更新时间应小于 1ms。

（4）多个功能需共享输入和输出模块。例如 AGC 和 APC 都是输出控制信号控制电动压下或液压压下，活套高度控制和主速度级联都是控制主电机速度，AGC 和 ASC 都需要轧制力输入信号，AGC 和 APC 又都需要辊缝信号。

前两个特点要求系统采用处理能力强的 CPU，并采用多 CPU 控制器及多控制器结构的系统，而后一特点是要求系统具有高速通信能力（CPU 与 CPU，控制器与控制器间快速传递数据）。

因此采用快速处理能力的 CPU、多个控制器，控制器内用多个 CPU 以及 CPU 与 CPU、控制器与控制器间的高速通信能力，将是配置轧钢，特别是板带轧机计算机控制系统所必须考虑的特点，由此必将构造出一类特殊配置的计算机控制系统。

下面将分别叙述板带轧机计算机控制系统的“传动及基础自动化级”、“过程自动化级”系统结构。

2.12　传动及基础自动化级的系统配置

传动及基础自动化级的不同结构将形成不同的系统配置，传动及基础自动化级包括的范围有：过程自动化与基础自动化级之间的数据通信网，基础自动化级的控制器，各控制器间及控制器与数字传动间的高速数据通信网，基础自动化各控制器与人机界面间的数据通信网，基础自动化各控制器的本地 I/O 和远程 I/O。

不同系统的差异（设计思想），主要反映在这一级的系统拓扑结构中，从设计思想和拓扑结构看，国际上各大电气公司推出的用于板带轧机自动化的计算机控制系统可归纳为以下三种类型：

（1）平铺型结构（原美国西屋公司的 WDPF 系统等）；

（2）区域控制器群结构（原美国 GE 公司的 INNOVATION 系统，德国西门子公司的 SIMATIC TDC 系统）；

（3）超高速网结构（日本东芝、三菱公司的系统）。

2.12.1　平铺型结构

以原美国西屋公司的 WDPF 系统为例。WDPF 系统是西屋公司 20 世纪 80 年代中期推出的系统，图 2-22 为用于我国某厂 1700mm 热连轧的系统。

其拓扑结构为一批 MAC-DS 控制器平铺地连接在 WESTNET Ⅱ 及 V-CHANNEL 两条通信网上构成传动及基础自动化级。WESTNET Ⅱ 用于基础自动化级与过程自动化级间（数据更新时间 100ms），各 MAC-DS 控制器间（数据更新时间 100ms）以及基础自动化级与人机界面间（数据更新时间 1s）的通信。人机界面的操作员站及工程师站直接连接在 WESTNET Ⅱ 上。V-CHANNEL 分段设置，用于各生产区 MAC-DS 间高速通信（数据更新时间 3 ~ 5ms）以及基础自动化级与数字传动控制器的高速通信（数据更新时间 3 ~ 5ms）。MAC-DS 控制器即是按照两条网的设置而设计的。

一台 MAC-DS 由 20 槽的机箱构成，箱内总线为 Multi-Bus。MAC-DS 控制器分为两大部分，即右边 8 个槽插有与 WESTNET Ⅱ 连接的通信接口板、主 CPU MSL 板及主内存 MME 板，另外可插入两块远程 I/O 接口（PIO）板，共可带 2 × 256 块远程 I/O 板（距离可达 3000m）。主 CPU 采用梯形图语言主要用于逻辑顺序控制，梯形图中可直接对远程 I/O 的输入输出进行处理。

左边 12 个槽为与 V-CHANNEL 有关的通信接口板，两个辅助 CPU 板以及用于辅助 CPU 的快速模拟量 I/O 等模板。辅助 CPU 采用 C 语言编程，用于快速闭环控制（位置、厚

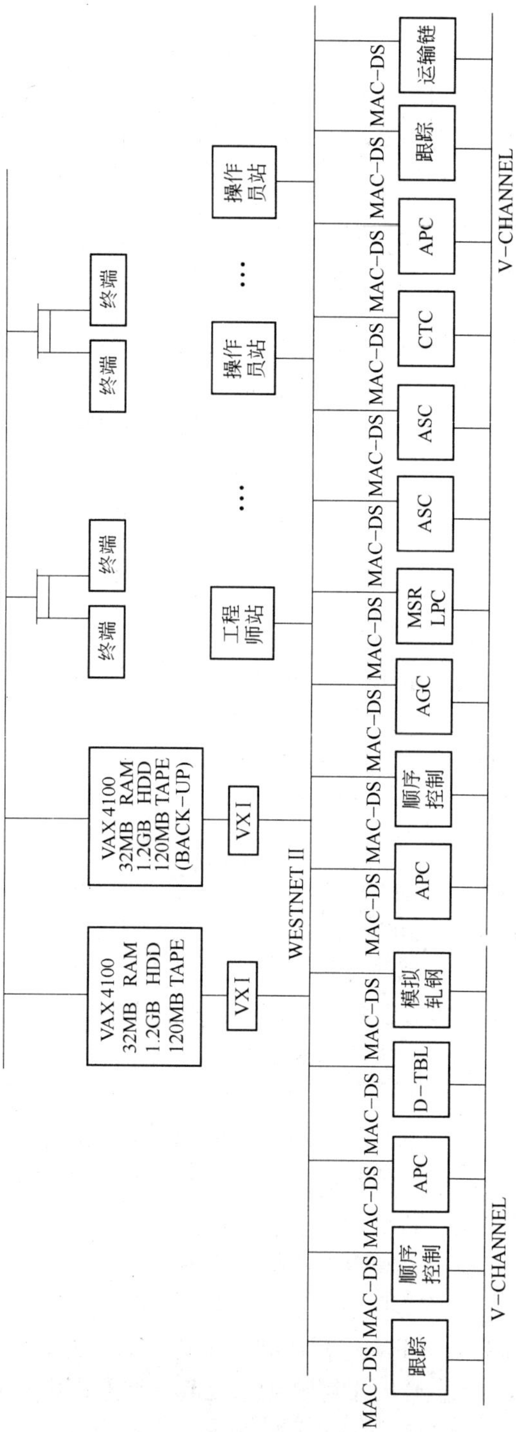

图 2-22　WDPF 计算机控制系统

度、活套控制等)。一个生产区多台 MAC-DS 控制器的辅 CPU 间通信通过 V-CHANNEL 进行。主辅 CPU 间的数据交换通过机箱内总线。

因此从结构上看，WDPF 系统满足了板带轧制自动化的多 CPU 快速处理以及快速通信的要求。

与 20 世纪 80 年代其他平铺型系统相比，WDPF 系统的优点是采用了 V-CHANNEL，实现了基础自动化控制器间的高速通信。

2.12.2　区域控制器群结构

以西门子的 SIMATIC TDC 系统为例（图 2-23)，其基本特点是控制器按“区”（粗轧区、精轧区等）构成“控制器群”，由高速局域网将区内各控制器（包括传动控制器）连接成一个控制器群，一个区域控制器群仅有几台控制器挂在主网（过程自动化和基础自动化间的网）上。

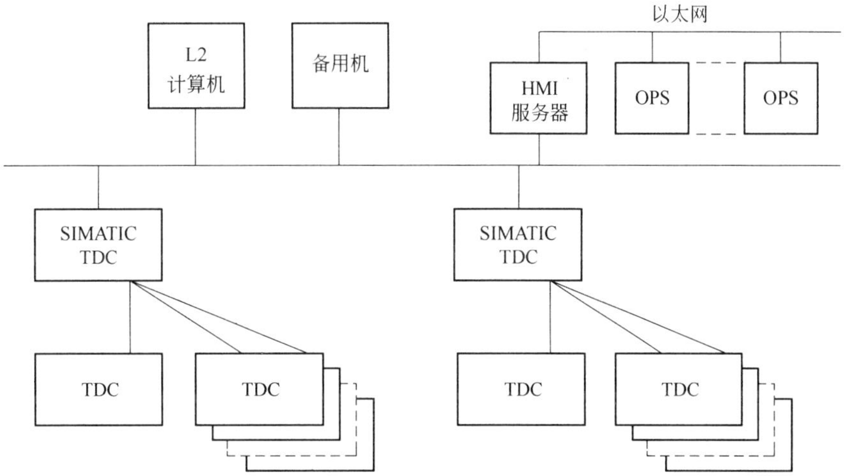

图 2-23　SIMATIC TDC 系统

考虑到轧钢过程本身是由多个“区域”构成（炉子区、粗轧区、精轧区、冷却精整区等)，区内功能相互联系紧密，要求快速交换信息，而区与区之间功能联系相对说要弱得多，而且时间上有较大裕量，因此采用区域控制器群这种结构是比较合理的。

控制器群内的高速网一般采用令牌传递、广播方式、内存映象（共享内存）模式，要求数据更新时间小于 2ms，最好为 1ms。区内高速网可以采用环形（内存映象或共享内存网)，亦可采用树形网，但树形网由于区内各控制器都与“区域主管”（AREA MASTER）点到点连接，各控制器间数据交换都要通过区域主管的通信用内存，因而使区域主管的机箱背板总线成为薄弱环节。

区域控制器群一般分为两层，上面一层为本区的综合控制层，一般包括逻辑顺序控制、过程机下送设定值与人机界面的半自动值的接收、上送过程机数据的预处理以及涉及全区的一些功能，第二层则为“功能”或“机架”控制器，机架控制器中的每个 CPU 负责一个机架的一项控制功能（APC，AFC，AGC，ASC 等）而活套控制往往与数字传动相结合。数字传动控制器与机架控制器同等连在区域控制器群的区内高速网上。

区域控制器群的主网由于站数大为减少（总数减为 10 个以内），加上许多要求快速交换的信息已在各区域控制器群内交换，主网上信息量相对减少，并且不是那样紧急，因此往往采用比较容易维护使用的以太网作为主网（L2/L1）。当通信负荷量小于网能力的 30% 以下时，各站随机发送时相碰撞机会大大减少，而使以太网的实时性得到提高。

系统中所用的控制器（SIMATIC TDC 控制器）为多处理器结构，一般可插 4 个多主方式工作的 CPU。

一个区域内的多个功能将在多个控制器及控制器内多个 CPU 上执行（按功能划分或按机架设备划分控制器），多个 CPU 上功能之间的信息交换将通过机箱内总线（箱内 CPU 与 CPU 交换信息）、或区内高速网（一个控制器内 CPU 与另一个同区控制器中 CPU 交换信息），或主网（一个区控制器内 CPU 与另一个区内控制器中 CPU）交换信息。这种多层通信网结构使快慢数据分流，提高了通信效率。

2.12.3　超高速网结构

这种结构的设计思想与前面所述完全不同，系统如图 2-24 所示。其特点为：

（1）超高速通信主网采用基于 FDDI 的光缆环形网，通信速度达 100Mb/s，甚至有进一步提高到 1Gb/s 趋势。

由于所有过程机、基础自动化控制器、人机界面服务器站等都挂在此网上，快慢数据同网，最快的数据更新时间为 1.7ms，慢的为 100ms 和 1s。

（2）基础自动化采用可编程控制器或多处理器控制器。

（3）数字传动（电气传动或液压传动）控制器与基础自动化控制器通过传动通信网相连，当然这样的系统无论 CPU 能力、多 CPU 以及高速通信的要求亦都得到很好满足。

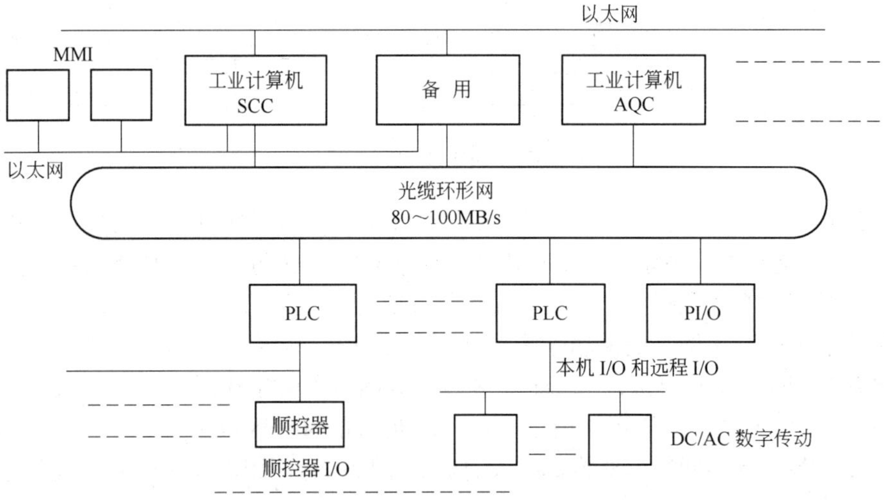

图 2-24　超高速网系统

2.13　过程自动化级的系统配置

过程自动化级（L2）系统的硬件由过程计算机、外部设备、网络通信设备、人机接口设备构成。对板带轧机 L2 计算机系统的设计，首先碰到的一个令人关注的问题就是选择什么样的系统配置。系统配置是系统设计的一项十分重要的内容。

根据我们从事板带轧机自动化工程的实践经验，L2 系统配置时应重点应考虑以下几个问题：

（1）集中型与分散型的选择。集中型是采用一台过程计算机（再设置一台备用计算机）完成各项功能。分散型则是采用多台过程计算机分别完成各区或各功能的设定。分散型又可以分为：

1）按区域分散，即按照生产工艺流程分散，如加热炉区、粗轧区、精轧区、卷取（冷却精整）区等划分，每个区域设置一台过程计算机，或者两个区域设置一台过程计算机。

2）按功能分散，将各项功能按其性质和相关程序划分成几个组（或称为子系统），每个子系统设置一台过程计算机，例如为板形控制单独设立过程计算机。

3）区域和功能混合型，例如，一台过程机用于加热炉控制（按区域），另一台用于轧制线控制（按区域），第三台用于板形控制（按功能）。

分散型与集中型的选择主要考虑是，一台过程计算机发生故障只影响局部功能，但是对于冷热连轧这样连续化、快速化的控制对象来说，任何一台计算机发生故障也必将影响全局。

采用多台计算机作为过程控制机，多台计算机之间要进行通信，互相传送数据，采用一台过程控制计算机，则多个功能之间的数据交换将在同一计算机内进行，减少了计算机间通信问题。

（2）过程控制计算机一般采用小型计算机，最好采用通用型小型计算机，以有利于维护和备件的解决。目前亦有趋势采用多台 PC 服务器作过程计算机。

系统配置在提高系统可靠性方面采取了以下几点措施：

（1）设置备用计算机，一台用于在线控制；另一台作为备用机。当在线过程控制机发生故障时，进行实时切换，改由备用机控制生产过程，采用备用计算机可以提高系统的可靠性，因为两台计算机同时出现硬件故障的概率相当小。

（2）采用镜盘（DISK mirroring）技术。采用镜盘技术，硬盘发生故障时，不会影响在线过程控制，并且能够在系统运行的状态下更换故障的硬盘。

（3）采用不间断电源。选用集中式不间断电源（UPS），以保证计算机及其外部设备的供电。

（4）设计用于应用软件及系统软件间的支持软件。支持软件（Support Software）是一种软件开发环境，是一组软件工具的集合，它支持一定的软件开发方法或者按照一定的软件开发模式组织而成的。

2.14 板带轧机计算机控制系统配置实例

随着硬件的发展，国外公司约十年更新其系统，由于所提供的系统不开放，备件必须向原公司购买，停止原系统备件供应后，给用户造成很大困难，被迫要重新成套（包括应用软件）引进。这是各个引进系统将逐渐面临的问题。

1988 年武钢 1700mm 热连轧由于外商停止备件供应被迫需要改造，武钢领导层在国内首次作出了“系统引进，应用软件立足国内”的决策，1993 年由武钢、重庆钢铁设计院、北京科技大学组成的团队顺利完成了武钢 1700mm 热连轧计算机控制系统全套应用软件的开发，并进一步提高了产量和产品质量，接着在冶金部组织下武钢、冶金工业部自动化所及北京科技大学又完成了太钢 1549mm 热连轧计算机控制系统的改造。

1997～2001 年鞍山钢铁公司与北京科技大学又共同完成了鞍钢 1700mm 热连轧的翻新改造，不仅应用软件全部立足国内，并且自主集成了新的计算机控制系统。自主集成的系统采用基于 VME 总线的开放式结构，因此备件不受任一家公司的限制，解决了被迫更新的问题。

我们自主设计和集成的快速过程计算机控制系统采用了以下技术：

（1）三层网络——以太网、高速内存映象网及 DP 网；

（2）三类控制器——以软逻辑为基础的“软”PLC，由 CPU 板上带有 I/O 接口的模板组成多 CPU 机架控制器（SC 控制器）以及以高速 CPU 为处理器的多 CPU 质量控制器（HPC）；

（3）L2/L1 采用统一的 HMI 系统。

由此可以组成以下不同结构的系统：

（1）区域控制器结构：即 L2/L1 间用 100Mb/s 以太网，L1 分区采用 2000Mb/s 高速内存映象网，L1/L0、L1 与辅助站（液压站、润滑站）的 PLC 以及 L1 控制器与远程 I/O 用 DP 网连接，控制器采用多 CPU 结构。

（2）超高速网结构：即 L2/L1 以及 L1 控制器间共用 2000Mb/s 高速内存映象网连接，L2/L1 与 HMI 采用 100Mb/s 以太网，L1 与 L0 以及 L1 控制器与辅助站，L1 控制器的远程 I/O 用 DP 网连接。

（3）自动化岛屿结构（图 2-25）：即 L1 分区采用 2000Mb/s 高速内存映象网连接 L2 的本区 PC 服务器及本区 L1 各控制器，各区 L2 PC 服务器及 L2/L1 HMI 间采用 100Mb/s 以太网连接，L1 与 L0 以及 L1 与辅助站，L1 控制器的远程 I/O 用 DP 网连接。

（1）及（2）两种结构已分别在承钢及鞍钢项目上得到成功应用，L1 液压控制器最小控制周期小于 2ms，同一区各控制器间数据交换周期小于 1ms。

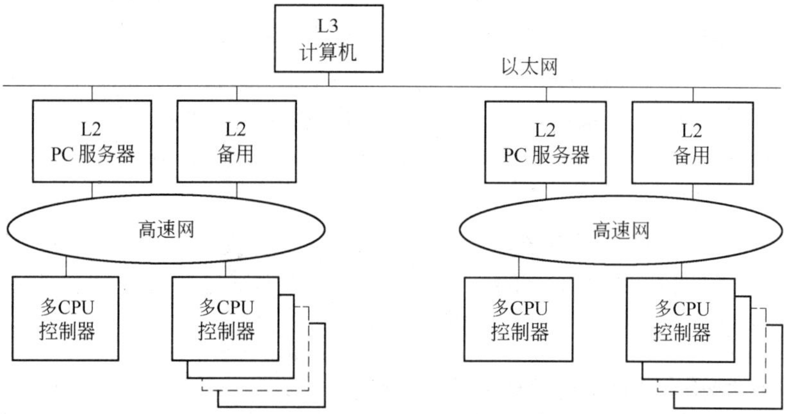

图 2-25　自动化岛屿结构系统

图 2-26 给出了我们为鞍钢 1700mm 热连轧机所设计及集成的系统，系统由 L3/L2/L1/L0 四级组成，系统由以下部分组成：

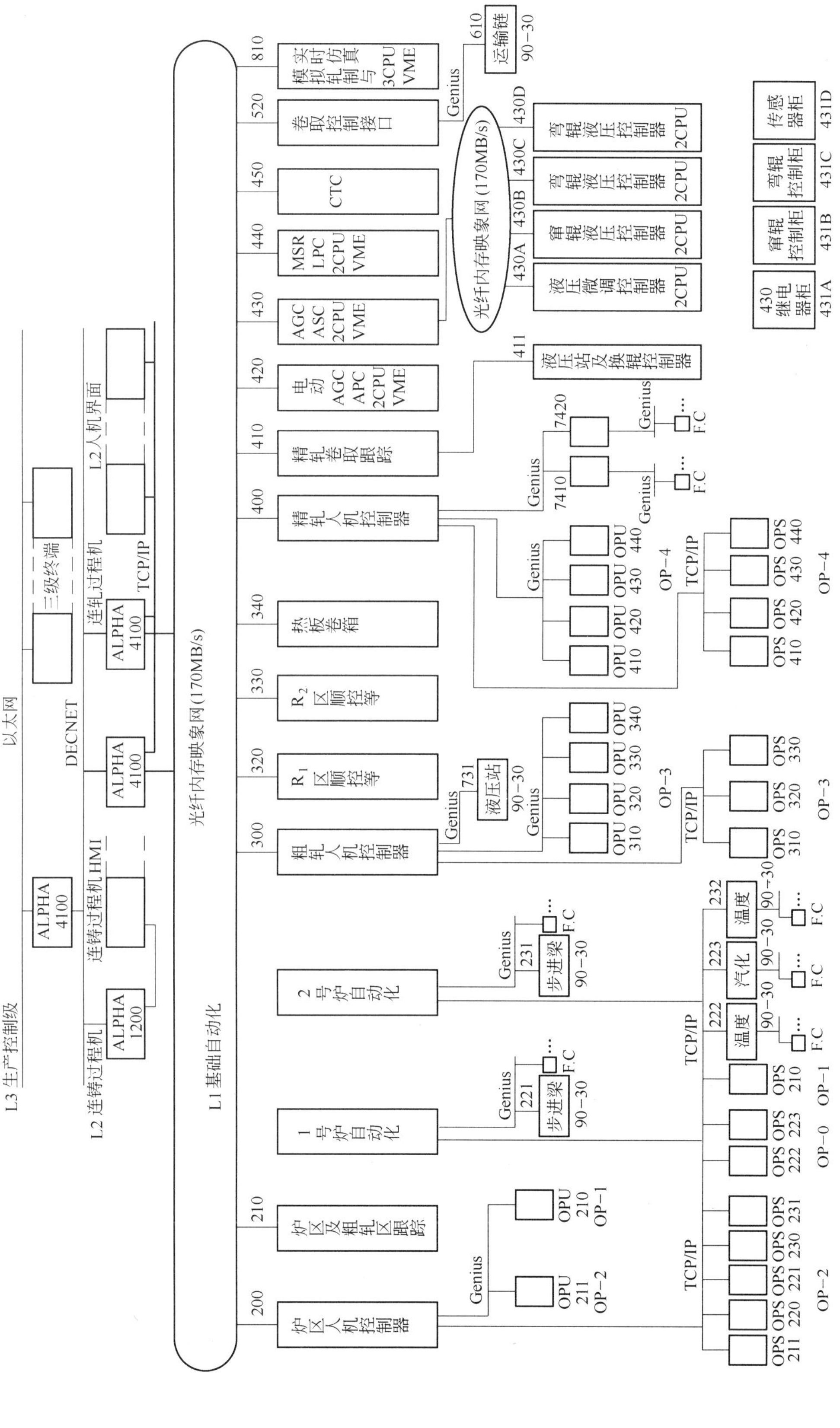

图 2-26　1700mm 中薄板坯连铸连轧生产线计算机控制系统

（1）L3 生产控制（ALPHA 4100 计算机）。通过以太网连接中薄板坯连铸机的 L2。

（2）L2 过程自动化级（两台 ALPHA 4100 计算机）。通过以太网与 L3 以及 L2 HMI 通信，并通过光纤内存映象网（RTNet）与 L1 通信。

（3）L1 基础自动化级（22 台 VME 总线 PLC 及多 CPU 控制器）。通过光纤内存映象网相互连接交换数据，并与 L2 通信。基础自动化包括了由机架控制器中的带 I/O 接口的 CPU 直接控制液压传动系统（液压压下、弯辊、窜辊系统及卷取 AJC 系统），由 DP 网与主辅电气传动控制器连接。表 2-3 列出了 L1 各控制器的功能分配。

表 2-3　1700mm 中薄板坯连铸连轧生产线基础自动化各控制器的功能

控制器	功能
200 号站	炉区人机接口控制器，将加热炉的各类信息传递给 HMI 站，用于画面及数据显示。同时，它接收操作工的命令和输入数据，并传递到粗轧区其他控制器中
210 号站	210 号站实现加热炉区和粗轧区在跟踪功能，输入跟踪结果给炉区及粗轧区各站及二级计算机。同时完成 A，B，C 辊道控制，B 辊道上对中 APC 控制及与炉体自动化功能的联锁控制等
300 号站	粗轧区人机接口控制器，将粗轧过程中的各类信息传递给 HMI 站，用于画面及数据显示，使得粗轧区的生产状况和具体参数实时地得到显示，接收操作工的命令和输入数据，并传递到粗轧区其他控制器中
320 号站	完成 R_1 区的顺序控制和 APC 控制工作，主要控制功能有： （1）VSB，R_1 前除鳞控制； （2）R_1 区顺序控制（包括 $D_1 \sim D_6$ 辊道顺控）； （3）VSB 开口度 APC； （4）R_1 压下 APC； （5）VSB，R_1 速度控制； （6）R_1 前、后侧导板 APC 控制
330 号站	完成 R_2 区的顺序控制和 APC 控制工作，主要控制功能有： （1）R_2 顺序控制（包括前后辊道顺序控制）； （2）R_2 前、后侧导板控制； （3）E_2 开口度 APC； （4）R_2 压下 APC； （5）E_2，R_2 速度控制
340 号站	完成热板卷箱的控制，主要控制功能有： （1）热卷箱前后辊道控制； （2）插入臂伸缩及浮动压力控制； （3）弯曲辊辊缝调节； （4）开卷臂角度控制； （5）传送臂芯轴伸缩控制； （6）成形辊、托卷辊、夹送辊、偏转辊升降控制； （7）热卷箱液压系统，润滑系统控制

续表 2-3

控制器	功能
400 号站	精轧区人机接口控制器，将精轧过程中和各类信息传递给 HMI 站，用于画面及数据显示，使得精轧区的生产状态和具体参数实时地得到显示。同时接收操作工的命令和输入数据，并传递到精轧区其他控制器中
410 号站	完成精轧区和卷取区的跟踪，主要控制功能有： （1）从热卷箱开始到卷取机之间的跟踪； （2）与换辊系统、各辅助液压站、润滑站的联系； （3）与飞剪系统的信号联系
420 号站	420 号站为多 CPU 控制器，其中有三块 CPU 板，各自完成的控制功能为： CPU_1：完成 $F_1 \sim F_6$ APC 控制，精轧零调； CPU_2：完成 7 套侧导板，标高位置 APC 控制； CPU_3：完成 $F_1 \sim F_3$ AGC 控制，其中包括 KFF-AGC，液压反馈 AGC，监控 AGC
430 号站	430 号站为多 CPU 控制器，其中有两块 CPU 板，各自完成的控制功能为： CPU_1：完成 F_4 液压微调系统的控制，包括液压系统逻辑控制，压力闭环，液压微调零调 CPU_2：完成 F_5 液压微调系统的控制，包括液压系统逻辑控制，压力闭环，液压微调零调
430A 号站	430A 号站为多 CPU 控制器，完成的主要功能是板形控制，$F_3 \sim F_6$ 弯辊、窜辊的位置输入及控制输出。但弯辊系统的压力在线闭环控制不在此站中，窜辊的位置闭环也不在此站中
430B 号站	430B 号站为多 CPU 控制器，其中有两块 CPU 板，分别完成 $F_3 \sim F_6$ 机架窜辊位置 APC 控制
430C 号站	430C 号站为多 CPU 控制器，其中有两块 CPU 板，分别完成 F_3，F_4 机架两侧弯辊压力的在线快速闭环调节
430D 号站	430D 号站为多 CPU 控制器，其中有两块 CPU 板，分别完成 F_5，F_6 机架两侧弯辊压力的在线快速闭环调节
440 号站	440 号站为多 CPU 控制器，其中有两块 CPU 板，各自完成的控制功能为： CPU_1：完成 $F_1 \sim F_6$ 主速度控制，包括主速度给定，同步速度，逐移，手动微调等 CPU_2：完成 $L_1 \sim L_5$ 活套控制，包括活套起落，活套高度/张力控制及张力、高度解耦控制
450 号站	完成卷取温度控制（CTC），主要控制功能有： （1）CTC 控制中的模型计算； （2）前馈及后馈控制； （3）前端方式，后端方式，两端方式等
520 号站	卷取区及运输链区人机接口控制器，将卷取及运输链区过程中的各类信息传递给 HMI 站，用于画面及数据显示，使得卷取及运输链的生产状况和具体参数实时地得到显示。同时接收操作工的命令和输入数据，并传递到卷取区及运输链区其他控制器中
810 号站	810 号站用于全轧制线模拟轧钢及轧制过程实时仿真，本站为多 CPU 控制器，其中有 3 块 CPU 板

（4）L1 各控制器通过现场总线连接以下各子系统：

1）加热炉温度控制子系统；

2）液压站 PLC 子系统；

3）油膜轴承液压站及润滑站 PLC 子系统；

4）快速换辊 PLC 子系统。

（5）L1 HMI 通过以太网与 L1 的控制器连接进行数据交换。

中厚板轧机、带钢冷连轧计算机控制系统无论是系统规模还是控制功能都与带钢热连轧的系统相似，但要简单许多。

第 3 章　板带轧制塑性变形基本公式

3.1　概述

热轧板带轧制塑性变形数学模型的基本公式为：轧制力公式、前滑及宽展公式（宽展公式将在第 9 章中讨论），而冷轧带钢的基本公式为轧制力及前滑公式，但其特点为公式中需考虑变形区摩擦系数变化以及带钢前后张力对轧制力及前滑的影响。

虽然在线控制模型一般都采用较为简洁的形式，但从理论公式讨论开始将对在线模型实质的理解有益。

变形区是轧件在轧制过程中直接与轧辊相接触而发生塑性变形的那个区域，其平面图如图 3-1 所示。

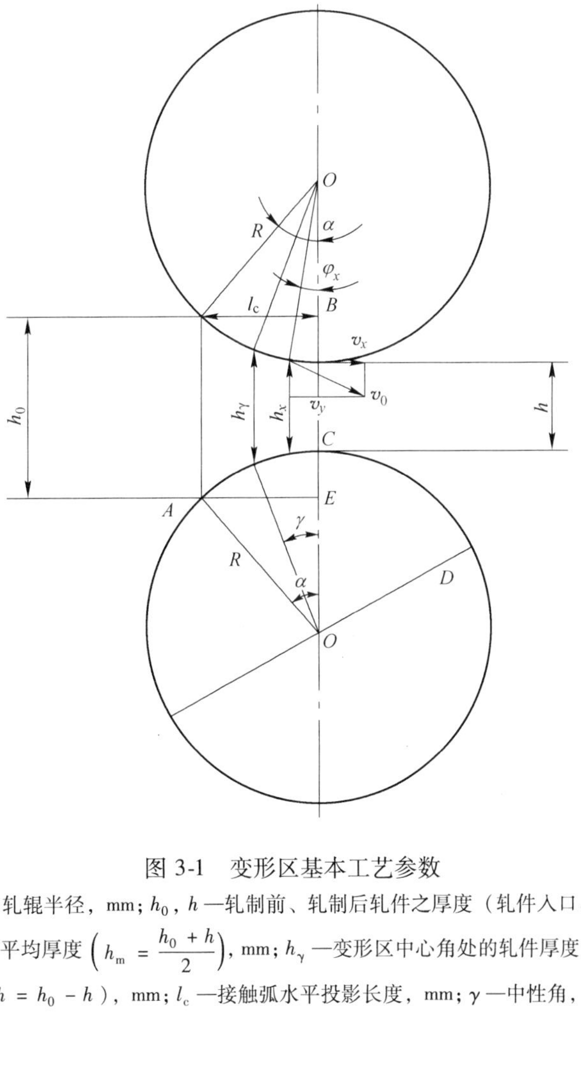

图 3-1　变形区基本工艺参数

D，R—轧辊直径、轧辊半径，mm；h_0，h—轧制前、轧制后轧件之厚度（轧件入口、出口厚度），mm；h_m—轧制变形区的平均厚度 $\left(h_m = \dfrac{h_0 + h}{2}\right)$，mm；$h_\gamma$—变形区中心角处的轧件厚度，mm；$\Delta h$—压下量（或称绝对压下量，$\Delta h = h_0 - h$），mm；$l_c$—接触弧水平投影长度，mm；$\gamma$—中性角，rad；$\alpha$—咬入角，rad

（粗轧的相应参数采用 H_0，H，H_m，ΔH 等代替 h_0，h，h_m，Δh 等）

咬入角与轧辊半径和压下量之间的关系可由图 3-1 得出

$$\overline{EC} = \overline{OC} - \overline{OE} = R - \overline{OE}$$

$$\overline{OE} = R\cos\alpha$$

而
$$\overline{EC} = \frac{\Delta h}{2}(\Delta h = h_0 - h,\text{绝对压下量})$$

代入后得
$$\frac{\Delta h}{2} = R - R\cos\alpha$$

由于
$$1 - \cos\alpha = 2\sin^2\frac{\alpha}{2},\ 2\sin^2\frac{\alpha}{2} \approx \frac{\alpha^2}{2}(\text{由于板带轧制时 } \alpha \text{ 较小})$$

因此
$$\Delta h \approx 2R\frac{\alpha^2}{2}$$

即
$$\alpha \approx \sqrt{\frac{\Delta h}{R}}$$

由图 3-1 可知，$l_c^2 = R^2 - \overline{OE}^2$

$$\overline{OE} = R - \frac{\Delta h}{2}$$

故
$$l_c^2 = R^2 - \left(R - \frac{\Delta h}{2}\right)^2 = R^2 - \left(R^2 - R\Delta h + \frac{\Delta h^2}{4}\right) = R\Delta h - \frac{\Delta h^2}{4}$$

最后得
$$l_c = \sqrt{R\Delta h - \frac{\Delta h^2}{4}}$$

由于 $\frac{\Delta h^2}{4}$ 比 $R\Delta h$ 小得多一般可以忽略，所以工程上用

$$l_c \approx \sqrt{R\Delta h}$$

绝对压下量与原始厚度之比称为相对压下量（或称变形程度），用 ε 表示（百分数）

$$\varepsilon = \frac{\Delta h}{h_0}$$

若无宽展时，则

$$\varepsilon = \frac{h_0 - h}{h_0} = 1 - \frac{h}{h_0} = 1 - \frac{1}{\lambda}$$

或　　　　　　$\lambda = \frac{1}{1-\varepsilon}$

λ 为延伸率，故　　　　$\lambda = \frac{l}{L} = \frac{b_0 h_0}{bh}$

当轧件无宽展时(即 $b_0 = b_1$) $\lambda = \frac{h_0}{h}$

轧制时变形程度沿接触弧是变化的，所以变形区中任意断面上的变形程度(图 3-2)为

$$\varepsilon_x = \frac{h_0 - h_x}{h_0}$$

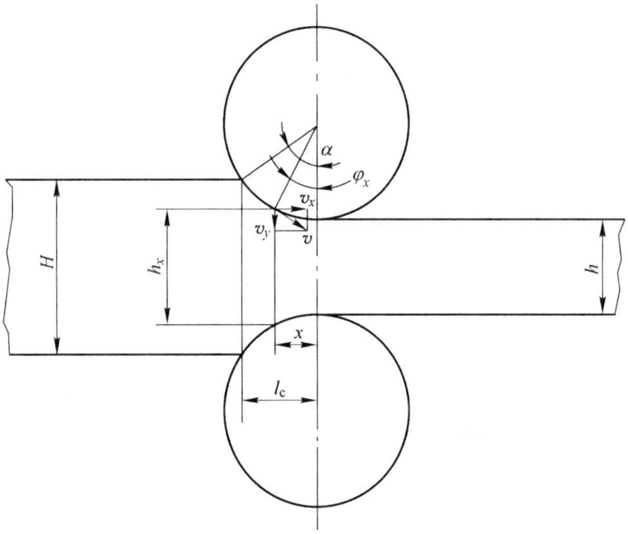

图 3-2　变形区中任意断面上的变形程度

变形区中平均变形程度可表示为

$$\varepsilon_m = \frac{1}{l_c}\int_0^{l_c} \frac{h_0 - h_x}{h_0} dx$$

式中　h_x——变形区任意断面上轧件之厚度，当把接触弧看成抛物线时

$$h_x = h + \frac{\Delta h}{l_c^2} x^2$$

式中　x——变形区任意断面与上下轧辊中心连线的距离。

将 h_x 代入得

$$\varepsilon_m = \frac{\Delta h}{l_c h_0}\int_0^{l_c}\left(1 - \frac{x^2}{l_c}\right)dx$$

积分后

$$\varepsilon_{\mathrm{m}} = \frac{2}{3}\frac{\Delta h}{h_0}$$

在大变形情况下，上述相对变形程度的表示方法不宜采用，而应该采用对数应变（又称真正变形程度）来表示。设圆柱形试件从高度 h_0 压缩到 h，其真正变形程度为（为了以后计算方便，压缩的真正变形程度取为正值）：

$$e_x = \frac{\mathrm{d}h_x}{h_x}$$

积分后
$$e = \int_{h_0}^{h}\frac{\mathrm{d}h_x}{h_x} = \ln\frac{h_0}{h} = \ln\frac{1}{1-\varepsilon}$$

金属塑性变形的变形速度用于热轧变形阻力计算，它是指单位时间的应变量（真正变形程度），其单位为 1/s。

x 点处变形速度 u_x 为

$$u_x = \frac{\mathrm{d}e}{\mathrm{d}t} = \frac{\mathrm{d}h_x}{h_x}\cdot\frac{1}{\mathrm{d}t} = \frac{\mathrm{d}h_x}{\mathrm{d}t}\cdot\frac{1}{h_x}$$

$\frac{\mathrm{d}h_x}{\mathrm{d}t}$ 即为线压缩速度，单位为 mm/s。

变形区中 u_x 是一变数，离轧辊连心线为 x 处的断面上变形速度 u_x 为

$$u_x = \frac{2v_y}{h_x}$$

式中 v_y——垂直方向的压下速度。

热轧时轧件和轧辊之间没有相对滑动（黏着），可认为轧件沿接触弧上各点的线速度与轧辊的线速度相等。这时，垂直速度为：

$$v_y = v_0\sin\varphi_x$$

式中 v_0——轧辊线速度。

因此

$$u_x = \frac{2v_0\sin\varphi_x}{h_x} = \frac{2v_0\sin\varphi_x}{h + D(1-\cos\varphi_x)}$$

当轧制带钢时，咬入角 φ_x 较小，可以认为 $\sin\varphi_x = \varphi_x$

$1-\cos\varphi_x = 2\sin^2\frac{\varphi_x}{2} \approx \frac{\varphi_x^2}{2}$，所以

$$u_x = \frac{2v_0\varphi_x}{h + R\varphi_x^2}$$

由上式可知：轧件在出口处，即 $\varphi_x = 0$ 时，其变形速度为最小，其值为 $u_x = 0$；轧件在入口处，即 $\varphi_x = \alpha$ 时，其变形速度为

$$u_x = \frac{2v_0\alpha}{h_0} = \frac{v_0}{l_{\mathrm{c}}}2\varepsilon$$

可以看出，变形区中的变形速度是变化很大的，它由入口处的 $u_x = \frac{v_0}{l_c}2\varepsilon$，变化到出口处的 $u_x = 0$。

为了计算热轧变形阻力，一般采用变形区中变形速度的平均值，称为轧制时平均变形速度 u_m

$$u_m = \frac{1}{\alpha}\int_0^{\alpha} u_x \mathrm{d}\varphi_x = \frac{1}{\alpha}\int_0^{\alpha} \frac{2v_0\varphi_x}{h + R\varphi_x^2}\mathrm{d}\varphi_x$$

经整理得

$$u_m = \frac{v_0}{l_c}\ln\frac{h_0}{h}$$

由于

$$v'h_0 = vh$$

式中　v'——入口（水平）速度；

　　v——出口速度。

因此 v' 要比 v 小。由此可知，在变形区中必定有一断面，其轧件的水平速度和该点轧辊水平速度相等，此断面称为中性面，轧辊上的该点称为中性点。中性点和轧辊中心的连线与轧辊连心线间的夹角称为中性角 γ。

正如图 3-3 所示，变形区中存在前滑段和后滑段。

各机架的带钢出口速度 v 和入口速度 v' 对连轧机组十分重要，为此定义一个前滑值 f

$$f = \frac{v - v_0}{v_0} \times 100\%$$

由此可得

$$v = v_0(1 + f)$$

变形区内轧件在每一断面处流量应相等，即

$$v'h_0 = v_\gamma h_\gamma = vh$$

式中　v_γ——中性面金属流动的水平速度；

　　h_γ——中性面厚度。

由图 3-3 可得

$$v_\gamma = v_0\cos\gamma$$
$$h_\gamma = h + 2R(1 - \cos\gamma)$$

由于

$$v_\gamma h_\gamma = vh$$

此式可写成

$$\frac{v}{v_\gamma} = \frac{h_\gamma}{h} \quad 或 \quad \frac{v}{v_0} = \frac{h_\gamma\cos\gamma}{h}$$

因此

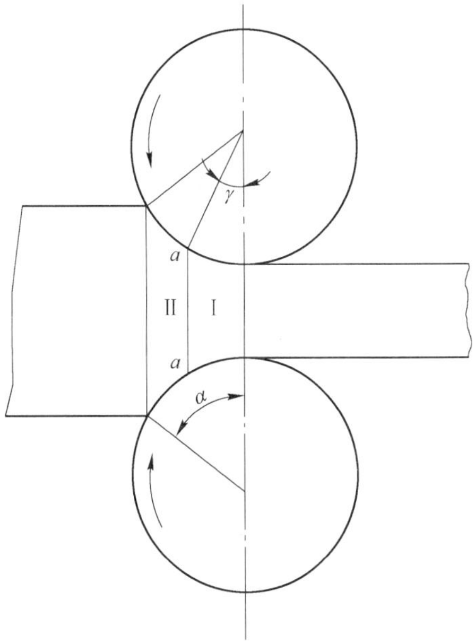

图 3-3　前滑区和后滑区

$$
\begin{aligned}
f &= \frac{v - v_0}{v_0} \\
&= \frac{v}{v_0} - 1 \\
&= \frac{h_\gamma \cos\gamma}{h} - 1 \\
&= \frac{[h + 2R(1 - \cos\gamma)]\cos\gamma}{h} - 1 \\
&= \frac{(1 - \cos\gamma)(2R\cos\gamma - h)}{h} - 1
\end{aligned}
$$

此式即为 Fink 的前滑公式，其主要变量为中性角 γ。考虑到 γ 角很小，可设

$$\cos\gamma \approx 1, \quad 1 - \cos\gamma = 2\sin^2\frac{\gamma}{2} \approx 2\left(\frac{\gamma}{2}\right)^2 = \frac{\gamma^2}{2}$$

因此可得

$$f = \frac{R}{h}\gamma^2$$

前滑公式中的中性角，热轧一般可用 Sims 的 γ 公式计算，冷轧则用 Bland-Ford 的 γ 公式计算。轧制时后滑为

$$v_0\cos\alpha(1 - \beta)h_0 = v_0(1 + f)h$$

所以

$$(1 - \beta) = \frac{h}{h_0\cos\alpha}(1 + f)$$

考虑到 α 角很小，因此可设 $\cos\alpha \approx 1$

即认为

$$v' = v_0(1 - \beta)$$

则

$$(1 - \beta) = \frac{h}{h_0}(1 + f)$$

3.2　变形区应力状态及塑性方程

当对任何一个物体施加外力时，在物体内部将要产生内力。这种分布在单位面积上的内力叫做内应力，即

$$\sigma = \frac{P}{A}$$

式中　σ——应力；

P——外力；

A——受力面积。

一般来说，特别是在轧制时，轧件内部的某一个微分体积（取出一个小六方体）的应力并不是单向的。这个微分体上所受应力的状态，称之为应力状态。

可用这一微分体上的主应力（切应力为零之平面上的正应力）来描述应力状态。应力状态可能有九种形式，即单向应力状态两种，平面应力状态三种，三向应力状态四种。

应力状态对压力加工过程有很大影响：单向应力状态下物体易于变形；三向压应力状态必须施加较大的外力才能使物体变形；而三向流体静压力不管压力多大都不能使物体变形。

压力加工条件不同，就会使物体有不同的应力状态。

在轧制过程中，轧件在轧辊间产生塑性变形。由于金属塑性变形时体积不变，当变形区金属在垂直方向受到压缩时，在轧制方向便产生延伸，并在横向产生宽展。而延伸和宽展均受到接触面上摩擦力的限制，使变形区中之金属呈三向压应力状态。

轧制时，整个变形区内部各点的应力状态分布是不均匀的。一般地说，当有前后张力时，在变形区中部的金属呈三向压应力状态；在靠近入口和出口端，由于张力的作用，金属呈一向拉应力二向压应力状态，如图 3-4 所示。

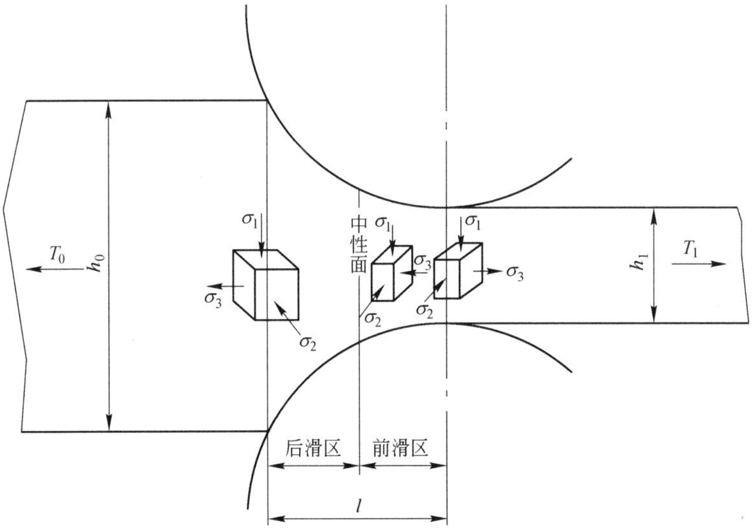

图 3-4 变形区应力状态

变形区内部应力状态的形成，主要是由于接触弧上单位压力和摩擦力以及前后张力等的影响所致。但应力状态分布的不均匀性则受许多因素的影响。

在复杂应力状态下发生塑性变形的条件，是金属压力加工中的一个重要课题，通常把它归结为塑性变形阻力和主应力 σ_1，σ_2，σ_3 之间的关系，而表示此关系的方程式称做塑性方程。这就是说，可以用塑性方程来判别塑性变形能否发生。对单向应力状态，发生塑性变形的条件为 $\sigma_1=\sigma$（σ 为金属塑性变形阻力），复杂应力状态下发生塑性变形的条件有很多理论，在压力加工中通常应用以下两种学说。

第一种称做最大切应力学说。按照这个学说，物体在各种应力状态下，当作用于物体该点的切应力达到最大值，即达到临界切应力为 τ_{max} 时，物体开始塑性变形。

由力学知道，主切应力等于相应主应力差的一半，即

$$\tau_{max} = \frac{\sigma_1 - \sigma_3}{2}$$

按习惯规定，σ_1 为最大主应力；σ_3 为最小主应力。

对于单向拉伸：

$$\sigma_1 = \sigma,\quad \sigma_2 = \sigma_3 = 0$$

所以

$$\tau_{max} = \frac{\sigma}{2}$$

因此，可得最大切应力学说的表达式：

$$\sigma_1 - \sigma_3 = \sigma$$

这个学说亦称主应力差学说。

第二种学说称做形状变化位能学说。它认为不论应力状态如何，其形状变化位能达到某一定值时，就发生塑性变形。其塑性方程为

$$(\sigma_1 - \sigma_2)^2 + (\sigma_2 - \sigma_3)^2 + (\sigma_3 - \sigma_1)^2 = 2\sigma^2$$

这个学说考虑了中间主应力的影响。

为了弄清 σ_2 的影响，需引入一个指数以便于数学运算。设

$$\xi = \frac{\sigma_2 - \dfrac{\sigma_1 + \sigma_3}{2}}{\dfrac{\sigma_1 - \sigma_3}{2}}$$

由于 σ_2 必定在 σ_1 和 σ_3 范围内变化，故 ξ 应在 -1（当 $\sigma_2 = \sigma_3$ 时）和 $+1$（当 $\sigma_2 = \sigma_1$ 时）之间。当 $\sigma_2 = \dfrac{\sigma_1 + \sigma_3}{2}$，$\xi = 0$。

由公式可得

$$\sigma_2 = \xi\frac{\sigma_1 - \sigma_3}{2} + \frac{\sigma_1 + \sigma_3}{2}$$

因此可得

$$\sigma_1 - \sigma_3 = \frac{2\sigma}{\sqrt{3 + \xi^2}}$$

令
$$\beta = \frac{2}{\sqrt{3 + \xi^2}}$$

则
$$\sigma_1 - \sigma_3 = \beta\sigma = K$$

式中　β——中间主应力的影响系数。

由于 ξ 是在 $+1$ 和 -1 之间变化，所以当 $\xi = 1$ 时，$\beta = 1$；当 $\xi = -1$ 时，$\beta = 1$；$\xi = 0$

时 $\beta=1.15$。所以 β 是在 1 ~ 1.15 范围内变化。由此可以看出中间主应力 σ_2 的影响不是很大。

在计算板带轧制的变形抗力时，由于宽展很小，可看做平面变形，即 $\varepsilon_2\approx 0$，所以 $\sigma_2=\dfrac{\sigma_1+\sigma_3}{2}$，此时 $\beta=1.15$。而对于粗轧道次由于宽展大，此时 β 可认为等于 1.0。

从上述分析可知，最大切应力学说与形状变化位能学说之差别是最大切应力学说没有考虑中间主应力影响，而后者考虑了中间主应力 σ_2 的影响。同时亦可看到当 $\sigma_2=\sigma_3$ 或 $\sigma_2=\sigma_1$ 时，上述两个学说所得的结果相同，即

$$\sigma_1-\sigma_3=\sigma$$

由于加工所加的力产生 σ_1，在单向应力状态时当：

$$\sigma_1=\sigma$$

即 σ_1 达到 σ 值时开始塑性变形。在复杂应力状态下 $\sigma_1=\beta\sigma+\sigma_3$，即 σ_1 达到 $\beta\sigma+\sigma_3$ 值时开始塑性变形。

3.3 轧制力模型的理论基础

轧制力模型采用以下基本形式

$$P=Bl'_cQ_PKK_T$$

式中 P——轧制力；

B——带宽；

l'_c——考虑压扁后的轧辊与轧件接触弧的水平投影长度；

Q_P——考虑变形区内应力状态的影响系数；

K——金属变形阻力，它决定于金属材料化学成分及变形的物理条件（热轧的变形温度，变形速度及变形程度；冷轧则为累计变形程度）；

K_T——前后张应力对轧制力的影响系数。

其中带宽 B 乘上接触弧水平投影长度为接触面积，是决定轧制力的几何因素，Q_P 及 K_T 为决定轧制力的力学因素，K 则为影响轧制力的物理化学因素。

3.3.1 热轧外区应力状态系数

轧制时变形区内应力状态及其分布决定于变形区几何形状，这可用接触弧长 l_c 与平均厚度 h_m 之比来表述，（图 3-5 给出了不同 l_c/h_m 时的变形区形状），当变形区平均厚度较大使 $l_c/h_m<1$ 时（中厚板及带钢热连轧粗轧道次），变形不能深透厚度中心，加上变形区两端的不变形区（刚端）的存在而使变形区在厚度方向产生不均匀变形，因而造成复杂应力状态使需在接触弧上施加较大的力才可能使物体变形，此时变形区应力状态系数称为“外区影响系数”用 Q_r 表示，接触弧上需施加的平均变形抗力为 P_m 才能使轧件变形。

$$P_m=Q_rK$$

式中 K——单向压力状态下的金属材料变形阻力。

当 $l_c/h_m>1$ 时（中厚板及热连轧粗轧后几个道次，热轧精轧及冷轧各道次），由于轧

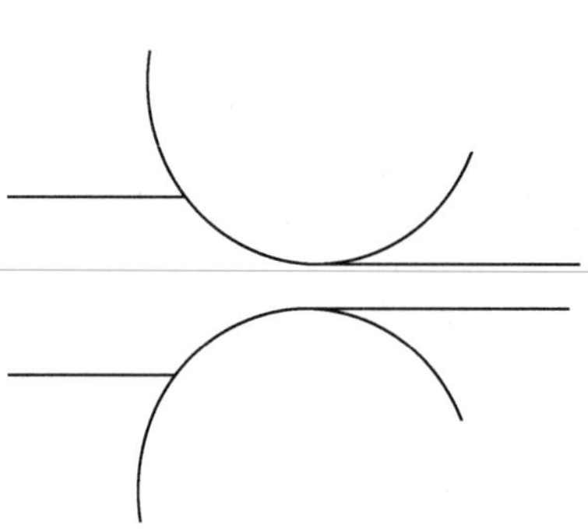

图 3-5　不同 l_c/h_m 时的变形区形状

辊与轧件接触面上存在的摩擦力而使变形区内产生复杂应力状态，此时接触弧上需施加的平均变形抗力应为 P_m 为

$$P_m = Q_P K$$

式中　Q_P——外摩擦影响系数。

对于外区影响系数 Q_r，理论上往往采用滑移线法来求解，由于方法过于复杂，因此目前一般采用实验方法求出计算 Q_r 的公式，Q_r 与 l_c/h_m 间关系如图 3-6所示，即 Q_r 随着 l_c/h_m 变小（更小于1）而变大，具体公式有：

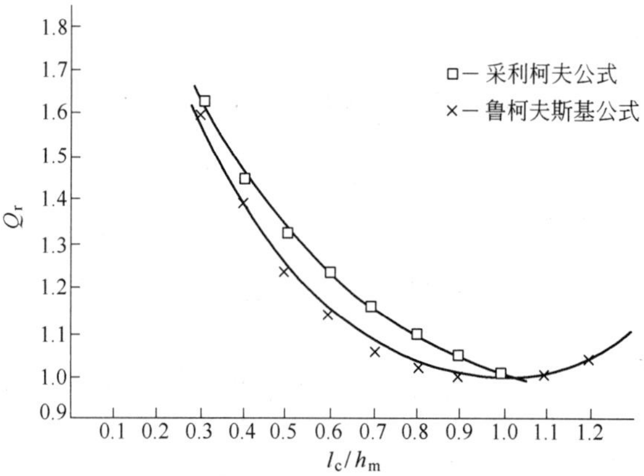

图 3-6　Q_r 与 l_c/h_m 的关系

（1）采利柯夫根据实验得出的经验公式 $Q_r = \left(\frac{l_c}{h_m}\right)^{-0.4}$；

（2）鲁柯夫斯基用滑移线计算，经简化得

$$Q_r = 1.25\left(\frac{l_c}{h_m} + \ln\frac{h_m}{l_c}\right)^{-0.25}$$

这两个公式计算结果列于表 3-1。

表 3-1　Q_r 公式计算结果

Q_r \ l_c/h_m	0.3	0.4	0.5	0.6	0.7	0.8	0.9	1.0
采利柯夫	1.62	1.44	1.32	1.23	1.15	1.10	1.04	1.00
鲁柯夫斯基	1.62	1.39	1.25	1.15	1.07	1.02	1.01	1.00

对于外摩擦影响系数 Q_P，热轧目前常用 Sims 理论公式，而冷轧则采用 Bland-Ford 理论公式。由于理论公式比较复杂，一些学者在理论公式计算值基础上回归出一批较为简化的公式。

下面先对这两个理论公式作一简要介绍，然后给出与理论公式计算结果相近的一些简化公式以便实际应用。

3.3.2 热轧外摩擦应力状态系数

Sims 是以 Orowan 变形区力平衡式为基础（图 3-7）。

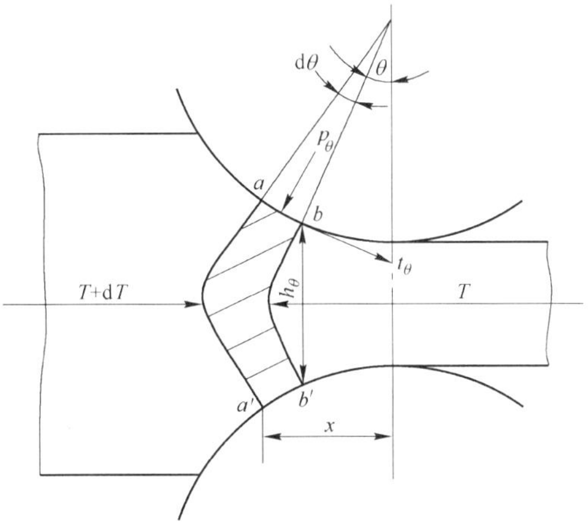

图 3-7 变形区力平衡

单位压力及摩擦力的水平分力平衡方程为

$$\frac{dT}{d\theta} = 2Rp_\theta\sin\theta \pm 2Rt_\theta\cos\theta$$

式中 ± 号，前滑区取“＋”，后滑区取“－”。

由于 θ 角很小可认为 $\sin\theta \approx \theta$，$\cos\theta \approx 1$。

Sims 认为热轧变形区接触面上轧辊和轧件不发生任何相对滑动，为全黏着，因此摩擦力 t 为常数，即 $t = K/2$，而 K 则采用变形区内的平均值：

$$K = \frac{\int_0^\alpha K_\theta d\theta}{\alpha}$$

代入后得

$$\frac{dT}{d\theta} = R(2p_\theta\theta \pm K)$$

公式中采用 Orowan 用于热轧的塑性方程，即

$$p_\theta - \frac{T}{h_\theta} = \omega K(\text{全黏着时 } \omega = \frac{\pi}{4})$$

所以 $$T = h_\theta\left(p_\theta - \frac{\pi}{4}K\right)$$

式中，h_θ 为变形区相应 θ 角处的高度，设 $h_\theta = h + R\theta^2$（θ 角小时 $1 - \cos\theta \approx \frac{\theta^2}{2}$）。

等式两边除以 K 得

$$h_\theta\frac{d}{d\theta}\left(\frac{p_\theta}{K} - \frac{\pi}{4}\right) + \left(\frac{p_\theta}{K} - \frac{\pi}{4}\right)\frac{dh_\theta}{d\theta} = 2R\theta\frac{p_\theta}{K} \pm R$$

由于 $\frac{dh_\theta}{d\theta} = 2R\theta$，所以

$$h_\theta\frac{d}{d\theta}\left(\frac{p_\theta}{K} - \frac{\pi}{4}\right) = \frac{R\pi\theta}{2} \pm R$$

$$d\left(\frac{p_\theta}{K} - \frac{\pi}{4}\right) = \left[\frac{R\pi\theta}{2(h + R\theta^2)} \pm \frac{R}{h + R\theta^2}\right]d\theta$$

两边对 θ 积分得到存在张（应）力时的前滑区单位压力 p_θ^+ 及后滑区单位压力 p_θ^-：

$$\frac{p_\theta^+}{K} = \frac{\pi}{4}\ln\frac{h_\theta}{h} + \frac{\pi}{4} + \sqrt{\frac{R}{h}}\arctan\left(\sqrt{\frac{R}{h}}\theta\right) - \frac{\tau_f}{K}$$

$$\frac{p_\theta^-}{K}=\frac{\pi}{4}\ln\frac{h_\theta}{h_0}+\frac{\pi}{4}+\sqrt{\frac{R}{h}}\arctan\left(\sqrt{\frac{R}{h}}\alpha\right)-\sqrt{\frac{R}{h}}\arctan\left(\sqrt{\frac{R}{h}}\theta\right)-\frac{\tau_b}{K}$$

式中，τ_f，τ_b 为前、后张应力。

在中性点 p_θ^+ 将等于 p_θ^-，由此得出中性角 γ 的公式为

$$\gamma=\sqrt{\frac{h}{R}}\tan\left[\frac{1}{2}\arctan\sqrt{\frac{\varepsilon}{1-\varepsilon}}+\frac{\pi}{8}\ln(1-\varepsilon)\sqrt{\frac{h}{R}}+\frac{1}{2}\sqrt{\frac{h}{R}}\left(\frac{\tau_f}{K}-\frac{\tau_b}{K}\right)\right]$$

总轧制力公式为

$$P=BRK\left\{\int_\gamma^\alpha\left[\frac{\pi}{4}\left(\ln\frac{h_\theta}{h_0}+1\right)+\sqrt{\frac{R}{h}}\arctan\left(\sqrt{\frac{R}{h}}\alpha\right)-\sqrt{\frac{R}{h}}\arctan\left(\sqrt{\frac{R}{h}}\theta\right)-\frac{\tau_b}{K}\right]d\theta\cdots\right.$$

$$\left.+\int_o^\gamma\left[\frac{\pi}{4}\left(\ln\frac{h_\theta}{h}+1\right)+\sqrt{\frac{R}{h}}\arctan\left(\sqrt{\frac{R}{h}}\theta\right)-\frac{\tau_f}{K}\right]d\theta\right\}$$

积分后得

$$Q_p=\sqrt{\frac{1-\varepsilon}{\varepsilon}}\left[\frac{1}{2}\sqrt{\frac{R}{h}}\ln\frac{1}{1-\varepsilon}-\sqrt{\frac{R}{h}}\ln\frac{h_\gamma}{h}+\frac{\pi}{2}\arctan\sqrt{\frac{\varepsilon}{1-\varepsilon}}-\frac{\pi}{4}+\frac{\tau_b}{K}-\sqrt{\frac{R}{\Delta h}}\left(\frac{\tau_b}{K}-\frac{\tau_f}{K}\right)\gamma\right]$$

式中　$\frac{h_\gamma}{h}=1+\frac{R\gamma^2}{h}$

Sims 公式较为复杂，不便于计算机在线控制使用，为了比较各种结构形式优劣和找出既精确又简便的 Q_P 计算公式，我们对 Sims 公式在不同轧制条件下进行了（设 $\tau_f=\tau_b=0$）计算，所得数据对下列各公式进行回归分析，以 $Q_P=f(l_c/h_m,\varepsilon)$、$Q_P=f(\sqrt{R/h_0},\varepsilon)$、$Q_P=f(\sqrt{R/h},\varepsilon)$，三种形式回归，结果列于表 3-2。

表 3-2　根据 Sims（西姆斯）公式计算数据所回归的结果

公式编号	Q_P 计算公式	相关系数 R	方差 S
A-1	$0.8205+0.2376\frac{l_c}{h_m}+0.1006\varepsilon\frac{l_c}{h_m}-0.3768\varepsilon$	0.99987	0.0142②
A-2	$0.8049+0.2488\frac{l_c}{h_m}+0.0393\varepsilon\frac{l_c}{h_m}-0.3393\varepsilon+0.0732\varepsilon^2\frac{l_c}{h_m}$	0.99993	0.0106①
A-3	$0.8239+0.2365\frac{l_c}{h_m}+0.1152\varepsilon\frac{l_c}{h_m}-0.4120\varepsilon-0.00095\varepsilon\left(\frac{l_c}{h_m}\right)^2$	0.99989	0.0137
B-1	$0.7911+0.0344\sqrt{\frac{R}{h_0}}+0.4723\varepsilon\sqrt{\frac{R}{h_0}}-0.2812\varepsilon$	0.99895	0.0414
B-2	$0.8072+0.0394\sqrt{\frac{R}{h_0}}+0.4092\varepsilon\sqrt{\frac{R}{h_0}}-0.3413\varepsilon+0.1157\varepsilon^2\sqrt{\frac{R}{h_0}}$	0.99943	0.0304②
B-3	$0.7816+0.0361\sqrt{\frac{R}{h_0}}+0.5068\varepsilon\sqrt{\frac{R}{h_0}}-0.3570\varepsilon-0.00267\varepsilon\left(\sqrt{\frac{R}{h_0}}\right)^2$	0.99908	0.0388
C-1	$0.8099+0.0528\sqrt{\frac{R}{h}}+0.2766\varepsilon\sqrt{\frac{R}{h}}-0.3515\varepsilon$	0.99611	0.0798
C-2	$0.8099+0.0368\sqrt{\frac{R}{h}}+0.4322\varepsilon\sqrt{\frac{R}{h}}-0.3514\varepsilon+0.2439\varepsilon^2\sqrt{\frac{R}{h}}$	0.99971	0.0217②
C-3	$0.8099+0.0528\sqrt{\frac{R}{h}}+0.2876\varepsilon\sqrt{\frac{R}{h}}-0.3896\varepsilon-0.00055\varepsilon\left(\sqrt{\frac{R}{h}}\right)^2$	0.99613	0.0797

①为最好的形式；②为较好的形式。

从表 3-2 可以明显看出：Sims 公式简化型采用 $Q_P = f(l_c/h_m, \varepsilon)$ 的结构为最好，而以 A 型公式回归的相关系数都较高，而且方差都小于 0.015，在 A 型中，又以A-2型结构为最佳，其方差约为 0.01，但公式结构比 A-1 型要复杂一些。

表 3-2 所列的 Sims 公式简化式为 Q_{P0}，后张应力 τ_b 及前张应力 τ_f 为零时的外摩擦应力状态系数。

横坐标采用 l_c/h_m 纵坐标为 Q_P 所给出的曲线如图 3-8 所示。由图可知影响 Q_P 的主要因素为变形区形状系数 l_c/h_m。

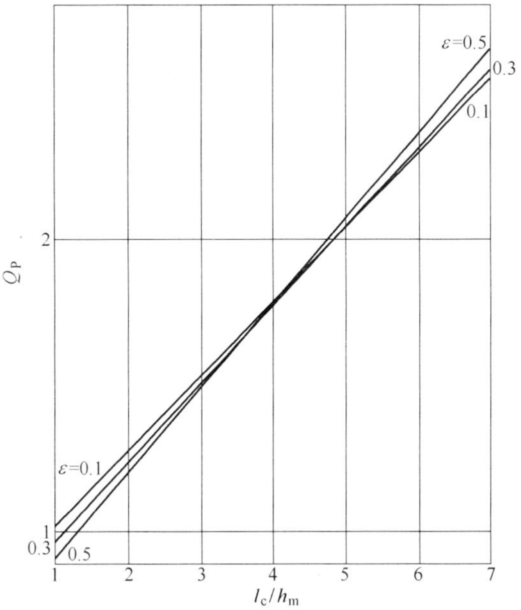

图 3-8 Sims 公式 $Q_P = f(l_c/h_m, \varepsilon)$ 曲线

在热轧轧制力模型中常用的还有 Ford-Alexander 公式，Ford-Alexander 利用滑移线理论推导后经简化得出：

$$Q_P = 0.786 + \frac{\sqrt{(1-\varepsilon)\varepsilon}}{2(2-\varepsilon)}\sqrt{\frac{R}{h_m}}$$

由于 $l_c = \sqrt{R\Delta h}$

$$\sqrt{\frac{R}{h_m}} = \frac{\sqrt{R\Delta h}\cdot\sqrt{h_m}}{h_m\sqrt{\Delta h}} = \sqrt{\frac{h_C}{\Delta h}}\cdot\frac{l_c}{h_m} = \sqrt{\frac{h_0+h_1}{2\Delta h}}\frac{l_c}{h_m}$$

$$= \sqrt{\frac{1+\frac{h_1}{h_0}}{2\varepsilon}}\cdot\frac{l_c}{h_m} = \sqrt{\frac{2-\varepsilon}{2\varepsilon}}\cdot\frac{l_c}{h_m}$$

代入后 Ford 公式为

$$Q_P = 0.786 + \frac{\sqrt{1-\varepsilon}}{2\sqrt{2(2-\varepsilon)}}\frac{l_c}{h_m}$$

表 3-3 给出了 $\varepsilon = 0.05 \sim 0.5$，$\frac{l_c}{h_m} = 1 \sim 7$ 范围内 Ford 公式和 Sims 公式的计算结果，从表可知，总体上看两个公式比较接近，但存在以下差别：

（1）Ford 公式在 $l_c/h_m = 1 \sim 7$ 范围内当 ε 加大时 Q_P 都将有一点减小。

（2）Sims 公式在$\frac{l_c}{h_m} = 1 \sim 3$ 范围随着 ε 加大 Q_P 减小，当$\frac{l_c}{h_m} > 3$ 时 ε 加大将使 Q_P 加大。

因此在较大的$\frac{l_c}{h_m}$及 ε 时两个公式差别较大，可达 10%，一般为 6% ~7%。

当$\frac{l_c}{h_m} = 1 \sim 3$ 时两个公式计算结果差别不大。

表 3-3　Ford 和 Sims 公式的计算值

l_c/h_m \ ε	公式	0.05	0.1	0.2	0.3	0.4	0.5
1	Ford				1.013	1.003	0.990
	Sims				0.975	0.948	0.920
2	Ford			1.257	1.240	1.219	1.194
	Sims			1.261	1.243	1.226	1.208
3	Ford		1.516	1.493	1.467	1.436	1.398
	Sims		1.526	1.518	1.511	1.503	1.496
4	Ford	1.773	1.759	1.729	1.674	1.652	1.603
	Sims	1.772	1.773	1.776	1.779	1.781	1.784
5	Ford	2.020	2.003	1.965	1.920	1.869	
	Sims	2.020	2.021	2.034	2.046	2.059	
6	Ford	2.267	2.246	2.200	2.147		
	Sims	2.257	2.269	2.292	2.314		
7	Ford	2.513	2.489	2.436			
	Sims	2.500	2.516	2.549			

由于带钢热连轧机架间设有活套装置，张应力水平很低（3～7MPa），在设定计算时轧制力公式中将不含张力影响系数 K_τ项，仅在需要分析张力影响时才采用 K_τ，即

$$P = Bl_c Q_P K K_\tau$$

其中 Q_P 则可不考虑张力影响，可采用表 3-3 所列的公式计算；K_τ为张力影响系数，公式与冷轧张力影响系数公式相似。

3.3.3　冷轧外摩擦应力状态系数

冷轧带钢轧制力计算和热轧钢板轧制力计算相比有以下几个特点：

（1）轧件几何形状更接近于推导理论公式时所做的假设，即宽度比厚度大得多，宽展很小，可以认为是平面变形问题。轧件厚度小，可认为平截面假设和滑动摩擦理论较符合实际，轧件内部不均匀变形可以忽略，因而从这一点看，根据变形区力的平衡推导出的微分方程式比较接近于冷轧实际。

（2）冷轧时一般需采用润滑剂，由于冷轧时轧辊和轧件接触面上的摩擦力对轧制力等工艺参数的影响较大，采用不同的润滑剂及轧制条件不同时（如轧制速度、轧件和轧辊的材料及表面状态等）摩擦系数都将不同，这就给轧制力理论计算带来了一个很大困难。如何正确确定摩擦系数大小，这是各理论公式不易精确的一个主要原因。但应看到在一定的设备和稳定的生产条件下，上述影响因素的变化不是很大，因此结合具体情况，通过现场实测统计，找出合适的计算公式（或找出理论公式中某些系数）则是完全可能的。

（3）冷轧带钢的一个重要条件是采用较大的前后张力，带钢愈薄张力的作用愈大。张力可减小轧制力，有利于冷轧的进行，且当板形不好时，通过横断面上张应力分配的作

用，可在一定程度上自动改善板形，因此大张力轧制亦是为了获得平直板形所必需的，总之计算冷轧带钢轧制力时，必须考虑前后张力的影响。

（4）冷轧时由于带钢较薄较硬，因此接触弧中单位压力较大，使轧辊在接触弧处产生压扁现象，因而加长了接触弧的实际长度。所以冷轧薄板时，轧辊的压扁现象不容忽略，在计算轧制力时必须加以考虑。

（5）轧件材料的变形阻力由于有加工硬化的影响，故各道次的变形阻力往往和前面各道次的加工率有关，而且对本道次来说，它也是沿着接触弧变化的，出口处比入口处要硬，计算时应取其平均值，一般按平均累计压下率 ε 来算平均变形阻力 σ 。

考虑上述各点，冷轧轧制力公式，一般采用下列形式

$$P = B_{m} l'_{c} p_{m} = B_{m} l'_{c} Q_{P} K_{T} K/1000$$

式中 P——轧制力，kN；

B_{m}——轧件平均宽度，mm；

l'_{c}——考虑压扁后的变形区接触面积和接触弧长，mm；

$$l'_{c} = \sqrt{R'\Delta h}$$

$$R' = R\left(1 + 2.2 \times 10^{-1} \frac{P}{B\Delta h}\right)$$

R——轧辊半径，mm；

R'——压扁后轧辊半径，mm；

Q_{P}——此处为考虑压扁后的外摩擦应力状态系数；

K_{T}——张力影响系数；

K——考虑宽度方向主应力影响系数后的变形阻力，宽展很小时，一般取 $K = 1.15\sigma$，MPa；

σ——考虑加工硬化（累积）的材料变形阻力，MPa。

Q_{P} 著名的理论公式有采利柯夫公式、Bland-Ford 公式等。

3.3.3.1 采利柯夫公式

采利柯夫公式是卡尔曼单位压力微分方程式的一个解，采利柯夫仍采用卡尔曼提出的干摩擦理论 $t_{x} = \mu p_{x}$，将卡尔曼方程式求解后得

$$p_{x} = e^{\mp A}\left(C + \int \frac{k}{y} e^{\pm A} dy\right)$$

$$A = \int \frac{\mu}{y} dx$$

为了进一步求解方程式需找出接触弧坐标 x 与 y 的关系。采利柯夫认为对冷轧可认为接触弧为一直线，用接触弧的弦代替弧。

弦的直线方程为

$$y = \frac{\Delta h}{2l_{c}} x + \frac{h_{1}}{2}$$

微分后得

$$dx = \frac{2l_c}{\Delta h}dy$$

代入后,得

$$p_x = e^{\mp\int\frac{\delta}{y}dy}\left(C + \int\frac{k}{y}e^{\pm\int\frac{\delta}{y}dy}dy\right)$$

式中,$\delta = \frac{2l_c\mu}{\Delta h}$。

积分后得

后滑区 $$p_x^- = C_0y^{-\delta} + \frac{k}{\delta}$$

前滑区 $$p_x^+ = C_1y^{\delta} - \frac{k}{\delta}$$

式中　C_0, C_1——积分常数,可以用变形区在入口和出口处的边界条件求得。

当有前后张力时

在入口处　$y = \frac{h_0}{2}$,　$p_x = k - \tau_b = k\left(1 - \frac{\tau_b}{k}\right) = \xi_0 k$

在出口处　$y = \frac{h_1}{2}$,　$p_x = k - \tau_f = k\left(1 - \frac{\tau_f}{k}\right) = \xi_1 k$

式中　ξ_1, ξ_0——轧制时前后张力的影响系数。

$$\xi_0 = 1 - \frac{\tau_b}{k} = \frac{k - \tau_b}{k}$$

$$\xi_1 = 1 - \frac{\tau_f}{k} = \frac{k - \tau_f}{k}$$

式中　τ_b, τ_f——在入口处断面和出口处的水平张应力。

于是得

$$C_0 = k\left(\xi_0 - \frac{1}{\delta}\right)\left(\frac{h_0}{2}\right)^{\delta}$$

$$C_1 = k\left(\xi_1 + \frac{1}{\delta}\right)\left(\frac{h_1}{2}\right)^{-\delta}$$

将 C_0, C_1 代入并以 $h_x/2$ 代替 y,则单位压力公式为

后滑区 $$p_x^- = \frac{k}{\delta}\left[(\xi_0\delta - 1)\left(\frac{h_0}{h_x}\right)^{\delta} + 1\right]$$

前滑区 $$p_x^+ = \frac{k}{\delta}\left[(\xi_0\delta + 1)\left(\frac{h_x}{h_1}\right)^{\delta} - 1\right]$$

当无张力时,$\xi_0 = \xi_1 = 1$,则可写成

后滑区 $$p_x^- = \frac{k}{\delta}\left[(\delta - 1)\left(\frac{h_0}{h_x}\right)^{\delta} + 1\right]$$

前滑区 $$p_x^+ = \frac{k}{\delta}\left[(\delta+1)\left(\frac{h_x}{h_1}\right)^{\delta} - 1\right]$$

在公式中考虑了摩擦系数、轧件厚度、压下量、轧辊直径以及轧件在入口和出口所受张力的影响。

对轧辊的总压力可积分求得。

取 $$dx = \frac{l_c}{\Delta h}dh_x$$

$$P = B_m \frac{l_c}{\Delta h}\cdot\frac{k}{\delta}\left\{\int_{h_r}^{h_0}\left[(\delta-1)\left(\frac{h_0}{h_x}\right)^{\delta}+1\right]dh_x + \int_{h_1}^{h_r}\left[(\delta+1)\left(\frac{h_x}{h_1}\right)^{\delta}-1\right]dh_x\right\}$$

积分上式并化简后得

$$P = B_m\frac{l_c}{\Delta h}\cdot\frac{kh_r}{\delta}\left[\left(\frac{h_0}{h_r}\right)^{\delta}+\left(\frac{h_r}{h_1}\right)^{\delta}-2\right]$$

由中性面处 $p_x^+ = p_x^-$ 相等的条件，则可以得到中性面处的轧件高度 h_r。

$$\left(\frac{h_0}{h_r}\right)^{\delta} = \frac{1}{\delta-1}\left[(\delta+1)\left(\frac{h_r}{h_1}\right)^{\delta}-2\right]$$

或 $$\frac{h_r}{h_1} = \left[\frac{1+\sqrt{1+(\delta^2-1)\left(\frac{h_0}{h_1}\right)^{\delta}}}{\delta+1}\right]^{1/\delta}$$

将此代入 P 的公式，得

$$P = B_m\frac{2l_c h_r}{\Delta h(\delta-1)}\left[\left(\frac{h_r}{h_1}\right)^{\delta}-1\right]k$$

对上式除以接触面积，则得到平均单位压力 p_m 的公式

$$p_m = \frac{2h_1}{\Delta h(\delta-1)}\left(\frac{h_r}{h_1}\right)\left[\left(\frac{h_r}{h_1}\right)^{\delta}-1\right]k$$

或 $$p_m = \frac{2(1-\varepsilon)}{\varepsilon(\delta-1)}\left(\frac{h_r}{h_1}\right)\left[\left(\frac{h_r}{h_1}\right)^{\delta}-1\right]k$$

式中 $k = 1.15\sigma$; $\delta = \mu\frac{2l_c}{\Delta h} = 2\mu\sqrt{\frac{R}{\Delta h}} \approx 2\frac{\mu}{\alpha}$

由上式可得

$$Q_P = \frac{2(1-\varepsilon)}{\varepsilon(\delta-1)}\left(\frac{h_r}{h_1}\right)\left[\left(\frac{h_r}{h_1}\right)^{\delta}-1\right]$$

把有张力的单位压力式代入，积分后可得有张力轧制时的总压力。经过一系列简化，并除以接触面积，则可得有张力轧制时平均单位压力的公式。

$$p_m = \frac{h_r}{2\mu l_c}\left\{\frac{1}{\delta-1}(\xi_0\delta-1)\left[\left(\frac{h_0}{h_r}\right)^{\delta}-\frac{h_0}{h_r}\right]+\left(\frac{h_0}{h_r}-1\right)\cdots\right.$$

$$\left.+\frac{1}{\delta+1}(\xi_1\delta+1)\left[\left(\frac{h_r}{h_1}\right)^{\delta}-\frac{h_1}{h_r}\right]-\left(1-\frac{h_1}{h_r}\right)\right\}k$$

式中的 h_r，可由在中性面处 $p_x^+ = p_x^-$ 相等条件求得

$$\frac{h_r}{h_1} = \left[\frac{1 + \sqrt{1 + (\xi_0\delta - 1)(\xi_1\delta + 1)\left(\frac{h_0}{h_1}\right)^{\delta}}}{\xi_1\delta + 1}\right]^{1/\delta}$$

柯洛辽夫为了简化带张力影响的采利柯夫公式，并为了将张力因素分离出来，假设 $h_r = \sqrt{h_0h_1}$ 及 $\frac{\delta}{\delta + 1} \approx 1 \approx \frac{\delta}{\delta - 1}$，$\xi_0' = \frac{\tau_b}{k}$，$\xi_1' = \frac{\tau_f}{k}$，采用此假设推导出的带张力轧制时的平均单位压力公式将大为简化，且张力因素也十分明显，即

$$p_m = \frac{2}{\varepsilon\delta}\left[\left(\frac{1}{1 - \varepsilon}\right)^{\frac{\delta-1}{2}} - \left(1 - \frac{\varepsilon}{2}\right)\right]\left(1 - \frac{\xi_0' + \xi_1'}{2}\right)k = Q_P K_T K$$

由上式可知

$$Q_P = \frac{2}{\varepsilon\delta}\left[\left(\frac{1}{1 - \varepsilon}\right)^{\frac{\delta-1}{2}} - \left(1 - \frac{\varepsilon}{2}\right)\right]$$

$$K_T = \left(1 - \frac{\xi_0' + \xi_1'}{2}\right)$$

其中 Q_P 公式与张力无关，并不再需要计算 h_r。从计算结果可知，柯洛辽夫公式结构简单，并与采利柯夫公式相比误差仅 0.5%，因此建议在实际应用时用柯洛辽夫公式代替采利柯夫公式。

3.3.3.2　冷轧 Bland-Ford 外摩擦应力状态系数

Bland-Ford 针对冷轧特点提出不同的假设，虽同样以 Orowan 力平衡式为基础，但推导结果与 Sims 公式完全不同。

由于冷轧采用干摩擦定律，即 $\tau = \mu p$，因此所得变形区力平衡式为

$$\frac{dT}{d\theta} = 2p_\theta R'(\sin\theta \pm \mu\cos\theta)$$

式中，轧辊半径采用压扁后半径 R'。

塑性方程采用“形状变化位能”学说，即 $\sigma_1 - \sigma_3 = \beta\sigma = K$，由此得

$$p_\theta = \frac{T}{h_\theta} + K \quad 或 \quad T = h_\theta(p_\theta - K)$$

代入后可得（设 $\sin\theta \approx \theta$，$\cos\theta \approx 1$）

$$\frac{d}{d\theta}[h_\theta(p_\theta - K)] = 2p_\theta R'(\theta \pm \mu)$$

$$h_\theta K\frac{d}{d\theta}\left(\frac{p_\theta}{K}\right) + \left(\frac{p_\theta}{K} - 1\right)\frac{d}{d\theta}(h_\theta K) = 2p_\theta R'(\theta \pm \mu)$$

由于认为
$$\left(\frac{p_\theta}{K} - 1\right)\frac{d}{d\theta}(h_\theta K) \ll h_\theta K\frac{d}{d\theta}\left(\frac{p_\theta}{K}\right)$$

$$h_\theta K\frac{d}{d\theta}\left(\frac{p_\theta}{K}\right) = 2p_\theta R'(\theta \pm \mu)$$

$$\frac{\frac{\mathrm{d}}{\mathrm{d}\theta}\left(\frac{p_\theta}{K}\right)}{\left(\frac{p_\theta}{K}\right)} = \frac{2R'}{h_\theta}(\theta \pm \mu) = \frac{2R'(\theta \pm \mu)}{h + R'\theta^2}$$

整理后得

$$p_\theta^+ = \frac{h_\theta K}{h}\left(1 - \frac{\tau_\mathrm{f}}{K}\right)\mathrm{e}^{\mu A}$$

$$p_\theta^- = \frac{h_\theta K}{h_0}\left(1 - \frac{\tau_\mathrm{b}}{K}\right)\mathrm{e}^{\mu(A_0 - A)}$$

$$\frac{kh_\gamma}{h}\left(1 - \frac{\tau_\mathrm{f}}{K}\right)\mathrm{e}^{\mu A_\gamma} = \frac{kh_\gamma}{h_0}\left(1 - \frac{\tau_\mathrm{b}}{K}\right)\mathrm{e}^{\mu(A_0 - A_\gamma)}$$

式中
$$A_\gamma = \frac{A_0}{2} - \frac{1}{2\mu}\ln\left(\frac{h_0}{h} \cdot \frac{1 - \frac{\tau_\mathrm{f}}{K}}{1 - \frac{\tau_\mathrm{b}}{K}}\right)$$

无张力时
$$A_\gamma = \frac{A_0}{2} - \frac{1}{2\mu}\ln\left(\frac{h_0}{h}\right)$$

$$A_0 = 2\sqrt{\frac{R'}{h}}\arctan\left(\sqrt{\frac{R'}{h}}\alpha\right)$$

$$A = 2\sqrt{\frac{R'}{h}}\arctan\left(\sqrt{\frac{R'}{h}}\theta\right)$$

由此可得

$$\gamma = \sqrt{\frac{h_1}{R'}}\tan\left[\frac{1}{2}\arctan\sqrt{\frac{\varepsilon}{1 - \varepsilon}} - \frac{1}{4\mu}\sqrt{\frac{h_1}{R'}}\ln\frac{1}{1 - \varepsilon}\right]$$
$$= \frac{\mu}{a}\tan\left[\frac{1}{2}\arctan\sqrt{\frac{\varepsilon}{1 - \varepsilon}} - \frac{1}{4a}\ln\frac{1}{1 - \varepsilon}\right]$$

如包括张应力时

$$\gamma = \sqrt{\frac{h_1}{R'}}\tan\left[\frac{1}{2}\arctan\sqrt{\frac{\varepsilon}{1 - \varepsilon}} - \frac{1}{4\mu}\sqrt{\frac{h_1}{R'}}\ln\frac{1}{1 - \varepsilon} \cdot b\right]$$
$$= \frac{\mu}{a}\tan\left[\frac{1}{2}\arctan\sqrt{\frac{\varepsilon}{1 - \varepsilon}} - \frac{1}{4a}\ln\frac{1}{1 - \varepsilon} \cdot b\right]$$

式中，$b = \dfrac{1 - \dfrac{\tau_\mathrm{f}}{K}}{1 - \dfrac{\tau_\mathrm{b}}{K}}$，$a = \mu\sqrt{\dfrac{R'}{h_1}}$

总轧制力为

$$P = BR\left[\int_0^\gamma p_\theta^+ \mathrm{d}\theta + \int_\gamma^\alpha p_\theta^- \mathrm{d}\theta\right]$$

由于积分的困难，Bland-Ford 给出了由数值积分得到的曲线 $f_3(a, \varepsilon, b)$ 则

$$P = B\sqrt{R'(h_0 - h_1)} \cdot K \cdot f_3(a, \varepsilon)$$

可以认为 $f_3(a, \varepsilon)$ 即为应力状态系数 Q_P，即

$$P = Bl'_c \cdot f_3(a, \varepsilon) \cdot K = Bl'_c Q_P K$$

$f_P(a, \varepsilon)$ 按冷轧范围内的参数对轧制力公式最后的括号内各项进行数值计算后得出，并绘成曲线（图 3-9）以便查找，而公式中用的 K 为变形区内的平均变形阻力。

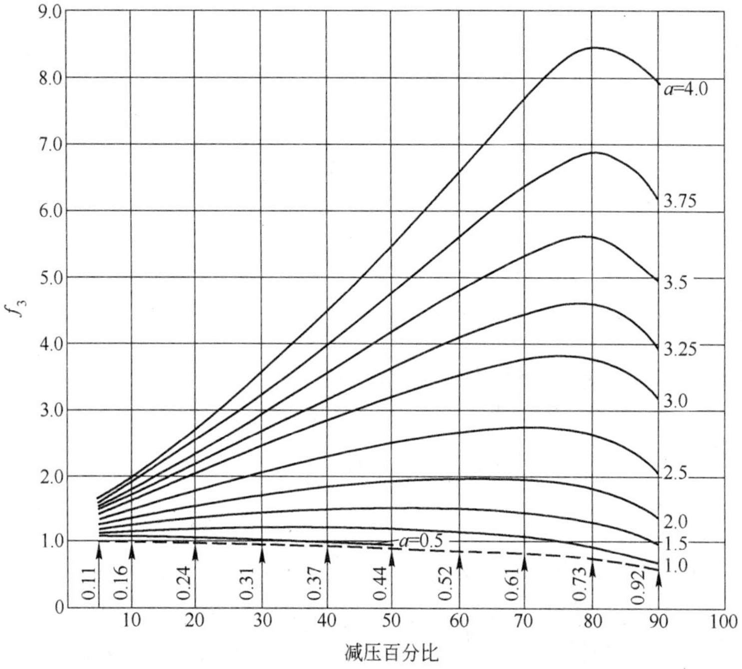

图 3-9 Bland-Ford 公式 $f_P(a, \varepsilon)$ 函数曲线

由于 Bland-Ford 公式比较复杂，需要数值积分才能求出结果，而图 3-9 所示曲线定量精度不易保证，因此，英、美、日在研究冷连轧时，一般采用 Hill 公式来替代 Bland-Ford 公式。Hill 公式是根据 Bland-Ford 公式计算结果在 h_1 不大于 5.08，ε 在 0.1 ~0.6 范围内进行统计得到的简化形式。

$$Q_P = 1.08 + 1.79\mu\varepsilon\sqrt{1-\varepsilon}\sqrt{\frac{R'}{h_1}} - 1.02\varepsilon$$

$$P = Bl'_c Q_P K$$

$$l'_c = \sqrt{R'\Delta h}$$

$$K = 1.15\sigma$$

$$R' = \left(1 + 2.2 \times 10^{-5}\frac{P}{B\Delta h}\right)R$$

式中 μ——接触弧摩擦系数；

R, R'——不考虑及考虑压扁的轧辊半径，mm；

P——轧制力，kN；

B——宽度，mm；

Δh——绝对压下量，mm；

ε——变形程度，$\varepsilon = \dfrac{h_0 - h_1}{h_0}$；

K——变形区内的平均变形阻力，MPa。

除了上述从变形区力平衡式推出的理论公式外为了便于在线控制，一些学者及公司亦推出了一批形式更简化的公式。

在热轧方面有：

（1）日本美坂佳助公式

$$Q_P = \frac{\pi}{4} + 0.25\frac{l_c}{h_m}$$

（2）俄国克林特里公式

$$Q_P = 0.75 + 0.27\frac{l_c}{h_m}$$

（3）日本吾弓·斎藤公式

$$Q_P = 0.6 + 0.3\frac{l_c}{h_m} + 0.25\frac{h_m}{l_c}$$

（4）日本志田茂公式

$$Q_P = 0.8 + C\left(\sqrt{\frac{R}{h_0}} - 0.5\right)$$

$\varepsilon \leqslant 0.15$ 时 $$C = \frac{0.052}{\sqrt{\varepsilon}} + 0.016$$

$\varepsilon > 0.15$ 时 $$C = 0.2\varepsilon + 0.12$$

此式经转换后可得

$$Q_P = 0.8 + C\left(\frac{2-\varepsilon}{2\sqrt{\varepsilon}}\frac{l_c}{h_m} - 0.5\right)$$

这些公式的计算结果列于表3-4，由表可知，除志田茂公式偏高外，其他公式总体上差别不大，如以 Sims 公式为标准则误差一般在10%以内。

表 3-4 热轧的 Q_P 公式比较

l_c/h_m	(1)	(2)	(3)	(4)			
				$\varepsilon=0.2$	$\varepsilon=0.3$	$\varepsilon=0.4$	$\varepsilon=0.5$
1	1.035	1.020	1.150	1.042	0.989	0.953	0.923
2	1.285	1.290	1.325	1.364	1.269	1.206	1.157
3	1.535	1.560	1.583	1.686	1.548	1.459	1.390
4	1.785	1.830	1.862	2.068	1.827	1.720	1.623
5	2.035	2.100	2.150	2.330	2.107	1.965	1.857
6	2.285	2.370	2.442	2.652	2.386	2.218	2.090
7	2.535	2.640	2.736	2.974	2.665	2.471	2.323

注：表中（1）代表日本美坂佳助公式；（2）代表俄国克林特里公式；（3）代表吾弓·斋藤公式；（4）代表日本达田茂公式。

热轧的 Q_P，我们认为采用 Sims 的简化公式更好些。

目前在冷轧计算机设定模型中常用的 Q_P 公式为：

（1）柯洛辽夫公式

$$Q_P=\frac{2}{\varepsilon\delta}\left[\left(\frac{1}{1-\varepsilon}\right)^{\frac{\delta-1}{2}}-\left(1-\frac{\varepsilon}{2}\right)\right]$$

式中，$\delta=2\mu\dfrac{l'_c}{\Delta h}$

（2）Hill 公式

$$Q_P=1.08+1.79\mu\varepsilon\sqrt{1-\varepsilon}\sqrt{\frac{R'}{h_1}}-1.02\varepsilon$$

（3）斯通（Stone）公式

$$Q_P=\frac{e^{\beta}-1}{\beta}$$

式中，$\beta=\mu\dfrac{l'_c}{h_m}$，$\left(h_m=\dfrac{h_0+h_1}{2}\right)$。

为了分析比较这三种实用 Q_P 公式，我们在冷轧轧制规程范围内（表 3-5）$h_0=0.5\sim5$，$\varepsilon=0.05\sim0.5$ 对这三个 Q_P 公式进行了计算。由计算结果可得出以下结论：

（1）在$h_0=0.5\sim5$mm，$\varepsilon=0.1\sim0.5$ 范围内柯洛辽夫，Hill 及斯通（Stone）公式所计算出的 Q_P 值都在合理范围内。

表 3-5 冷轧 Q_P 公式的比较

$h_0=5$mm，$\mu=0.07$，$R=280$mm								
h_1	ε	$\sqrt{\frac{R}{h_1}}$	l_c/h_m	δ	柯	斯通	Hill	采
4.5	0.1	7.888	2.491	3.310	1.080	1.092	1.072	1.084
4.0	0.2	8.367	3.719	2.342	1.117	1.142	1.065	1.113
3.5	0.3	8.944	4.822	1.912	1.139	1.189	1.055	1.138
3.0	0.4	9.661	5.916	1.656	1.155	1.239	1.047	1.149
2.5	0.5	10.58	7.055	1.480	1.165	1.293	1.039	1.161

续表 3-5

$h_0=4mm$, $\mu=0.07$, $R=280mm$								
h_1	ε	$\sqrt{\frac{R}{h_1}}$	l_c/h_m	δ	柯	斯通	Hill	采
3.6	0.1	8.819	2.785	3.710	1.097	1.104	1.083	1.111
3.2	0.2	9.354	4.157	2.621	1.138	1.160	1.086	1.141
2.8	0.3	10.01	5.391	2.140	1.170	1.215	1.089	1.173
2.4	0.4	10.80	6.614	1.851	1.196	1.272	1.091	1.198
2.0	0.5	11.83	7.888	1.656	1.221	1.335	1.094	1.219
$h_0=3mm$, $\mu=0.07$, $R=280mm$								
h_1	ε	$\sqrt{\frac{R}{h_1}}$	l_c/h_m	δ	柯	斯通	Hill	采
2.7	0.1	10.18	3.216	4.281	1.115	1.122	1.101	1.116
2.4	0.2	10.81	4.800	3.000	1.167	1.189	1.118	1.171
2.1	0.3	11.55	6.225	2.470	1.214	1.253	1.137	1.218
1.8	0.4	12.47	7.641	2.141	1.257	1.322	1.156	1.256
1.5	0.5	13.66	9.108	1.910	1.300	1.399	1.175	1.296
$h_0=2mm$, $\mu=0.07$, $R=280mm$								
h_1	ε	$\sqrt{\frac{R}{h_1}}$	l_c/h_m	δ	柯	斯通	Hill	采
1.8	0.1	12.47	3.941	5.241	1.146	1.152	1.126	1.145
1.6	0.2	13.23	5.880	3.630	1.215	1.237	1.173	1.215
1.4	0.3	14.14	7.631	3.020	1.289	1.322	1.219	1.290
1.2	0.4	15.28	9.351	2.621	1.360	1.412	1.265	1.361
1.0	0.5	16.73	11.16	2.342	1.438	1.516	1.311	1.435
$h_0=1mm$, $\mu=0.07$, $R=280mm$								
h_1	ε	$\sqrt{\frac{R}{h_1}}$	l_c/h_m	δ	柯	斯通	Hill	采
0.9	0.1	17.64	5.571	7.410	1.219	1.186	1.188	1.224
0.8	0.2	18.70	8.320	5.241	1.345	1.357	1.295	1.344
0.7	0.3	20.00	10.78	4.282	1.472	1.493	1.403	1.465
0.6	0.4	21.61	13.23	3.700	1.612	1.646	1.511	1.614
$h_0=0.5mm$, $\mu=0.07$, $R=280mm$								
h_1	ε	$\sqrt{\frac{R}{h_1}}$	l_c/h_m	δ	柯	斯通	Hill	采
0.45	0.1	24.94	7.881	10.47	1.331	1.334	1.275	1.331
0.40	0.2	26.46	11.76	7.410	1.545	1.552	1.469	1.553
0.35	0.3	28.28	15.25	6.050	1.775	1.787	1.663	1.778
0.30	0.4	30.55	18.70	5.241	2.055	2.065	1.858	2.045

注：表中“柯”为柯洛辽夫公式，“斯通”为斯通公式，“Hill”为 Hill 公式，“采”为采利柯夫公式。

（2）在变形程度大的道次，柯洛辽夫和斯通公式的计算结果大于 Hill 公式。柯氏及斯通公式在 h_0 较小而 ε 较大时（一般生产中 h_0 较小时，ε 相对亦采用较小值），Q_P 值过大，这种趋势是不合理的。

（3）Hill 公式 Q_P 值在 h_0 较大时随 ε 增大而减小或随 ε 的加大先增后减，即 $\varepsilon = 0.3$ 时的 Q_P 值，当 $\mu\sqrt{\frac{R}{h_1}}$ 或 $\mu\frac{l_c}{h_m}$ 较小时甚至出现随 ε 加大 Q_P 逐渐变小，以至于 Q_P 小于 1（等于 0.7，0.8），这亦是不合理的。

（4）由上述（2），（3）两条可认为在 $Q_P = f(\varepsilon)$ 的问题上柯氏、斯通公式对 ε 加大使 Q_P 上升的影响考虑过头，Hill 公式则相反，甚至出现 ε 加大 Q_P 反而下降的现象。

从这三个 Q_P 公式的结构上看。柯洛辽夫公式 $Q_P = f(\delta,\varepsilon)$，Hill 公式的 $Q_P = f(a,\varepsilon)$，而斯通公式 $Q_P = f(B)$。各式中用的主要变量为

$$\varepsilon = \frac{h_0 - h_1}{h_0}$$

$$\delta = \mu\frac{2l'_c}{\Delta h}$$

$$a = \mu\sqrt{\frac{R}{h_1}}$$

$$\beta = \mu\frac{l_c}{h_m}$$

但仔细分析这些变量，可以发现他们都是可以相互转换的，并且都是 R, h_0, h_1 这三个基本变量的函数。

各文献中对 Q_P 的讨论常采用两种形式，即

$$Q_P = f\left(\mu\sqrt{\frac{R'}{h_1}},\ \varepsilon\right),\quad 即\ Q_P = f(a,\varepsilon)$$

$$Q_P = f\left(\mu\frac{l_c}{h_m},\ \varepsilon\right),\quad 即\ Q_P = f(B,\varepsilon)$$

为此可将上述各结构转换成以下两种形式。

$$\delta = \mu\frac{2\sqrt{R'\Delta h}}{\Delta h} = 2\mu\sqrt{\frac{R'}{\Delta h}} = 2\mu\sqrt{\frac{R'}{h_1}}\cdot\sqrt{\frac{h_1}{\Delta h}} = 2\mu\sqrt{\frac{R'}{h_1}}\cdot\sqrt{\frac{1-\varepsilon}{\varepsilon}}$$

$$\delta = \mu\frac{2l'_c}{\Delta h} = \mu\frac{l'_c}{h_m}\cdot\frac{2h_m}{\Delta h} = \mu\frac{l'_c}{h_m}\cdot\frac{h_0 + h_1}{\Delta h} = \mu\frac{l'_c}{h_m}\cdot\frac{2-\varepsilon}{\varepsilon}$$

$$\mu\sqrt{\frac{R'}{h_1}} = \mu\sqrt{\frac{R'\Delta h}{h_m}}\cdot\frac{h_m}{\sqrt{h_1\Delta h}} = \mu\frac{l'_c}{h_m}\cdot\frac{h_0 + h_1}{2\sqrt{h_1\Delta h}} = \mu\frac{l'_c}{h_m}\cdot\frac{2-\varepsilon}{2\sqrt{\varepsilon(1-\varepsilon)}}$$

利用上述转换关系，对三个主要公式在

(1) $a = \mu\sqrt{\frac{R'}{h_1}} = 0.3 \sim 4$，$\varepsilon = 0.05 \sim 0.5$

(2) $B = \mu\frac{l'_c}{h_m} = 0.06 \sim 1.8$，$\varepsilon = 0.05 \sim 0.5$

范围内对柯洛辽夫、Hill 及斯通进行了计算。计算结果示于图 3-10*a*，*b* 中。不同摩擦系数对 Q_P 的影响列于表 3-6 和表 3-7 中。

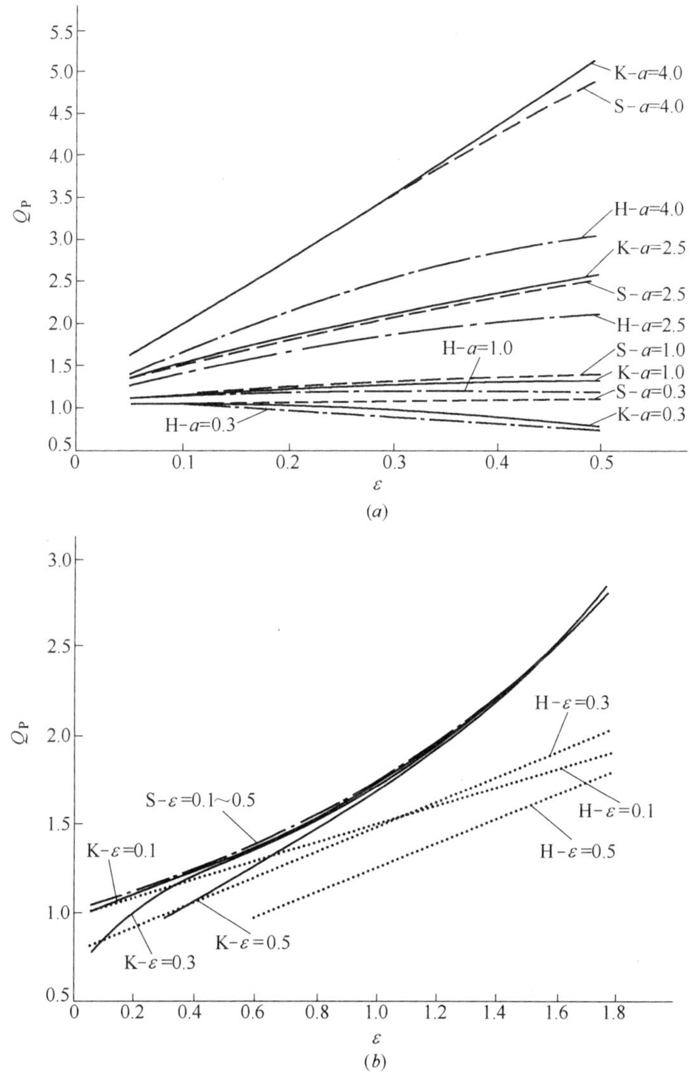

图 3-10 冷轧 Q_P 计算结果

K—柯氏公式；H—Hill 公式；S—Stone 公式

由此可知：

（1）从图 3-10*a*，*b* 比较可看出，当 $Q_P = f\left(\mu \dfrac{l'_c}{h_m}, \varepsilon\right)$ 结构时 ε 的影响较小，不同 ε 的 $Q_P = f\left(\mu \dfrac{l'_c}{h_m}, \varepsilon\right)$ 曲线比较集中，特别是斯通（Stone）公式，其结构即为 $Q_P = f(\beta)$，其中 $\beta = \mu \dfrac{l'_c}{h_m}$，即 Q_P 与 ε 无关（Hill 公式 ε 的影响稍大）。但当 Q_P 采用 $\left(\mu \sqrt{\dfrac{R'}{h_1}}, \varepsilon\right)$ 结构时则不

同$\mu\sqrt{\frac{R'}{h_1}}$时ε的影响很大，曲线比较分散。由此可认为$\mu\frac{l'_c}{h_m}$应是影响Q_P的主要因素，这一点与热轧Q_P公式的讨论结果相似。

表 3-6　摩擦系数对 Hill 公式（Q_P）的影响

$h_0=3$mm，$R=280$mm						
μ \ ε	0.05	0.1	0.2	0.3	0.4	0.5
0.05	1.072	1.065	1.049	1.033	1.018	1.002
0.07	1.090	1.100	1.118	1.137	1.156	1.175
0.09	1.107	1.134	1.187	1.241	1.295	1.348
0.11	1.124	1.168	1.256	1.345	1.433	1.521
$h_0=1$mm，$R=280$mm						
μ \ ε	0.05	0.1	0.2	0.3	0.4	0.5
0.05	1.104	1.128	1.176	1.223	1.271	1.319
0.07	1.134	1.188	1.295	1.403	1.510	1.619
0.09	1.164	1.248	1.415	1.583	1.751	1.918
0.11	1.194	1.307	1.535	1.762	1.990	2.217
$h_0=0.5$mm，$R=280$mm						
μ \ ε	0.05	0.1	0.2	0.3	0.4	0.5
0.05	1.135	1.190	1.300	1.410	1.519	1.629
0.07	1.177	1.275	1.469	1.663	1.838	2.052
0.09	1.220	1.369	1.638	1.918	2.197	2.476
0.11	1.262	1.444	1.808	2.172	2.536	2.901

表 3-7　摩擦系数对 Stone 公式（Q_P）的影响

$h_0=3$mm，$R=280$mm						
μ \ ε	0.05	0.1	0.2	0.3	0.4	0.5
0.05	1.058	1.085	1.131	1.173	1.218	1.267
0.07	1.082	1.122	1.189	1.253	1.322	1.399
0.09	1.107	1.160	1.251	1.341	1.438	1.549
0.11	1.132	1.200	1.317	1.436	1.567	1.721
$h_0=1$mm，$R=280$mm						
μ \ ε	0.05	0.1	0.2	0.3	0.4	0.5
0.05	1.102	1.153	1.241	1.325	1.418	1.522
0.07	1.147	1.186	1.357	1.493	1.646	1.826
0.09	1.194	1.298	1.488	1.689	1.923	2.208
0.11	1.244	1.380	1.636	1.917	2.258	2.690

续表 3-7

$h_0=0.5\text{mm}$，$R=280\text{mm}$						
μ \ ε	0.05	0.1	0.2	0.3	0.4	0.5
0.05	1.149	1.225	1.360	1.500	1.655	1.838
0.07	1.217	1.334	1.552	1.787	2.065	2.410
0.09	1.290	1.456	1.778	2.146	2.604	3.209
0.11	1.368	1.590	2.045	2.594	3.317	4.330

（2）从表 3-6 与表 3-7 可知，摩擦系数对 Q_P 的影响十分明显著，这亦表明摩擦系数对冷轧轧制力的重要性。

（3）当 $\mu=0.07$ 时在 $\mu\frac{l'_c}{h_m}<1.5$，$\mu\sqrt{\frac{R'}{h_1}}<2.1$ 范围内三种 Q_P 公式计算结果差别并不是十分大（约 ±10% 差别）。通过模型自学习将可得到有效修正，但在某些轧制条件下当 $\mu\frac{l'_c}{h_m}>1.5$，$\mu\sqrt{\frac{R'}{h_1}}>2.1$ 时，则差别越来越大。

（4）实际应用时应利用大批实测数据进行各种因素影响的分析以确定选用何种 Q_P 公式以及对公式中哪些系数进行修正（统计），使 Q_P 公式更加符合具体轧机的实际情况。

轧制力公式用于具体轧机时需根据现场大量实测轧制力值来对公式系数进行统计计算以使其计算结果能符合实际轧机。

由于现场只能实测总轧制力，因此对上述轧制力公式进行统计出现了以下两种做法：

（1）第一种做法为变形阻力采用由实验室高速形变机试验结果所获得的公式，而 Q_P 则利用实测的轧制力对 Q_P 公式进行回归分析求得公式中的 a,b,c,d 系数

$$Q_P=a+b\varepsilon+c\frac{l'_c}{h_m}+d\frac{l'_c}{h_m}\cdot\varepsilon$$

而

$$\sigma=1.15\sigma_0\exp(a_1T+a_2)\cdot\left(\frac{u_c}{10}\right)^{(a_3T+a_4)}\cdot\left[a_6\left(\frac{e}{0.4}\right)^{a_5}-(a_6-1)\left(\frac{e}{0.4}\right)\right]$$

（2）第二种做法为采用理论推导（或经简化）的 Q_P 公式。例如 Sims 公式（可用 Sims 公式简化式）或 Ford 公式，再利用实测轧制力来求得修正系数值，并存入表格中以便查用。考虑到单位宽度的轧制力决定于多个因素——几何因素（B，R，h_0，h）、力学因素（Q_P，K_T）和物理因素（温度、速度等），因此这两种做法各有其优缺点。

第一种做法的优点是通过 σ 公式在定性上正确反映了轧制温度和变形速度及变形程度的影响，其缺点是对 Q_P 公式系数的回归分析有可能出现一些不符合理论解释的现象。这是由于对于某一机架来说其能获得实测轧制力的 ε 和 l_c/h_m 范围过窄，因而有可能在回归时由于稳定性差出现错误。

第二种做法的优点是 ε，l_c/h_m 对应力状态的影响在定性上能得到正确反映，但由于实测轧制力的温度，变形速度及变形程度范围有限，因此不能正确定性地反映出温度及变形速度对变形阻力的影响规律。

补救的办法是：

（1）在第一种做法时，Q_P 亦应以理论公式（或简化公式）为基础，在公式中引入修正系数 K_P 并对 K_P 进行统计。

此时其他系数仍由理论公式在很宽的 ε，l_c/h_m 范围内得到。例如用 Sims 公式时可用

$$a = 0.8205, \ b = -0.3768, \ c = 0.2376, \ d = 0.1006$$

（2）在第二种做法时应在查表取 K 的同时对其进行温度和变形速度修正。

3.3.4　张力影响系数

从上述理论公式推导过程可知，张应力对单位压力的影响是通过入口/出口处边界条件引入的，但往往与其他边界条件混杂在一起使公式结构复杂化，从控制观点希望能在一定假设下将张应力因素分离出来建立单独的张力影响系数 K_T，

$$K_T = \frac{P_T}{P}$$

$$P_T = PK_T = Bl'_c Q_P K \cdot K_T$$

式中　P——张应力为零时的总压力。

为此可认为前后张应力使单位压力均匀降低，并且在前后张应力同时存在时不改变中性角位置，可得

$$K_T = \left(1 - \frac{\tau_f}{K}\right)\frac{\gamma}{\alpha} + \left(1 - \frac{\tau_b}{K}\right)\left(1 - \frac{\gamma}{\alpha}\right)$$

式中　γ——中性角；

α——咬入角。

令 $\frac{\gamma}{\alpha} = m$ 则得到

$$K_T = 1 - \frac{m\tau_f + (1 - m)\tau_b}{K}$$

柯洛辽夫所得的 K_T 相当于 $m = 0.5$，热轧采用此式。而 Lueg 对冷轧的试验则认为后张应力比前张应力对压力降影响显著，认为 $m = 0.3$ 即

$$K_T = 1 - \frac{0.7\tau_b + 0.3\tau_f}{K}$$

可以认为 $0.3 < m < 0.5$，即后张应力对压力降影响比前张应力更大一些，但具体取多大，应对特定轧机在具体轧制条件下通过试验来确定。

有些文献采用的张应力因子为

$$K_T = 1 - \frac{(g - 1)\tau_f + \tau_b}{\alpha K}$$

对分子分母各除以 g 后得

$$K_T = 1 - \frac{\frac{g-1}{g}\tau_b + \frac{1}{g}\tau_f}{K} = \frac{\left(1 - \frac{1}{g}\right)\tau_b + \frac{1}{g}\tau_f}{K}$$

当设 $m = \frac{1}{g}$ 则亦可得到

$$K_{\mathrm{T}} = 1 - \frac{(1 - m)\tau_{\mathrm{b}} + m\tau_{\mathrm{f}}}{K}$$

3.4 金属塑性变形阻力

金属塑性变形阻力是指单向应力状态下金属材料产生塑性变形所需单位面积上的力，它的大小不仅与金属材料的化学成分有关，而且还取决于塑性变形的物理条件，即变形温度（仅热轧）、变形速度，变形程度和累计变形加工硬化（仅冷轧）。

由于变形阻力是轧制力计算公式中的一个重要的物理参数，因此几十年来不少学者致力于金属塑性变形阻力的实验研究工作，取得了一些有用的数据。

3.4.1 热轧金属塑性变形阻力

在热轧金属塑性变形阻力研究中都采用以下函数形式：

$$\sigma = f(T, u, \varepsilon)$$

式中 T——变形温度，K。

至于化学成分的影响，目前往往采用对每一种钢种积累一套 $\sigma = f(T, u, \varepsilon)$ 数据的方法，或在公式的系数中对主要成分加以考虑。

20 多年来，在热轧金属塑性变形阻力方面比较著名的工作主要有：

（1）P. M. 库克（Cook）的金属塑性变形阻力数据，库克采用凸轮式形变机对 12 个钢种进行了试验，试验范围：$T = 1173 \sim 1473$K；$u = 1 \sim 100\mathrm{s}^{-1}$，$e = 0.05 \sim 0.7$。它的数据以 $\sigma = f(e)$ 曲线作为基础，绘出了不同变形温度、不同变形速度下的变形阻力随变形程度变化的曲线。图 3-11 给出了库克的中碳钢（含碳量为 0.56%）金属塑性变形阻力曲线。

（2）A. A. 金尼克也采用凸轮式形变机对 15 种钢种进行了试验，其范围为 $T = 1073 \sim 1473$K；$u = 2 \sim 41\mathrm{s}^{-1}$（低于 $2\mathrm{s}^{-1}$的试验在材料机上进行，高于 $41\mathrm{s}^{-1}$的试验在落锤式装置上进行）。实验数据采用了不同温度下的 $\sigma = f(u)$ 曲线形式（此 σ 相当于变形程度 $\varepsilon = 0.03$ 的数据）。

随着计算机控制用数学模型的发展，60 年代中期开始出现了一批采用金属塑性变形阻力公式形式发表的数据，公式的结构大同小异，主要有以下几种形式：

$$\sigma = \exp(a + bT)u^{(c+\mathrm{d}T)}e^{n}$$
$$\sigma = \exp(a + bT)u^{(c+\mathrm{d}T)}k_{\mathrm{e}}$$

式中 $T = (t + 273)/1000$；

t——变形温度，℃；

u——变形速度，一般用平均变形速度 u_{m}，s^{-1}；

e——真正变形程度；

k_{e}——变形程度影响系数；

a,b,c,d,n——回归系数，不同钢种各有一套系数。

对碳钢来说，也有些作者把系数 a，b，c，d，n 表示为碳当量的函数。

志田茂对 8 种碳钢进行了实验提出了下述 σ 公式，此公式将温度区域分成两个区域，

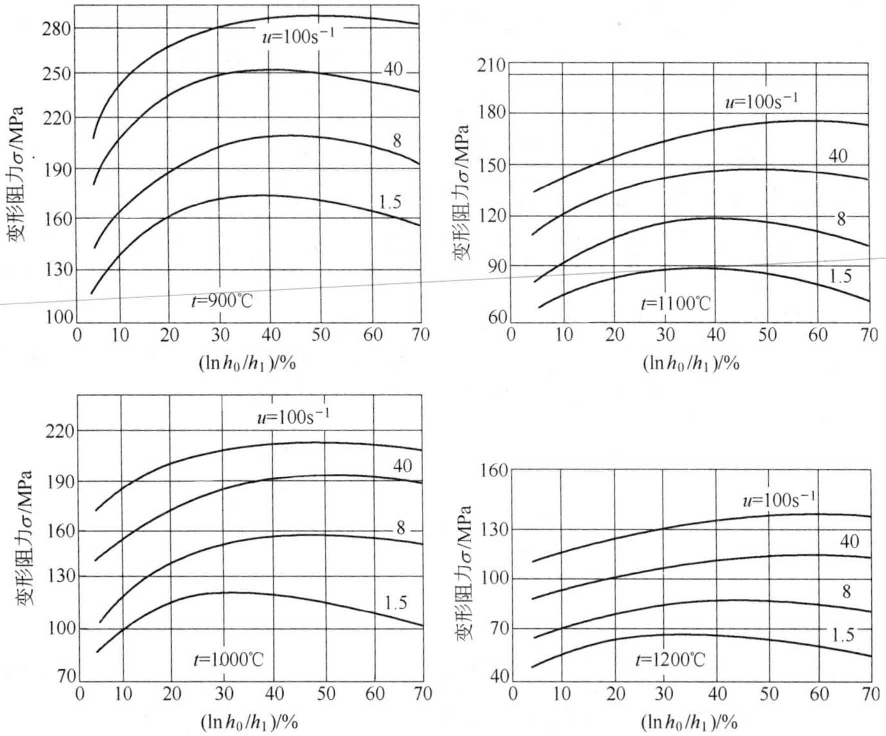

图 3-11　库克的中碳钢（含碳量为 0.56%）金属塑性变形阻力曲线

其临界温度为 t_d，其实验条件为：含碳量：0.01% ~1.16%；变形温度：973 ~1473K；变形速度：0.1 ~100s^{-1}；变形程度：$e<0.7$。

当温度 $t \geqslant t_d$ 时

$$\sigma = 0.28\exp\left(\frac{0.5}{T} - \frac{0.01}{C+0.05}\right)\left(\frac{u}{10}\right)^m\left[1.3\left(\frac{e}{0.2}\right)^n - 0.3\left(\frac{e}{0.2}\right)\right]$$

当温度 $t < t_d$ 时

$$\sigma = 0.28g\exp\left(\frac{0.5}{T_d} - \frac{0.01}{C+0.05}\right)\left(\frac{u}{10}\right)^m\left[1.3\left(\frac{e}{0.2}\right)^n - 0.3\left(\frac{e}{0.2}\right)\right]$$

式中　$g = 30.0(C+0.90)\left(T - 0.95\frac{C+0.49}{C+0.42}\right)^2 + \frac{C+0.06}{C+0.09}$;

$m = (0.019C + 0.126)T + (0.075C - 0.050)$，当温度 $t \geqslant t_d$ 时；

$m = (0.081C - 0.154)T + (0.207 - 0.019C) + \frac{0.027}{C+0.320}$，当温度 $t < t_d$ 时；

$n = 0.41 - 0.07C$;

$t_d = 950\frac{C+0.41}{C+0.32} - 273$;

$T = \frac{t+273}{1000}$;

$$T_d = \frac{t_d + 273}{1000};$$

$$C = C(\%) + \frac{Mn(\%)}{6}$$（C 为碳当量）

北京科技大学管克智教授和周纪华教授利用自己设计的高速形变凸轮试验机对国内的上百种钢进行了高温、高速变形阻力试验（变形温度为 1123～1523K，变形速度为 5～$100s^{-1}$）。为适应计算机控制对变形阻力模型的要求，把各种钢的数据按下列公式结构进行非线性回归，各钢种的系数值如表 3-8 和表 3-9 所示。

$$\sigma = \sigma_0 \exp(a_1 T + a_2)\left(\frac{u_m}{10}\right)^{(a_3 T + a_4)} K_\varepsilon$$

$$K_\varepsilon = a_6\left(\frac{e}{0.4}\right)^{a_5} - (a_6 - 1)\left(\frac{e}{0.4}\right)$$

式中，$T = \frac{t + 273}{1000}$。

表 3-8 普通碳钢及优质碳素结构钢变形阻力数学模型回归系数 （MPa）

牌　号	回归系数						
	σ_0	a_1	a_2	a_3	a_4	a_5	a_6
AD1	143.6	-3.130	3.984	0.4103	-0.4105	0.4847	1.575
AD2	146.9	-2.655	3.379	0.1456	-0.0754	0.4673	1.579
Q215(A2)	150.0	-2.793	3.556	0.2784	-0.2460	0.4232	1.468
Q235(A3)	150.6	-2.878	3.665	0.1861	-0.1216	0.3795	1.402
Q235(A3F)	140.3	-2.923	3.721	0.3102	-0.2659	0.4554	1.520
Q215(B2F)	138.4	-2.716	3.458	0.2099	-0.1346	0.4552	1.595
Q235(B3F)	139.8	-2.861	3.642	0.2540	-0.1993	0.4349	1.510
Q235[B3F(2)]	143.9	-2.703	3.441	0.2572	-0.2016	0.4408	1.552
Q235(B3Cu)	147.3	-2.977	2.789	0.3104	-0.2661	0.4534	1.697
08F	136.1	-3.387	4.312	0.5130	-0.5320	0.5887	1.879
08Al	136.8	-2.999	3.818	0.3552	-0.3186	0.4996	1.742
10	151.4	-2.771	3.528	0.1147	-0.0353	0.4537	1.593
20	152.7	-2.609	3.321	0.2098	-0.1332	0.3898	1.454
45	158.8	-2.780	3.539	0.2262	-0.1569	0.3417	1.379

表 3-9 低合金钢变形阻力数学模型回归系数 （MPa）

牌　号	回归系数						
	σ_0	a_1	a_2	a_3	a_4	a_5	a_6
16Mn	156.7	-2.723	3.446	0.2545	-0.2197	0.4658	1.566
16MnCu	160.1	-2.427	3.090	0.0637	-0.0387	0.4005	1.499
14MnMoV	177.1	-2.694	3.429	0.2616	-0.2445	0.4157	1.499
20Mn	136.5	-2.057	3.892	0.3743	-0.3194	0.4337	1.515

续表 3-9

牌　号	回归系数						
	σ_0	a_1	a_2	a_3	a_4	a_5	a_6
20MnSi	163. 0	-2. 494	3. 174	0. 0653	-0. 0238	0. 4247	1. 492
10Ti	161. 2	-2. 527	3. 217	0. 1520	-0. 0839	0. 4090	1. 460
15Ti	171. 1	-2. 074	2. 640	0. 1457	-0. 0840	0. 3698	1. 926
10CrNi5MoV	161. 1	-2. 922	3. 720	0. 2451	-0. 2086	0. 3752	1. 362
10CrNi2MoV	153. 1	-2. 919	3. 716	0. 2652	-0. 2379	0. 4042	1. 419
28Cr2Ni2Mo	154. 8	-2. 057	3. 892	0. 2220	-0. 1697	0. 3729	1. 384
30CrSiMo	159. 9	-2. 883	3. 670	0. 1627	-0. 0945	0. 3454	1. 337
12Mn	160. 9	-2. 744	3. 493	0. 2270	-0. 1865	0. 4433	1. 543
12MnNb①	164. 5	-2. 682	3. 414	0. 1216	-0. 0508	0. 4079	1. 463
12MnNb①	164. 9	-2. 532	3. 224	0. 1209	-0. 0490	0. 3846	1. 423
12MnNb①	164. 1	-2. 645	3. 367	0. 1806	-0. 1287	0. 4021	1. 467
12Mn②	146. 7	-2. 541	3. 234	0. 2186	-0. 1825	0. 4801	1. 529
12MnNb②	152. 7	-2. 270	2. 890	0. 0944	-0. 0369	0. 4927	1. 578
12MnNb②	154. 0	-2. 363	3. 008	0. 2264	-0. 1982	0. 5193	1. 632
12MnNb②	157. 4	-2. 342	2. 981	0. 1378	-0. 0933	0. 5670	1. 844
Y12CaS	168. 6	-2. 454	3. 124	0. 4122	-0. 4437	0. 6638	2. 364
Y45CrCaS	157. 6	-2. 933	3. 734	0. 2118	-0. 1378	0. 5728	2. 034
Si15AQ	154. 3	-2. 621	3. 336	0. 2394	-0. 2072	0. 6631	2. 403

①表示 Nb 含量不同。

②在进行变形阻力试验时，将试件加热到 1250℃，再冷却到 850～1150℃进行压缩，以得到变形阻力的试验数据。

3.4.2　冷轧金属塑性变形阻力

与热轧变形阻力曲线不同，钢材冷轧过程由于加工硬化的作用使塑性变形阻力随变形程度的增加而增加。

在钢材冷轧生产实践中发现，轧制速度由很低增加到很高，轧制平均单位压力也不变，甚至还有所降低（由于轧制速度增加使轧件温度升高），因此在冷轧时通常可以不考虑变形速度对变形抗力的影响。

根据冷轧过程的特点，低碳钢的静态变形抗力主要与相应的累计变形程度有关，可以用以下几种模型结构来拟合静态实验数据。

$$\sigma_S = \sigma_0 + a_0(\dot{\varepsilon}_\Sigma)^{a_1}$$

$$\sigma_S = \sigma_0(a_1 + \dot{\varepsilon}_\Sigma)^{a_2}$$

$$\sigma_S = a_0(\dot{\varepsilon}_\Sigma)^{a_1}$$

$$\sigma_S = a_0 + a_1(\dot{\varepsilon}_\Sigma) + a_2(\dot{\varepsilon}_\Sigma)^2 + a_3(\dot{\varepsilon}_\Sigma)^3$$

式中　σ_S——材料单向拉伸屈服应力；

ε——变形程度，有时用真正应变程度 $e = \ln\frac{H}{h}$ 表示；

σ_0——退火状态下材料屈服应力；

a_0, a_1, a_2, a_3——待定系数；

$\dot{\varepsilon}_\Sigma$——累计变形程度。

$$\dot{\varepsilon}_{\Sigma} = a\dot{\varepsilon}_0 + (1 - a)\dot{\varepsilon}_1$$

式中 a ——加权系数；

$\dot{\varepsilon}_0$ ——机架入口处总变形程度，$\dot{\varepsilon}_0 = \dfrac{H_0 - h_0}{H_0}$；

$\dot{\varepsilon}_1$ ——机架出口处总变形程度，$\dot{\varepsilon}_1 = \dfrac{H_0 - h_1}{H_0}$；

H_0 ——退火状态下带钢厚度；

h_0，h_1 ——某一机架入口和出口带钢厚度。

3.4.2.1 09CuPCrNi 钢[14]

用热轧原料钢板剪成适合轧机冷轧的试验用料，在冷轧实验机上机油润滑条件下冷轧厚4.5mm 钢板（退火状态）冷轧至不同变形程度（厚度）的钢板，轧后最小厚度为1.6mm。采用型号为 WDX-100 的电子万能材料试验机进行拉伸试验，绘制的加工硬化曲线如图 3-12 所示。

相关实验数据回归得到下式

$$\sigma_S = 363.26 + 450.97e^{0.47885}$$

$$R = 0.9795;\ S = 0.0945$$

3.4.2.2 冷轧 IF 钢[14]

采用两种 IF 钢和一种普通钢，通过实验得到三种钢板在不同轧制道次下的变形抗力曲线，如图 3-13 所示。

经回归分析得到三种钢的回归模型：

普碳钢： $\sigma_S = 231.3 + \varepsilon^{528.63}$

IF 钢(DT1032)： $\sigma_S = 177.7 + \varepsilon^{462.64}$

IF 钢(DT1043)： $\sigma_S = 191.0 + \varepsilon^{492.61}$

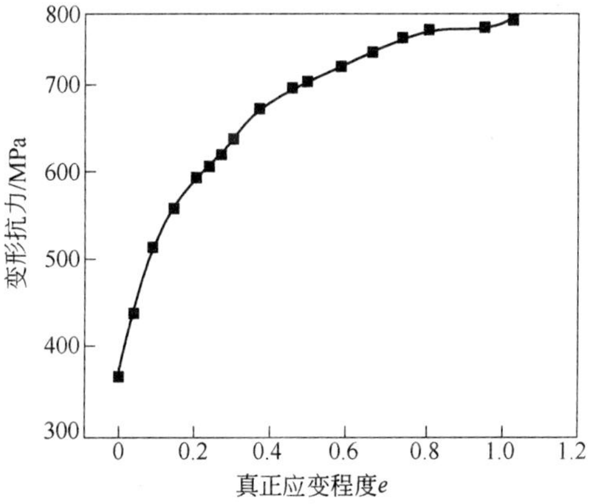

图 3-12 09CuPCrNi 冷轧加工硬化曲线

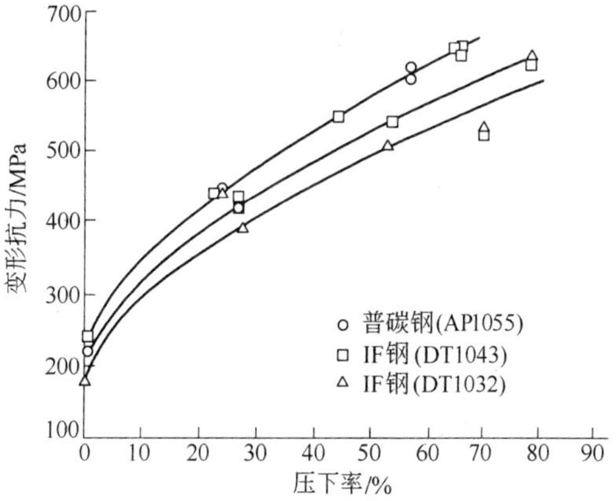

图 3-13 IF 钢和普碳钢的变形抗力曲线

3.4.2.3 Q195 钢[14]

回归结果如下，回归的相关系数为 0.995。

$$\sigma_S = 842.2(0.0114 + \varepsilon\Sigma)^{0.206}$$

3.4.2.4　其他典型钢种的变形阻力模型[14]

7 个典型钢种（St12、St4、St6、BGIF1、Q235、HP295 和 20MnSi）。在室温下进行拉伸试验，拉伸速度根据试样的厚度不同取为 1.0～5.0mm/min。

每个试验钢种的变形抗力回归模型为：

（1）St12 钢的变形阻力回归模型

$$\sigma_S = 245.22 + (22923.39\varepsilon + 27.96)^{0.6232}$$

（2）St14 钢的变形阻力回归模型

$$\sigma_S = 282.25 + (89497.82\varepsilon + 103.61)^{0.5491}$$

（3）St16 钢的变形阻力回归模型

$$\sigma_S = 29.42 + (56023.39\varepsilon + 9471.35)^{0.5813}$$

（4）Q235 钢的变形阻力回归模型

$$\sigma_S = 88.75 + (69398.43\varepsilon + 6669.42)^{0.568}$$

（5）20MnSi 钢的变形阻力回归模型

$$\sigma_S = 200.94 + (69673.55\varepsilon + 13475.18)^{0.5974}$$

（6）HP295 钢的变形阻力回归模型

$$\sigma_S = 298.58 + (119131.15\varepsilon + 720.57)^{0.5328}$$

（7）BGIF1 钢的变形阻力回归模型

$$\sigma_S = 69.79 + (67162.68\varepsilon + 8035.38)^{0.5678}$$

3.5　轧制力矩及轧制功率

轧制力矩可用以下两种方法确定。

3.5.1　根据轧制力决定轧制力矩

当轧件不受其他外力作用时，轧件对两个轧辊作用的法向力 N_1、N_2 和摩擦力 T_1、T_2 的合力 P_1、P_2 必定大小相等方向相反，且作用在一条直线上（图 3-14）。所以，转动轧辊所需的轧制力矩为

$$M_1 = M_2 = Pa = Pl_c\psi$$

总轧制力矩为

$$M_P = 2Pa = 2Pl_c\psi$$

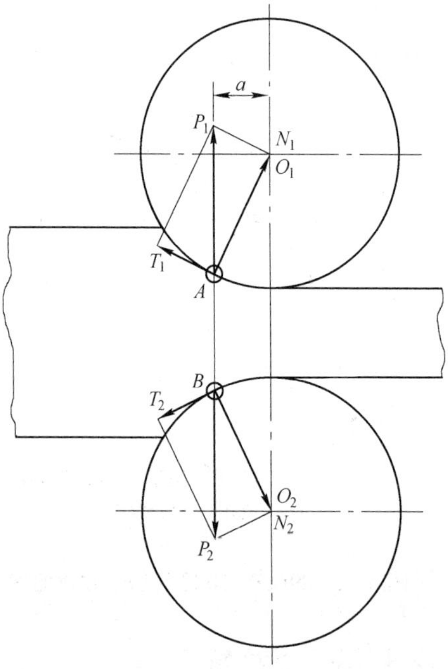

图 3-14　简单轧制时作用在轧辊上的力

式中　P——轧制力，kN；

a——力臂，mm；

ψ——力臂系数；

M——轧制力矩，kN · mm 或 N · m。

在热轧时，力臂系数 $\psi = 0.39 \sim 0.48$，其中粗轧机组：$\psi = 0.4 \sim 0.48$；精轧机组：$\psi = 0.39 \sim 0.44$。力臂系数与变形区几何形状 l_c/h_m 以及摩擦系数 μ 有关，l_c/h_m 及 μ 愈大，ψ 值越小，但在简便计算时，常取 $\psi = 0.5$。因此

$$M_P = 2Pl_c\psi = Pl_c$$

前张力 T_F 将使轧制力矩减小，而后张力 T_B 将使轧制力矩加大。在简化计算时，可用下式计算：

$$M_P = Pl_c + (T_B - T_F)R$$

其中，轧制力 P 本身计算时应考虑张力影响。

由上述公式可知，采用轧制力来计算轧制力矩的方法主要困难是如何确定力臂系数 ψ。

3.5.2　按能量消耗确定轧制力矩

轧制时所消耗的能量 A 与轧制力矩的关系为

$$M_P = \frac{A}{\varphi} = \frac{A}{\omega t} = \frac{AR}{tv_0} = AR\frac{1+f}{l_1}$$

式中　φ——在轧件通过轧辊期间轧辊的转角，$\varphi = \omega t = \frac{v_0}{R}t$，rad；

ω——角速度，rad/s；

t——时间，s；

R——轧辊半径，mm；

v_0——轧辊速度，mm/s；

f——轧制时的前滑值，%；

l_1——轧件的轧后长度，mm。

金属压力加工过程中，为使金属产生塑性变形所消耗的功称为变形功（能量消耗）。在任意一瞬间塑性变形的变形功 dA 应当为

$$dA = pF_x dh_x$$

式中　dh_x——变形物体瞬时高度；

F_x——变形物体瞬时横断面积；

p——单位压力。

故由高度 h_0 压缩到 h 时所需之功为

$$A = -\int_{h_0}^{h} pF_x dh_x$$

式中，负号表示物体压缩。根据体积不变条件：

$$A = -\int_{h_0}^{h} pV \frac{\mathrm{d}h_x}{h_x}$$

设单位压力的平均值为 p_c，并积分得

$$A = p_c V \ln \frac{h_0}{h}$$

式中 A——总变形功，Nm 或 J；

p_c——平均单位压力，MPa；

V——变形物体的体积，cm^3。

要使结果正确，可采用实测能耗数据来确定，即用实测电流 I、电压 U 和时间 t，求得轧制功 N(kW) 后，便可算出能耗 A(J)，(1kW · s = 1000J)。

$$A = Nt/1000$$

若用单位能耗 a(MJ/kN) 表示，则

$$A = Ga$$

$$a = \frac{A}{G} = \frac{Nt \times 10^{-6}}{G}$$

式中 G——轧件质量，kN。

图 3-15 表示了轧制带钢时的单位能耗曲线。图中横坐标为轧件的厚度。当需确定某一轧制道次的单位能量消耗时，可由该（i）道次轧制前的 h_{i-1} 和轧制后的 h_i，在图中查得相应的单位能耗 a_1 和 a_2，然后算了该轧制道次的能耗。

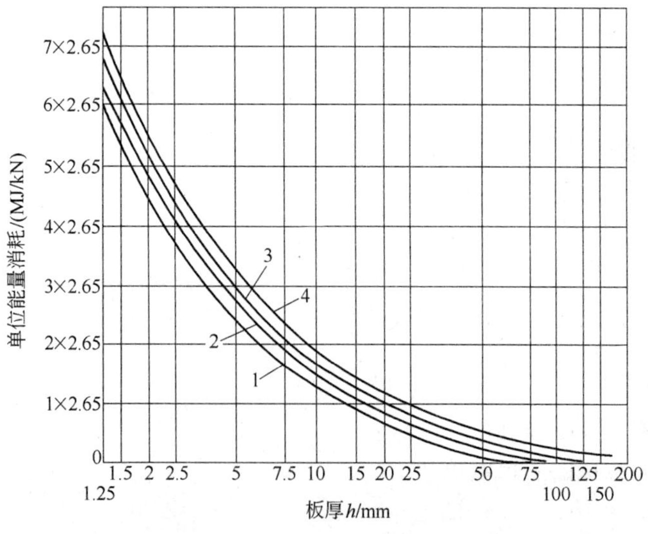

图 3-15 轧制带钢时的单位能耗曲线

（轧制温度：钢坯温度 1200℃，成品温度 830℃，末架轧制速度 v = 8.1m/s）

1—带坯厚度 H_0 为 75mm；2—带坯厚度 H_0 为 115mm；3—带坯厚度 H_0 为 150mm；4—带坯厚度 H_0 为 200mm

$$a = a_2 - a_1$$

在使用能耗曲线图时，必须使要计算轧制力矩的轧制条件（轧机类型、轧件材质、轧件的断面开头和尺寸以及轧制温度、轧制速度等）与所查的相应图表的条件相符合。

在知道单位能量消耗后，便可计算轧制道次的能量消耗。由于轧制时的能量消耗一般是测得电动机的数据计算后得到的，在能耗曲线图中，已包含了轧制中的附加摩擦损耗（一般都扣除了轧机空载的损耗）。因此，用能耗方法计算所得到的轧制力矩要比实际轧制力矩大，但从电机负荷角度来看，是合适的。

$$M_P = \frac{aGD}{2l_1}(1 + f)$$

式中 M_P——轧制力矩，kN · m；

D——轧辊直径，mm；

l_1——轧件轧制后长度，mm；

f——前滑值。

轧制功率与轧制力矩及轧辊转速有关

$$N = \frac{Mn}{971}$$

此式中 M 的单位为 N · m，n 的单位为 rad/s，N 的单位为 kW。

轧制功率决定于轧制力矩和轧辊转速，主电机力矩主电机总力矩用下式计算

$$M_\Sigma = \frac{M_P}{i} + M_f + M_x \pm M_d$$

式中 M_P——轧制力矩，kN · m；

M_f——附加摩擦力矩，kN · m；

M_x——空转力矩，kN · m；

M_d——动力矩，kN · m；

i——为主传动速比。

附加摩擦部分包括两部分

$$M_f = \frac{M_{f1}}{i} + M_{f2}$$

而

$$M_{f1} = \mu_G P d_Z \frac{D_G}{D_Z}$$

式中 M_f——支撑辊轴承摩擦力矩；

M_{f1}——各转动零件推算到主电机轴上的摩擦力矩；

μ——支撑辊轴承摩擦系数；

P——轧制力，kN；

d_Z——支撑辊辊颈直径，mm；

D_G——工作辊辊径，mm；

D_Z——支撑辊直径，mm。

空转力矩是由各转动零件自重产生的摩擦损失，可用下式确定：

$$M_x = \sum \frac{G_n \mu_n d_n}{2 i_n}$$

式中　G_n——转动零件的重量，kN；

μ_n——转动零件的轴颈的摩擦系数；

d_n——转动零件的轴颈直径；

i_n——转动零件与电机轴间之传动比。

动力矩为

$$M_d = \frac{GD^2}{375} \frac{\mathrm{d}n}{\mathrm{d}t}$$

式中　$\dfrac{GD^2}{375}$——各转动零件推算到主电机轴上的综合飞轮力矩；

$\dfrac{\mathrm{d}n}{\mathrm{d}t}$——主电动机之加速度，决定于主电机类型和操作情况。

轧制时电机轴上的功率为

$$N = 1.03Mn$$

$$N = \frac{Mn}{0.716}$$

式中　N——轧制时电机轴上的功率，kW；

M——电机轴力矩，kN · m；

n——电机轴转速，r/min。

为保证正常轧制，故从以下两方面校核所选用电机其能力：

（1）过载能力，即实际轧制功率 N

$$N \leqslant \lambda N_H$$

式中　N_H——电机额定功率；

λ——电机过载系数，一般可逆式粗轧机允许 λ 为 2.1 倍，而连续工作的精轧机则为 1.75。

（2）从发热角度判断其能力，即实际轧制功率 N

$$\sqrt{\frac{\sum_j N^2 t}{T}} \leqslant N_H$$

式中　j——粗轧道次数（精轧每个机架 $j = 1$）；

t——该道次的轧制时间；

T——总轧制时间（$T = \Sigma(t + t_1) + t_0$）；

t_1——每个道次的间隙时间；

t_0——本块钢轧制完成到下块钢咬入间的间隙时间（精轧 $t_1 = 0$）。

因此从发热角度看当电机功率不足时需加长轧制节奏（加大间隙时间）来使电机不过热。当 $n < n_H$ 时

$$N < \frac{n}{n_H} N_H$$

式中 N_H——电机额定功率；

n_H——电机额定转速。

3.6 前滑值

3.6.1 热轧前滑

由 Sims 中性角计算的前滑值列于表 3-10。

表 3-10 基于 Sims 中性角的前滑计算值

R/h \ ε	0.05	0.1	0.2	0.3	0.4	0.5	0.55
24	—	0.0237	0.0471	0.0715	0.0968	0.1227	0.1364
30	—	0.0238	0.0480	0.0732	0.0995	0.1275	0.1420
36	0.0121	0.0239	0.0500	0.0745	0.1019	0.1309	0.1465
45	0.0121	0.0241	0.0502	0.0760	0.1050	0.1351	0.1514
60	0.0123	0.0244	0.0504	0.0778	0.1074	0.1394	0.1573
72	0.0123	0.0246	0.0506	0.0784	0.1090	0.1426	0.1604
90	0.0123	0.0248	0.0514	0.0794	0.1109	0.1454	0.1641
120	0.0124	0.0252	0.0519	0.0811	0.1131	0.1487	0.1679
144	0.0124	0.0253	0.0520	0.0816	0.1137	0.1502	—
180	0.0124	0.0255	0.0524	0.0824	0.1152	—	—
240	0.0124	0.0255	0.0526	0.0830	—	—	—

由表 3-9 可知，虽然中性角将随变形程度 ε 及 $\frac{R}{h_1}$ 改变而变化，但前滑值则主要随变形程度 ε 而变，$\frac{R}{h_1}$ 的影响较小。

表 3-11 ~ 表 3-14 列出了精轧机组当轧制 1.2 ~ 16mm 产品时各机架的 $\frac{R}{h_1}$ 及 ε 变化范围。

表 3-11　精轧各机架的 ε 及 $\frac{R}{h_1}$ 范围

参数＼机架	F_1	F_2	F_3	F_4	F_5	F_6	F_7
ε	25% ~55%	20% ~50%	15% ~45%	15% ~40%	15% ~35%	15% ~25%	5% ~15%
R/h_1	15 ~25	12 ~50	14 ~90	16 ~135	18 ~185	20 ~240	25 ~280

表 3-12　F_1，F_2 前滑值

ε	0.15	0.2	0.3	0.4	0.5	0.55
f	0.0354	0.0471	0.0715	0.0968	0.1227	0.1364

表 3-13　F_7 前滑值

ε	0.05	0.1	0.15	0.2
f	0.0123	0.0251	0.0367	0.0514

表 3-14　F_3 ~ F_6 机架前滑值

R/h_1＼ε	0.15	0.2	0.3	0.4	0.45	R/h_1＼ε	0.15	0.2	0.3	0.4	0.45
24	0.0354	0.0471	0.0715	0.0968	0.1097	120	0.0381	0.0519	0.0811	0.1131	0.1317
36	0.0364	0.0500	0.0745	0.1019	0.1161	144	0.0383	0.0520	0.0816	0.1137	0.1319
60	0.0372	0.0504	0.0778	0.1074	0.1231	180	0.0385	0.0524	0.0824	0.1152	0.1332
90	0.0378	0.0514	0.0794	0.1109	0.1272	240	0.0387	0.0526	0.0830	0.1172	0.1348

根据表 3-11 ~ 表 3-14 前滑值的变化可得出以下结果：

（1）F_1，F_2 的 $\frac{R}{h_1}$ 变化范围较小，因此其前滑可以用 $f = f(\varepsilon)$ 形式表示；

（2）F_7 的 ε 较小，虽然 $\frac{R}{h_1}$ 变化很大，但在 $\varepsilon < 0.15$ 的情况下，前滑值基本上不随 $\frac{R}{h_1}$ 变化而改变，因此亦可以用 $f = f(\varepsilon)$ 形式此时误差小于 3%；

（3）F_3 ~ F_6 各架 $\frac{R}{h}$ 及 ε 的变化范围都较大，对前滑的影响亦都较大，因此应采用 $f = f\left(\varepsilon, \frac{R}{h}\right)$ 形式。

武钢 1700mm 热连轧采用以下结构的经验公式

$$f = \sqrt{a\varepsilon + b} - C$$

鞍钢 1780mm 热连轧采用以下结构的经验公式

$$f = a_1 + a_2\varepsilon + (a_3 + a_4\varepsilon)\sqrt{\frac{h}{R}}$$

从结构形式看后者更好一些。

从工艺分析可以知道，当前张力增大时，中性角变大，则前滑增大；当后张力增大时，中心角减小（前滑区减小），则前滑减小。由于中心角公式中张力影响是以张应力与变形阻力之比的形式表达，并且当前张应力与后张应力相等时中心角将等于没有前后张应力时之值，故张力对前滑影响的公式可简化为：

$$f = f_0[1 + b(\tau_f/K - \tau_b/K)]$$

式中 f_0——没有张力时的前滑量；

b——张力对前滑的影响系数。

3.6.2 冷轧前滑

假设单位压力沿接触弧均匀分布则可得前滑简化式：

$$\gamma = \frac{\alpha}{2}\left(1 - \frac{\alpha}{2\mu}\right) \cdot \frac{1}{4p\mu R}(\tau_f h_1 - \tau_b h_0)$$

式中，p 为接触弧上的平均单位压力。

如认为 $\tau_f = \tau_b = 0$，则

$$\gamma = \frac{\alpha}{2}\left(1 - \frac{\alpha}{2\mu}\right)$$

$$= \frac{1}{2}\sqrt{\frac{\Delta h}{R}}\left(1 - \frac{1}{2\mu}\sqrt{\frac{\Delta h}{R}}\right)$$

因此

$$f = \frac{1}{2}\frac{\Delta h}{h}\left(1 - \frac{1}{2\mu}\sqrt{\frac{\Delta h}{R}}\right)^2$$

对冷轧轧制规程范围（h_0 = 0.5 ~ 5mm，ε = 0.1 ~ 0.5）进行 Bland-Ford 前滑公式及前滑简化式进行计算，计算结果列于表3-15。由计算结果可知：

（1）简化公式计算结果偏大。

（2）Bland-Ford 前滑公式计算结果比较合理，建议采用此公式作冷轧前滑计算。

（3）μ 值对前滑值影响不大。

（4）前滑值主要决定于 ε，因此大多数经验统计公式中都选 ε 为主要变量。

表 3-15 冷轧前滑公式的比较

h_0 = 5mm，R = 280mm，μ = 0.07

ε	h	$\sqrt{\frac{h}{R}}$	$\sqrt{\frac{\Delta h}{R}}$	δ	B-F	简	采
0.1	4.5	0.1268	0.0423	3.310	0.0196	0.0270	0.0387
0.2	4.0	0.1195	0.0598	2.342	0.0376	0.0410	0.0712
0.3	3.5	0.1118	0.0732	1.913	0.0582	0.0488	0.1010
0.4	3.0	0.1035	0.0845	1.656	0.0828	0.0524	0.1300
0.5	2.5	0.0945	0.0945	1.481	0.1150	0.0528	0.1580

续表 3-15

$h_0=4mm$，$R=280mm$，$\mu=0.07$							
ε	h	$\sqrt{\frac{h}{R}}$	$\sqrt{\frac{\Delta h}{R}}$	δ	B-F	简	采
0.1	3.6	0.1134	0.0378	3.710	0.0203	0.0296	0.0410
0.2	3.2	0.1069	0.0535	2.621	0.0397	0.0477	0.0768
0.3	2.8	0.0999	0.0655	2.140	0.0612	0.0607	0.1130
0.4	2.4	0.0926	0.0756	1.851	0.0874	0.0705	0.1500
0.5	2.0	0.0845	0.0845	1.656	0.1210	0.0786	0.1910
$h_0=3mm$，$R=280mm$，$\mu=0.07$							
ε	h	$\sqrt{\frac{h}{R}}$	$\sqrt{\frac{\Delta h}{R}}$	δ	B-F	简	采
0.1	2.7	0.0982	0.0327	4.281	0.0210	0.0326	0.0425
0.2	2.4	0.0925	0.0403	3.000	0.0416	0.0560	0.0827
0.3	2.1	0.0866	0.0567	2.471	0.0648	0.0759	0.1260
0.4	1.8	0.0802	0.0655	2.141	0.0925	0.0944	0.1730
0.5	1.5	0.0732	0.0732	1.910	0.1270	0.1140	0.2280
$h_0=2mm$，$R=280mm$，$\mu=0.07$							
ε	h	$\sqrt{\frac{h}{R}}$	$\sqrt{\frac{\Delta h}{R}}$	δ	B-F	简	采
0.1	1.8	0.0802	0.0267	5.241	0.0221	0.0364	0.0448
0.2	1.6	0.0756	0.0378	3.631	0.0442	0.0666	0.1000
0.3	1.4	0.0707	0.0463	3.020	0.0691	0.0960	0.1410
0.4	1.2	0.0654	0.0535	2.621	0.0985	0.1270	0.2010
0.5	1.0	0.0598	0.0598	2.342	0.1360	0.1640	0.2720
$h_0=1mm$，$R=280mm$，$\mu=0.07$							
ε	h	$\sqrt{\frac{h}{R}}$	$\sqrt{\frac{\Delta h}{R}}$	δ	B-F	简	采
0.1	0.9	0.0567	0.0189	7.411	0.0232	0.0416	0.0479
0.2	0.8	0.0535	0.0267	5.240	0.0476	0.0819	0.1010
0.3	0.7	0.0500	0.0327	4.281	0.0748	0.1260	0.1610
0.4	0.6	0.0463	0.0378	3.710	0.1070	0.1780	0.2340

续表 3-15

$h_0>0.5\text{mm}$，$R=280\text{mm}$，$\mu=0.07$							
ε	h	$\sqrt{\frac{h}{R}}$	$\sqrt{\frac{\Delta h}{R}}$	δ	B-F	简	采
0.1	0.45	0.0401	0.0134	10.47	0.0241	0.0454	0.0500
0.2	0.40	0.0378	0.0189	7.411	0.0498	0.0935	0.1070
0.3	0.35	0.0354	0.0232	6.050	0.0790	0.1490	0.1740
0.4	0.30	0.0327	0.0267	5.241	0.1130	0.2180	0.2560

注：表中"B-F"为 Bland-Ford 前滑公式，"简"为简化前滑公式，"采"为采利柯夫前滑公式。

第4章　板带轧机基本方程

4.1　概述

前一章所述的是轧件塑性变形时所涉及的几个主要工艺模型（公式），在板带轧机轧制时轧件的塑性变形是与轧机的弹性变形同时发生并相互影响，因此对板带轧制过程的分析必须从轧件塑性变形及轧机弹性变形两个方面同时着手。对于连轧机则还需考虑机架间带钢张力（套量）。

板带轧机在咬入轧件前存在一个空载辊缝（与厚度控制有关）及空载辊缝形状（与板形控制有关），图 4-1 为空载辊缝及空载辊缝形状。

当轧件咬入轧机后，轧辊将给轧件一个很大的轧制力，因而使轧件发生塑性变形，但与此同时轧辊辊系亦受到一个方向相反，大小相等的力，这将使轧机牌坊被拉伸，辊系发生弯曲变形。因而产生了有载辊缝(图 4-2)和有载辊缝形状(图 4-3)。如果轧机设有弯辊装置则有载辊缝及有载辊缝形状还将受弯辊力的影响。而轧出带钢的厚度将等于有载辊缝（与测厚仪对应的点），轧出带钢的断面形状将与有载辊缝形状相同。

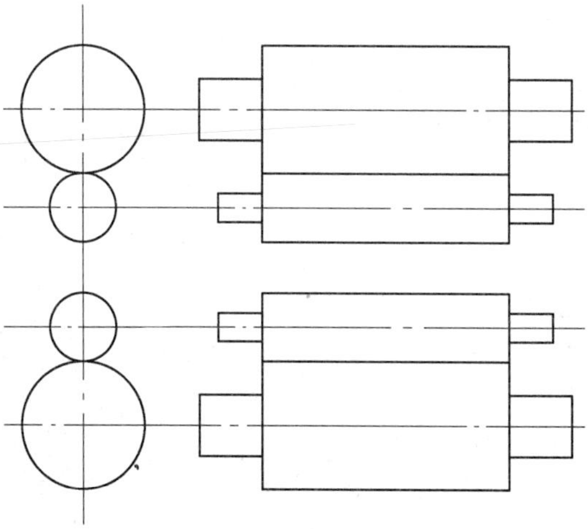

图 4-1　空载辊缝及空载辊缝形状

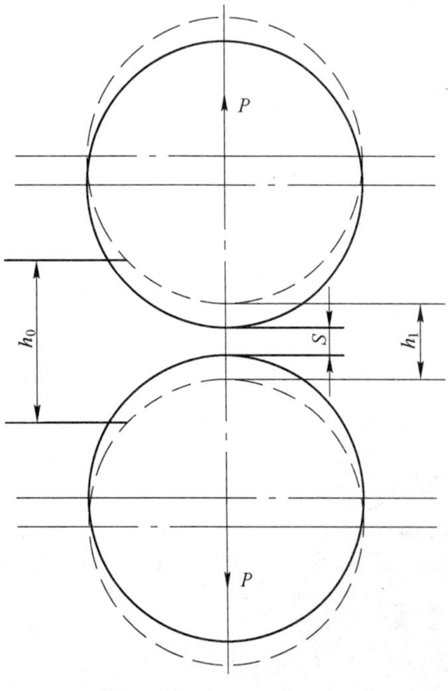

图 4-2　有载辊缝

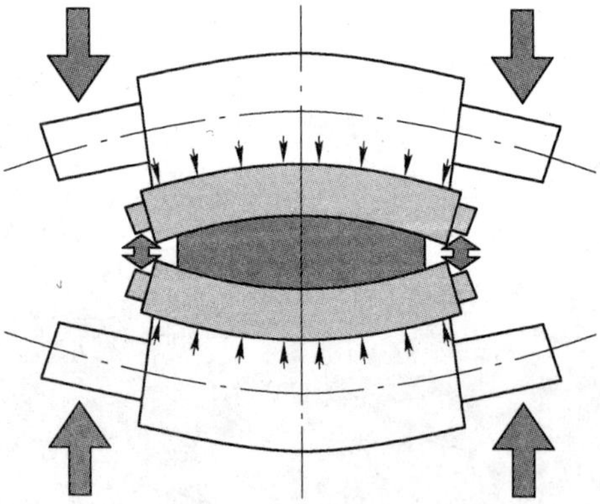

图 4-3　有载辊缝形状

厚度为 h_0 的轧件咬入开口度为 S 的辊缝后轧出的厚度将决定于轧件塑性变形所需的轧制力及在此轧制力作用下轧机将产生的弹性变形，因而轧出厚度将决定于轧件的材质、温度等，而且当轧件头尾温度不同时在辊缝相同情况下将轧出不同的头尾厚度。

4.2　弹跳方程

轧机弹跳量一般可达2～10mm，对于开坯轧机来说，由于每个道次的压下量大（往往在几十毫米以上），加上钢坯为半成品，一般可不考虑轧机的弹跳量。但对于中厚板精轧机架及热带精轧机组和冷轧带钢来说，情况就完全不同了，由于压下量仅为几个毫米甚至小于1mm，轧机的弹跳量可能超过压下量，必须要考虑轧机弹跳的影响，并需对弹跳值进行精确计算，这样才能得到符合厚度公差要求的产品。

板带轧机操作时针对厚度所能调节的只是轧辊空载辊缝，而板带轧机操作中一个最大的困难是如何估计轧制力以及如何通过调节辊缝来达到所需要的板带厚度 h。

弹跳现象的简单关系式为（图4-4）：

$$h = S_P = S' + \frac{P}{C'}$$

式中　h——轧件厚度，mm；

S_P——有载辊缝，mm；

S'——空载辊缝，mm；

P——轧制力，kN；

C'——机座总刚度，kN/mm。

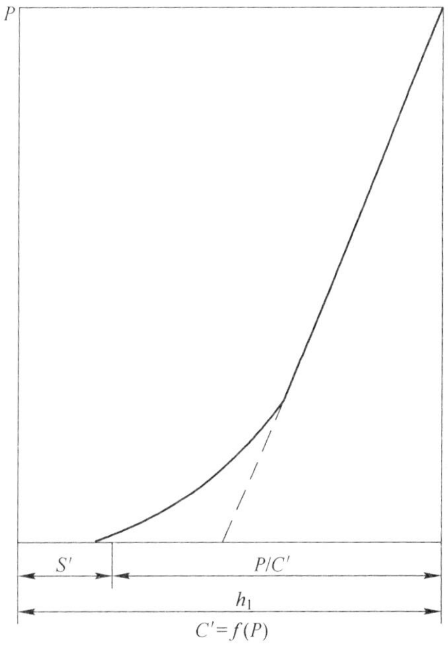

图4-4　弹跳现象

轧机刚度的定义为在轧制力作用下轧辊辊缝（测厚仪所在点）增大1mm所需要的轧制力大小，根据试验表明，机座弹性变形的特性如图4-4所示。

从图4-4可以看出，刚度是轧制力的函数，即 $C' = f(P)$，即机座的弹性变形与轧制力并非线性关系，特别是在小轧制力时，当轧制力大到一定值以后，力和变形才近似呈线性关系。这一现象的产生可用零件之间存在接触变形和轴承存在间隙等来解释。这一非线性区并不稳定，每次换辊后都有变化，特别是轧制力接近于零时的变形（实际上是间隙）很难精确确定，亦即辊缝的实际零位很难确定，因此上面的弹跳关系式不能实际应用。

在现场实际操作中，为了消除上述不稳定的影响，都采用了所谓人工"压零位"的方法，即先将轧辊"压靠"到一定的预压靠力 P_0 后将辊缝仪的指示清零（作为零位），这样可克服不稳定段的影响。

图4-5表示了压靠零位和轧制过程中轧辊辊缝和轧件厚度的相互关系。$Ok'l'$ 线为预压靠曲线，在 O 处轧辊开始变形，压靠力为 P_0 时变形（负值）为 Of'，此时将辊缝仪清零，然后抬辊，如抬到 g 点，此时辊缝仪指示值为 $f'g = S_0$，g 点并不稳定，但由于 gkl 曲线和 $Ok'l'$ 完全对称，因此 $Of' = gf = S_0$，如此时轧入厚度为 h_0 的轧件而产生轧制力 P（轧件塑性变形特性为 Hnq 曲线），则轧出厚度为 h（gkl 弹性线和 Hnq 塑性线相交点 n 的纵坐标为

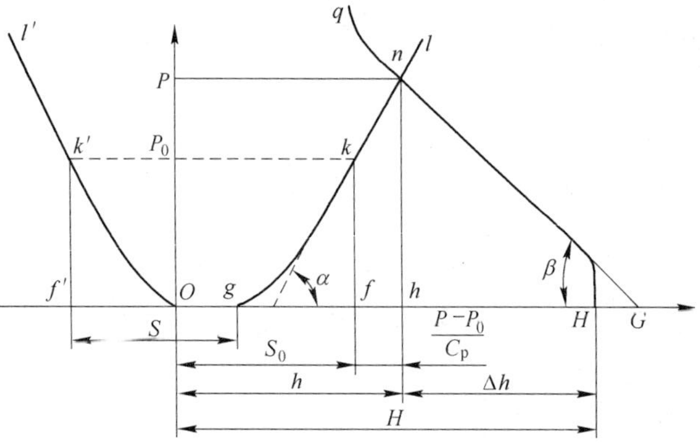

图 4-5　压靠零位过程

P，横坐标为 h）。

从图 4-5 可得到以下关系：

Gnq 曲线　　$Q(\Delta h + HG) = P \quad (Q = \tan\beta)$

knl 曲线　　$h = S_0 + \dfrac{P - P_0}{C_P} \quad (C_P = \tan\alpha)$

式中　S_0——人工零位的辊缝仪指示值，mm；

C_P——轧机刚度系数，即线性段的斜率，kN/mm。

前者为轧件塑性方程（轧制力公式详见第 3 章），Q 为轧件塑性刚度（轧件塑性变形 1mm 所需的轧制力），后者为轧机弹性方程，C_P 为轧机弹性刚度（使轧辊辊缝增大 1mm 所需的轧制力）。

一般认为当支撑辊辊径一定时，预压靠后轧机刚度系数 C_P 值只决定于板宽，而与轧制力无关，即 $C_P = f(B,R)$，但有些模型为了提高 C_P 精度，采用了分段（不同轧制力区段）确定 C_P 的办法（图 4-6）。

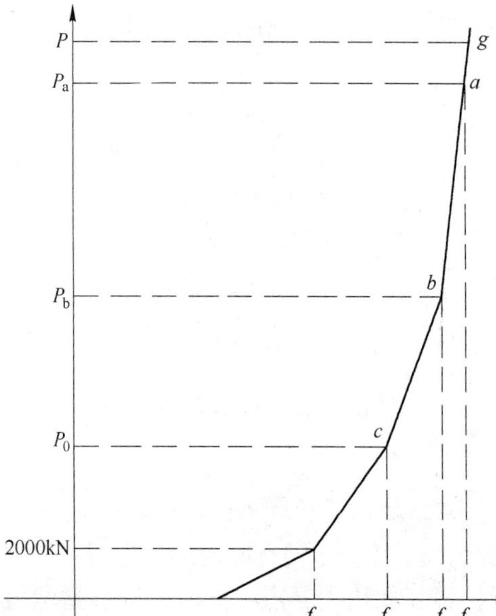

图 4-6　分段确定 C_P

由轧机弹性方程式可知，当轧制力等于预压靠力 P_0 时，$h = S_0$，即轧件出口厚度和辊缝仪指示值相吻合。当 $P < P_0$ 时，则 $h < S_0$；当 $P > P_0$ 时，则 $h > S_0$；一般情况下 $P > P_0$，则 $h = S_0 + \dfrac{P - P_0}{C_P}$。此关系式为目前热连轧厚度自动控制的基础，可作为间接测量厚度的一种方式。但用它表示轧件厚度时精度还不很高，其原因是：

（1）在轧制过程中，轧辊的温度有所升高（直到某一稳定状态），轧辊将产生热膨胀，同时由于轧辊不断磨损，因而使辊缝发生“飘移”。为此在上述公式中应增加补偿量，以符号“G”表示，称为辊缝零位。

（2）当支撑辊采用油膜轴承时，其油膜厚度与轧辊转速及轧制力大小有关，因此在加减速过程中，油膜厚度的变化将影响辊缝的精度，其变化量用 O 表示。

（3）板宽 B 对轧机刚度有影响。

基于这几点考虑，弹跳方程可写成：

$$h = S_0 + S_C + O + G$$

$$S_C = \frac{P}{C_0 + \beta(B_0 - B)} - \frac{P_0}{C_0} = \frac{P}{C_P} - \frac{P_0}{C_0}$$

式中 S_C——弹跳量；

C_0——用预压靠法得到的刚度系数（预压靠时 $B = B_0$，B_0 为轧辊辊身长度）；

C_P——轧制板宽为 B 的轧件时的轧机刚度系数；

β——宽度对刚度系数影响的系数。

考虑到轧辊弯曲变形和支撑辊/工作辊间压扁变形对机座总刚度系数影响较大，而这些因素都是非线性的，因此严格地说图4-4 中曲线不但在小轧制力区为非线性段，在大轧制力范围曲线的斜率还存在逐渐变大的趋势，为了提高计算精度应采用几段折线来逼近（图4-6），在一段折线范围内刚度曲线的斜率可视为常数。

当 C_P 在不同轧制力值时分段后，P 与 P_0 所对应的机座刚度系数将不同，此时弹跳量 S_C 的计算就比较复杂，如先不考虑带钢宽度的影响，则

$$S_C = \frac{P - P_a}{C_{ga0}} + \frac{P_a - P_b}{C_{ab0}} + \frac{P_b - P_0}{C_{bc0}}$$

假设带宽 B 对各段刚度系数的影响相同。宽度对刚度系数的影响可将试验所得折线的各点坐标存表用时根据轧制力大小查表来确定。

当辊系加上弯辊力后，与测厚仪位置所对应的辊缝将有所改变，影响此点轧出厚度。

弹跳方程应加上 S_F，则

$$h = S_0 + S_C + S_F + G + O$$

$$S_F = \frac{F}{C_F}$$

式中 S_F——弯辊力造成的厚度变化，mm；

F——弯辊力，kN；

C_F——辊系对应弯辊力的纵向（厚度）刚度，kN/mm；

G——辊缝零位，mm。

影响辊缝零位 G 的因素有：

（1）轧辊热膨胀（特别是换辊后 30min 内）；

（2）轧辊磨损；

（3）其他。

因此改进的方案为将 G 写成

$$G = G_H + G_W + G_O$$

即采用轧辊热胀量公式计算 G_H，磨损量公式计算 G_W 后，其他的不精确性归入 G_0（真正辊缝零位），由模型自学习来解决。

弹跳方程或厚度方程是设定模型确定空载辊缝和厚度自动控制系统间接测厚不可缺少的基本方程，其精度主要取决于轧制力 P 、机座刚度系数 C_P（或直接用弹跳量 S_C），以及 S_F、G 和 O 值的精度。

由于轧机弹跳是许多零件变形的总和，用理论计算各零件变形的方法来求轧机总刚度比较困难，而且不易保证精度。目前一般采用对具体轧机进行实际测量的办法来确定 C_P 值及与弯辊力有关的 C_F。

轧机刚度试验方法有以下两种：

（1）轧铝板法（对冷连轧机则可直接轧钢板进行刚度试验）。此时，可固定一个 S_0，然后用不同厚度的铝板轧入，测出轧制力和轧出厚度（应尽量使轧制力变动范围大一些），用回归法可求出 C_P 值或分几段折线来回归各折线段的 C_P，此法只需实测轧制力 P 和轧出厚度 h。

但在一般情况下，要找到一组不同厚度的铝板往往不太容易，如只有一种厚度的铝板，可在试验时首先预压靠轧辊，在预压靠力 P_0 时辊缝仪清零，然后用不同 S_0 值来轧铝板，并使产生变化范围尽可能宽的轧制力。在测得每一道次的轧制力和轧出厚度后，可用下式求 C_P。

$$(h - S_0)C_P = (P - P_0)$$

试验时应注意不使轧辊发热，以免影响辊缝值，轧铝板法由于试验条件和实际生产情况最为相近，因而能测得较精确的 C_P 值，同时由于可采用不同宽度的铝板进行试验，这是取得板宽 B 对 C_P 影响的基本方法。通过改变轧速还可测得油膜厚度 $O = f(P,n)$。

但这种方法不能经常使用，特别在实际生产中不可能每次换辊后都进行，因此每次换辊后可采用第二种方法（自压靠法）。

（2）自压靠法。当轧辊接触后继续压下，压下的行程必将都转化为轧机弹性变形，因此如能测出不同压下行程时的压靠力，即可算出 C_P 值。

由于轧辊开始压靠的点不易测量，可以某一轧制力值（如 2000kN，即 200t）为基点（此时的辊缝值为 S'_0），则在测得多个 S_0 和 P 值后用下式计算并进行回归求出 C_P 值：

$$(S_0 - S'_0)C_P = (P - 200)$$

自压靠时相当于板宽为轧辊辊身长度 B_0，其所测得的值用 C_0 表示。用预压靠法可在每次换辊后进行，实际测量在此实际的轧辊辊径时的 C_0 值，由此可得 C_P 值。

$$C_P = C_0 + \beta(B_0 - B)$$

考虑到轧辊偏心的影响，P_0 和 P 都需多点测量（在相当于轧辊转一圈的时间内采样 6 ~ 12次），并求其平均值。

4.3　辊缝形状方程

由于轧出带钢的断面形状（包含凸度）即是有载辊缝形状，对带钢断面形状的控制（板形控制）实质上是对有载辊缝形状的控制。

影响有载辊缝形状的因素较多，主要包括：

（1）使辊系弯曲变形（含有一些剪切变形）的轧制力；

（2）使辊系弯曲变形的弯辊力；

（3）轧辊辊系的原始辊型（磨辊后的工作辊及支撑辊冷辊型）；

（4）轧制时轧辊热辊型和磨损辊型的变化；

（5）改变轧辊辊缝形状的 CVC，LVC，PC 技术及其他可控辊型技术（见第 8 章）。

因此有载辊缝形状可用以下方程描述：

$$CR = \frac{P}{K_P} + \frac{F}{K_F} + E_C\omega_C + E_\Sigma(\omega_H + \omega_W + \omega_O) + E_0\Delta$$

式中 CR——有载时辊缝中部开度与板边处辊缝开度之差，亦即轧出轧件的凸度（中部与边部厚度之差），mm 或 μm；

P——轧制力，kN；

F——弯辊力，kN；

K_P——辊系在轧制力作用下弯曲变形的刚度，又称为轧机横向刚度，kN/mm 或 kN/μm；

K_F——辊系在弯辊力作用下弯曲变形的刚度，又称为弯辊力横向刚度，kN/mm 或 kN/μm；

ω_C——可控辊型，根据采用 CVC，LVC 或 PC 等技术来确定其公式，mm 或 μm；

ω_H——热辊型，为此需建立热辊型模型，mm 或 μm；

ω_W——磨损辊型，为此需建立统计型磨损模型，mm 或 μm；

ω_O——初始辊型，根据板形控制需要由工作辊/支撑辊辊型设计来确定，mm 或 μm；

Δ——入口带钢凸度，mm 或 μm；

E_0，E_C，E_Σ——相应系数。

对于板带材来说，ω_H，ω_W 为扰动量，ω_C 及 F 为控制量，而轧制力可以看作扰动量，亦可作为控制量（负荷分配优化特别是对后四个机架或道次轧制力进行合理分配来保证板形良好）。

正如上面公式所列，空载辊缝形状决定于：

（1）轧辊磨辊所确定的工作辊及支撑辊初始（冷）辊型；

（2）辊系的热辊型；

（3）辊系的磨损辊型；

（4）CVC，LVC，PC 等可控辊型。

轧件出口凸度除了决定于空载辊缝形状外还将决定于：

（1）轧制力所造成的辊系弯曲变形及压扁变形；

（2）弯辊力所造成的辊系弯曲变形；

（3）入口凸度的遗传影响。

因此辊缝形状的确定，将涉及辊系的一批“动态辊型”以及轧制力、弯辊力造成的弯曲变形。这些模型或公式大部分并不能简单地写出。例如；辊系受力后的变形需利用简支梁或有限元方法计算（K_P 及 K_F 值）。

轧制力及弯辊力造成辊系弯曲变形的理论计算方法涉及弹性力学等专业知识（可参阅

有关文献），理论方法所计算的 K_P 及 K_F 还应通过对特定轧机的现场实测来校核和修正。

从工程角度，亦可以直接通过对特定对象轧机的现场实测来确定 K_P 和 K_F 以及其他系数。横向刚度系数的测定可以和本章前面所提到的与厚度有关的纵向刚度测试相结合，亦即采用轧铝板法，但轧制后不仅测量与测厚仪所对应点的铝板厚度，还应测量整个铝板宽度方向上各点的厚度（或测量板宽中点及边部点）来获取轧件实际凸度，以便通过数据处理来获得 K_P。同样在试验中通过改变弯辊力来获得 K_F，通过改变轧前铝板凸度来求得 E_0。实测横向刚度时要注意辊系辊型的不变（不使轧辊发热及磨损，以及不投入可控辊型），因此横向刚度试验的工作量远大于纵向刚度试验。对于一些不便试验的项目，例如 E_C，则仍可通过有限元法来求得，由于主要参数通过对特定对象轧机实际测量求出，因而可较大程度地提高有载辊缝形状方程式的精度，亦即轧出轧件凸度（方程）的精确性。

轧辊动态辊型是指轧制中由于轧辊升温而产生的热辊型以及轧辊磨损使辊型的变化。

动态辊型是在轧制过程中产生和变化的，因此将采用通过弯辊力的在线控制来加以补偿，热辊型及磨损辊型模型的计算结果将用于在线控制弯辊力，但由于每一块钢轧制后形成的热辊型及磨损辊型将继续对下一块钢的设定产生影响，因此热辊型及磨损辊型模型亦为板形设定模型的两个子模型。

4.4　平坦度方程

为了保持板形良好（不起浪），必须使轧件沿宽度方向上各点的伸长率相等，亦即沿宽度方向的各点的压缩率应相同。实际上轧件的横断面边部和中间存在着一定的厚差（凸度）。如果来料已有凸度 Δ，则轧出的成品亦应有一定的凸度 δ 才能保证其板形良好（图 4-7）。

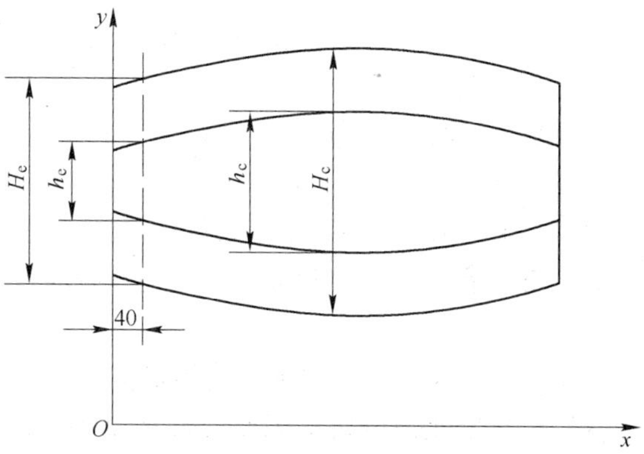

图 4-7　入口和出口断面形状

为了确切表述断面形状，可以采用“相对凸度 $\rho=\delta/h$”作为特征量。平坦度指的是带钢翘曲（主要是浪形），即在轧制时是否出现边浪、中浪等。

平坦度与带钢在每个机架入口及出口处的相对凸度是否匹配有关（图 4-7）。假设带钢沿宽度方向可分为许多窄条，对每个窄条存在以下体积不变关系（假设不存在宽展）：

$$\frac{L(x)}{l(x)}=\frac{h(x)}{h_0(x)}$$

式中　$L(x)$，$h_0(x)$ ——入口侧 x 处窄条的长度和厚度；

$l(x)$，$h(x)$ ——出口侧 x 处窄条的长度和厚度。

也可以用

$$\frac{L_e}{l_e}=\frac{h_e}{h_{0e}}$$

及
$$\frac{L_c}{l_c} = \frac{h_c}{h_{0c}}$$

分别表示边部和中部小条的变形。良好平坦度的条件为

$$l_e = l_c = l_x$$

设
$$\Delta l = l_c - l_e$$

$$\Delta L = L_c - L_e$$

式中　ΔL——轧前来料的窄条长度差。

设来料凸度为 Δ

$$\Delta = h_{0c} - h_{0e}$$

将 $H_c L_c = h_c l_c$ 和 $H_e L_e = h_e l_e$ 两式相减后得

$$h_{0c} L_c - h_{0e} L_e = h_c l_c - h_e l_e$$

$$(\Delta + h_{0e})(\Delta L + L_e) - h_{0e} L_e = (\delta + h_e)(\Delta l + l_e) - h_e l_e$$

展开后如忽略高阶微小量后可得

$$\frac{\Delta l}{l} = \frac{\Delta L}{L} + \frac{\Delta}{h_0} - \frac{\delta}{h}$$

平坦度良好条件为

$$\frac{\delta}{h} = \frac{\Delta L}{L} + \frac{\Delta}{h_0}$$

如来料平坦度良好（$\Delta L/L = 0$），则平坦度良好条件为

$$\frac{\delta}{h} = \frac{\Delta}{h_0}$$

即在来料平坦度良好时，入口和出口相对凸度应相等，这是轧出平坦度良好带钢的基本条件。要指出的是由于轧辊与轧件接触的宽度上存在压扁，在板宽边缘处由于压扁的过渡而存在边部减薄。因此上面各公式中的 h_e 指的为离实际边部约 40mm 处的板厚。

由于轧件较厚时不易起浪，宽度方向各点的不均匀压缩只会造成轧件的舌头或燕尾形端部，保持板形良好条件主要用于厚度小于某一值的情况，此厚度 h_L 称为临界厚度。所谓来料的凸度对热轧来说是指当某道次出口厚度 $h = h_L$ 时该临界道次轧出的轧件凸度 δ_L，对于冷轧则为热轧来料的凸度。

当不使用弯辊和 CVC，LVC 等技术时

$$\delta_L = \frac{P_L}{K_P} - (\omega_H + \omega_W + \omega_O)$$

式中　P_L——该临界道次的轧制力；

K_P——与轧制力有关的横向刚度系数。

当临界道次轧出板材凸度为 δ_L（即为 Δ）及轧出厚度为 h_L（即为下一道的 h_0），各道次的凸度应为

$$\delta = \frac{P}{K} - (\Sigma\omega) = \frac{\Delta}{h_0}h$$

$$P = K\frac{\Delta}{h_0}h + K\Sigma\omega$$

式中，$\Sigma\omega = \omega_H + \omega_W + \omega_O$

上式即为板形方程，在纵坐标为 P 横坐标为 H 的图上（图 4-8）可用一直线表示。

在图 4-8 中可以看出：热辊型的变动只能使此直线高低变化，而与斜率无关，而此直线的斜率决定于 $K\dfrac{\Delta}{h_0}$ 值。

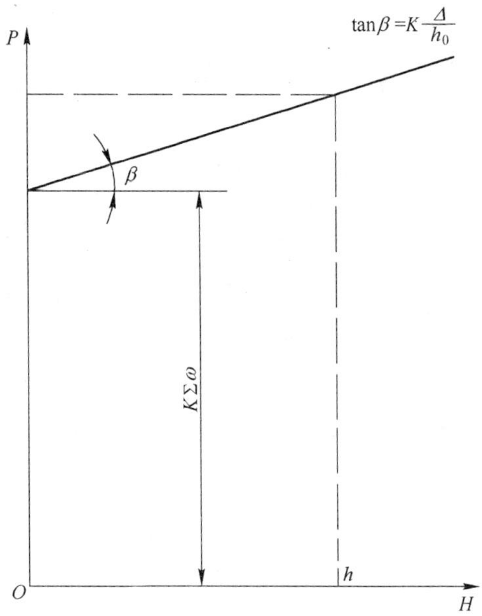

图 4-8　板形方程的图示

图 4-9 中，在纵坐标上取临界厚度道次的压力 P_L，在横坐标上取临界道次轧出厚度 h_L，过这两点分别作平行坐标的线相交于 a 点，然后将 $K\Sigma\omega$ 取纵坐标 b 点，此 a 与 b 的连线即为良好板形的条件线。由于各机架条件的变化，实际上条件线不会完全是直线。

良好板形条件线可用一个区域（图 4-10）来表示，临界厚度以后各道次的轧制力只要在此区域内，即可保证板形。若轧制力高于此区（如 D 点），则将使板边出浪；若轧制力低于此区（如 E 点）则将使板中间起浪。由此可知，应合理确定后几个道次的轧制力分配来保证良好板形。

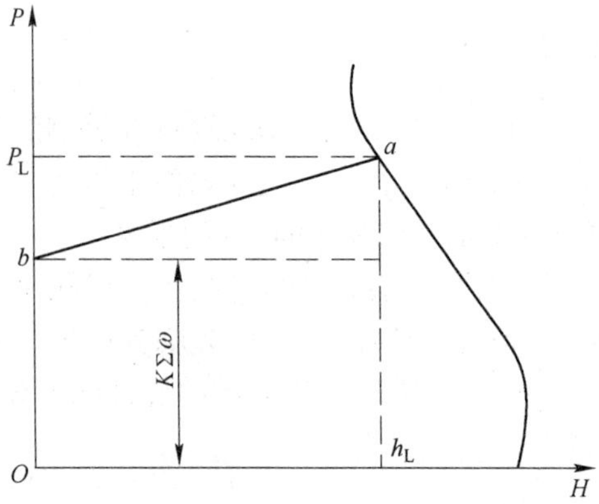

图 4-9　良好板形条件线

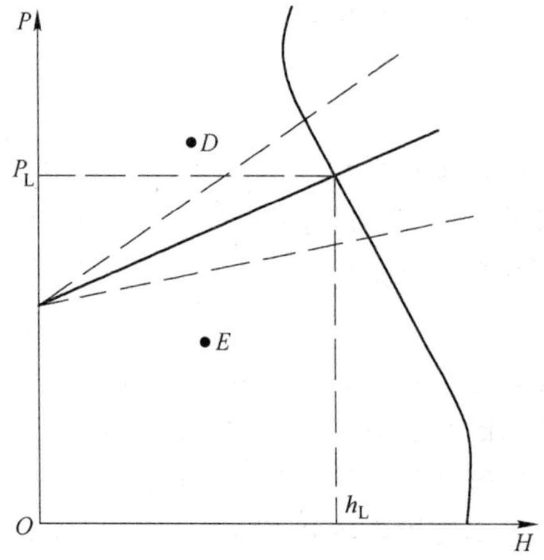

图 4-10　良好板形条件区

4.5　流量方程

热连轧由于采用小张力轧制，机架间存在活套，因此机架间只有稳定状态时才符合在张力作用下的秒流量恒等法则，为此热连轧应用秒流量恒等法则时要特别小心。冷连轧则严格保持张力作用下的秒流量恒等法则。

秒流量恒等法则可用流量方程来表述，其基本形式为

$$b_0h_0L/t = b_0h_0v' = bhv = 常数$$

式中　b_0, b——入口和出口带钢宽度，mm或m；
L——入口带钢长度，m；
h_0, h——入口和出口带钢厚度，mm；
v', v——入口速度和出口速度，m/s。

对连轧机来说存在以下两类流量方程：

（1）一个机架的变形区入口和出口的流量方程（图4-11）。

$$b_0h_0v' = bh_1v$$

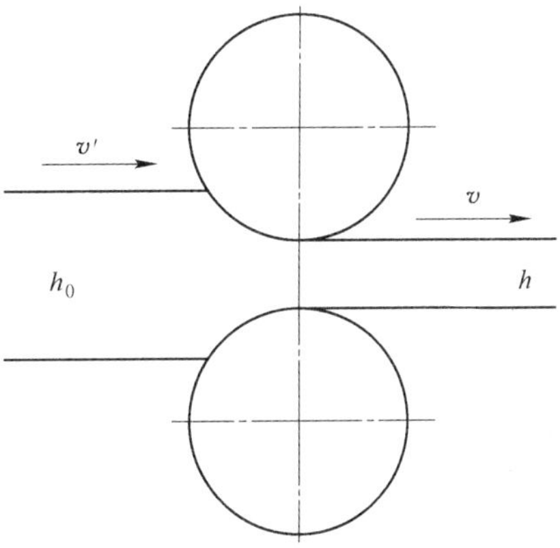

图4-11　变形区流量方程

对于热连轧精轧机组及冷连轧来说宽展极小，也可写成

$$h_0v' = h_1v$$

或

$$h_0v_0(1-\beta) = h_1v_0(1+f)$$

式中，f为前滑；β为后滑；v_0为轧辊线速度。

（2）多个机架的流量方程（图4-12）。

$$b_ih_iv_i = b_{i+1}h_{i+1}v_{i+1}$$

或

$$h_iv_i = h_{i+1}v_{i+1}$$

也可写成

$$h_iv_{0i}(1+f_i) = h_{i+1}v_{0,i+1}(1+f_{i+1})$$

式中，下标i表示i机架的参数。

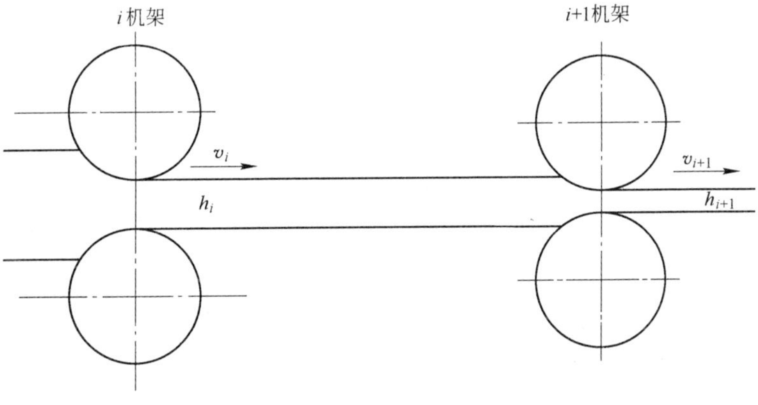

图4-12　多个机架的流量方程

一个机架的变形区流量方程（变形区入口和出口流量恒等）是完全正确的，但多个机架的流量方程热轧仅在稳态条件下正确。

因此一般说在模型设定时可采用多机架流量方程，而热轧在 AGC 调厚时只能使用一个机架变形区的流量方程。冷轧由于是大张力轧制，不形成活套，多机架流量方程也总是正确的。

4.6　套量方程

带钢热连轧由于机架间设有活套装置，因此当活套辊上抬在机架间形成活套时（图 4-13）前后机架的速度变化将只影响活套的套量，此时带钢的张力将由活套电机来控制（活套电机将控制带钢张力在不同活套高度或活套臂升角下静态地恒定不变）。只有当机架间速度差过大而使带钢拉直后才需要根据前后机架速度不协调来计算带钢弹性变形造成的张力，因此对热连轧需分别讨论套量方程和张力方程。而冷连轧只需讨论张力方程。

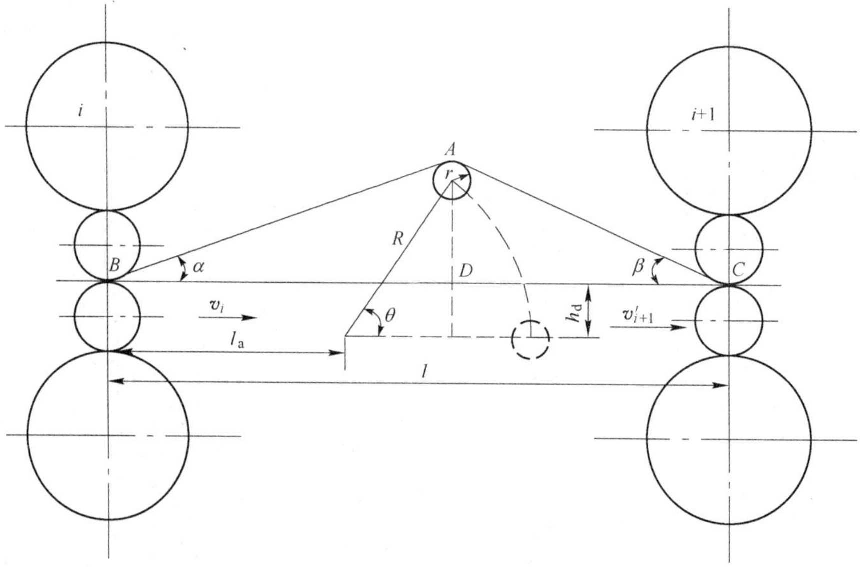

图 4-13　活套参数示意图

设 i 机架带钢出口速度为 v_i，$i+1$ 机架带钢入口速度为 v'_{i+1}。则单位时间内从 i 机架轧出的带钢长度为 $v_i\mathrm{d}t$，而单位时间内从 $i+1$ 机架轧入的带钢长度为 $v'_{i+1}\mathrm{d}t$，因此套量变化量 Δl 可写成（图 4-13）

$$\Delta l = \int (v'_{i+1} - v_i)\,\mathrm{d}t$$

由此式可看出，当 v_i 与 v'_{i+1} 不等时，随着时间的增长，套量将无限增加或减小，如果不加以控制，则由于套量增加过大而将在机架间产生三层带钢叠起来轧入下个机架，这将引发严重事故，反过来当套量不断减小最终将会使机架间带钢绷直，绷直后其变化规律则由张力方程描述。

4.7　张力方程

张力是热连轧及冷轧过程的一个重要现象，各机架通过带钢张力传递影响，传递能量而互相联系。

张力是由于机架间速度不协调而造成的，从两个机架来看（图 4-14），如果由于某种原因（外扰量或调节量变动时）而使 i 号机架带钢出口速度减小（可以是轧辊速度减小，也可能由于压下率等其他工艺参数变动，造成前滑量减小）或使 $i+1$ 号机架带钢入口速度加大（原因也可以是轧辊速度变大或后滑量减小），结果使 i 机架和 $i+1$ 机架间的带钢张力变化。当张力减为零后则将产生起套。

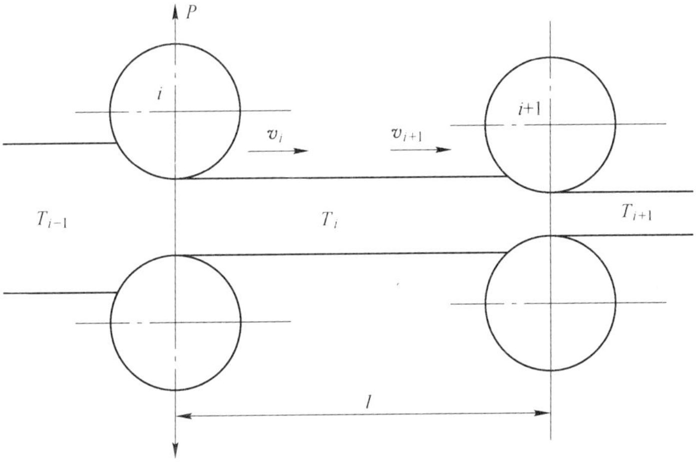

图 4-14 两个机架间张力

带钢拉直后速度不协调将产生张力变化，这只是问题的一个方面，张力的变化又将返回来影响前后机架的出口和入口速度（前滑和后滑量），而且其影响的方向是使速度趋向于新的协调。例如当张力加大反过来使 i 机架的前滑量加大，使带钢出口速度加大，又使 $i+1$ 机架后滑量加大，使带钢入口速度减小。由此可知张力具有“自然自动调节”的作用，这正是有张力轧制和无张力起套轧制的根本区别。有套轧制时当机架间产生速度不协调时，机架间带钢套量将随时间无限增长（假如不采用人工调速来消除速度不协调现象），在高速轧制时套量增长的速度将是很大的，因而使操作十分困难。带张力轧制时情况就不同了，当速度有所失调时，使张力减少或增加，但张力又反过来使速度趋向新的协调，达到一个新的平衡状态，张力虽变为新的数值，但它不会无限变大或变小，因而带张力轧制，特别是大张力轧制的操作比较稳定。

对于张力可以从以下两个不同的角度来研究：

(1) 研究连轧过程从一个稳态转到另一新的稳态后张力的变化量，这是稳态张力分析。

(2) 研究连轧从一稳态转向另一稳态过程中张力的变化过程，即张力随时间的变化过程，这种具有时间概念的分析是动态张力分析。

对于实际连轧过程来说，动态过程是绝对的，稳态过程是相对的、暂时的。因此连轧张力公式主要是从动态张力公式入手，而把稳态张力公式作为其一特例。

为了简化叙述，首先分析两个机架的张力公式（图 4-14）。设在某一时刻 t 时，此两个机架处在一个稳态状态，此时机架间张力为 T_i，i 架轧机出口速度在此张力作用下为 v_i，

$i+1$ 架轧机入口速度在此张力作用下为 v'_{i+1}，此时

$$v_i = v'_{i+1}$$

如设带钢断面为 $A = Bh$

则带钢断面上的拉应力为

$$\tau_i = \frac{T_i}{A}$$

考虑到应力和应变的关系为

$$\varepsilon_i = \frac{\tau_i}{E}$$

式中　E——带钢弹性模量，MPa。

如机架距离为 l，假设钢带在张力作用下的绝对变形量为 q，则

$$\varepsilon_i = \frac{q}{l-q}$$

式中　$l-q$——带钢不受拉时的原始长度。

如果由于某一外扰作用而使稳定状态遭到破坏，使 $v'_{i+1} > v_i$，则在时间 $t+\mathrm{d}t$ 时张力将变化为 T'_i

$$T'_i = T_i + \mathrm{d}T_i$$

因此

$$\tau'_i = \tau_i + \mathrm{d}\tau_i$$

$$\varepsilon'_i = \varepsilon_i + \mathrm{d}\varepsilon_i$$

而

$$q' = q + \mathrm{d}q$$

则

$$\varepsilon'_i = \frac{q'}{l-q'} = \varepsilon_i + \mathrm{d}\varepsilon_i$$

因此

$$\mathrm{d}\varepsilon_i = \frac{q'}{l-q'} - \frac{q}{l-q} = \frac{l\mathrm{d}q}{(l-q')(l-q)}$$

即：

$$q = \frac{l\varepsilon_i}{l+\varepsilon_i}$$

$$q' = \frac{l(\varepsilon_i + \mathrm{d}\varepsilon_i)}{l+(\varepsilon_i + \mathrm{d}\varepsilon_i)}$$

代入后得

$$\mathrm{d}\varepsilon_i = \frac{l\mathrm{d}q}{\left(l - \frac{l\varepsilon_i}{l+\varepsilon_i}\right)\left[l - \frac{l(\varepsilon_i + \mathrm{d}\varepsilon_i)}{l+\varepsilon_i+\mathrm{d}\varepsilon_i}\right]}$$

$$= \frac{l\mathrm{d}q}{\frac{l}{l+\varepsilon_i} \cdot \frac{l}{1+\varepsilon_i+\mathrm{d}\varepsilon_i}}$$

$$= \frac{\mathrm{d}q}{l}(1+\varepsilon_i)(1+\varepsilon_i+\mathrm{d}\varepsilon_i)$$

$$\approx \frac{\mathrm{d}q}{l}(1+\varepsilon_i)^2$$

由于带钢张力引起的弹性变形 ε_i 比 1 小很多，可以忽略：

$$d\varepsilon_i = \frac{dq}{l}$$

考虑到所增加的 dq 是由速度差 $v'_{i+1} - v_i$ 引起的，因此

$$v'_{i+1} - v_i = \frac{dq}{dt} = l\frac{d\varepsilon_i}{dt} = \frac{l}{E} \cdot \frac{d\tau_i}{dt}$$

即
$$\frac{d\tau_i}{dt} = \frac{E}{l}(v'_{i+1} - v_i)$$

或
$$\tau_i = \frac{E}{l}\int(v'_{i+1} - v')dt$$

式中　l——机架间距离，m。

上式即为常用的张力公式（动态张应力公式）的微分方程和积分方程形式。此公式应用时需将 v'_{i+1} 和 v_i 的具体公式代入，由于

$$v_i = v_{0i}(1 + f_i)$$

$$v'_{i+1} = v_{0(i+1)}(1 - \beta_{i+1})$$

为了反映张力对前后滑的影响，设

$$f = f_0(1 + b\tau)$$

因此
$$v_i = v_{0i}(1 + f_{0i} + f_{0i}b\tau_i)$$

设
$$\beta = \beta_0(1 + b'\tau)$$

因此
$$v'_{i+1} = v_{0(i+1)}(1 - \beta_{0(i+1)} - \beta_{0(i+1)}b'\tau_i)$$

冷轧由于张力较大，为了进一步研究其张力变化，可将上式代入张力方程后得

$$\frac{d\tau_i}{dt} = A\tau_1 + B$$

这一方程可用来研究张力变化的过渡过程。

当 τ 变化到一定值使 $A\tau + B = 0$ 时张力不再变化，而稳定在新的张力水平下，此时由于 $d\tau/dt = 0$，因而

$$v_i = v'_{i+1}$$

两边乘以 h_i 得

$$h_{1i}v_i = h_{1i}v'_{i+1} = h_{0(i+1)}v'_{i+1}$$

由 $i+1$ 机架流量方程

$$h_{0(i+1)}v'_{i+1}=h_{1(i+1)}v_{i+1}$$

得

$$h_{1i}v_1=h_{1(i+1)}v_{i+1}$$

亦即在新的平衡处多机架流量方程又一次成立。

由此可见流量方程描述的是平衡状态，而张力方程描述的是动态过渡状态。

第5章 数学模型及模型自学习

5.1 概述

与物理模型相类似，数学模型亦是对象的一种“模型”。不同之处在于数学模型是用数学表达式来描述对象的内在规律。根据对象的复杂程度，数学模型可以是表格形式，单一的公式，也可以是一组公式；可以是代数方程，也可以是微分方程与代数方程的组合。

数学模型是实现板带轧机过程控制（L2）的基础，这是因为：

（1）生产过程和单一的设备不同，所涉及的往往是一段生产作业线或一个机组。例如热带精轧连轧机组厚度设定模型，它需根据粗轧出口处的实测温度、实测厚度、实测宽度利用温降模型来描述带坯在中间辊道的温降及在精轧机组内各机架的轧制温度，用轧制力模型预报各机架将会产生的轧制力以便在考虑轧机弹跳的基础上确定6或7个机架的辊缝及速度等设定值，用凸度方程确定各个机架的弯辊力设定值，最终使带钢能顺利穿带，并使轧出带钢头部的温度，厚度及凸度命中目标值。

（2）生产作业线或一个机组一般涉及多个工艺参数，需要根据多个输入参数来确定多个输出参数。设定模型的一个重要特点是“预报”，即在带坯将进入某个机组前用数学模型预报将产生的轧制力、厚度、凸度等，并在此基础上计算及设定该机组各个机构（压下、速度、弯辊、窜辊等）的位置、速度和力，使轧件能顺利进入轧机。

数学模型可以从不同的角度进行分类。从模型建模角度分类，可分为机理模型和经验统计模型。

机理模型是根据生产过程的物理（化学）机理，应用相应的学科理论写出具有普遍意义的数学方程，机理模型的优点是能较好地反映出各因素的影响规律。

考虑到不同现场的特定生产条件，任何纯机理性模型很难与实际对象完全“定量”吻合，因此在采用机理模型时一般尚需对公式中多个系数利用在现场所收集的数据进行统计回归来确定（建模），以使最终在定量上与实际吻合。

经验统计模型是在分析并确定了影响因素后进行统计（回归）来确定公式。影响因素确定后可写出以下公式。如仅一个因素可写成：

$$y = a + bx_1 + cx_1^2 + dx_1^3 + \cdots$$

如两个因素则可写成：

$$y = a + bx_1 + cx_2 + dx_1^2 + ex_1x_2 + fx_2^2 + \cdots$$

利用现场数据对上面所列公式进行“回归分析”以确定“相关系数”最大，“方差”最小的公式形式及其各系数值。

由上面所列公式可知，当影响因素较多时公式将变得繁杂（三个因素如仅到二次项为止将增加到十项），因此应尽量减少影响的因素，为此常采用的方法是：

（1）缩小公式的应用范围，例如七机架连轧，为每个机架回归一个公式（公式结构相同但系数可有七套)；

(2) 将因素合并成无单位变量：例如将变形区的 R，h_0，h_1 合并成 $\frac{l_c}{h_m}$ 及 ε。

从性质上分类，可分为静态模型和动态模型。静态模型采用线性或非线性代数方程的形式，公式中不包含时间，与变形区中工艺参数有关的模型大多为静态模型。

动态模型采用微分方程的形式，公式中含有时间变量，也可以说是变量各阶导数间的关系。动态模型是对象动特性的描述。工艺参数中只有机架间套量及张力方程是动态模型，而所有机电及液压控制系统，例如液压压下及轧机主传动系统的模型都为动态模型。

从变量变动范围上分类，可分为全量模型和增量模型。全量模型用来描述变量在大的变动范围中的关系，全量模型往往是非线性的，过程自动化级（L2）的设定模型采用非线性全量模型。

增量模型用来描述变动范围较小时的变量间关系，基础自动化级（L1）各控制功能用的控制算法都采用线性增量模型，因而需将非线性方程“线性化”（将非线性方程用台劳级数展开后只取其一次项）。

从应用角度数学模型可分为综合分析用数学模型和在线控制用数学模型。前者将生产过程各物理现象数学化后，用于综合分析或进行仿真研究。由于分析一般是离线进行，时间不受限制，为了精确描述生产过程，所用数学模型可以考虑更多的因素，使用较复杂的公式。

在线控制用数学模型由于用于在线控制，时间上有一定限制，需采取一些简化措施，抓住主要因素，忽略次要的以及不可测量的因素，利用模型自学习来保证控制精度。

计算机控制用模型包括了 L2 的设定模型和 L1 的质量控制（算法）模型。设定模型是对一个过程或一组设备（一批控制机构）进行设定值计算（预报），设定模型一般为静态模型，全量非线性模型，可以是机理型或经验统计型，亦可以是它们的混合。质量控制（算法）模型则是描述控制功能中扰动量，控制量及目标量间的关系，亦即描述控制功能的控制算法。一般用线性增量模型。

下面几章将结合温度、厚度、板形、宽度的设定和控制介绍所用的模型及控制算法，综合分析及仿真将在第 10 章介绍。

5.2　板带轧制的数学模型

从第 2 章计算机控制功能所述可知，板带轧机的控制功能实际上可分为五大类：

(1) 过程自动化级（L2）的设定模型及基础自动化级（L1）执行设定值的设备控制功能。其中 L2 包括为设定模型服务的功能，即包括数据跟踪，由 L1 上送实际采样值的处理及模型自学习；L1 设备控制功能包括位置、力及速度的自动控制功能。

(2) 轧件运送及逻辑-顺序控制。主要是基础自动化级的位置跟踪，各辊道的控制及机组各设备的工艺联锁。

(3) 质量控制。主要是温度(用于热轧的终轧温度及成品冷却控制)、厚度、板形及热轧宽度（形状）的控制。

(4) 为保证穿带的主速度控制及活套控制（热带）和张力控制（冷带）功能。

(5) 其他功能。包括数据通信、人机界面以及辅助设施（液压站、润滑站、快速换辊等）的控制等。

其中与数学模型有关的主要是 L2 的设定模型和 L1 的质量控制功能。为了实现板带轧机设定计算及质量控制，将涉及以下数学模型：

（1）温降模型。温度对于热轧来说是个重要的参数，温降模型不仅用于终轧温度及卷取温度（冷却）控制，而且是厚度、板形及宽度设定模型中的一个重要子模型，温度预报精度对轧制力正确预报有直接影响，因此必须精确预报每一台轧机（每一道次）的轧制温度。

（2）轧制力模型。由于板带轧制时的轧机弹性变形现象，轧制力预报精度将直接影响厚度及凸度设定精度，是能否顺利穿带的主要因素。轧制力模型中包括变形阻力子模型，变形区应力状态子模型等。

（3）前滑模型。前滑模型用于带钢冷热连轧机组各机架速度的设定计算，前滑量将直接影响热连轧的套量控制及冷轧的张力控制。

（4）宽展模型。宽展模型用于热带粗轧及中厚板的立辊设定及控制。

（5）轧机方面的模型。轧机方面的模型包括弹跳（厚度）方程、轧辊辊缝形状（凸度）方程。轧机方面的模型还将涉及热辊型及磨损辊型等。

（6）冷热连轧机机架间的套量及张力方程。

设定计算所用模型绝大多数为静态模型。考虑到变量变动范围较大，加上过程自动化级所用计算机的计算能力强，因此都采用全量形式，直接用非线性代数方程进行求解。

对于质量控制来说一方面其变量变动范围小（在设定值左右调节），加上质量控制由基础自动化级控制器承担，控制功能的控制周期很小（2 ~ 20ms），因此都采用线性增量形式。

本书的第 3 章及第 4 章着重介绍了轧件塑性变形基本公式（模型）和轧机弹性变形的基本方程，第 6 章及第 9 章将着重介绍这些公式和方程在模型与控制中的应用。

5.3 数学模型的建立方法

无论是机理模型还是经验统计模型，为了用于特定的轧机必须利用该轧机的大批实测数据对模型系数进行统计回归，以使模型用于该轧机的具体条件下能获得要求的预报精度。

在现场收集数据进行统计回归分析时应注意以下事项：

（1）需有一定数量“条件相同”的实测数据以提高统计的可靠性。应该说要保证大批实测数据完全达到“条件相同”是较困难的。例如同一钢种的一批轧件其成分不可能完全一致，同一轧机在新换上轧辊及轧辊已磨损即将换下时，其轧制状况是不相同的，因此应用大量数据统计模型系数，将使模型具有平均性质。

（2）自变量应有较宽的变动范围以使统计结果较为稳定。

（3）需对实测数据进行预处理，应将过于分散的实测点剔除后再进行统计分析。但剔除实测点要小心，不能具有人为倾向以免产生误差，当是否属于“分散”不能肯定时不要轻易剔除数据。此时可进行预分析，即先用比较“分散”的数据进行回归分析，在获得初步结果后将偏差超过 3σ 的点加以剔除（超过 3σ 意味着 99% 可能性是“坏”的数据），然后再进行最终的回归分析。另外要注意不能将具有曲线性质的散点图按直线来回归，这种情况下数据剔除将会把“好”数据剔掉。

(4) 即使是经验统计模型亦应根据机理分析来确定主要影响因素及公式的大致结构，亦可以将试验数据先绘出散点图以确定较好的公式结构，这有利于加快统计分析。

(5) 事先制订出试验方案，使数据收集有计划进行，这包括为了试验需轧制的规格和钢种，需要记录的数据，试验的编号等等。

(6) 模型建立后应在生产实际中进行验证，考虑到统计后模型具有平均性质，因此一定的误差是允许的，在线控制时可以通过模型自学习来进一步提高精度。

下面介绍建模使用的统计方法——回归分析方法。

5.3.1 线性回归

5.3.1.1 一元线性回归

首先可从单自变量来讨论回归分析的一些基本概念，此时模型的形式为

$$\hat{y}_i = a_0 + a_1 x_i$$

式中 $\hat{y}$——模型的预报值；

x——模型的自变量。

当获得一批实验数据后可绘成如图 5-1 所示的散点图，从此图看出可用直线方程来描述这一批数据。但实测值 y 由于种种随机因素不会完全落在直线上，这样每个实测值 y 都会存在一个残差 Δ

$$\Delta_i = y_i - \hat{y}_i$$

y_i 为对应自变量 x_i 的 y 的实测值，而$\hat{y}_i$ 为用 x_i 通过直线方程计算出的预报值，为了使所有实验点最大程度地接近这条直线，可采用残差平方和最小的原则，亦即最小二乘方的原则，因此可写出

$$\begin{aligned} Q &= \sum_i \Delta_i^2 \\ &= \sum_i (y_i - \hat{y}_i)^2 \\ &= \sum_i (y_i - a_0 - a_1 x_i)^2 \qquad (i = 1 - n) \end{aligned}$$

最小二乘方的原则为选取合适的 a_0 和 a_1 使 Q 为最小，为此

$$\frac{\partial Q}{\partial a_0} = 2\sum_i (y_i - a_0 - a_1 x_i)(-1) = 0$$

$$\frac{\partial Q}{\partial a_1} = 2\sum_i (y_i - a_0 - a_1 x_i)(-x_i) = 0$$

即

$$\sum_i y_i - \sum_i a_0 - a_1 \sum_i x_i = 0 \qquad (i = 1 \sim n)$$

$$\sum_i x_i y_i - a_0 \sum_i x_i - a_1 \sum_i x_i^2 = 0 \qquad (i = 1 \sim n)$$

由于

$$\sum_i a_0 = n a_0$$

而

$$\bar{x} = \sum_i x_i / n, \quad \bar{y} = \sum_i y_i / n$$

$$a_0 = \bar{y} - a_1\bar{x}$$

式中 $\bar{x}$，$\bar{y}$——x_i 及 y_i 的平均值。

将 a_0 式代入第二式后得

$$\sum_i x_i y_i - \bar{y}\sum_i x_i + a_1\bar{x}\sum_i x_i - a_1\sum_i x_i^2 = 0$$

所以

$$a_1 = \frac{\sum_i x_i y_i - \frac{1}{n}\sum_i x_i \sum_i y_i}{\sum_i x_i^2 - \frac{1}{n}(\sum_i x_i)^2}$$

用此 a_0 及 a_1 所得的直线称为最小二乘意义下的最优直线，亦称为回归直线。

为了今后讨论方便可对上面公式中的分母写成

$$\begin{aligned}\sum_i x_i^2 - \frac{1}{n}(\sum x_i)^2 &= \sum_i x_i^2 - \bar{x}\sum_i x_i^2 \\ &= \sum_i x_i^2 - \bar{x}\sum_i x_i - \bar{x}\sum_i x_i + \bar{x}\sum_i x_i \\ &= \sum x_i^2 - 2\bar{x}\sum_i x_i + n\bar{x}^2 \\ &= \sum_i (x_i^2 - 2\bar{x}x_i + \bar{x}^2) \\ &= \sum_i (x_i - \bar{x})^2 \\ &= l_{xx}\end{aligned}$$

由此可类同得到

$$\sum_i y_i^2 - \frac{1}{n}(\sum_i y_i)^2 = \sum_i (y_i - \bar{y})^2 = l_{yy}$$

$x_i - \bar{x}$ 称为自变量 x_i 点对其均值的“离差”，因而 l_{xx} 称为自变量 x 的离差平方和。

同理可得

$$\begin{aligned}\sum_i x_i y_i - \frac{1}{n}\sum_i x_i \sum_i y_i &= \sum (x_i - \bar{x})(y_i - \bar{y}) \\ &= l_{xy}\end{aligned}$$

l_{xy} 为变量 x 和 y 的离差乘积之和，称为 x 与 y 的离差内积，这样可得

$$a_0 = \bar{y} - a_1\bar{x}$$

$$a_1 = \frac{l_{xy}}{l_{xx}}$$

为了讨论这批实验数据与回归直线的接近程度需对“平方和”进行分解。

（1）由回归方程 $\hat{y}_i = a + bx_i$ 可知 y 和 x 之间存在着线性相关关系，回归值 $\hat{y}$ 与 $\bar{y}$ 之差（图 5-1），为回归值 $\hat{y}$ 的离差平方和，可用 U 表示

$$U = \sum_{i=1}^{n} (\hat{y}_i - \bar{y})^2$$

这亦称为回归平方和（如 $\hat{y}$ 不随 x 变化，即 $\hat{y} = \bar{y}$，则 $U = 0$）。

（2）虽然 $\hat{y}$ 与 x 是线性关系，但实测值 y 不完全落在回归直线上，这就导致残差 $\Delta_i = y_i - \hat{y}_i$（图 5-1），而残差平方和如上所述用 Q 表示

$$Q = \sum_{i=1}^{n} (y_i - \hat{y}_i)^2$$

（3）实测值 y_i 的离差平方和，用 l_{yy} 表示，为

$$l_{yy} = \sum_{i=1}^{n} (y_i - \bar{y})^2$$

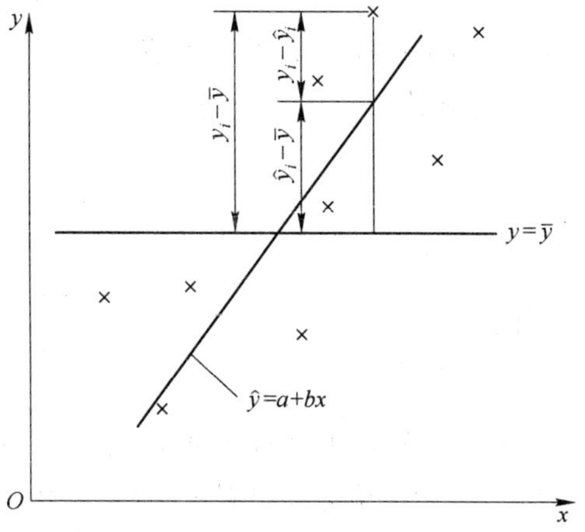

图 5-1　“平方和”的分解

由图 5-1 可看到，每个实测值的离差 $y_i - \bar{y}$ 都可分解成：

$$y_i - \bar{y} = (y_i - \hat{y}_i) + (\hat{y}_i - \bar{y})$$

将此式两边平方然后对所有 n 点求和，则有

$$\begin{aligned}\sum_i (y_i - \bar{y})^2 &= \sum_i [(y_i - \hat{y}_i) + (\hat{y}_i - \bar{y})]^2 \\ &= \sum_i (y_i - \hat{y}_i)^2 + 2\sum_i (y_i - \hat{y}_i)(\hat{y}_i - \bar{y}) + \sum_i (\hat{y}_i - \bar{y})^2\end{aligned}$$

其中间项

$$\sum_i (y_i - \hat{y}_i)(\hat{y}_i - \bar{y}) = \sum_i [y_i - (a_0 + a_1 x_i)][(a_0 + a_1 x_i) - \bar{y}]$$

由于

$$a_0 = \bar{y} - a_1 \bar{x}$$

因此上式等于

$$\begin{aligned}\sum_i (y_i - \hat{y}_i)(\hat{y}_i - \bar{y}) &= \sum_i [y_i - \bar{y} + a_1 \bar{x} - a_1 x_i][\bar{y} - a_1 \bar{x} + a_1 x_i - \bar{y}] \\ &= \sum_i [(y_i - \bar{y}) - a_1(x_i - \bar{x})][a_1(x_i - \bar{x})] \\ &= a_1 [\sum_i (x_i - \bar{x})(y_i - \bar{y}) - a_1 \sum_i (x_i - \bar{x})^2] \\ &= \frac{l_{xy}}{l_{xx}}\left(l_{xy} - \frac{l_{xy}}{l_{xx}} \cdot l_{xx}\right) = 0\end{aligned}$$

因此可得 l_{yy} 为

$$l_{yy} = \sum_i (y_i - \bar{y})^2 = Q + U$$

Q 越小回归方程精度越高，亦可以说 U 越大越好（U 的极限值为 l_{yy}）。当 $U = l_{yy}$，即 $Q = 0$ 时表明全部 n 组实测值 y_i 全部落在回归直线上，一旦 $Q \neq 0$，表明必然有些 y 值没有落在回归直线上，即回归直线与实测数据的相关性稍差，为此定义线性相关系数 γ 为

$$|\gamma| = \sqrt{\frac{U}{l_{yy}}} \text{或} \gamma^2 = \frac{U}{l_{yy}}$$

因此可得

$$\gamma^2 = \frac{U}{l_{yy}} = \frac{a_1 l_{xy}}{l_{yy}} = \frac{\frac{l_{xy}}{l_{xx}} l_{xy}}{l_{yy}} = \frac{l_{xy}^2}{l_{xx} l_{yy}}$$

即

$$\gamma = \frac{l_{xy}}{\sqrt{l_{xx} l_{yy}}}$$

由于 l_{xy} 可以大于或小于 0，因此相关系数 γ 亦有正值和负值（γ 取值范围为 $+1 \sim -1$），γ 为正时称为正相关，负时称为负相关。γ 绝对值越大表明实验数据与回归直线相关性越强，根据数理统计中显著性检验理论可得 γ 的显著性（临界值表）。

评价回归方程的另一个参数为误差的平均值——剩余标准差 S_y

$$S_y = \sqrt{\frac{Q}{n-2}}$$

式中，$n-2$ 为 Q 的自由度（n 组数据减去 a_0, a_1 构成的两个线性约束）。

S_y 越小表明回归方程的精度越高，根据正态分布原理 3σ

$$\hat{y}_i - 3S_y < y_i < \hat{y} + 3S_y$$

的可能性为 99.73%（如为 $\pm 2\ S_y$ 则可能性为 95.45%，$\hat{y} \pm 1\ S_y$ 的可能性则仅为 68.26%）。

5.3.1.2 多元线性回归

静态数学模型（预报方程）一般可归结为以下形式的线性方程

$$y = a_0 + a_1 x_1 + a_2 x_2 + \cdots + a_m x_m + \Delta$$

式中 y——因变量；

$x_1, x_2, \cdots, x_m$——m 个自变量（主要影响因素）；

$a_0, a_1, \cdots, a_m$——模型的 $m+1$ 个系数；

Δ——模型的误差。

静态数学模型的建立是通过在现场大量收集的实测数据（经过删选后），应用统计方法求得 a_0，a_1，…，a_m 各系数的定量值，使在生产过程控制中能根据一组自变量来准确预报出 y 值。

在现场收集实测数据时，除了 y 以及和它相应的一组自变量数据实测记录必须齐全外，尚应该同时记录下判定生产过程正常性的有关定量和定性信息，作为整理数据时决定是否删除的依据（在数据处理中还将通过精度分析删除一些误差太大的数据）。

应该指出的是，实际数学模型的结构直观上可以和上式不同，而且一般说并不一定是线性的。但在通常情况下，通过某种类型的变换都能归结为上式的形式。

例如轧制力公式 $P = Bl_c Q_P \times 1.15\sigma$，其中

$$Q_P = a_1 + a_1 l_c / h_m + a_2 l_c / h_m \cdot \varepsilon + a_3 \varepsilon$$

$$\sigma = e^{bT+a} u_m^{\ cT+d} \cdot \varepsilon^n$$

对于 Q_P 公式，当我们采用以下变换方式后即可建立起线性模型。

设 $y = Q_P$，$x_1 = l_c / h_m$，$x_2 = l_c / h_m \cdot \varepsilon$，$x_3 = \varepsilon$

对于 σ 公式，可将 σ 公式两边取对数后得

$$\ln\sigma = (bT + a) + (cT + d)\ln u_m + n\ln\varepsilon = a + bT + cT\ln u_m + d\ln u_m + n\ln\varepsilon$$

然后可以采用

$$y = \ln\sigma, \quad x_1 = T, \quad x_2 = T\ln u_m, \quad x_3 = \ln u_m, \quad x_4 = \ln\varepsilon$$

当认为 $a = a_0$，$b = a_1$，$c = a_2$，$d = a_3$，$n = a_4$ 时，即可得到如下的普遍形式

$$y = a_0 + a_1x_1 + a_2x_2 + a_3x_3 + a_4x_4$$

因此介绍线性多元方程的数据处理方法是有普遍意义的。

采集大量数据并经过删选后得到一批（n 组）数据：

$$y_i, x_{1i}, x_{2i}, \cdots, x_{mi} \qquad (i = 1 \sim n)$$

在此基础上可以得到下列方程组：

$$y_1 = a_0 + a_1x_{11} + a_2x_{21} + \cdots + a_mx_{m1} + \Delta_1$$

$$y_2 = a_0 + a_1x_{12} + a_2x_{22} + \cdots + a_mx_{m2} + \Delta_2$$

………………

$$y_n = a_0 + a_1x_{1n} + a_2x_{2n} + \cdots + a_mx_{mn} + \Delta_n$$

其中，$n \gg (m+1)$。

因此我们得到了一组方程数远远大于未知数的“多余方程组”，而这些方程又都带有误差。如何从多余而又有误差的方程组中确定出“最优”的 $m+1$ 个未知数数值，就需要建立一个最优准则。

一般常用“误差项平方和最小”作为最优准则，即一般称为最小二乘回归分析法（多元回归）。误差平方和最小即

$$Q = \sum_{j=1}^{n}\Delta_j = \sum_{j=1}^{n}[y_j - (a_0 + a_1x_{1j} + a_2x_{2j} + \cdots + a_mx_{mj})]^2 = 最小$$

从函数极值的必要条件可得 $m+1$ 个方程，即

$$\frac{\partial Q}{\partial a_0} = 0, \quad \frac{\partial Q}{\partial a_1} = 0, \quad \cdots, \quad \frac{\partial Q}{\partial a_m} = 0$$

由此可得 $$\frac{\partial Q}{\partial a_0} = -2\sum_{j=1}^{n}[y_j - (a_0 + a_1x_{1j} + a_2x_{2j} + \cdots + a_mx_{mj})] = 0$$

得 $$na_0 = \sum_{j=1}^{n}y_i - a_1\sum_{j=1}^{n}x_{1j} - a_2\sum_{j=1}^{n}x_{2j} - \cdots - a_m\sum_{j=1}^{n}x_{mj}$$

所以 $$a_0 = \bar{y} - a_1\bar{x}_1 - a_2\bar{x}_2 - \cdots - a_m\bar{x}_m$$

其中 $$\bar{y} = \frac{1}{n}\sum_{j=1}^{n}y_j, \bar{x}_i = \frac{1}{n}\sum_{j=1}^{n}x_{ij}(i = 1 \sim m)$$

求 $$\frac{\partial Q}{\partial a_i} = -2\sum_{j=1}^{n}\{[y_j - (a_0 + a_1x_{1j} + a_2x_{2j} + \cdots + a_mx_{mj})]x_{ij}\}$$

$$= \sum_{j=1}^{n}x_{1j}y_j - a_0\sum_{j=1}^{n}x_{ij} - a_1\sum_{j=1}^{n}x_{1j}x_{ij} - \cdots$$

$$- a_i\sum_{j=1}^{n}x_{ij}^2 - \cdots - a_m\sum_{j=1}^{n}x_{mj}x_{ij} = 0 \qquad (i = 1 \sim m)$$

将 a_0 代入后，如设

$$l_{ij} = \sum_{j=1}^{n} x_{ij}y_j - \frac{1}{n}(\sum_{j=1}^{n} x_{ij})(\sum_{j=1}^{n} y_j) \qquad (i = 1,2,\cdots,m)$$

$$l_{ik} = l_{ki} = \sum_{j=1}^{n} x_{ij}x_{kj} - \frac{1}{n}(\sum_{j=1}^{n} x_{ij})(\sum_{j=1}^{n} x_{kj}) \qquad (i,k = 1,2,\cdots,m)$$

则经简化整理后可得 a_1，a_2，…，a_m 必须满足的下列 m 个方程（称为正规方程）：

$$l_{11}a_1 + l_{12}a_2 + \cdots + l_{1m}a_m = l_{1y}$$

$$l_{21}a_1 + l_{22}a_2 + \cdots + l_{2m}a_m = l_{2y}$$

…………………………

$$l_{m1}a_1 + l_{m2}a_2 + \cdots + l_{mm}a_m = l_{my}$$

由此可解出 m 个未知数 a_1，a_2，…，a_m，将 a，a_2，…，a_m 代入 a_0 的公式即可求出未知数 a_0，此即为模型系数在最小二乘意义下的最优估计值 $\hat{a}_0$，$\hat{a}_1$，…，$\hat{a}_m$。

多元线性回归方程的剩余标准差为

$$S = \sqrt{\frac{Q}{n-m-1}}$$

式中　Q——剩余平方和。

$$Q = l_{yy} - \sum_{i=1}^{m} l_{iy}a_i$$

而

$$l_{yy} = \sum_{j=1}^{n} y_j^2 - \frac{1}{n}(\sum_{j=1}^{n} y_j)^2$$

y 和 x_1，x_2，…，x_m 的线性关系密切程度可用复相关系数 R 来检验：

$$R = \sqrt{1 - \frac{Q}{l_{yy}}}$$

R 值越大则表示 y 和 x_1，…，x_m 的线性关系越密切，如 R 太小则应改变模型结构。

为了分析回归方程的“显著性”，可引入 F 检验（见表 5-1）。

由上面可知，回归方程精度越高时其 Q 值应越小，U 值则应越大越好，因此可用它们的比值来作为判断回归方程好坏的一个重要指数

$$F = \frac{V/f_U}{Q/f_Q}$$

式中，f_U 及 f_Q 分别为 U 和 Q 的自由度，(可以理解为 f_U 等于自变量个数）统计量 F 遵循自由度为 f_U 及 f_Q 的 F 分布，表5-1列出了部分临界值 F_α（完整的 F 分布表可以从数学手册查到）。

表5-1　*F* 分布表（部分）

α	$\alpha=0.1$			$\alpha=0.05$			$\alpha=0.01$		
f_Q \ f_U	1	2	3	1	2	3	1	2	3
1	39.86	49.50	53.59	161.4	199.5	215.7	4052	4999	5403
2	8.53	9.00	9.16	18.51	19.00	19.16	98.5	99.0	99.2
3	5.54	5.46	5.39	10.31	9.55	9.28	34.1	30.8	29.5
4	4.54	4.32	4.19	7.77	6.94	6.59	21.2	18.0	16.7
5	4.06	3.78	3.62	6.61	5.70	5.41	16.3	13.3	12.1
6	3.78	3.46	3.29	5.99	5.14	4.76	13.7	10.9	9.78
7	3.59	3.26	3.07	5.59	4.74	4.35	12.2	9.55	8.45
8	3.46	3.11	2.92	5.32	4.46	4.27	11.3	8.65	7.59
9	3.36	3.01	2.81	5.12	4.26	3.86	10.6	8.02	6.99
10	3.28	2.92	2.73	4.96	4.01	3.71	10.0	7.56	6.55
11	3.23	2.86	2.66	4.84	3.98	3.59	9.65	7.21	6.22
12	3.18	2.81	2.61	4.75	3.88	3.49	9.33	6.93	5.95
13	3.14	2.76	2.56	4.67	3.80	3.41	9.27	6.70	5.74
14	3.10	2.73	2.52	4.60	3.74	3.34	8.86	6.51	5.56
15	3.07	2.70	2.49	4.54	3.68	3.29	8.68	6.36	5.42
∞	2.71	2.30	2.08	3.84	2.60	2.60	6.63	4.61	3.78

给定 α，即可查出 F_α 值，当计算的 $F<F_\alpha$，即回归方程效果不显著，如 $F>F_\alpha$ 则回归方程是有效的或称显著的。$\alpha=0.1$ 时显著的程度为90%，$\alpha=0.05$ 时显著程度为95%，$\alpha=0.01$ 时显著程度则为99%。

为了找到相关系数最大，剩余标准差最小，回归效果显著的多元线性方程，可以根据各因素对预报值影响的机理上的分析，选用几个方案（不同的自变量组合）进行回归分析，经比较 R，S，F 后选用一个结构不太复杂而精度较高的方案。

5.3.2　非线性回归

设机理模型本身为一非线性方程

$$y=f(x_1,x_2,\cdots,x_m;b_1,\cdots,b_p)+\Delta$$

为了寻找 b_1，…，b_p 系数使此非线性方程能最优地接近实测数据所示的规律，应使所选的 b_1，…，b_p 使

$$Q=\sum_{i=1}^{n}\{y_i-f(x_{1i},x_{2i},\cdots,x_{mi};b_1,\cdots,b_p)\}^2$$

为最小。

求 Q 为最小可以有多种方法，实质上是一种寻优。

由于非线性回归计算量较大，因此如有可能应尽量通过“变量置换”将非线性模型转

化为线性模型来回归。

5.3.2.1　化曲线为直线方程

有相当一类非线性曲线通过变量变换可使其转化为线性方程。而这些曲线所显示的规律在机理模型中不乏实例，对于经验统计模型，当将实测数据绘成散点图后亦可近似看出其规律，可参考图5-2～图5-7选用相应曲线而不是简单地按直线回归，这将提高回归方程的精度。

（1）双曲线（图5-2），其方程为

$$\frac{1}{y} = a + \frac{b}{x}$$

令 $y' = \frac{1}{y}$，$x' = \frac{1}{x}$，可得

$$y' = a + bx'$$

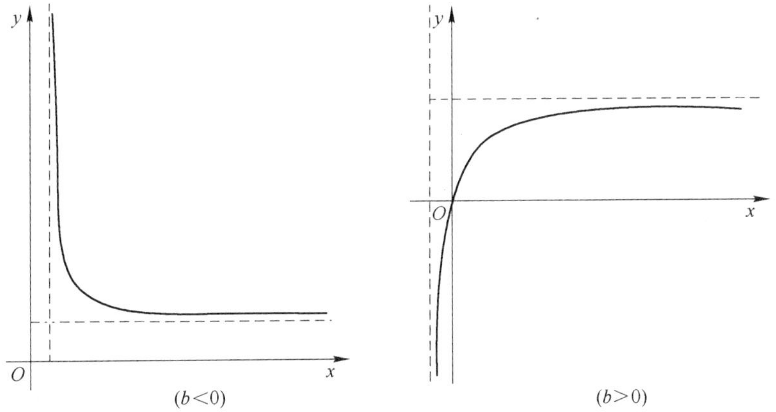

图5-2　双曲线 $\frac{1}{y} = a + \frac{b}{x}$

（2）幂函数（图5-3），其方程为

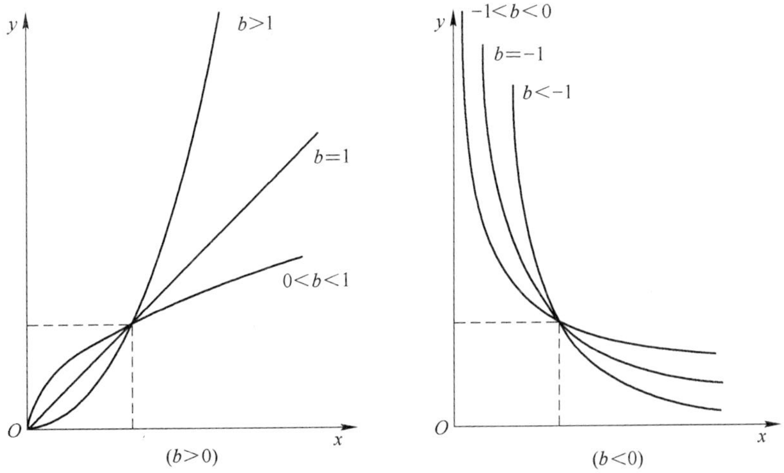

图5-3　幂函数 $y = dx^b$

$$y = dx^b$$

令 $y' = \lg y$，$x' = \lg x$，$a = \lg d$ 则可得

$$y' = a + bx'$$

（3）指数函数一（图 5-4），其方程为

$$y = de^{bx}$$

令 $y' = \ln y$，$a = \ln d$ 则有

$$y' = a + bx$$

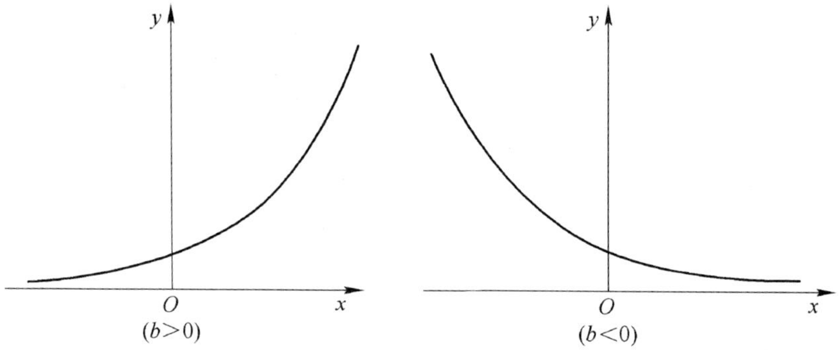

图 5-4　指数曲线 $y = de^{bx}$

（4）指数函数二（图 5-5），其方程为

$$y = de^{\frac{b}{x}}$$

令 $y' = \ln y$，$x' = \frac{1}{x}$，$a = \ln d$ 则有

$$y' = a + bx'$$

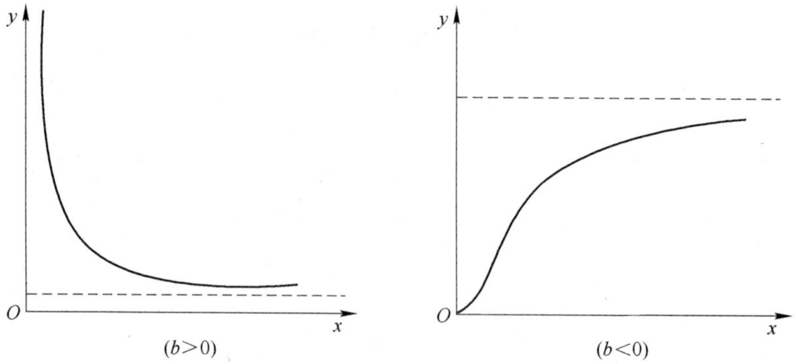

图 5-5　指数曲线 $y = de^{\frac{b}{x}}$

（5）对数曲线（图 5-6），其方程为：

$$y = a + b\lg x$$

令 $x' = \lg x$ 则有

$$y = a + bx'$$

（6）S 形曲线（图 5-7），其方程为：

$$y = \frac{1}{a + be^{-x}}$$

令 $y'=\dfrac{1}{y}$，$x'=e^{-x}$则有：

$$y' = a + bx'$$

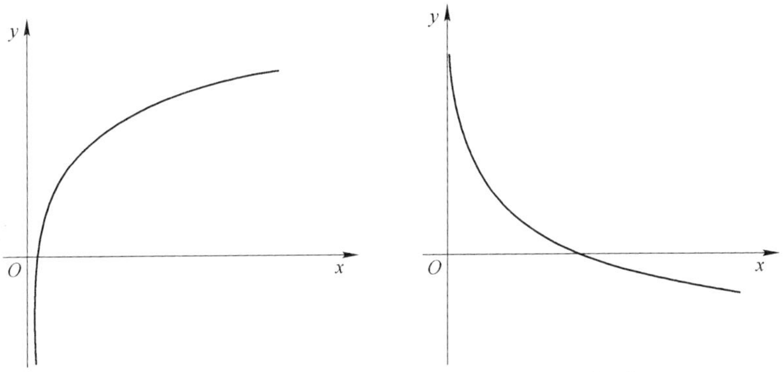

($b>0$)　　　　($b<0$)

图 5-6　对数曲线 $y = a + b\lg x$

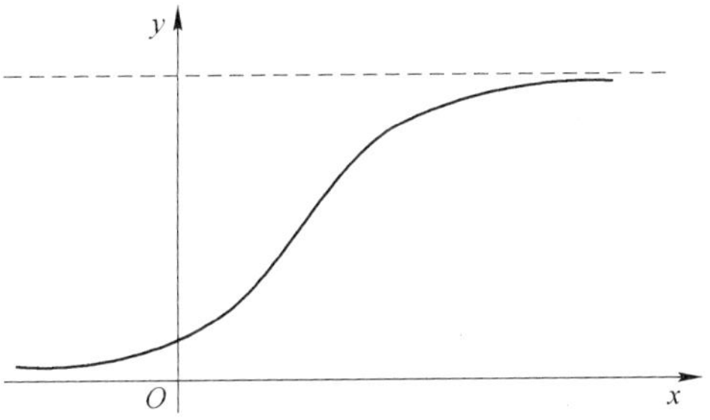

图 5-7　S 形曲线 $y = \dfrac{1}{a + be^{-x}}$

对变量变换后的回归效果好坏评价是要求所配曲线与实测数据拟合最好。线性回归中相关系数 r 采用

$$r^2 = \frac{U}{l_{yy}} = \frac{\Sigma(\hat{y}_i - \bar{y})^2}{\Sigma(y_i - \bar{y})^2}$$

对配曲线回归中相关系数 r 采用

$$r^2 = \frac{l_{yy} - Q}{l_{yy}} = 1 - \frac{Q}{l_{yy}} = 1 - \frac{\Sigma(y_i - \hat{y}_i)^2}{\Sigma(y_i - \bar{y})^2}$$

为了区别，记作 R^2

$$R^2 = 1 - \frac{\Sigma(y_i - \hat{y}_i)^2}{\Sigma(y_i - \bar{y})^2}$$

称为“相关指数”，R^2 越大则表明配曲线的效果越好。

剩余标准差还是用 S_y

$$S_y = \sqrt{\frac{\Sigma(y_i - \hat{y}_i)^2}{n - 2}}$$

5.3.2.2　多项式回归

单自变量多项式的结构为

$$y = a + bx + cx^2 + dx^3 + \cdots$$

多变量的任意多项式则为

$$y = a + b_1x_1 + b_2x_2 + c_{11}x_1^{\ 2} + c_{12}x_1x_2 + c_{22}x_2^{\ 2} + \cdots$$

可以认为多项式是一种特殊的非线性方程，由于任何非线性函数至少在一个不大的领域内可用多项式任意逼近，因此多项式回归具有重要作用。为了将多项式化成一个多变量线性方程，可设

$$z_1 = x_1,\ z_2 = x_2,\ z_3 = x_1^2,\ z_4 = x_1x_2,\ z_5 = x_2^2\cdots$$

同样用

$$a_0 = a,\ a_1 = b_1,\ a_2 = b_2,\ a_3 = c_{11},\ a_4 = c_{12},\ a_5 = c_{22}$$

这样可得

$$y = a_0 + a_1z_1 + a_2z_2 + a_3z_3 + a_4z_4 + a_5z_5 + \cdots$$

用此方法可将相当一类非线性问题采用多元线性回归来处理。

多项式回归亦应采用相关指数来判断其效果好坏。

5.3.2.3　带阻尼因子的高斯-牛顿非线性回归法

高斯-牛顿法的基本思想是将非线性方程对于回归系数阵 B 进行线性化（展开成泰勒级数后取其一次项），然后用线性回归方法来求解系数，为了减少将非线性方程转换为线性方程（以切线代替曲线）带来的误差，高斯-牛顿法采用迭代计算以求得较精确的系数。每次迭代计算如果得到系数 B 所得的 Q 值有所下降，则可继续迭代直到增量 Δ 小于精度要求，但高斯-牛顿法存在迭代过程中当 Δ 过大时 Q 值可能反而增大的发散问题。为此 Marquardt 提出了改进算法，即在目标函数 Q 中增加 $d\Sigma\Delta_i^2$ 项，$d \geqslant 0$ 称为阻尼因子，当 d 加大时将使 Δ 减小，以防止发散。设非线性方程为

$$y = f(X,B)$$

当有 N 组实测数据$(y_ix_{1i},x_{2i},\cdots,x_{pi})$，$(i=1\sim n)$后其残差平方和 Q 应为

$$Q = \sum_{i=1}^{n}[y_i - f(X_i,B)]^2$$

B 为待定回归系数 $(b_1,b_2\cdots b_p)^{\tau}$。

但用求 $\dfrac{\partial Q}{\partial b_1} = 0$ 建立的正规方程亦将是非线性方程，为此需将 $y = f(X,B)$ 线性化，即展开成泰勒级数后取其一次项。并设

$$\Delta_1 = b_1 - b_1^{(0)},\ \cdots,\ \Delta_m = b_m - b_m^{(0)}$$

则

$$\hat{y} = f_1^{(0)} + \frac{\partial f_1^{(0)}}{\partial b_1}\Delta_1 + \frac{\partial f_1^{(0)}}{\partial b_2}\Delta_2 + \cdots + \frac{\partial f_1^{(0)}}{\partial b_m}\Delta_m$$

式中偏微分系数在确定工作点后将是具体的数，整理后可得与线性回归相似的线性正规方程组

$$\begin{cases} a_{11}\Delta_1 + a_{12}\Delta_2 + \cdots + a_{1m}\Delta_m = a_{1y} \\ a_{21}\Delta_1 + a_{22}\Delta_2 + \cdots + a_{2m}\Delta_m = a_{2y} \\ \cdots\cdots\cdots\cdots\cdots\cdots \\ a_{m1}\Delta_1 + a_{m2}\Delta_2 + \cdots + a_{mm}\Delta_m = a_{my} \end{cases}$$

式中

$$a_{ij} = \Sigma \frac{\partial f_1^{(0)}}{\partial b_i} \cdot \frac{\partial f_1^{(1)}}{\partial b_j} \qquad (i,j = 1 \sim m)$$

$$a_{iy} = \Sigma(y_1 - f_1^{(0)}) \frac{\partial f_1^{(0)}}{\partial b_i} \qquad (i = 1 \sim m)$$

当将 Q 写成 $Q = Q + d\sum_i \Delta_i^2$

$$Q = \Sigma\left[Y_i - \left(f_1^{(0)} + \frac{\partial f_1^{(0)}}{\partial b_1}\Delta_1 + \cdots + \frac{\partial f_1^{(0)}}{\partial b_m}\right)\right]^2 + d\sum_i^m \Delta_i^2$$

令 $\frac{\partial Q'}{\partial \Delta_i} = 0$ 则其正规方程组为

$$\begin{aligned} (a_{11} + d)\Delta_1 + a_{12}\Delta_2 + \cdots + a_{1m}\Delta_m &= a_{1y} \\ a_{21}\Delta_1 + (a_{22} + d)\Delta_2 + \cdots + a_{2m}\Delta_m &= a_{2y} \\ \cdots\cdots\cdots\cdots\cdots\cdots\cdots\cdots \\ a_{m1}\Delta_1 + a_{m2}\Delta_2 + \cdots + (a_{mm} + d)\Delta_m &= a_{my} \end{aligned}$$

阻尼因子 d 将限制修正 Δ_i 的大小。具体计算步骤为：

(1) 给出的初值计算出 $Q^{(0)}$ 。

(2) 令 $d = c^a d^{(0)}$ ，C 为参数($C>1$)，$d^{(0)}$ 为 d 的初值。例如取 $d^{(0)} = 0.01$ ；$C=10$；$a = -1,0,1,2,\cdots$

(3) 先取 $a = -1$ 即 $d = 0.001$ 代入正规方程以能解出 Δ_i ，进而求出 b ，并计算出残差平方和 Q，当 $Q<Q^{(0)}$ 时说明迭代成功，转入下一步，否则再取 $a = 0$ ，$a = 1$ 重算，只要使 d 充分大，总能使 $Q < Q^{(0)}$（在满足 $Q < Q^{(0)}$ 的前提下，a 尽量取小值，以减少迭代次数）。

(4) 以 d ，b_i 和 Q 的当前值代替原先的 $d^{(0)}$ ，$b_i^{(0)}$ ，$Q^{(0)}$ ，重复（2），（3）直到 Q 小于要求的量。

5.3.3 逐步回归简述

当确定影响 y 的各影响因素（ x_j ）后，为了简化模型需从各影响因素（ x_j ）中删去不重要（对 y 影响不大）的因素，只选出主要因素作为模型自变量，此时可采用逐步回归方法。逐步回归的基本方法为：

首先从各自变量中选一个影响最大（偏回归平方和大）的因素，建立一元回归方程，然后进行以下步骤：

(1) 引入余下变量中影响最大的变量进入回归方程；

(2) 对已在回归方程中的变量进行显著性检验（因为变量间可能存在相关关系，新自变量的引入可能使已在回归方程中变量的显著性改变）将显著者保留，不显著者删除。

反复进行引入新变量及删除已在回归方程中不显著变量直到没有变量可再引入及删除为止，即得到最后的回归方程。

为了判断哪个变量应引入需计算各变量的偏回归平方和，我们知道回归平方和是所有自变量对 y 变化的总贡献，自变量越多一般说回归平方和将越大，当从各自变量中去掉一个自变量时回归平方和将会减小，但减小量不会相同，减小量越大则说明该自变量在回归方程中起的作用越大，亦即该自变量越重要，我们称取消一个自变量后“回归平方和”减小的量为这个自变量（对 y ）的偏回归平方和。

回归平方和 U 为

$$U = \sum_{j=1}^{m} b_j l_{ig}$$

如去掉一个自变量（例如 x_l ），则新的回归平方和 U_N 为

$$U_N = \sum_{j=1}^{m} b'_j l_{iy} \qquad j \neq l$$

此 x_l 的偏回归平方和 ΔU_l 为

$$\Delta U = U - U_N$$

逐步回归时将进行以下计算：

（1）在 k 步从已引入回归方程的自变量中删除 x_l ，要计算

$$\Delta U_{l-}^{(k)} = \sum_{j=1}^{m} b_j^{(k)} l_{iy} - \sum_{j=1}^{m} b_j^{(k+1)} l_{iy}$$

（2）在 k 步引入 x_l（引入前在回归方程中已有 t 个自变量），则

$$\Delta U_{l+}^{k} = \sum_{j=1}^{t+1} b_j^{k+1} l_{iy} - \sum_{j=1}^{t} b_j^{k} l_{iy}$$

同一个自变量其引入回归方程或从回归方程中删除所得的偏回归平方和是相等的，即 $\Delta U_l = \Delta U_{l-} = \Delta U_{l+}$ ，经推导可得

$$\Delta U_l = \frac{(l_{ly})^2}{l_{ll}}$$

由于 $Q = l_{yy} - U$ ，因此 $\Delta Q_l = \Delta U_l$（U 的变化量亦即 Q 的变形量，但一个增加，另一个将减少）。

对偏回归平方和的显著性检验，可用前面所述的 F 检验，此时

$$F = \frac{\Delta Q_l / 1}{Q/(n - m - 1)}$$

5.4　增量模型的建立

考虑到基础自动化各控制功能的控制算法所涉及的是各参数的“变动量”，为了克服大量非线性方程联解的困难，基础自动化各控制功能的控制算法将采用在小的变化范围内将非线性函数线性化的方法，由此可得到一批线性增量方程。

设非线性函数的自变量为 x ，因变量为 y ，

$$y = f(x)$$

如果其工作点为 x_0 和 y_0，那么函数可以在这点的附近展开成泰勒级数

$$y = f(x) = f(x_0) + \frac{\mathrm{d}f}{\mathrm{d}x}(x - x_0) + \frac{1}{2!}\frac{\mathrm{d}^2f}{\mathrm{d}x^2}(x - x_0)^2 + \cdots$$

式中，导数 $\mathrm{d}f/\mathrm{d}x$，$\mathrm{d}^2f/\mathrm{d}x^2$，…，是在 x_0 点进行计算的，如果 $x - x_0$ 很小，可以忽略 $(x - x_0)$ 的高次项，写成

$$y = f(x_0) + \frac{\mathrm{d}f}{\mathrm{d}x}(x - x_0)$$

因为 $f(x_0) = y_0$，所以

$$(y - y_0) = \frac{\mathrm{d}f}{\mathrm{d}x}(x - x_0) = K(x - x_0)$$

式中，$K = (\mathrm{d}f/\mathrm{d}x)$，当函数形式已定，并工作点已知时 $K = (\mathrm{d}f/\mathrm{d}x)$ 为一常数。

如果是二元非线性函数

$$y = f(x_1, x_2)$$

用与上述相同的方法，可将方程在工作点附近展开成泰勒级数，这时方程可写成

$$y = f(x_{01}, x_{02}) + \left[\frac{\partial f}{\partial x_1}(x_1 - x_{01}) + \frac{\partial f}{\partial x_2}(x_2 - x_{02})\right] +$$

$$\frac{1}{2!}\left[\frac{\partial^2 f}{\partial x_1^2}(x_1 - x_{01})^2 + 2\frac{\partial f}{\partial x_1}\frac{\partial f}{\partial x_2}(x_1 - x_{01})(x_2 - x_{02}) + \frac{\partial^2 f}{\partial x_2^2}(x_2 - x_{02})^2\right] + \cdots$$

式中，偏导数都是在工作点上进行计算。当 $(x_1 - x_{01})$ 及 $(x_2 - x_{02})$ 项都很小时，可以忽略高次项，于是在工作点附近，可写成

$$y - y_0 = K_1(x_1 - x_{01}) + K_2(x_2 - x_{02})$$

式中，$y_0 = f(x_{01}, x_{02})$

$$K_1 = \left(\frac{\partial f}{\partial x_1}\right)_{x_1 = x_{01}}$$

$$K_2 = \left(\frac{\partial f}{\partial x_2}\right)_{x_2 = x_{02}}$$

多元函数的线性化方法与上述相同，可以写出

$$y - y_0 = K_1(x_1 - x_{01}) + K_2(x_2 - x_{02}) + K_3(x_3 - x_{03}) + \cdots + K_n(x_n - x_{0n})$$

$$K_m = \left(\frac{\partial f}{\partial x_m}\right)_{x_m = x_{0m}} \qquad (m = 1 \sim n)$$

下面为书写方便，采用增量符号 $\delta y = y - y_0$，$\delta x_i = x_i - x_{0i}$，则可写出增量方程

$$\delta y = K_1\delta x_1 + K_2\delta x_2 + \cdots + K_n\delta x_n$$

冷热连轧主要增量方程有增量厚度方程，增量轧制力方程、增量凸度方程，增量前滑方程、增量入口速度及增量出口速度方程，增量套量方程和增量张力方程。

5.4.1 增量厚度方程

根据弹跳方程

$$h = S + \frac{P - P_0}{C_P} + \frac{F}{C_F} + O + G$$

由于 O 及 G 变化缓慢，并且不是控制量（控制时仅对其补偿），因此可得

$$\delta h = \delta S + \frac{\delta P}{C_P} + \frac{\delta F}{C_F}$$

轧制力 P 为以下变量的函数

$$P = f(h_0, h, K, \tau_f, \tau_b)$$

因此轧制力增量式为

$$\delta P = \frac{\partial P}{\partial h_0}\delta h_0 + \frac{\partial P}{\partial h}\delta h + \frac{\partial P}{\partial K}\delta K + \frac{\partial P}{\partial \tau_f}\delta \tau_f + \frac{\partial P}{\partial \tau_b}\delta \tau_b$$

将 δP 式代入弹跳方程，可得

$$\delta h = \delta S + \frac{\delta F}{C_F} + \frac{1}{C_P}\left[\frac{\partial P}{\partial h_0}\delta h_0 + \frac{\partial P}{\partial h}\delta h + \frac{\partial P}{\partial K}\delta K + \frac{\partial P}{\partial \tau_f}\delta \tau_f + \frac{\partial P}{\partial \tau_b}\delta \tau_b\right]$$

由此得

$$\delta h = \frac{1}{\left(C_P - \frac{\partial P}{\partial h}\right)}\left[C_P\delta S + \frac{C_P}{C_F}\delta \mathrm{F} + \frac{\partial P}{\partial h_0}\delta h_0 + \frac{\partial P}{\partial K}\delta K + \frac{\partial P}{\partial \tau_f}\delta \tau_f + \frac{\partial P}{\partial \tau_b}\delta \tau_b\right]$$

为了简化可写成

$$\delta h = A_H\delta h_0 + A_S\delta S + A_F\delta F + A_K\delta K + A_{\tau_f}\delta \tau_f + A_{\tau_b}\delta \tau_b$$

此式称为增量厚度方程，如设 $\frac{\partial P}{\partial h} = -Q$，则

$$A_H = \frac{\frac{\partial P}{\partial h_0}}{C_P + Q}$$

$$A_S = \frac{C_P}{C_P + Q}$$

$$A_F = \frac{\frac{C_P}{C_F}}{C_P + Q}$$

$$A_a = \frac{\frac{\partial P}{\partial a}}{C_P + Q}$$

式中，a 可以是 K，τ_b，τ_f 等。

5.4.2　增量轧制力方程

将弹跳方程代入轧制力增量式，可得

$$\delta P = \frac{\partial P}{\partial h_0}\delta h_0 + \frac{\partial P}{\partial h}\left(\delta S + \frac{\delta P}{C_P} + \frac{\delta F}{C_F}\right) + \frac{\partial P}{\partial K}\delta K + \frac{\partial P}{\partial \tau_f}\delta \tau_f + \frac{\partial P}{\partial \tau_b}\delta \tau_b$$

$$\delta P = \left(\frac{C_P}{C_P - \frac{\partial P}{\partial h}}\right)\left[\frac{\partial P}{\partial h_0}\delta h_0 + \frac{\partial P}{\partial h}\delta S + \frac{\frac{\partial P}{\partial h_1}}{C_F}\delta F + \frac{\partial P}{\partial K}\delta K + \frac{\partial P}{\partial \tau_f}\delta \tau_f + \frac{\partial P}{\partial \tau_b}\delta \tau_b\right]$$

为了简化可写成:

$$\delta P = B_{H}\delta h_{0} + B_{S}\delta S + B_{F}\delta F + B_{K}\delta K + B_{\tau_{f}}\delta\tau_{f} + B_{\tau_{b}}\delta\tau_{b}$$

此式称为增量轧制力方程,其中:

$$B_{H} = \frac{C_{P}\dfrac{\partial P}{\partial h_{0}}}{C_{P} + Q}$$

$$B_{S} = \frac{-C_{P}Q}{C_{P} + Q}$$

$$B_{F} = \frac{-\dfrac{C_{P}Q}{C_{F}}}{C_{P} + Q}$$

$$B_{a} = \frac{C_{P}}{C_{P} + Q}\frac{\partial P}{\partial a}$$

式中, a 可以是 K, τ_{b}, τ_{f} 等。

5.4.3　增量凸度方程

根据凸度方程

$$CR = \frac{P}{K_{P}} + \frac{F}{K_{F}} + E_{C}\omega_{C} + E_{\omega}(\omega_{H} + \omega_{W} + \omega_{0}) + E_{0}$$

增量化后得（忽略缓慢变化及不能控制的项，包括 ω_{C} 只用于设定不用于控制）

$$\begin{aligned}\delta CR &= \frac{\delta P}{K_{P}} + \frac{\delta F}{K_{F}}\\ &= \frac{1}{K_{P}}\left(\frac{C_{P}}{C_{P} - \dfrac{\partial P}{\partial h}}\right)\left[\frac{\partial P}{\partial h_{0}}\delta h_{0} + \frac{\partial P}{\partial h}\delta S + \frac{\dfrac{\partial P}{\partial h}}{C_{F}}\delta F + \frac{\partial P}{\partial K}\delta K + \frac{\partial P}{\partial \tau_{f}}\delta\tau_{f} + \frac{\partial P}{\partial \tau_{b}}\delta\tau_{b}\right] + \frac{1}{K_{F}}\delta F\\ &= C_{H}\delta h_{0} + C_{S}\delta S + C_{F}\delta F + C_{K}\delta K + C_{\tau_{f}}\delta\tau_{f} + C_{\tau_{b}}\delta\tau_{b}\end{aligned}$$

此式称为增量凸度方程,其中:

$$C_{H} = \frac{C_{P}}{C_{P} + Q}\cdot\frac{\dfrac{\partial P}{\partial h_{0}}}{K_{P}}$$

$$C_{S} = \frac{C_{P}}{C_{P} + Q}\cdot\frac{-Q}{K_{P}}$$

$$C_{F} = \frac{C_{P}}{C_{P} + Q}\cdot\frac{-Q}{K_{P}C_{F}} + \frac{1}{K_{F}}$$

$$C_{a} = \frac{C_{P}}{C_{P} + Q}\frac{\dfrac{\partial P}{\partial a}}{K_{P}}$$

式中，a 可以是 K，τ_{b} 及 τ_{f} 等。

5.4.4　增量前滑方程

前滑为以下参数的函数。

$$f = f(h_0, h, \tau_b, \tau_f)$$

线性化后得

$$\delta f = \frac{\partial f}{\partial h_0}\delta h_0 + \frac{\partial f}{\partial h}\delta h + \frac{\partial f}{\partial \tau_b}\delta \tau_b + \frac{\partial f}{\partial \tau_f}\delta \tau_f$$

将增量厚度方程代入此式后可得增量前滑方程

$$\delta f = \frac{\partial f}{\partial h_0}\delta h_0 + \frac{\partial f}{\partial h}(a_H\delta h_0 + a_S\delta S + a_F\delta F + a_K\delta K + a_{\tau_b}\delta \tau_b + a_{\tau_f}\delta \tau_f) + \frac{\partial f}{\partial \tau_b}\delta \tau_b + \frac{\partial f}{\partial \tau_f}\delta \tau_f$$

经整理后得

$$\delta f = D_H\delta h_0 + D_S\delta S + D_F\delta F + D_K\delta K + D_{\tau_b}\delta \tau_b + D_{\tau_f}\delta \tau_f$$

式中　$D_H = \partial f/\partial h_0 + a_H(\partial f/\partial h)$　　（D_{τ_b}，D_{τ_f}与此类似）

　　　$D_S = a_S(\partial f/\partial h)$　　（D_F，D_K 与此类同）

5.4.5　增量入口速度及增量出口速度方程

当考虑前滑现象后，轧件出口速度可写成

$$v = v_0(1 + f)$$

其增量形式为

$$\delta v = v_0\delta f + (1 + f)\delta v_0$$

轧件入口速度 v' 为

$$v' = \frac{h}{h_0}v$$

写成增量形式得

$$\delta v' = \frac{h}{h_0}\delta v + \frac{v}{h_0}\delta h - \frac{hv}{h_0^2}\delta h$$

式中　v——轧件出口速度；

　　v'——轧件入口速度；

　　v_0——轧辊轧制时线速度；

　　f——前滑值。

代入 δf 公式后可得

$$\begin{aligned}\delta v &= v_0\delta f + (1 + f)\delta v_0 \\ &= v_0(D_H\delta H + D_K\delta K + D_s\delta S + D_F\delta F + D_{\tau_b}\delta \tau_b + D_{\tau_f}\delta \tau_f) + (1 + f)\delta v_0\end{aligned}$$

整理后得

$$\delta v = E_H\delta H + E_K\delta K + E_S\delta S + E_F\delta F + E_{\tau_b}\delta \tau_b + E_{\tau_f}\delta \tau_f + E_v\delta v_0$$

增量入口速度方程（和出口速度类同）为

$$\delta v' = F_{\mathrm{H}}\delta H + F_{\mathrm{K}}\delta K + F_{\mathrm{S}}\delta S + F_{\mathrm{F}}\delta F + F_{\tau_{\mathrm{b}}}\delta\tau_{\mathrm{b}} + F_{\tau_{\mathrm{f}}}\delta\tau_{\mathrm{f}} + F_{\mathrm{v}}\delta v_0$$

式中

$$E_{\mathrm{H}} = v_0 D_{\mathrm{H}} \qquad (E_{\tau_{\mathrm{b}}}, E_{\tau_{\mathrm{f}}}, E_{\mathrm{K}}, E_{\mathrm{S}}, E_{\mathrm{F}}\text{ 与此类同})$$

$$E_{\mathrm{v}} = (1 + f)$$

$$F_{\mathrm{H}} = \frac{h}{h_0}E_{\mathrm{H}} + \frac{v}{h_0}a_{\mathrm{H}} - \frac{h}{h_0^2}v$$

$$F_{\mathrm{S}} = \frac{h}{h_0}E_{\mathrm{S}} + \frac{v}{h_0}a_{\mathrm{S}}$$

$$F_{\mathrm{v}} = \frac{h}{h_0}E_{\mathrm{v}}$$

（$F_{\tau_{\mathrm{b}}}, F_{\tau_{\mathrm{f}}}, F_{\mathrm{K}}, F_{\mathrm{F}}$ 与此类同）

5.4.6 增量套量方程和增量张力方程

套量及张力的产生，可认为是由于相邻两机架速度差异而成套或使带钢拉伸而产生张力。套量方程为

$$l_{\mathrm{LOOP}} = \int (v'_{i+1} - v_i)\,\mathrm{d}t$$

其增量形式为

$$\delta l_{\mathrm{LOOP}} = \int (\delta v'_{i+1} - \delta v_i)\,\mathrm{d}t$$

根据带钢弹性变形微分方程，可写出张力方程（i 机架和 $i+1$ 机架间），一般采用张应力的形式表示为

$$\tau_i = \frac{E}{l}\int (v'_{i+1} - v_i)\,\mathrm{d}t$$

如写成增量形式,则为

$$\delta\tau_i = \frac{E}{l}\int (\delta v'_{i+1} - \delta v_i)\,\mathrm{d}t$$

式中 E——带钢在高温下的弹性模量；

l——机架间的距离；

v'_{i+1}——第 $i+1$ 个机架入口速度；

v_i——第 i 个机架出口速度。

代入 $\delta v'$ 及 δv 的增量方程后，即可得到套量增量方程及张力增量方程。

总张力为

$$T_i = \tau_i A$$

式中 A——轧件断面积（在动态过程中，它也是一个变量）。

在应用上述增量方程时应注意连轧机的以下特点：

（1）静态分析时前一个机架的出口厚度变化 δh_i，即为下一个机架入口厚度的变化 $\delta h_{0(i+1)}$，而动态分析时要延时后为下一架入口厚度。

（2）前一个机架的前张力变量 $\delta\tau_{fi}$，即为下一个机架的后张力变量 $\delta\tau_{b(i+1)}$。

对典型轧制规程计算了增量方程的各个系数，计算结果列于本书末的附表。中厚板典型轧制规程的增量方程系数 A，B，C 列于附表 4 ~ 附表 6，热连轧粗轧典型规程的增量方程系数列于附表 7 ~ 附表 9，精轧典型规程的增量方程系数 A，B，…，F 列于附表 14 ~ 附表 19，冷连轧典型规程的增量方程系数 A，B，…，F 则列于附表 24 ~ 附表 29。各表的计算值可用于控制功能算法及综合分析计算，由于不同轧机具有不同的纵向刚度 C_P，C_F 和横向刚度 K_P，K_F，以及不同的负荷分配（h_i 分配），甚至生产不同的钢种，粗轧出口参数（温度、宽度、厚度）和除鳞水/机架间喷水模式也不同，加上不同轧机的轧制力等公式可能不同，因此附表中的各增量方程系数将可能会有所不同，本书附录所列各表的具体数值仅能用于所确定的工艺参数和刚度值等条件，只是为了书中实例分析用。当然表中所列数值在碳钢以及正常工艺条件下变化不会太大，大约可有 ±10% 的变动，可以作为参考用。但对于特殊合金钢则可能有 30% 甚至更大一些的变化。

建议在对具体轧机用本节所述方法进行分析时应利用前面所列公式及具体轧机的参数来计算各增量公式的 24 个系数。首先根据具体的轧制力、前滑公式求出各偏导数，然后再由这些偏导数求出各方程中的 A，B，…，F 等系数。

为求出 A，B，…，F 等系数，需先求出偏微分系数：

$$\frac{\partial P}{\partial h_0},\frac{\partial P}{\partial h},\frac{\partial P}{\partial k},\frac{\partial P}{\partial \tau_0},\frac{\partial P}{\partial \tau_f}\text{及}\frac{\partial f}{\partial h_0},\frac{\partial f}{\partial h},\frac{\partial f}{\partial \tau_0},\frac{\partial f}{\partial \tau_f}$$

其中：

$$\frac{\partial P}{\partial K}=\frac{P}{K}$$

$$\frac{\partial P}{\partial \tau_b}\text{或}\frac{\partial P}{\partial \tau_f}=\frac{P}{n_T}\times\left(-\frac{0.5}{K}\right)$$

而对于 $\frac{\partial P}{\partial h_0}$，$\frac{\partial P}{\partial h}$ 及 $\frac{\partial f}{\partial h_0}$，$\frac{\partial f}{\partial h}$ 则可采用以弦代切线的近似方法进行计算，以 $\frac{\partial P}{\partial h}$ 为例（图 5-8）。当 b 点无限接近 a 时。弦即成为切线，在设定模型按厚度分配值 h_0，h 以及其他参数计算出轧制力 P 后可人为地将 h 减小一个 Δ。

即 $h'=h-\Delta$ 对热连轧精轧机组 Δ 可取值 0.05 ~ 0.2，（前面机架 Δ 可取大一点值）。

用 h_0，h' 以及其他相同参数重新计算轧制力 P'，这样：

$$\frac{\partial P}{\partial h}=\frac{P-P'}{\Delta}$$

由于，$P'>P$，$\frac{\partial P}{\partial h}$ 为负值，用同样的方法可

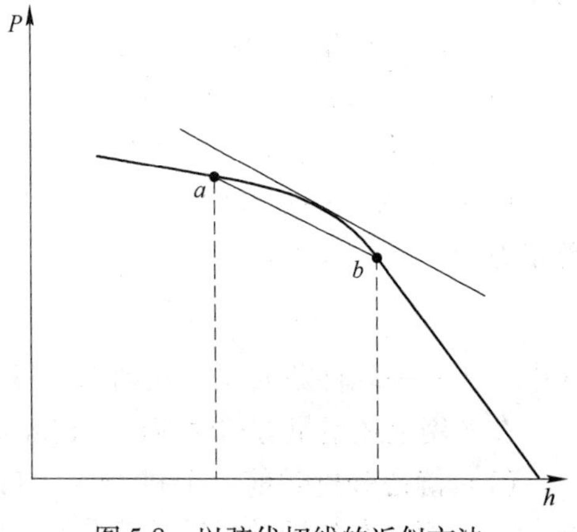

图 5-8　以弦代切线的近似方法

求出 $\frac{\partial P}{\partial h_0}$，$\frac{\partial f}{\partial h_0}$ 及 $\frac{\partial f}{\partial h}$。

用前面所列的各项增量系数公式可计算各增量公式的 24 个系数 A_H，A_S，A_K，A_F，B_H，…，G_H，G_S，G_K，G_F，以便可以对各自动控制功能的效果进行定量分析。

5.5　模型自学习

模型自学习是近半个世纪来迅速发展起来并广泛应用于计算机控制的一项技术。

应用前几节所述的方法虽然可以建立起设定模型，但仅仅单纯依靠设定模型本身来实现计算机控制，其预报精度是有限的。影响模型精度的主要因素为系统特性的变化。模型的建立，特别是模型系数的定量化，需要通过大量实测数据的统计处理才能实现，数据少了不能保证统计精度（因为测量仪表存在误差），但数据多了又产生新的问题，即如何保证大量数据的“环境条件相同”。以轧制力模型为例，为了建立模型往往需要测量几千个钢卷的轧制力等数据，但在此期间实际的轧制状况并不是始终不变的，例如轧辊磨损和更换。现代带钢热连轧机约每隔 4h（能轧制一百多条带钢）要换一对新辊，轧辊表面状态在新辊时和快要换辊时是不同的，它将对轧制力有影响。又如热轧机轧辊与高温带钢相接触，辊温将逐渐升高，到一定值时才平衡，而机架间用的冷却水的水温和水量的波动又将不断地影响此热平衡状态，可以说，轧机的状态是在不断变化着的。这些因素单独起不到多大作用，但从整体上来看则能使轧机状态发生变化。因此，用长时间测量的数据建立起来的模型必然带有“平均”的性质，用此带有“平均”性质的模型来预报每一块处于特定条件下带钢的轧制力时必然要存在一定的误差，例如图 5-9 中轧制力回归曲线对新辊和旧辊状态下的轧制力预报都将存在误差。

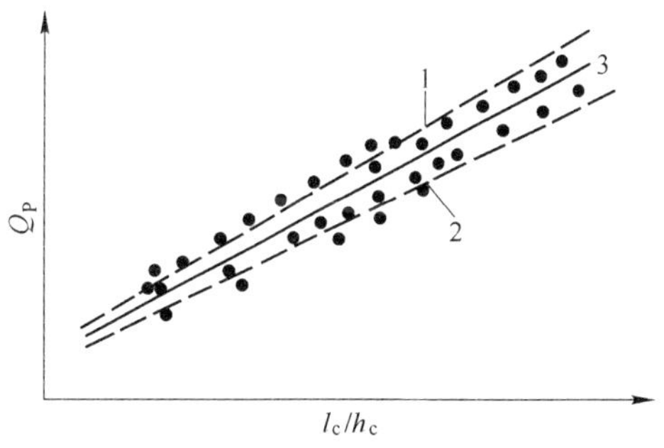

图 5-9　压力回归曲线

1—换辊前；2—新辊；3—回归线

根据系统状态的变化，不断利用即时信息进行模型参数的修正，以保证模型的精度，这种功能称为“模型自学习”功能。模型自学习方法在理论上有增长记忆递推最小二乘法、限定记忆递推最小二乘法、卡尔曼滤波。下面分别介绍增长记忆最小二乘法的理论方法及目前工程实际所用的指数平滑法。

5.5.1　增长记忆式递推最小二乘法

为了便于用矩阵表达，可写成以下更普遍的形式：

$$y = a_1x_1 + a_2x_2 + \cdots + a_mx_m$$

式中　a_1，a_2，…，a_m——模型待定参数。

现对变量 y，x_1，x_2，…，x_m 进行了 n 次测量，取得了 n 组数据。

为了便于写成矩阵形式，将系数 a 放在变量 x 的右边，由量测数据可以得出以下线性方程组

$$y_1 = x_{11}a_1 + x_{21}a_2 + \cdots + x_{m1}a_m + \Delta_1$$

$$y_2 = x_{12}a_1 + x_{22}a_2 + \cdots + x_{m2}a_m + \Delta_2$$

$$\cdots\cdots\cdots\cdots\cdots\cdots$$

$$y_n = x_{1n}a_1 + x_{2n}a_2 + \cdots + x_{mn}a_m + \Delta_n$$

式中 y_i——因变量 i 次采样值；

$x_{i1}, x_{i2}, \cdots, x_{im}$——$m$ 个自变量 i 次采样值（$i = 1, 2, 3, \cdots, n$）；

$\Delta_1, \Delta_2, \cdots, \Delta_n$——测量误差（包括模型误差）。

通常模型参数 $a_1, a_2, \cdots, a_m$ 根据最小二乘法决定，这就是选定合适的参数 $\hat{a}_1, \hat{a}_2, \cdots, \hat{a}_m$ 使残差平方和最小（参数上加"ˆ"代表估计量），即

$$Q = \sum_{j=1}^{n}(y_j - \sum_{i=1}^{n} x_{ij}a_j)^2 = \sum_{j=1}^{n}\Delta_j^2$$

从而得

$$\left.\frac{\partial Q}{\partial a_i}\right|_{a_i = \hat{a}_i} = 0 \qquad (i = 1, \cdots, m)$$

由此可求得使残差平方和为最小的 $\hat{a}_i$（$i = 1, \cdots, m$）。

设

$$\boldsymbol{X}_n = \begin{Bmatrix} x_{11}x_{21}\cdots x_{m1} \\ x_{12}x_{22}\cdots x_{m2} \\ \cdots\cdots\cdots\cdots \\ x_{1m}x_{2m}\cdots x_{mn} \end{Bmatrix}$$

$$\boldsymbol{A}_n = \begin{pmatrix} a_1 \\ a_2 \\ \vdots \\ a_m \end{pmatrix} \quad \boldsymbol{Y}_n = \begin{pmatrix} y_1 \\ y_2 \\ \vdots \\ y_n \end{pmatrix} \quad \boldsymbol{\Delta}_n = \begin{pmatrix} \Delta_1 \\ \Delta_2 \\ \vdots \\ \Delta_n \end{pmatrix}$$

下标 n 表示用 1 ~ n 组数据所得，因此可以写成矩阵方程

$$\boldsymbol{Y}_n = \boldsymbol{X}_n\boldsymbol{A} + \boldsymbol{\Delta}_n$$

残差平方和

$$\boldsymbol{Q} = \sum_{j=1}^{n}\Delta_j^2 = (\boldsymbol{Y}_n - \boldsymbol{X}_n\boldsymbol{A})^\tau(\boldsymbol{Y}_n - \boldsymbol{X}_n\boldsymbol{A})$$

式中，符号"τ"表示矩阵的转置。

取极值则得：

$$\left.\frac{\partial \boldsymbol{Q}}{\partial \boldsymbol{A}}\right|_{A = \hat{A}} = 0$$

$$\frac{\partial \boldsymbol{Q}}{\partial \boldsymbol{A}} = \left.\frac{\partial(\boldsymbol{Y}_n - \boldsymbol{X}_n)^\tau(\boldsymbol{Y}_n - \boldsymbol{X}_nA)}{\partial \boldsymbol{A}}\right|_{A = \hat{A}} = -2\boldsymbol{X}_n^\tau(\boldsymbol{Y}_n - \boldsymbol{X}_n\boldsymbol{A})\big|_{A = \hat{A}} = 0$$

$$\boldsymbol{X}_n^\tau\boldsymbol{X}_n\hat{\boldsymbol{A}} = \boldsymbol{X}_n^\tau\boldsymbol{Y}_n$$

这是在残差平方和最小条件下矩阵方程。若 $\boldsymbol{X}_n^{\tau}$，$\boldsymbol{X}_n$ 是一个非奇异矩阵则有

$$\hat{\boldsymbol{A}} = (\boldsymbol{X}_n^{\tau}\boldsymbol{X}_n)^{-1}\boldsymbol{X}_n^{\tau}\boldsymbol{Y}_n$$

$\hat{\boldsymbol{A}}$ 即为模型的系数阵，从计算公式可以看出：如果每来一个新的数据，即要用上式重算一次，则由于需对矩阵求逆，为了保存大量的历史数据必然要占用大量计算机内存，而且计算烦琐，不适应于在线控制应用。近代数学滤波的一个特点为采用递推计算公式，可避免此缺点。

设由 n 次量测并通过上式计算得模型参数为 $\hat{\boldsymbol{A}} = \hat{\boldsymbol{A}}_n$，如果又进行了第 $n+1$ 次量测，其数据为：

$$y_{n+1}, x_{1(n+1)}, x_{2(n+1)}, \cdots, x_{m(n+1)}$$

得 $$y_{n+1} = x_{1(n+1)}a_1 + x_{2(n+1)}a_2 + \cdots + x_{m(n+1)}a_m + \Delta_{n+1}$$

设 $$\omega_{n+1} = (x_{1(n+1)}, x_{2(n+1)}, \cdots, x_{m(n+1)})$$

在进行 $n+1$ 次量测后，新的模型参数估算值用 $\boldsymbol{A}_{n+1}$ 来表示，可得出

$$(\boldsymbol{X}_{n+1}^{\tau}\boldsymbol{X}_{n+1})\hat{\boldsymbol{A}}_{n+1} = \boldsymbol{X}_{n+1}^{\tau}\boldsymbol{Y}_{n+1}$$

式中

$$\boldsymbol{X}_{n+1} = \begin{pmatrix}\boldsymbol{X}_n \\ \omega_{n+1}\end{pmatrix}, \ \boldsymbol{Y}_{n+1} = \begin{pmatrix} y_1 \\ y_2 \\ \vdots \\ y_n \\ y_{n+1}\end{pmatrix} = \begin{pmatrix}\boldsymbol{Y}_n \\ y_{n+1}\end{pmatrix}$$

代入后得

$$\left\{\begin{pmatrix}\boldsymbol{X}_n \\ \omega_{n+1}\end{pmatrix}^{\tau}\begin{pmatrix}\boldsymbol{X}_n \\ \omega_{n+1}\end{pmatrix}\right\}\hat{\boldsymbol{A}}_{n+1} = \begin{pmatrix}\boldsymbol{X}_n \\ \omega_{n+1}\end{pmatrix}^{\tau}\boldsymbol{Y}_{n+1}$$

根据矩阵运算法则得

$$\left\{(\boldsymbol{X}_n^{\tau}, \omega_{n+1}^{\tau})\begin{pmatrix}\boldsymbol{X}_n \\ \omega_{n+1}\end{pmatrix}\right\}\hat{\boldsymbol{A}}_{n+1} = (\boldsymbol{X}_n^{\tau}, \omega_{n+1}^{\tau})\begin{pmatrix}\boldsymbol{Y}_n \\ y_{n+1}\end{pmatrix}$$

$$(\boldsymbol{X}_n^{\tau}\boldsymbol{X}_n + \omega_{n+1}^{\tau}\omega_{n+1})\hat{\boldsymbol{A}}_{n+1} = \boldsymbol{X}_n^{\tau}\boldsymbol{Y}_n + \omega_{n+1}^{\tau}y_{n+1}$$

可写成

$$(\boldsymbol{X}_n^{\tau}\boldsymbol{X}_n + \omega_{n+1}^{\tau}\omega_{n+1})(\hat{\boldsymbol{A}}_{n+1} - \hat{\boldsymbol{A}}_n) = \boldsymbol{X}_n\boldsymbol{Y}_n + \omega_{n+1}^{\tau}y_{n+1} -$$

$$[\boldsymbol{X}_n^{\tau}\boldsymbol{X}_n + \omega_n^{\tau}\omega_{n+1}](\boldsymbol{X}_n^{\tau}\boldsymbol{X}_n)^{-1}\boldsymbol{X}_n^{\tau}\boldsymbol{Y}_n = \omega_{n+1}^{\tau}[y_{n+1} - \omega_{n+1}\hat{\boldsymbol{A}}_n]$$

所以

$$\hat{\boldsymbol{A}}_{n+1} = \hat{\boldsymbol{A}}_n + (\boldsymbol{X}_n^{\tau}\boldsymbol{X}_n + \omega_{n+1}^{\tau}\omega_{n+1})^{-1}\omega_{n+1}^{\tau}[y_{n+1} - \omega_{n+1}\hat{\boldsymbol{A}}_n]$$

设 $$\boldsymbol{G}_n = (\boldsymbol{X}_n^{\tau}\boldsymbol{X}_n)^{-1}$$

则 $$\boldsymbol{G}_{n+1} = (\boldsymbol{X}_{n+1}^{\tau}\boldsymbol{X}_{n+1})^{-1} = (\boldsymbol{X}_n^{\tau}X_n + \omega_{n+1}^{\tau}\omega_{n+1})^{-1}$$

因此　$\hat{\boldsymbol{A}}_{n+1} = \hat{\boldsymbol{A}}_n + \boldsymbol{G}_{n+1}\omega_{n+1}^{\tau}[y_{n+1} - \omega_{n+1}\hat{\boldsymbol{A}}_n] = \hat{\boldsymbol{A}}_n + \boldsymbol{G}_{n+1}\omega_{n+1}^{\tau}\omega_{n+1}[\omega_{n+1}^{-1}y_{n+1} - \hat{\boldsymbol{A}}_n]$

$\boldsymbol{G}_{n+1}$ 的传递公式

$$\boldsymbol{G}_{n+1} = \boldsymbol{G}_n - \boldsymbol{G}_n\omega_{n+1}^{\tau}(1 + \omega_{n+1}\boldsymbol{G}_n\omega_{n+1}^{\tau})^{-1}\omega_{n+1}\boldsymbol{G}_n$$

由于 $\omega_{n+1}\hat{\boldsymbol{A}}_n$ 表示了对 y 值的第 $n+1$ 次的预报道，y_{n+1} 为第 $n+1$ 次的实测值，$[y_{n+1} - \omega_{n+1}\hat{\boldsymbol{A}}_n]$ 或 $[\omega_{n+1}^{-1}y_{n+1} - \hat{\boldsymbol{A}}_n]$ 为预报误差，又称为“新息”，$\boldsymbol{G}_{n+1}\omega_{n+1}^{\tau}\omega_{n+1}$ 为增益因子，由此式可以得出在获得第 $n+1$ 次量测最新信息后模型参数 $\hat{\boldsymbol{A}}_{n+1}$ 的修正计算公式，它可以表示为第 n 次估算值 $\hat{A}_n$ 加上增益因子乘以所获得的“新息”。显然计算公式既保留了过去数据的作用，又不需保留过去的大量数据，而且避免了每次求大的逆矩阵的运算，因此可用于在线控制。由于过去所有的数据在计算中都仍然发挥着作用，因而称为增长记忆式递推最小二乘法。

上面所述的建立在最小二乘原理上的自学习法，虽然采用了递推算法避免了大量占用计算机内存并减少了矩阵求逆运算的工作量，但计算机应用此法在线控制尚存在以下一些问题：

（1）由于热连轧计算机控制的项目较多，应用模型也较多，如采用上述方法在每次测得新的数据后就对每个模型中的 m 个系数（$a_1 \sim a_m$）都全部重新计算（校正）则计算机任务太重。

（2）采用上法从理论上说，随着更多的量测数据的处理，将使模型的预报精度不断提高，但实际使用时可能出现发散现象（也称为数据饱和现象），这是由于数学模型和实际过程不完全符合，例如模型中考虑的自变量较少，模型在线性化的处理上产生误差等。

总的表现是式中 $\boldsymbol{G}_n$ 趋于零太快，因而增益因子随着 n 加大而迅速变小，于是新的量测数据（最接近于当时实际环境条件的数据）在被用来校正预估值时起的作用越来越小（即形成了数据饱和）。这时模型和实际过程的差异将起越来越大的破坏作用，以致引起发散。因此，纠正的办法是使增益因子不下降太快。实际应用时可采用固定增益因子，即所谓“增益定常化”。这也更进一步简化了计算，这样式可写成：

$$\hat{\boldsymbol{A}}_{n+1} = \hat{\boldsymbol{A}}_n + \alpha(\omega_{n+1}^{-1}y_{n+1} - \hat{\boldsymbol{A}}_n)$$

式中，α 为常数，可根据实际效果来定。

5.5.2　指数平滑法

为了减轻模型自学习的计算工作量，数学模型尚可用下式表示

$$y = a_1x_1 + a_2x_2 + \cdots + a_mx_m + \beta$$

x_1，x_2，…，x_m 表示对模型有直接影响的因素，系数 a_1，a_2，…，a_m 表示这些因素对 y 的作用程度。由于是线性化了的模型，各因素的影响是可以叠加的。

系数 a_1，a_2，…，a_m 将随着系统特性的变动而随时间变化。在模型自学习计算中，为了简化问题，可以把由许多数据做出的模型参数 a_1，a_2，…，a_m 看作表示系统特性的固有的量而取定值，系统状态的变化则用式中的常数项 β 来反映，即系统的状态产生变化时，可对模型中系数 β 作相应的修正计算以适应系统特性的变化。为此，可应用与当前临近的数据，反求出 β，此值即表示最近的系统状态。如果用来求 β 的临近数据没有测量误差，

则将可直接利用此新求得的β值进行预报，但考虑到临近的实测数据必然存在测量误差，如果取另一极端，即测量误差非常大，甚至完全测错了，则很明显就不应该用此临近实测数据去修正β值，否则必将反而降低模型预报精度。一般情况是临近实测数据有测量误差，但不很大，因此可用临近实测数据反推算出的β值的“部分”信息来校正模型。其具体方法为

$$\hat{\beta}_{n+1} = \hat{\beta}_n + \alpha(\beta_n^* - \hat{\beta}_n)$$

式中 $\hat{\beta}_{n+1}$——第$n+1$次设定或控制β参数的预报值；

$\hat{\beta}_n$——第n次设定或控制时β的预报值；

β_n^*——第n次设定或控制后β的实测值；

α——增益系数，$0 \leqslant \alpha \leqslant 1$。

此式的意义是，用此预报的$\hat{\beta}_n$值来进行第n次的设定，在进行第n次设定后，当轧件进入轧机即可获得第n次的实测数据值β_n^*。β_n^*与$\hat{\beta}_n$的差别表示了模型存在的误差——系统状态的变化。考虑到β_n^*实际上是反映了系统特性的即时状态，为提高模型精度可以利用获得的新信息（$\beta_n^* - \hat{\beta}_n$）的部分值对$\hat{\beta}_n$进行修正，即用$\alpha$（$\beta_n^* - \hat{\beta}_n$）加在$\hat{\beta}_n$上，得到第$n+1$次$\beta$参数的预报值$\hat{\beta}_{n+1}$。由于所得到的第$n$次实测值$\beta_n^*$反映了当时的系数状态，这样每次自学习计算，可使模型适应系统的状态变化，使模型精度不断提高。由于式中$\hat{\beta}_n$包括了（$\beta_{n-1}^* - \hat{\beta}_{n-1}$）的信息，而$\hat{\beta}_{n-1}$又包括了（$\beta_{n-2}^* - \hat{\beta}_{n-2}$）的信息，因此可以说$\hat{\beta}_{n+1}$中包括了（$\beta_n^* - \hat{\beta}_n$）、（$\beta_{n-1}^* - \hat{\beta}_{n-1}$）、…、（$\beta_1^* - \hat{\beta}_1$）的所有信息，这些信息每设定或控制一次增长一个。指数平滑公式可写成：

$$\begin{aligned}
\hat{\beta}_{n+1} &= \hat{\beta}_n + \alpha(\beta_n^* - \hat{\beta}_n) \\
&= \alpha\beta_n^* + (1-\alpha)\hat{\beta}_n = \alpha\beta_n^* + (1-\alpha)[\alpha\beta_{n-1}^* + (1-\alpha)\hat{\beta}_{n-1}] \\
&= \alpha\beta_n^* + \alpha(1-\alpha)\beta_{n-1}^* + \alpha(1-\alpha)^2\beta_{n-2}^* + (1-\alpha)^3\hat{\beta}_{n-2} \\
&\quad \vdots \\
&= \alpha\beta_n^* + \alpha(1-\alpha)\beta_{n-1}^* + \alpha(1-\alpha)^2\beta_{n-2}^* + \alpha(1-\alpha)^3\beta_{n-3}^* + \cdots + \\
&\quad \alpha(1-\alpha)^{\gamma}\beta_{n-r}^* + \cdots + \alpha(1-\alpha)^{n-1}\beta_1^* + (1-\alpha)^n\hat{\beta}_1
\end{aligned}$$

因此$\hat{\beta}_{n+1}$中包括了n，$n-1$，…，1各次的实测信息及原始值$\hat{\beta}_1$，但由于α小于1，因此越离$n+1$次远的信息被利用的越少，因而称为指数平滑公式。

α值反映了对信息（$\beta_n^* - \hat{\beta}_n$）的利用程度，当$\alpha=1$时，则$\hat{\beta}_{n+1} = \beta_n^*$即完全信赖第$n$次获得的这实测信息$\beta_n^*$，用它来作第$n+1$次的预报。这只有在仪表绝对可靠没有误差的情况下才成为可能，而实际上是不可能的。如$\alpha=0$，则$\hat{\beta}_{n+1} = \beta_n^*$，即表示第$n$次实测值完全不可靠，不能考虑他，因此把第$n$次的预报值$\hat{\beta}_n$仍作为第$n+1$次的预报值$\hat{\beta}_{n+1}$，不利用所获得的第$n$次信息。比较合理的办法应是根据每次实测数据的状况来决定α值的

大小（即 α 值每次是变化的），但如何可靠地判断每次实测数据的精度是一个难题。因此，目前一般把 α 看作常数，其数值由实验求得，必要时可在一段时间内改变一次 α 值，使自学习的效果更好些。

在对象及仪表条件一定时，可以定性地说，α 值太大将引起预报值的"振荡"，使预报忽高忽低，α 值太小将使预报值逼近目标值的速度减慢（图 5-10）。为此，应采取动态改变 α 值，即在换规格（钢种）时对第一块钢采用较大的 α 值，以便尽快地改正，对第二，三块逐步减小 α 值以保证稳定。也可以根据预报误差决定 α 值（误差大时用较大的 α 值）。

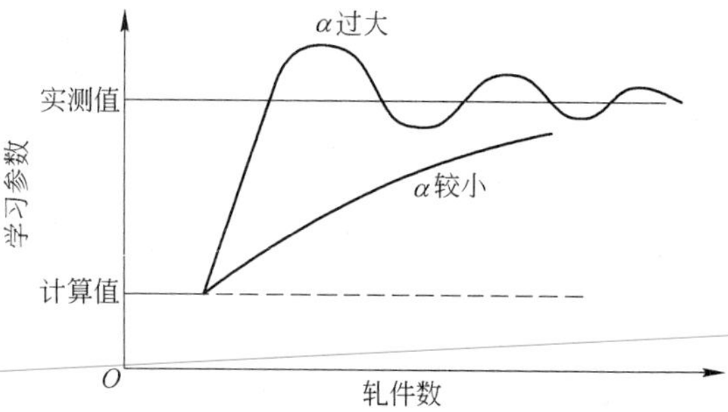

图 5-10　增益系数 α 值对自学习过程的影响

除指数平滑法外还可以采用平移窗口平均法。即

$$\hat{\beta}_{M+1} = \frac{1}{M}\sum_{j=n-M+1}^{0}\beta_j$$

式中，M 是正整数。

此法是利用第 $n-M+1$ 次到第 n 次一共 M 次的实测参数来估计第 $n+1$ 次的 β 值，它对过去的有限个数据都从同样重要的角度来考虑，因此 M 太大将把离目前时刻较远的信息吸收进来，不利于对目前周围环境条件变动的自适应校正，M 太小既容易引入偶然性误差，又不利于预报精度。它要占用一定的计算机内存容量，M 越大，占用越多。

自学习对模型系数的修正一般有以下两种形式：

（1）加法形式自学习，此时模型形式为

$$y = f(x_1, x_2, \cdots, x_m) + \beta$$

（2）乘法形式自学习，其模型形式为

$$y = \beta f(x_1, x_2, \cdots, x_m)$$

当 y 值能实测（第 n 次实测值为 y_n^*）以及自变量 x_{n1}，x_{n2}，…，x_{nm} 也能知道实际值时，可用式算出 β 的实测值 β_n^*。对于加法形式自学习

$$\beta_n^* = y_n^* - f(x_{n1}, x_{n2}, \cdots, x_{nm})$$

对于乘法形式自学习：

$$\beta_n^* = \frac{y_n^*}{f(x_{n1}, x_{n2}, \cdots, x_{nm})}$$

求得 $\hat{\beta}_{n+1}$ 后，作 $n+1$ 次模型计算可用下式：

对于加法形式自学习

$$\hat{y}_{n+1} = f(x_{n1}, x_{n2}, x_{n3}, \cdots, x_{nm}) + \hat{\beta}_{n+1}$$

对于乘法形式自学习

$$\hat{y}_{n+1} = \hat{\beta}_{n+1} \times f(x_{n1}, x_{n2}, \cdots, x_{nm})$$

曾有人提出较复杂的算法，但实践表明，上述指数平滑法已能很好地满足实际需要。

5.5.3 模型长期及短期自学习

设定模型精度一方面决定于机理模型对各种影响因素定性规律反应的正确程度，另一方面则又决定于建模时对模型系数定量确定的正确程度。

由于建模需用大批实测数据，实测数据数量大必然包含了各种环境条件，回归后使模型在环境上具有平均性质，用其预报处在特定条件下的下一块钢必然存在先天性误差。影响模型定量精度的因素可分为以下两大类：

（1）各因素对模型定性影响规律上存在的误差（机理模型不够完善）；

（2）模型在环境上的平均性质所造成的定量误差。

目前采用的对下一块钢进行的指数平滑递推方式的自学习方法主要用于解决模型在环境上的平均性质，利用上一块（n 块）钢与下一块钢在环境上相近（轧辊磨损状态、水温等），用上一块（n 块）钢的实测值来修正模型中（一个）自学习系数，使模型预报精度得到提高，但当换规格（钢种）时上一块钢的实测值即不能用于下一块钢的学习。

为此应增加模型系数长期自学习功能，在轧制力公式的 K 及 Q_{P} 项中增加自学习以提高换钢种及换规格后第一块钢的预报精度。具体做法为：

（1）为了通过自学习来提高轧制力公式中的变形阻力 K 的精度，应利用曾经轧制同类钢种的信息，为此对一批同类钢种的实测轧制力 P_i^* 及轧制温度、轧制速度等进行以下计算

$$\sigma_0^* = \frac{P^*}{Bl_{\mathrm{c}} Q_{\mathrm{P}} K_{\mathrm{t}} K_{\mathrm{u}} K_{\varepsilon}}$$

其中，应根据实测的 P^* 所推算出的实际 h^* 来进行 l_{c}，Q_{P} 等的重计算。

K_{t}，K_{u}，K_{ε} 即为变形阻力公式中的各分项（见 2.2.4 节）

$$K_{\mathrm{t}} = \exp(a_1 T + a_2)$$

$$K_{\mathrm{u}} = \left(\frac{u_m}{10}\right)^{(a_3 T + a_4)}$$

$$K_{\varepsilon} = \left[a_6\left(\frac{e}{0.4}\right)^{a_5} + (a_6 - 1)\left(\frac{e}{0.4}\right)\right]$$

将精轧机各机架求得的 σ_0 取平均值，对同一批同一钢种的各块轧件再对 σ_0 平均计算得出这一钢种的 σ_0^* 并存表，在下一次轧制这一钢种时可采用此 σ_0^* 修正这一钢种的标准 σ_0 得 $\hat{\sigma}_0$

$$\hat{\sigma}_0 = \alpha\sigma_0^* + (1 - \alpha)\sigma_0$$

α 大小可经实验确定。

（2）对于 Q_P 公式同样可利用曾经轧制同一规格的信息，其计算公式为

$$Q_P^* = \frac{P^*}{Bl_c K}$$

其中，l_c，K 应根据实测 P^* 所推算出的 h^* 来进行重计算，对同一批规格的 Q_P^* 取平均值作为 Q_P^* 存表。在下一次轧制这一规格时可用指数平滑法用此 Q_{Pi}^* 修正模型计算所得的 Q_{Pi}（不同机架分别算其 Q_{Pi}）。

第 6 章　温度模型与温度控制

6.1　基本概念

温度是热轧板带生产过程中最重要的工艺参数之一，由于温度将直接影响到热轧轧制力，精确预报精轧机各机架（道次）的轧制温度是保证厚度、凸度命中率的关键。轧线上温降模型是热轧板带的一个关键模型。由于板带材全长温度分布将直接影响产品厚度，凸度的全长均匀性，控制轧件全长上温度的均匀，特别是黑头、黑尾及中间水印的消除将大为改善厚度、凸度的控制精度及其百分比。热轧生产线上设有一系列测温点，包括钢坯出炉温度，粗轧区内、粗轧出口、精轧入口、精轧终轧温度以及冷却后板带温度的测量，但由于所能测到的仅是轧件表面温度，由于表面氧化铁皮影响或是除鳞后表面温度过低以及轧件厚度过大内部温度不均等原因无法测量到轧件的真正平均温度。因此主要的测温点仅为粗轧出口、精轧出口及卷取机前。

目前所有温降模型都以粗轧出口点实测温度作为依据，由此来反推出炉温度，计算精轧各机架（道次）轧制温度以及预报终轧温度。而板带材成品全长的温度控制所依靠的信息则为精轧出口及冷却后测温点的信号，这些点的测量值不仅用于终轧温度控制及冷却控制，而且还将用于温度设定模型的自学习。

温度模型和温度控制是热轧几个主要质量控制功能之一，终轧温度以及随后的冷却控制还将直接影响产品内部组织结构及其力学性能。

由于厚度、板形等模型将要求首先计算各机架（道次）轧制温度，因此本书将“温度模型与温度控制”这一章放在厚度、板形、宽度各章之前。

6.2　温降模型的理论基础

热轧板带生产过程的主要内容基本上可归结为尺寸变化和温度（性能）变化两类性质极不相同但又相互紧密联系的物理过程。

尺寸变化过程主要是钢坯厚度不断变薄的过程，此外尚有宽度的变化（不断由立辊压缩，又通过水平辊得到宽展），这个过程所涉及到的是轧件塑性变形和轧机弹性变形以及它们之间的关系，有关这方面的基本公式和基本方程已在第 3 章、第 4 章中叙述。

温度的变化过程则是由钢坯的加热和轧件（钢坯、板坯、带坯及板带钢）的不断冷却（温降）所组成。钢坯（一般厚度较大）在室温状态下装入加热炉，加热后（通过预热—加热—均热阶段完成钢坯加热过程），温度达到 1250 ~ 1280℃。钢坯出炉后开始降温，并随着钢坯厚度不断轧薄成为板坯或带坯而加快冷却，板（带）坯的温度通过各种形式的温降逐渐变低，在粗轧机出口处约为 1080 ~ 1100℃，通过中间辊道的冷却，到精轧入口处降到 1000 ~ 1030℃，精轧终轧温度一般为 800 ~ 850℃（有些钢种要求高于 900℃），并在热输出辊道上通过冷却装置强迫冷却到 650℃左右后送冷床或由卷取机卷成钢卷。

表 6-1 列出了带钢热连轧机各测量点轧件温度的测量值，由此可大致看出各处温降的大小。

表 6-1　轧件温度变化

位　置	轧件 1	轧件 2	轧件 3	轧件 4
成品厚度/mm	1. 8	1. 8	2. 5	2. 5
末架速度/(m/s)	10	10	10	10
粗轧出口温度/℃	1140	1136	1083	1082
精轧除鳞前温度/℃	1103	1100	1043	1043
除鳞后温度/℃	1069	1067	1021	1021
F_1 的温度/℃	1023	1020	995	994
F_2 的温度/℃	1000	999	975	974
F_3 的温度/℃	970	970	956	954
F_3F_4 间机架喷水	是	否	是	否
F_4 的温度/℃	928	947	919	936
F_5 的温度/℃	908	923	903	920
F_6 的温度/℃	890	903	889	904
FT_6 的温度/℃	880	894	878	893

在热轧板带生产过程中温度制度是一个十分重要的因素，准确地计算（预报）各个环节的温度变化是实现热轧计算机控制的重要前提，这是因为：

（1）各机架（道次）的变形阻力，轧制力的精确预报是和准确确定该机架（道次）轧制参数分不开的，而各架轧机（道次）轧制力的预报精度又将直接影响到轧件尺寸精度及板形好坏。

（2）带钢温度对产品性能有重要影响，其中主要是：

1）终轧温度要求稍高于居里点，终轧温度太低将使带钢的力学性能降低（特别是影响冷轧后钢卷的深冲性能），但终轧温度又不能太高，否则容易因二次氧化影响表面质量（终轧温度一般为 800 ~ 880℃，根据钢种而异）；

2）强制冷却后温度要求低到足够程度，以避免成品轧件晶粒变大；但热带卷取温度又不能太低，否则将使钢卷卷不紧（由于低温带钢弹性较大将发生松卷现象）；

3）强制冷却的冷却速度对轧件的力学性能有影响；

4）轧件长度方向温度的均匀性，不但将影响轧件全长力学性能的均匀性，而且将直接影响到全长厚度和凸度的均匀性。

考虑到钢坯加热温度不易实际测量（只能测得加热炉内各区的炉温），因此目前亦有利用粗轧机出口处的实测温度，通过粗轧机温降公式反算出钢坯的出炉温度，以此对加热炉模型进行自学习。

中厚板冷却控制及带钢卷取温度控制（控制输出辊道上的层流冷却）需要知道轧件进入冷却水区时的初始温度（亦即精轧机出口温度），但由于冷却水喷嘴的控制阀有滞后（从给出信号到冷却水落到辊道面约需 1. 5 ~ 2s），等板带从精轧末架（末道次）轧出实测终轧温度后再控制喷嘴就来不及了。目前一般是采用以粗轧机出口处温度为基础进行预设定，即通过中间辊道温降公式和精轧机组温降公式预报精轧机出口温度来预控冷却水。中厚板则通过测量精轧后温度对冷却进行控制。

为了讨论温降模型及温度控制，需首先介绍有关传热学基本定义和温降的基本公式。

6.2.1 传热学基础

传热学是研究具有不同温度的物体间或物体内不同温度部分之间热量传递的规律。对于热轧来说所研究的是轧件（板坯、带坯或带钢）的温度变化。

轧件在加热以及在辊道上运送/轧制时存在以下两种传热过程：

（1）轧件表面与周围介质间的热交换，即辐射、对流和接触传导，在传热过程中一般这几种方式同时存在。

（2）轧件内部的导热，即当轧件表面与中心温度存在差异时热量在轧件内的传递。在加热炉中加热时，炉内空气温度高于钢坯表面温度，而钢坯中心温度低于表面，热量从表面向中心传，而在轧线上由于周围介质温度低，因此轧件表面温度一般低于中心，热量由中心向表面传递。

热轧温度模型着重的是轧件的温降，即轧件在辊道上运送及轧制时轧件表面向周围介质传送热量而产生的温度降低，包括：

（1）热辐射：热辐射是依靠物体表面发射电磁波来传送热量，因此无论在真空，或者周围介质是空气以及冷却水时都存在热辐射，并且任何物体除了向四周发射电磁波还将同时接受别的物体发射的电磁波。热辐射是高温轧件在辊道上运送时的主要热交换方式。

（2）对流：对流是依靠流体的运动传递热量。当流体（空气、水）与轧件表面接触时同时存在接触导热和流体对流传热。工程上称这种复合过程为“对流换热”，在轧线上存在自然对流和强制对流两种形式，自然对流是当空气与高温轧件表面接触后由于升温而膨胀上升，而冷空气下降与轧件接触，如此循环将热量传走。强制对流指高压水除鳞，轧机间喷水以及精轧后的层流冷却，通过大量淋水将轧件表面热量传走。

（3）接触导热：接触导热是当轧件与轧辊接触，由物体内部分子或原子直接交换热量，实现从高温向低温处转移热量。

对于厚度较大的板坯，带坯以及厚规格轧件，内部（表面温度与中心温度）存在较大的温差，因此内部热传导应加以考虑。作为研究轧件温降来说表面热交换更为重要。

对于热轧来说强制对流及热辐射是造成轧件温降的主要表面热交换方式。

对任何一种热交换，其基本公式中都将涉及以下量：

（1）热量 Q，单位为 J(焦耳)。

（2）热流量 Φ，单位时间交换的热量，其单位为 W(瓦)；1W = 1J/s。

（3）热流密度 q，为单位时间通过单位面积交换的热量，单位为 W/m^2 即 $J/(m^2 \cdot s)$，而工程上常用 $kcal/(m^2 \cdot h)$，其中，s 为秒，h 为小时(1kcal/h = 1.163J/s = 1.163W)。

（4）比重（密度）γ，为单位体积的重量，单位为 kg/m^3。

（5）比热容（质量热容）c，为单位重量物体每升高 1 度温度所吸收的热量，其单位为 $J/(kg \cdot K)$(K 为绝对温度)或 $J/(kg \cdot ℃)$。

此外在下面各章节还将采用以下量（其定义将在下面叙述）：

（1）对流换热系数 α，单位为 $W/(m^2 \cdot ℃)$；

（2）黑体辐射系数 σ，单位为 $W/(m^2 \cdot K^4)$；

（3）导热系数 λ，单位为 W/(m · ℃)；

（4）导温系数(热扩散率)α,单位为 m^2/s；

（5）传热系数 K，单位为 $W/(m^2 \cdot K)$；

（6）热阻 R，单位为 $m^2 \cdot K/W$。

6.2.2　传热学公式

6.2.2.1　辐射传热

物体本身温度将导致产生的电磁波，其波长范围由 0.1 ~ 1000μm，包括了紫外线、可见光和红外线三个波段，主要是红外线。

辐射过程通过电磁波进行能量的转换（热能→辐射能→热能）。辐射能的传播以光速进行，不需要借助中间介质，更不需要相互接触，热射线射到物体后，其辐射能部分被物体吸收，变为热能。任何物体不论其温度高低，都在不断地向外辐射能量（只有绝对温度零度，即 -273℃时，才不放射能量），同时又不断地吸收外界投射来的辐射能。根据得到的热量和失去热量的多少决定是被加热还是被冷却。带钢的辐射温降，主要存在于钢坯、带坯及板带的输送过程，高温轧件在空气中逗留时将不断通过辐射方式散出热量造成温降（此时实际上同时存在空气自然对流，但其产生的结果和辐射相比，只为后者的 5% ~ 7%。因此一般将其归于辐射温降——通过实验确定的当量辐射率）。

实验结果证明，辐射能量（单位面积和单位时间内的）和温度的四次方成正比：

$$E = \varepsilon\sigma\left[\frac{T}{100}\right]^4$$

式中　E——辐射能量，W/m^2；

σ——绝对黑体的辐射系数，又称斯蒂芬 - 玻耳兹曼常数，$\sigma = 5.69 W/m^2 \cdot K^4$；

ε——实际物体的黑度，又称为辐射率($\varepsilon < 1$)。当表面氧化铁皮较多时为 0.8，刚轧出的平滑表面为 0.55 ~ 0.65；

T——物体绝对温度($T = t + 273$)，K；

t——物体温度，℃。

因此辐射散失的热量为：

$$Q = E_1 F\tau - E_2 F\tau = \varepsilon\sigma\left[\left(\frac{T}{100}\right)^4 - \left(\frac{T_0}{100}\right)^4\right]F\tau$$

其热流密度为

$$q = \varepsilon\sigma\left[\left(\frac{T}{100}\right)^4 - \left(\frac{T_0}{100}\right)^4\right]$$

而热流量为　$$Q = qF$$

式中　E_1——散失到周围介质中去的能量（单位面积和单位时间内散失的）；

E_2——吸收的能量（单位面积和单位时间内吸收的）；

F——散热面积，对板坯来说 $F = 2BL$(B 为板坯宽度，L 为长度)，m^2；

τ——时间，h。

上式由于 $T_0 \ll T$，因此一般可忽略环境温度。采用微分形式可写成：

$$dQ = \varepsilon\sigma\left(\frac{T}{100}\right)^4 F d\tau$$

由于散热造成的温降为 dT,其热量为

$$dQ = -GcdT = -hBL\gamma cdT$$

式中 h——坯厚，m；

B——坯宽，m；

L——坯长，m；

γ——密度，kg/m^3；

G——质量，kg；

c——比热容，J/(kg·K)，不同温度下比热容将不同。

因此辐射温降公式为

$$dT = \frac{2\varepsilon\sigma}{\gamma ch \times 10^8} T^4 d\tau$$

当距离较近时,可得

$$\Delta T = \frac{2\varepsilon\sigma}{c\gamma h}\left(\frac{T_{IN}}{100}\right)^4 \Delta\tau$$

$$\Delta T = T_{IN} - T_{OUT}$$

当距离较长时需考虑温度本身的变化，因此要对此积分，由此可得

$$T_{OUT} = 100\left[\frac{6\varepsilon\sigma}{100\gamma ch}\tau + \left(\frac{T_{IN}}{100}\right)^{-3}\right]^{-\frac{1}{3}}$$

式中 ΔT——温降值；

T_{IN}——该温降区段的进入温度；

T_{OUT}——此区段的出口温度。

6.2.2.2 对流传热

对流传热是物体通过介质液体的表面热交换一种形式。此种热交换的强度不但和物体传热特性有关，而且更主要是决定于介质液体的物理性质和运动特性。在此种热交换过程中，一般常伴着流体集态的改变（产生气泡、汽膜）。因此，热交换过程是极其复杂的。为便于计算，常采用下列简单形式的计算公式：

$$dQ = \alpha(t - t_0)F d\tau$$

式中 F——热交换面积，m^2；

τ——热交换时间，s；

t——物体温度,℃；

t_0——介质温度,℃；

α——强迫对流传热系数，W/(m^2·℃)。

实际上各种因素的影响都集中在对流传热系数 α 值中考虑了。α 值理论计算较复杂目前只对一些特例有较满意的理论公式，通常 α 值主要用实验确定。与辐射相同，可写出温降热量公式。

$$dQ = -hBl\gamma c dt$$

可得

$$dt = \frac{-2\alpha}{\gamma ch}(t - t_0)d\tau$$

同样当距离较长时,需对此积分得

$$\ln\frac{t_{OUT} - t_0}{t_{IN} - t_0} = \frac{-2\alpha}{\gamma ch}\tau$$

而当距离不大时,可用

$$\Delta t = \frac{2\alpha}{\gamma ch}(t - t_0)\Delta\tau$$

$$\Delta t = t_{IN} - t_{OUT}$$

$$t = (t_{IN} + t_{OUT})/2$$

可先设 $t = t_{IN}$，逐步逼近。当采用热流密度 q 时：

$$q = \frac{Q}{F\tau}$$

式中, q 为热流密度(heat Flux),即单位时间单位面积流出的热量，单位为 W/m^2。由于

$$dQ = -hBl\gamma c dt$$

$$q = \frac{dQ}{Bl \cdot d\tau} = \frac{-h\gamma c}{d\tau}dt$$

即

$$dt = \frac{q}{\gamma ch}d\tau$$

这一公式有时用于层流冷却模型。此式实际上把对流冷却的传热系数 α 归结到热流密度 q 中（通过现场试验来确定 q 值）。

采用 $dQ = -Gcdt$ 时，只考虑整个物体的整体温降，即假设物体内部温度是均匀的，不存在热传导问题（薄材冷却问题），实际上对于厚坯来说，物体中存在较大的温差，因此精确计算时，必须同时考虑厚坯（材）内的热传导。

6.2.2.3　热传导

热传导有以下两种类型：

（1）接触热传导，即当两个物体相接触时，当存在温度差，将产生热量传导。接触热传导主要用于轧制时轧辊和轧件接触造成的温降、轧辊和轧件的接触热传导往往受表面氧化铁皮层热阻的影响，因此现象比较复杂。

（2）固体内热传导，固体内部当表面和中心温度有差时将发生的热传导。固体热传导过程完全取决于固体内温度的分布，研究固体内热传导即是研究物体内温度场随时间的变化：

$$t = f(x, y, z, \tau)$$

式中　t——温度,℃；

x, y, z——所研究的空间坐标；

τ——时间，s。

在某一瞬时物体各点的温度数值综合称为“温度场”。连接温度场中具有同一温度的

各点就得出“等温面”或“等温线”，不同温度的等温面不会相交，等温面不可能中断。所有的等温面或者自身封闭，或者终止于物体的边缘。

沿着等温面移动不会有温度变化，从一个等温面移动到另一等温面时，就会有温度变化，沿等温面法线方向（方向 n）移动时，温度变化速度最大。

温度在空间沿方向 n 的变化速度用 $\frac{\Delta t}{\Delta n}$ 表示。Δt 为移动极小一段距离 Δn 的温度变化（Δn 为法线方向的距离）。而“温度梯度”是指这样一个向量，其数量上等于 $\frac{\Delta t}{\Delta n}$ 的极限值，即当 Δn 趋于零时的值，此向量的方向同指向温度增加方向的法线 n 方向重合：

$$|\boldsymbol{grad}t| = \lim_{\Delta n \to 0}\left|\frac{\Delta t}{\Delta n}\right| = \left.\frac{\partial t}{\partial n}\right|_n$$

热传导理论基于以下基本事实，即仅当温度梯度不是零时，才发生热流。

傅里叶假说为

$$\boldsymbol{q} = -\lambda(\boldsymbol{grad}t)$$

式中 $\boldsymbol{q}$ ——热流密度向量，即单位时间内在等温面单位面积上所通过的热量；

λ ——比例系数，称为热传导系数，W/(m · ℃)。

热流向量的幅值为热流密度

$$q = -\lambda\frac{\partial t}{\partial n}$$

所以

$$\mathrm{d}Q = q\mathrm{d}F\mathrm{d}\tau = -\lambda\frac{\partial t}{\partial n}\mathrm{d}F\mathrm{d}\tau$$

此即为傅里叶定律。由此可推出导热微分方程。取导热物体内一微立方单元，设各侧表面上导入的热流密度为 q_x，q_y 或 q_z，导出热流密度为 q'_x，q'_y 或 q'_z，则

$$\left.\begin{aligned} q'_x &= q_x + \frac{\partial q_x}{\partial x}\mathrm{d}x \\ q'_y &= q_y + \frac{\partial q_y}{\partial y}\mathrm{d}y \\ q'_z &= q_z + \frac{\partial q_z}{\partial z}\mathrm{d}z \end{aligned}\right\}$$

在 $\mathrm{d}\tau$时间内导入和导出的热量为

$$\left.\begin{aligned} \mathrm{d}Q_x &= q_x\mathrm{d}y\mathrm{d}z\mathrm{d}\tau & \mathrm{d}Q'_x &= \left(q_x + \frac{\partial q_x}{\partial x}\mathrm{d}x\right)\mathrm{d}y\mathrm{d}z\mathrm{d}\tau \\ \mathrm{d}Q_y &= q_y\mathrm{d}x\mathrm{d}z\mathrm{d}\tau & \mathrm{d}Q'_y &= \left(q_y + \frac{\partial q_y}{\partial y}\mathrm{d}y\right)\mathrm{d}x\mathrm{d}z\mathrm{d}\tau \\ \mathrm{d}Q_z &= q_z\mathrm{d}x\mathrm{d}y\mathrm{d}\tau & \mathrm{d}Q'_z &= \left(q_z + \frac{\partial q_z}{\partial z}\mathrm{d}z\right)\mathrm{d}x\mathrm{d}y\mathrm{d}\tau \end{aligned}\right\}$$

经 $\mathrm{d}\tau$ 时间后，由单元体内放出的热量为

$$dQ_x = (dQ'_x - dQ_x) + (dQ'_y - dQ_y) + (dQ'_z - dQ_z) = \left(\frac{\partial q_x}{\partial x} + \frac{\partial q_y}{\partial y} + \frac{\partial q_z}{\partial z}\right) dxdydzd\tau$$

另一方面，单元体的初始温度为 t_0，单位时间的温度变化为 $\frac{\partial t}{\partial \tau}$，$d\tau$ 时间内温度变化量为 $\frac{\partial t}{\partial \tau} d\tau$。引起此温度变化所放出的热量为

$$dQ = -c\gamma dV \frac{\partial t}{\partial \tau} d\tau$$

由于 $dV = dxdydz$ 所以

$$-c\gamma \frac{\partial t}{\partial \tau} = \left(\frac{\partial q_x}{\partial x} + \frac{\partial q_y}{\partial y} + \frac{\partial q_z}{\partial z}\right)$$

根据傅里叶定律知：

$$q_x = -\lambda \frac{\partial t}{\partial x}$$

$$q_y = -\lambda \frac{\partial t}{\partial y}$$

$$q_z = -\lambda \frac{\partial t}{\partial z}$$

所以

$$c\gamma \frac{\partial t}{\partial \tau} = \lambda\left(\frac{\partial^2 t}{\partial x^2} + \frac{\partial^2 t}{\partial y^2} + \frac{\partial^2 t}{\partial z^2}\right)$$

$$\frac{\partial t}{\partial \tau} = \frac{\lambda}{c\gamma}\left(\frac{\partial^2 t}{\partial x^2} + \frac{\partial^2 t}{\partial y^2} + \frac{\partial^2 t}{\partial z^2}\right) = a\left(\frac{\partial^2 t}{\partial x^2} + \frac{\partial^2 t}{\partial y^2} + \frac{\partial^2 t}{\partial z^2}\right)$$

$a = \frac{\lambda}{c\gamma}$ 称为导温系数，单位为 m^2/s 或 m^2/h。

对于带钢温降来说，可将此问题看为无限大薄板，认为只有一个厚度方向存在温差，热流由厚度中心单向流向表面，此时 $\frac{\partial t}{\partial y} = \frac{\partial t}{\partial z} = 0$，所以

$$\frac{\partial t}{\partial \tau} = a \frac{\partial^2 t}{\partial x^2}$$

其表面的边界条件由表面热交换来确定。

6.3　热轧生产过程的温降模型

热轧生产过程中每个阶段的温降需要利用传热学的基本公式——辐射、对流、传导——从热平衡出发来推导公式。生产过程中表面温度的变化可用一些“基本热交换环节”来描述，对于厚坯或厚度较大的板材则还需计算轧件内部的温度场，主要是沿厚度方向的温度变化，并由此算出轧件的平均温度。

热轧温降过程可归结为以下四种基本环节：

（1）板带（钢坯、板坯、带坯）在辊道上或机架间传送时在空气中的辐射温降；
（2）高压水除鳞时的对流温降；
（3）轧机前后（机架间）喷水或层流冷却时的对流温降；
（4）轧制时变形区内带钢温度的变化。
现将各基本传热环节的温降方程推导如下。

6.3.1 钢坯（板坯、带坯）传送时的温降

轧件传送时的温降主要是辐射造成的热量损失，同时也存在自然对流冷却（空气）。对流的热量损失 ΔQ_a 与温度的一次方成正比，而辐射的热量损失与温度的四次方成正比，因此在高温时辐射损失远远超过了自然对流损失，当轧件温度在1000℃左右时自然对流热量损失只占总热量损失的5%左右，因此可以只考虑辐射损失，而把其他影响都包含在根据实测数据确定的辐射率 ε 中。

另外由于 $t \gg t_0$ 因此辐射公式中可忽略 t_0 项。此时，辐射热量损失为

$$\Delta Q_\varepsilon = \varepsilon\sigma\left(\frac{t+273}{100}\right)^4 F\Delta\tau$$

式中 σ——斯蒂芬-玻耳兹曼常数，$\sigma \approx 5.69\mathrm{W/m^2 \cdot K^4}$；
ε——辐射率，又称为黑度（$\varepsilon < 1$）；
F——散热面积，$\mathrm{m^2}$；

对于板坯，带坯 $F = 2Bl$，对于钢坯则为

$$F = 2(Bl + BH + lB)$$

式中 B——宽度，m；
l——长度，m；
H——高度，m；
$\Delta\tau$——散热时间，s 或 h；
t——轧件温度，℃；
t_0——周围空气的温度，℃。

此热量造成的温降为

$$\Delta Q = -Gc\Delta t = -Bhl\gamma c\Delta t$$

因此

$$\Delta t = -\frac{\varepsilon\sigma}{c\gamma} \cdot \frac{F}{Bhl}\left(\frac{t+273}{100}\right)^4 \Delta\tau$$

当 $F = 2Bl$

$$\Delta t = -\frac{2\varepsilon\sigma}{c\gamma}\left(\frac{t+273}{100}\right)^4 \frac{\Delta\tau}{h}$$

式中 $\Delta\tau = \dfrac{\Delta L}{v}$；

ΔL——距离，m；
v——轧件运送速度，m/s。

但此式没有考虑随着温降轧件的温度将不断降低使 $(t+273)^4$ 迅速降低。因此此式只

能用于短距离传送（假设温降不大，因而在整个过程仍用同一个 t 来计算）。对于中间辊道及输出辊道长达百米，运送时间较长时，则需采用

$$dQ_\varepsilon = \varepsilon\sigma\left(\frac{t+273}{100}\right)^4 F d\tau$$

$$dQ = -Bhl\gamma c dt$$

$$dQ_\varepsilon = dQ$$

$$2\varepsilon\sigma\left(\frac{t+273}{100}\right)^4 d\tau = -h\gamma c dt$$

$$\frac{dt}{(t+273)} = \frac{-2\varepsilon\sigma}{\gamma ch\times 10^8}d\tau$$

等式两边积分（假设各热物理参数 c、γ 和 ε 取平均值后可认为和温度无关）得

$$\int_{T_{RC}}^{T_{F0}}\frac{dT}{T^4} = \int_0^\tau \frac{2\varepsilon\sigma}{\gamma ch\times 10^8}d\tau$$

积分后得粗轧出口到精轧入口的温度变化

$$T_{F0} = 100\left[\frac{6\varepsilon\sigma}{100\gamma ch}\tau + \left(\frac{T_{RC}}{100}\right)^{-3}\right]^{-\frac{1}{3}}$$

式中 $T = t + 273$ ——绝对温度，K；

T_{F0} ——精轧入口处的温度，K；

T_{RC} ——粗轧出口处的温度，K。

中厚板轧机传送的轧件厚度较大时，板坯温度计算需考虑到板坯内厚度方向上（对宽度大的板坯还应考虑宽度方向上）的温度分布，亦即不仅要计算板坯表面与周围环境的辐射/对流热交换，还需要计算板坯内温度场随时间的变化，亦即根据板坯内表面与中心层间存在的温度梯度计算板坯内的热传导以最终确定板坯的平均温度。

6.3.2 高压水除鳞的温降

利用高压水流（压力为 1500MPa 左右）冲击钢坯（带坯）表面来清除一次（或二次）氧化铁皮是目前采用的主要方法。由于大量高压水流和钢坯（带坯）表面接触将使轧件产生温降，这种热量损失属于强迫对流形式。强迫对流的热交换过程比较复杂，它不但和钢坯温度、介质温度以及钢的热物理性能有关，还和流体的流动状态（流速，水压等）有关，因此要从理论上写出各种因素的影响是比较困难的，目前一般都采用牛顿公式来计算

$$\Delta Q_r = a_H(t - t_W)F\Delta\tau$$

而把各种因素的复杂影响都归结于 a_H 系数中。

a_H 为高压除鳞强迫对流热交换系数 W/m^2 · ℃，其物理含意为当温差为 1℃时单位时间单位面积的换热量。可根据热量平衡求得

$$a_H(t - t_W)F\Delta\tau = -V\gamma c\Delta t$$

式中 V ——体积，m^3；

γ ——密度，kg/m^3；

c——比热容，J/(kg · ℃)；

F——面积，m^2；

t——轧件温度,℃；

t_W——水温,℃；

$\Delta\tau$——轧件（一点）接触高压水流的时间，s。

如高压水段长度为 l_H(m)，轧件速度为 vm/s 或 m/h

$$\Delta\tau = \frac{l_H}{v}$$

由此得高压水造成的温降　$\Delta t = \frac{-a_r}{\gamma c} \cdot \frac{Fl_H}{Vv}(t - t_W) = \frac{-2a_H}{\gamma c} \cdot \frac{l_H}{hv}(t - t_W)$

6.3.3　低压喷水冷却的温降

由于喷水冷却也是一种强迫对流，计算公式与除鳞公式类似，但 α 值不同，需根据轧机前后（机架间）喷水冷却还是输出道上层流冷却分别确定。

轧机前后（机架间）喷水其计算公式与高压水除鳞相似，只是其强迫对流热交换系数为 α_L。

此时温降

$$\Delta t = \frac{-2\alpha_L l_F}{\gamma chv}(t - t_W)$$

式中　l_F——机架间距离，m；

h——上游机架出口厚度，m；

v——上游机架出口速度，m/s。

对于热连轧精轧机组由于机架间距离为一固定值，hv（流量）各机架都相同，因此不同机架间的喷水冷却造成的温降仅决定于 α_L 及轧件温度 t（α_L 需通过实测来定，而比热容 c 则为温度 t 的函数）。

6.3.4　轧制变形区内的热量得失

轧制时变形区内存在两个相互矛盾的热过程，一是轧制时轧件塑性变形所产生的热量 Q_H，因而造成一个温升 Δt_H；另一是轧制时高温轧件和低温轧辊接触时所损失的热量 Q_C，造成的温降为 Δt_C。因此变形区内轧件温度变化为 Δt_r：

$$\Delta t_r = \Delta t_H - \Delta t_C$$

塑性变形热为

$$Q_H = \frac{A\eta}{J_1} = \frac{p_c V \ln \frac{h_0}{h}}{J_1}\eta$$

式中　J_1——热功当量，当 Q_H 的单位为 cal，A 的单位为 kg · m 时，J_1 = 427kg · m/kcal，如 Q_H 的单位为 J，则 J_1 = 9.81；

p_c——平均单位压力（接触弧上），$p_c = 1.15Q$，MPa；

V——体积，cm^3；

η——吸收效率，即变形热转为轧件发热的部分占总变形热的百分比。

一般 η 为 50% ~95%，前几架 η 大些，后几架 η 小些。

Δt_H 可用热量平衡推导出

$$\Delta t_H = \frac{p_c \ln \frac{h_0}{h} \times 10^6}{427\gamma c}\eta$$

$$\eta = [(Q_P - 1)\beta + 1]/Q_P$$

$$p_c = Q_P K$$

$$K = 1.15\sigma(\text{金属变形阻力})$$

式中　Q_P——变形区应力状态系数；

β——轧件与轧辊热传导效率，一般为 0.48 ~0.55。

接触传导造成的温降为

$$\Delta t_c = 4\beta \frac{l'_c}{h_c}\sqrt{\frac{K_s}{\pi l'_c v_0}} \cdot (t_S - t_R)$$

式中　t_S，t_R——轧件和轧制温度，℃；

l'_c——考虑压扁后的变形区接触弧长，m；

h_c——平均厚度，m；

v_0——轧辊线速度，m/s。

$$K_S = \frac{\lambda}{\gamma c}$$

式中　λ——接触热传导系数，W/m · ℃；

γ——密度，kg/m^3；

c——比热容，J/(kg · ℃)。

由于实测得到的结果将是塑性变形发热与轧件、轧辊间接触传导的综合结果，需积累相当数量的数据才能将这几个公式中有关未定系数确定下来。

采用逐项计算除鳞水，变形区发热及接触传导温降，机架间喷水，空气辐射等各项可充分考虑各种因素的影响，提高温度计算精度，但由于公式多，特别是公式中包含的一批物理量系数，如取值不准反而有可能降低计算精度，为此我们和武钢热轧厂自控车间合作在武钢 1700mm 轧机上进行了温降试验，除利用已有的 FT_0（F_1 前），FT_7（F_7 后）测温仪外，专门在 F_2 后及 F_3 后设置了 FT_2，FT_3 测温仪，并进行了统一标定，试验时对不同规格带钢有计划地改变除鳞水组数（F_1 前有三组，F_1 后有一组），并开/闭了各机架间的机架喷水，取得一批数据，经数据处理后得到。

（1）F_1 前三组高压除鳞水的温降公式为

$$\Delta t_{DSC} = -am0.39(t_0 - 80)/Q$$

式中　$Q = h_n v_n$，n 为末架；

m——除鳞水组数，$m = 0 \sim 3$；

a——系数，当 $Q<23$ 时，$a=1$；$Q=23\sim26.9$，$a=1.2$；$Q=27\sim30$，$a=1.25$；$Q>30$，$a=1.3$。

（2）F_1/F_2 间（一组）高压除鳞水的温降公式为

$$\Delta t_{F_{12}}=-0.25(t_0-80)/Q$$

（3）机架间喷水的温降公式为

$$\Delta t_{SPY}=K_{SPY}\left(\frac{t+273}{100}\right)^4\Big/Q$$

$$K_{SPY}=-0.00547$$

（4）变形区发热温升

$$\Delta t_H=1.076[0.55(Q_P-1)+1]K\ln\left(\frac{h_0}{h}\right)$$

（5）变形区轧件轧辊接触传导温降

$$\Delta t_c=-6.6l_c\sqrt{\frac{0.00318}{\pi l_c v}}\cdot(t_0-150)/(h_0+2h)$$

不同轧机各公式中系数值有可能不同，由武钢 1700mm 试验所得的上述公式系数其他轧机可供参考。

各机架（道次）轧制温度计算可利用上面所述的各公式逐架往后计算。以带钢热连轧为例：

（1）首先根据实测的粗轧出口温度 T_{RC} 及其他参数用长距离辐射温降公式计算 T_{F0}。

（2）用高压水除鳞温降公式及短距离辐射温降公式由 T_{F0} 计算 T_{F1}。

（3）根据 F_1 及 F_2 机架间是否喷水，用下式计算机架间温降。

$$\Delta t_{12}=\Delta t_{H1}-\Delta t_{C1}-\Delta t_A$$

或
$$\Delta t_{12}=\Delta t_{H1}-\Delta t_{C1}-\Delta t_S-\Delta t_A$$

由此可得
$$T_{F2}=T_{F1}-\Delta t_{12}$$

式中 Δt_{H1}，Δt_{C1}——F_1 机架的变形区发热及摩擦发热造成的温升及温降量；

Δt_A——机架间由于辐射造成的温降（可用短距离辐射温降公式）；

Δt_S——机架间喷水时由强迫对流冷却造成的温降，由于喷水时温降大温度变化大，应采用积分后的强迫对流公式。

（4）用相同方法根据 T_{F2} 计算 T_{F3}，由 T_{F3} 计算 T_{F4}…，并由 T_{F7} 计算 T_{FC} 以用于自学习。

精轧机组总的温降主要是由高压水除鳞及机架间喷水来产生，因此各公式中仅对机架间喷水冷却及辐射冷却公式进行自学习（用同一学习系数）。

6.4 终轧温度控制

依据钢的内部组织，对不同的钢种、不同的性能要求下有不同的轧制温度范围，其中最重要的是保证终轧温度及轧后冷却速度。

终轧温度对带钢质量有直接影响。终轧温度的高低，在很大程度上决定了轧后钢材内部的金相组织和力学性能。为了得到细小而均匀的铁素体晶粒，终轧温度应略高于 Ar_3 相变点，此时，钢的晶粒为单相奥氏体晶粒，组织均匀，轧后带钢具有良好的力学性能。若终轧温度在 Ar_3 相变点以下，不仅在两相（奥氏体和铁素体）区中金属塑性不好，还会产生带状组织，并由于卷取后的退火作用，完成相变部分的晶粒因承受压力加工而粗大，结果会得到不均匀的混合晶粒组织，在力学性能方面使屈服极限降低，伸长率减小，深冲性能急剧恶化，加工性变坏。但终轧温度过高，也能导致轧后的奥氏体得到充分再结晶，甚至长大，相变后就会得到粗大的铁素体，从而降低了钢材的力学性能。此外，终轧温度过高，又可能使带钢表面产生氧化铁皮，影响成品带钢的表面质量。因此，将带钢终轧温度控制在由钢的内部金相组织所需的范围内，是带钢质量控制的关键之一。

对热轧来说，从板坯出炉到轧制结束，中间要经过运输和轧制两大环节。轧件的终轧温度取决于加热温度、板坯的厚度、运输时间、压下制度、速度制度以及冷却水的数量等一系列因素。其中，板坯厚度、运输时间和压下制度等，在原料与成品规格确定的条件下，是一些不便变动的因素，而加热温度、冷却水的数量以及速度制度等，则可以作为对终轧温度进行控制的手段。但在实际生产中，用加热温度（板坯出炉温度）来控制终轧温度存在热能消耗加大、加热炉能力降低及钢坯过烧等不利因素，而速度制度亦受到机电设备能力和其他工艺因素的限制。换句话说，不论是板坯加热温度，还是速度制度，都不是唯一受目标终轧温度制约的。因此，改进及充分利用轧机前后（机架间）冷却水来加强对终轧温度的调控能力，以及中厚板必要的“待温”是近年来受到很大注重的控制方案。

为了实现终轧温度控制，需建立相应的温度控制数学模型。一般，终轧温度 T_{FC} 为以下各变量的函数：

$$T_{FC} = f(T_{F0}, H_0, h_n, v_n, q)$$

式中　T_{F0}——轧机入口处的带钢温度，℃；

H_0——轧机入口坯料的厚度，mm；

h_n——成品出口厚度，mm；

v_n——末机架（道次）出口速度，m/s；

q——喷水水量，m^3/min。

由于不同钢种的热物理性能不同，函数中有关系数将决定于钢种。模型一般倾向于采用简化的理论公式，也可采用统计经验公式。

精轧机组的终轧温度控制，包括带钢头部终轧温度设定和带钢全长终轧温度控制两部分。现分别对其数学模型及控制方法加以介绍。

6.4.1　带钢头部终轧温度设定

利用 6.3 节中所述的高压水除鳞及机架间低压冷却水，变形区各项温降（温升）公式可以从进入精轧机时板坯/带坯的温度逐步计算出成品的终轧温度，但这样的“开环”计算过程不一定能得到所需的终轧温度，为此需要对轧制速度设定值进行修正以能使计算（预报）的终轧温度达到所要求的值。由于改变速度设定值将影响多项温降公式的计算结果，头部终轧温度设定需要进行“迭代计算”，在已定轧制速度后从头开始计算传送，高低压水冷却，变形区温度各项公式。当计算的终轧温度与设定要求的值有差时应改变速度并重新计算可能得到的头部终轧温度，为了加快迭代收敛，应先通过离线分析求出不同轧制规程下轧制速度对终轧温度的影响系数 K_V^{TC}。

由于

$$\Delta T_C = K_V^{TC} \Delta v$$

因此当预报的终轧温度 $\hat{T}_C$ 与目标值 $\hat{T}_C$ 不同，可先求出 ΔT_C

$$\Delta T_C = T_C - \hat{T}_C$$

然后确定应修改的轧制速度设定值 Δv

$$\Delta v = \Delta T_C / K_V^{TC}$$

对不同轧机及不同轧制条件时 K_V^{TC} 值将不同，有关影响系数计算方法可参阅第 10 章。

6.4.2 带钢全长终轧温度控制

板带材除头部应达到规定的终轧温度范围外，还要求全长温度都在此范围，即要求板带材头尾（全长）温度均匀，以保证物理性能一致。

由于板带头部和尾部在空气中停留时间不同（尾部时间长），因而引起尾部的终轧温度低于头部。轧件越长，精轧入口速度越低，则头部与尾部进入精轧机的时间差越大，它们的终轧温度差值越大。

带钢全长终轧温度控制可以采取前馈和反馈相结合的方式，也可以只用反馈控制方式。根据采用的控制手段的不同，可有以下两种控制方案：

（1）固定喷水量（即为设定时的喷水量），通过改变轧制速度来控制终轧温度。采用这种方案的依据是，通过适当的加速度，使轧机速度不断改变（提高），既可以使带钢中部、尾部在中间辊道上的停留时间减少，从而减少辐射热损失，又可以使高温轧件与轧辊的接触时间缩短，减少传导热损失，同时，加速轧制造成的塑性变形热与摩擦热的增加也会引起轧件升温，从而就有可能将全长终轧温度偏差控制在允许范围之内（+/-15℃）。

图 6-1 表示了轧制速度变化时轧件终轧温度在全长的分布情况。图 6-1*a* 是没有加速时的情况，图 6-1*b* 是采用合适的小加速时的情况，图 6-1*c* 是为了提高轧机产量采用大加速轧制的情况。

采用加速度来控制终轧温度时，当从精轧机组出口处的测温仪检测到的终轧温度在允

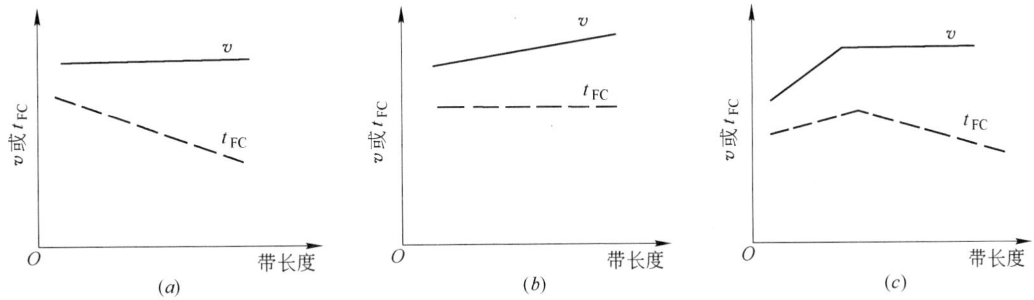

图 6-1 带钢终轧温度在全长的分布

(*a*)—不加速度；(*b*)—小加速；(*c*)—大加速

许范围内时，轧机便以预先规定的加速度进行升速轧制，借此来保持终轧温度恒定。若实测的终轧温度低于允许范围下限时，便将信号反馈给轧机的速度控制系统，使机组同步加速以高一挡的加速度进行轧制。若实测的终轧温度高于允许范围上限时，则令加速度为零，保持当时的速度进行轧制。

这种方案存在的问题是，终轧温度通常不是选择加速度的唯一依据。从提高轧机生产能力的角度看，大加速轧制有利，此时可将加速度控制在 $0.5 \sim 1.0 m/s^2$ 以上。但这就与终轧温度控制发生矛盾。实践表明，为了控制终轧温度，轧机的加速度只能限制在 $0.05 \sim 0.2 m/s^2$ 范围之内，否则，带钢的终轧温度将沿长度从头部至尾部逐渐升高。为了克服这一缺点，近年来采用下述控制方案。

（2）利用喷水装置的水压和水量控制终轧温度，利用轧机前后（机架间）喷水装置的水压和水量来控制带钢全长终轧温度的均匀性，可以通过改变水压及阀的开度（连续调节），来实现。

采用喷水装置控制方案，可以按大加速度轧制，以最短的时间达到最高轧速，在加速过程及到达最高轧速后的稳速过程中，均利用轧机前后（机架间）喷水装置来控制终轧温度，并借此来克服提高轧机生产力与带钢终轧温度控制之间的矛盾。

由于喷水对终轧温度的影响（水压 p 和水量 q 的影响）不易用理论公式来表示，可采用以下形式的经验公式：

$$T_{FC} = a + bT_{F0} + ch_n + dv_n + e_{\lambda\Sigma} + f\frac{1}{p} + g\frac{1}{q} + \Delta$$

或

$$\lg T_{FC} = a' + b'\lg T_{F0} + c'\lg h_n + d'\lg v_n + e'\lg\lambda_\Sigma + f\lg p + g\lg q + \Delta$$

式中，系数 a，b，…或 a'，b'，c'，… 需根据实际数据来求得；Δ 为反馈修正项。

利用上述公式，在实测到 T_{F0} 和 H_0（坯料厚度）后，根据目标成品厚度 h_n（可算出精轧机组伸长率 $\lambda_\Sigma = H_0/h_n$），并根据确定的水压 p、水量 q，即可设定合适的穿带速度值。

而对于带钢全长，则应在实测 T_{F0}，H_0，以及实测 h_n 和 v_n 基础上，确定水压 p 和水量 q，以保证 T_{F0} 达到目标值。p 和 q 之间可预先规定调节的优先度和比例关系。Δ 为反馈修正项，可根据实测的终轧温度值 T_{FC}^* 进行反馈控制。

$$\Delta = k(T_{FC} - T_{FC}^*)$$

T_{FC}^* 应每隔一定时间实测一次，并计算一次 Δ 及 p 和 q 和新值，通过机架间喷水控制系统对水压和水量进行控制。

如能利用带钢在每一机架的实测轧制力及实测辊缝（带头及全长各段）来估算出本机架轧制温度及进入下一机架将有的温度，则将更有利控制全长各段温度的均匀性。一旦轧制温度控制正确，必将会极大地提高成品厚度、凸度、平坦度各值的精度。先抓住轧制温度的控制，并在基础上适当投入厚度及板形的前馈和反馈控制，将可使带钢成品质量全面提高。

用实测轧制力计算轧制温度可采用 δK 增量方程法。

金属材料变形阻力 K 在钢种（成分）固定时主要决定于轧制温度，变形速度及变形程度，即 $K = f(T, u, e)$ 。

当各实际值 K^*，T^* 等和设定值 $\hat{K}$，$\hat{T}$ 差别不是很大时，可将函数用泰勒级数展开后仅取其一次项加以线性化，由此得

$$\delta K = \frac{\partial K}{\partial T}\delta T + \frac{\partial K}{\partial u}\delta u + \frac{\partial K}{\partial e}\delta e$$

因此

$$\delta T = \left(\delta K - \frac{\partial \bar{K}}{\partial u}\delta u - \frac{\partial \bar{K}}{\partial e}\delta e\right)\Big/\frac{\partial K}{\partial T}$$

$$\delta K = K^* - \hat{K}$$

$$\delta T = T^* - \hat{T} \quad 等$$

当实测轧制力 P^* 及辊缝 S^* 后可计算出与设定值之差 δP 及 δS，由此可得出实际出口厚度 h^* 及其变化量 δh，如假设入口厚度未变动，则

$$e = \ln\frac{H}{h}$$

所以

$$\delta e = -\frac{\delta h}{h}$$

$$u = \frac{V}{l_c}e$$

所以

$$\delta u = V\frac{l_c\delta e + e\delta l}{l_c^2}$$

其中

$$\delta l = \delta\left(\sqrt{R(H-h)}\right) = \frac{1}{2l_c}(-R\delta h)$$

而由于

$$\delta P = \frac{C_P\frac{\partial P}{\partial H}}{C_P - \frac{\partial P}{\partial h}}\delta H + \frac{C_P\frac{\partial P}{\partial h}}{C_P - \frac{\partial P}{\partial h}}\delta S + \frac{C_P\frac{\partial P}{\partial K}}{C_P - \frac{\partial P}{\partial h}}\delta K$$

当 $\delta H = 0$，$\delta S = 0$ 时

$$\delta K = \frac{C_P - \frac{\partial P}{\partial h}}{C_P\frac{\partial P}{\partial K}}\delta P$$

$$\delta P = P^* - \hat{P} \quad (\hat{P}\ 为设定值)$$

当 $K = 1.15\sigma_0\exp(a_1 + a_2T)\left(\frac{u}{10}\right)^{(a_3+a_4T)}\left[a_6\left(\frac{e}{0.4}\right)^{a_5} + (a_6-1)\left(\frac{e}{0.4}\right)\right]$

由此可算出 $\frac{\partial K}{\partial T} = \frac{K_S - K'}{T_S - T'}$，其中 $T' = T_S - \Delta T$

实际轧制温度为 $T^* = T_S + \delta T$（T_S 为设定的本机架轧制温度），用 T_i^* 估算下一机架轧制温度 $\hat{T}_{i+1}$（不同轧制条件下的 $\varphi_{i,i+1}$ 可由温降模型算出）。

$$\hat{T}_{i+1} = \varphi_{i,i+1}T_i^*$$

对于热轧来说，温度波动是主要的扰动源，带钢全长（头尾黑端、水印等）温度波动是造成厚度波动，凸度波动的主要原因。

目前质量控制采取的是各自独立控制的方法，即终轧温度控制、自动厚度控制、自动

板形控制功能各自独立进行。我们认为采用以各机架轧制温度（全长）恒定功能为主，自动厚度、板形等控制为辅的策略既保证了终轧温度恒定又将可获得更好的厚度、凸度等质量控制效果。

对于轧机前后设有测温仪的中厚板可逆轧机，可利用对轧件全长温度的测量以及增设喷水装置进行喷水压力/流量的前馈控制以使每个道次，特别是最后几个道次，轧件温度全长均匀化。

这种方案存在的问题是目前的喷水控制粒度太粗，机架间喷水控制粒度约7~8℃。

为了提高控制精度需对机架间（或可逆轧机前后）喷水装置进行改进，除进行分段细化（增加控制阀）外还应对总管实现流量调节，以使控制粒度能小于2~3℃。

根据此δT来调节轧机后的喷水压力/流量使下一机架（道次）全长轧制温度能接近恒定，亦可说是使下一机架（道次）轧制全长轧制力能接近恒定，从而使轧出厚度和凸度接近恒定，(压下及弯辊力不变动情况下)。

热轧成品终轧温度约为800多度，需通过（层流）冷却控制降温以使进一步精整处理（热带钢冷却后卷成钢卷，因此冷却控制亦称为卷取温度控制)。冷却控制目的不仅是降低成品温度以进行卷取可精整处理，通过冷却开始温度、冷却速度及冷却终了温度的控制，还可控制成品强度、韧性以及深冲、焊接性等性能。因此现代冷却装置还需考虑冷却速度的调节，对于中厚板由于冷却时轧件已脱离轧机，可通过调节层流（加密层流）水量以及辊道速度来控制冷却速度，对于热带则只能从层流冷却装置能力上保证能实现带钢冷却速度（℃/s）的控制。

有关轧件性能控制——控冷控轧见本章第6节。

6.5　卷取温度控制

卷取温度控制(CTC)和终轧温度控制(FTC)一样，对带钢的金相组织影响很大，是决定成品带钢加工性能、力学性能、物理性能的重要工艺参数之一。卷取温度控制本质上是热轧带钢生产中的轧后控制冷却。轧后控制冷却影响产品质量的主要因素是，冷却开始和终了的温度（冷却开始温度基本上就是终轧温度)、冷却速度以及冷却的均匀程度。

卷取温度应为600~650℃。在此温度段内，带钢的金相组织已定型，可以缓慢冷却，而缓慢冷却对减小带钢的内应力也是有利的。过高的卷取温度，将会因卷取后的再结晶和缓慢冷却而产生粗晶组织及碳化物的积聚，导致力学性能变坏，以及产生坚硬的氧化铁皮，使酸洗困难。但如果卷取温度过低，一方面使卷取困难，且有残余应力存在，容易松卷，影响成品带卷的质量；另一方面，卷取后也没有足够的温度使过饱和的碳氮化合物析出，影响轧材性能。因此，将带钢卷取温度控制在由钢的内部金相组织所确定的范围内，是提高带钢质量的又一关键控制措施。

不同品种、规格的带钢，在精轧机组中的终轧温度一般约为800~900℃，而取向硅钢的终轧温度为980℃，带钢在100多米长的输出辊道上的运行时间仅为5~15s。为了在这么短的时间内使带钢温度降低200~350℃，仅靠带钢在输出辊道上的辐射散热和向辊道传热等自然冷却是不可能的，必须在输出辊道的很长一段距离（70~80m）上，设置高冷却效率的喷水装置，对带钢上下表面喷水，进行强制冷却，并对喷水量进行准确控制，以满足卷取温度的要求。

喷水强制冷却是一很复杂的物理过程。冷却水和炽热的带钢接触时，带钢和水之间的巨大温差引起迅速的热传导，可是由于在钢板表面迅速形成隔热的蒸汽层，即“膜状沸腾”，结果出现一段低导热期，待到蒸汽层不再稳定地附着在钢板表面时，钢带和水重新接触，进入“泡核沸腾”期，此时产生很强烈的热传导。之后钢件逐渐变冷，热传导也相应地逐渐降低。任何强制冷却的效果，取决于蒸汽层膜的破坏及达到“泡核沸腾”的程度。冷却时生成的蒸汽膜，对传热系数影响比较大，使传热系数在 1000～16000W/(m^2 · K)之间波动。

为了提高冷却效果，曾提出过各种冷却方式。试验证明，低压大水量的冷却系统的冷却效果比较好。20 世纪 60 年代以来，所建的热轧带钢轧机，绝大部分都采用低压大水量的层流冷却。在输出辊道的上部为分组封闭式冷却水箱，装有一定数量的虹吸管，下部则为带压力的喷嘴式冷却系统。层流冷却几乎使钢板泡在水中，并且通过辊道两侧装置的侧喷嘴不断地吹动钢板表面的水按一定方向流动，破坏带钢表面的蒸汽层，并使表面的水不断更新，大大提高了冷却效率（比喷水式提高 30%～40%）。

侧喷嘴的数量及安装角度将直接影响卷取温度的控制结果。

卷取温度控制的目的，就是通过层流冷却水段长度的动态调节，将不同情况（温度、厚度、速度）的带钢从比较高的终轧温度迅速冷却到所要求的卷取温度，使带钢获得良好的组织性能和力学性能。

6.5.1 卷取温度控制的基本问题

以 1700mm 带钢热连轧为例。该层流冷却系统由上、下冷却喷嘴系统及侧喷嘴系统三部分组成。上部和下部冷却喷嘴系统各分成 60 个冷却控制段，每段由一个阀进行冷却水的开关控制。上部每 2 根集管为一段，共 120 根集管，每根集管设有多个鹅颈喷水管。下部每 4 根集管为一段，共 240 根集管，每根集管上有 11 或 12 个喷嘴。侧喷嘴系统分布在输出辊道两侧，交叉布置，共有 9 个侧喷嘴（其中 2 个为高压气喷，以吹散雾气，防止对轧线控制仪表的干扰）。

在上述工艺设备条件下，提高卷取温度控制的精度并不容易。其难度可归纳如下：

（1）影响卷取温度的因素多而复杂，包括带材的材质、厚度、速度，冷却水的水量、水压、水温及水流运动形态，终轧温度，热传导、对流、辐射的条件，层流冷却装置的设备状况等等。这些因素大都影响机理复杂，其中有一些则更具有很强的时变性，因此很难在在线控制数学模型中全部计及和精确描述。

（2）层流冷却装置分布在 80 多米长的输出辊道上、下方，带材任一点通过层流冷却区需要 5～15s 时间。而由于加速轧制技术的采用，带材各点通过层流冷却区的时间差异也很大。因此，控制冷却实际上是在很大空间范围内对处于变速及高速运动中的带材沿长度方向逐点施行控制，这使得卷取温度控制在本质上是一个十分复杂的分布控制问题。

（3）卷取温度测温仪 CT 通常安装在层冷区外 10m 甚至更远的位置，相对控制点，检测滞后很大，严重制约了常规反馈控制方式的使用（由于时间滞后太大，易产生振荡现象）。此外，控制阀的开闭及冷却水从出水溅落到钢板表面，都存在较大滞后效应（秒级），给动态控制带来了不利影响。

（4）冷却水量的调节是非连续的，其控制“粒度”由一个阀所控制的水量决定。卷取温度控制精度本质上受此“粒度”大小的制约。

从控制的角度，卷取温度控制问题及其面临的困难可描述如下：带材任一段从精轧末机架运行到卷取温度测温仪时，该段及其后相当长一段带钢的受控冷却过程实际已经结束，而在冷却过程中又不便或不可能对该段温度进行实测，但是又要求带材各段到达 CT 时温度处于精度范围之内。换句话说，“卷取温度控制”这样的物料全长质量控制，要求在控制施行过程中不对受控物体的状态进行观测的条件下，保证物料各段到达控制终点时被调量的值满足精度要求。这就必然导致对设定控制的依赖。但设定控制的精度，不仅受到在线控制模型结构简化所带来的本质上不精确的限制，也由于随机时变因素的影响而受到内外环境不确定性的制约。

为了满足工艺上对卷取温度越来越高的要求（如带钢全长的 90% 以上的温度控制精度为 ±15 ~ 18℃），在卷取温度控制的实践中，已经在带钢全长反馈控制和头部设定自学习方面取得了良好进展，但要进一步提高控制精度，不仅仅是满足对终点温度的要求，还要满足控制冷却对冷却速度的要求，以及对带钢温度在长度方向上的分布规律的要求，必须对层流冷却数学模型进行更深入的研究，并在大量采集过程实际数据的基础上，在卷取温度控制软件中引入设定的中、长期在线自学习及冷却速度控制功能。

6.5.2　卷取温度控制模型

从带钢离开精轧末机架到到达卷取机前测温计，带钢交替处于水冷区和空冷区。在空冷区，带钢主要是以辐射的形式散热，而在水冷区，主要是以对流的形式散热。

辐射段的温降可按下式进行计算

$$t_2 = 100\left[\left(\frac{t_1 + 273}{100}\right)^{-3} + \frac{6\varepsilon\sigma}{100c\gamma} \cdot \frac{l_1}{hV}\right]^{\frac{1}{3}} - 273$$

式中　t_2——带钢离开辐射段时的温度，℃；

t_1——带钢进入辐射段时的温度，℃；

l_1——辐射段长度，m；

v——轧件的轧制速度，m/s；

h——轧件的厚度，m。

ε，σ，c，γ，h 的含义同前。

层流冷却段的强迫对流散热可按下面所述的式子进行计算。

对于输出辊道的冷却系统，水阀工作状态一般为开关量，冷却能力是通过所开的阀数多少来调节的，因此常采用冷却能力系数 K 来表示冷却能力。此时由于冷却水段长度较大，可用

$$\mathrm{d}t = \frac{\alpha F}{\gamma c v}(t - t_{\mathrm{W}})\mathrm{d}t$$

$$\int_{t_{\mathrm{S}}}^{t_{\mathrm{M}}} \frac{\mathrm{d}t}{t - t_{\mathrm{W}}} = \int_0^{\tau} \frac{-\alpha_{\mathrm{r}} F}{\gamma c v}\mathrm{d}\tau$$

$$\ln \frac{t_{\mathrm{M}} - t_{\mathrm{W}}}{t_{\mathrm{S}} - t_{\mathrm{W}}} = \frac{-\alpha_{\mathrm{r}} F}{\gamma c v}\tau$$

式中 τ——总时间，如冷却水段长 l_r、轧件速度 v，则 $\tau = \frac{l_r}{v}$；

t_S——冷却前的轧件温度,℃；

t_M——冷却结束后的轧件温度,℃；

t_W——水温,℃。

由于输出辊道上轧件较薄，$\frac{F}{V} = \frac{2Bl}{Blh} = \frac{2}{h}$

所以

$$\ln\frac{t_M - t_W}{t_S - t_W} = \frac{2\alpha_r l_r}{\gamma c}\frac{1}{hv}$$

设

$$\frac{2\alpha_r l_r}{\gamma c} = K$$

$$hv\ln\frac{t_M - t_W}{t_S - t_W} = K$$

式中 K——冷却能力系数。

考虑到冷却水段是由于 n 组喷头组成的，一个水阀控制一组喷头，因此 K 值可写为

$$K = \sum_{j=1}^{n}\delta_j K'_j$$

式中 K'_j——第 j 组喷头的冷却能力，需通过试验来确定；

δ_j——开头变量，当它为 1 时表示第 j 组阀开，当为 0 时表示此组阀关。

理论上，对各段水冷区和空冷区，按上式分别列出方程，联立求解，即可以确定冷却水段的长度，并进而确定冷却水段的数目 N。但由于上述方程都是代数超越方程，求解是非常费时的，很难用于在线实时控制。因此，实际控制中采用逼近法求解，即先假设各冷却水段的长度代入方程组，逐步计算出各冷却段的温降，如算得的离开最后辐射段时带钢的温度 T'_c 和目标卷取温度 T_c 不符，则修改水冷区的长度，直到满足下列条件为止。

$$\delta = |T'_c - T_c| < \varepsilon_1$$

式中 ε_1——允许误差。

上述计算中的关键参数是对流散热系数值。它与冷却水的温度、水量、带钢的温度、带钢的运行速度、带钢尺寸等一系列因素有关。为了使理论计算更接近于生产实际，必须对输出辊道上的冷却情况进行大量的数据统计，以便确定对流散热系数的变化规律。

确切地说，水冷区冷却水段数的计算公式只能认为是一种理想情况下的静态数学模型。由于带钢在穿越层流冷却区时通常是变速前进，而在影响带钢冷却强度的诸因素中，带钢速度又最为活跃，冷却水段喷头数 N 的计算只能是针对带钢上某一点的，于是必须对带钢进行跟踪，适时开闭水阀，使得对该点来说，是在 N 个水冷段的作用下穿越层流冷却区的，而对其他点来说，由于变速运动导致通过层流冷却区所用时间不同，对应的冷却水段就可能不是 N。为了在实际的复杂工况条件下准确控制带钢各点的卷取温度，必须解决动态设定计算、动态跟踪和动态控制的问题。我们在这里不进一步详述，只以此引起读者的注意，充分认识到卷取温度控制的复杂性及其困难。

前述冷却水段 N 的计算比较复杂，使得理论模型的准确度大受影响。因此，在实际的

控制过程中，往往将带钢厚度细分成若干个规格，对各个规格分别用统计的方法来确定一组系数，并用一个线性方程来表征冷却水段数 N 与有关工艺参数之间的关系，即

$$N = f(h, v, T_{FC}, T_{CA})$$

下面给出一个在实际运用中效果较好的统计模型，该模型方程为：

$$N = \left\{P_i + R_i(v - v_s) + [a_1(T_{FC} - T_{FS}) - (T_{CA} - T_{CAS})]\frac{hv}{Q}\right\}a_2$$

式中　N——冷却喷水段数目；

P_i——标准条件（$v = v_s$，$T_{FC} = T_{FS}$，$T_{CA} = T_{CAS}$）下对给定带钢厚度的预设定喷水段数；

R_i——带钢速度影响系数；

v——带钢速度，m/s；

v_s——对给定厚度的轧制基准速度，m/s；

a_1——终轧温度变化对卷取温度的影响系数；

T_{FC}——实测带钢终轧温度，℃；

T_{FS}——对给定厚度的带钢终轧温度标准值，℃；

T_{CA}——卷取带钢目标温度，℃；

T_{CAS}——对给定厚度的卷取带钢目标温度标准值，℃；

Q——综合传热系数；

h——带材实测厚度；

a_2——水温补偿系数。

由上述基本模型可直接推导出下述三个实际使用的控制模型：

（1）前馈控制模型。

$$N_{FF} = \left\{P_i + R_i(v - v_s) + [a_1(T_{FA} - T_{FS}) - (T_{CA} + \Delta T - T_{CAS})]\frac{hv}{Q}\right\}a_2$$

式中　N_{FF}——前馈控制冷却水段数；

T_{FA}——终轧温度目标值，℃；

ΔT——转移控制所要求的温度修正值，℃。

（2）终轧温度补偿控制模型。

$$N_{FFT} = a_1 a_2 \frac{hv}{Q}(T_F - T_{FA})$$

式中　a_1，a_2——系数。

（3）转移控制模型。

$$N_T = \Delta T \frac{hv}{Q} a_2$$

这里所谓的转移控制，是考虑在卷取温度控制中引入反馈控制方式后，为尽可能减小控制滞后，而将反馈调节集中在下游处进行，为此上游冷却段数不能过多，因此在卷取温度目标值中预加 ΔT，并在下游处增加水冷段数，等效于将上游冷却段数的一小部分转移到下游处，为反馈控制留出余地，实际经验表明，ΔT 取 30～50℃为宜。

不难证明，上述三个控制模型实际上是由总模型分解得到的，使用这些模型时的控制

效果仅仅反映了设定计算的精度，而由于问题本身的复杂性，单靠设定控制是不能保证卷取温度控制精度的，必须辅以人工微调或采用反馈控制及增加自学习功能。

最初的反馈控制，由于控制信号时间滞后较长，为避免振荡，实际上只是根据带钢头部的实测温度对设定计算结果进行一次性修正，其公式为

$$N_{FB} = (T_{CO} - T_{CA})\frac{hv}{Q}a_2$$

式中 T_{CO}——带钢头部实测温度（通常为 ZS 内采样数据平均值），℃。

于是，总喷水段数为

$$N = N_{FF} + N_{FFT} + N_T + N_{FB}$$

此法每次计算的结果即为应开的总喷水段数。

除上述模型外，亦有直接采用上述辐射冷却及喷水（强制对流）冷却模型逐步计算喷水段数。

空气冷却模型 实际上可忽略自然对流冷却，只计算辐射温降，将长距离积分后的辐射冷却公式适当转换后可得到

$$t_{CT(AIR)} = \frac{1}{\sqrt[3]{\frac{6\varepsilon\sigma}{\gamma c h_n}\cdot\frac{L}{v_n} + \frac{1}{(t_{FC} + 273)^3}}} - 273$$

式中 ε——黑度，$\varepsilon = ah + b$；

L——精轧后测温仪到 CT 测温仪间距离，m；

h_n——精轧出口厚度（变化量），m；

v_n——精轧出口速度（变化量），m/s。

侧喷水冷却模型 其所造成的温降为

$$\Delta t_{SS} = \frac{1000 l_{SD} q_S}{3600\gamma c h_7 v_{AVE}}$$

式中 h_7——成品设定厚度（常量），m；

v_{AVE}——精轧出口平均速度（常量），m/s；

l_{SD}——侧喷水所涉及的距离，m；

q_S——侧喷水所带的比热流对于热流换热来说

$$q_S = 2\alpha(t - t_W)$$

上式采用了工程单位，q_S 单位为 kcal/(m^2 · h)，而式中出口速度的单位为 m/s，因此分母中增加一个 3600。采用法定计量单位，q_S 的单位为 W/m^2，C 的单位为 J/(kg · ℃)，应去掉分母中的 3600。

层流冷却模型 每一段层流集管所造成的温降为

$$\Delta t_{BANK} = \frac{1000 l_{BANK} q_B}{3600\gamma c v_n h_n}$$

式中　v_n，h_n——精轧出口速度和厚度（瞬时值）；

l_{BANK}——一个集管所冷却的长度；

q_B——层流冷却的比热流。

上述公式的要害是确定比热流 q_B

$$q_B = f(h, B, t_{FC}, t_W, V \text{ 及 } t)$$

其中 t 为处于该集管下带钢的温度，因此每一段集管的 q_B 必须通过试验获得，总喷水段的计算方法为：

（1）先计算 $t_{CT(AIR)}$。

（2）剩余的 $\Delta t_{CT} = t_{CT(AIM)} - t_{CT(AIR)}$ 需由层流冷却及侧喷来解决。

（3）逐段计算层流冷却集管所能造成的温降。

（4）遇到侧喷时再增加侧喷所造成的温降。

（5）各集管的开关顺序按选用的控制模式进行（逐个打开或隔一个开一个集管等）。

（6）计算执行到 i 集管，如果加温降超过 Δt_{CT}则最后一个集管开一半，其余的用最后几个分小段的集管进行精调（一个小段，一个小段计算），由此决定了哪些层流冷却集管道的侧喷应打开，最后几个分小段的集管可用于反馈控制。

总的卷取温度控制模型亦可分为：

（1）冷却水段预设定，在带钢头部到达 F_3 时用各设定参数计算出应开的集管数，并提前打开。

（2）动态控制，在带钢头部到达 t_{FC}测温点，获得了实测宽度、厚度、出口速度及实测 t_{FC}后进行动态调整，动态控制取带钢行走一个集管距离所用时间为周期，因此控制周期是变化的。

（3）反馈控制带钢头部到达 t_{FC}测温点后进行反馈控制。

（4）利用实测 t_{FC}对层流冷却模型进行自学习。

6.5.3　卷取温度控制策略

带钢热连轧卷取温度控制的基本方案有前段冷却、后段冷却、带钢头尾不冷却等。

6.5.3.1　带钢前段冷却控制方式

带钢前段冷却控制方式（见图 6-2）实质上是以前馈控制为主体，而补偿控制和反馈控制为辅的一种冷却控制方式。

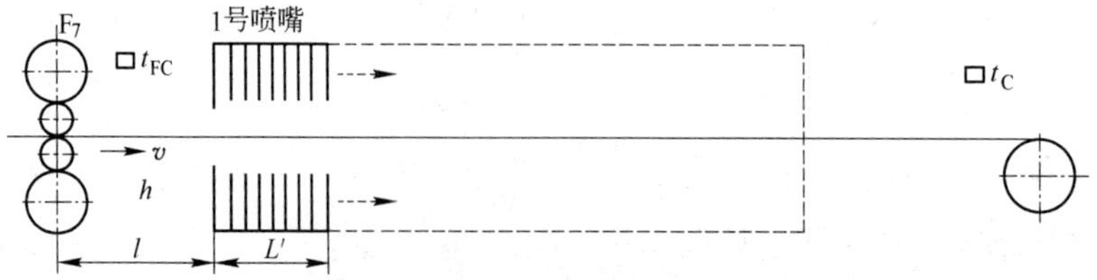

图 6-2　输出辊道冷却系统（前冷方式）

如前所述，“前馈”控制就是根据精轧机组终轧温度的预设定值和卷取温度目标值，馈送控制信号来接通前段冷却水集管，对带钢进行冷却。

前段冷却用于带钢厚度在 1.7mm 以上的普通碳素钢或者有急冷要求的高级硅钢的冷却。

6.5.3.2 带钢后段冷却控制方式

带钢后段冷却控制方式（见图 6-3）是在层流冷却装置的后段（即靠近卷取机的那一侧），将前馈控制、补偿控制和反馈控制作为一个整体，用上部喷水集管从卷取机侧向带钢逆流的方向增减喷水集管的方法，即冷却水从上部喷出，下部不喷水；喷水量是 N_{FF}，N_{FFT}，N_{FB}的总和。

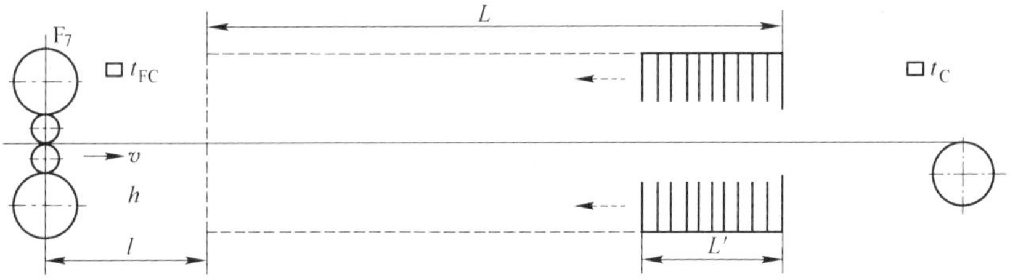

图 6-3 输出辊道冷却系统（后冷方式）

后段冷却用于带钢厚度小于 1.7mm 的碳素钢和低级硅钢的冷却。

6.5.3.3 带钢头尾不冷却控制方式

带钢头尾不冷却控制方式是不断跟踪带钢头部和尾部在输出辊道上的位置（每隔 0.5s 计算一次），一般在头尾部约 10m 的长度上不喷水。此控制分为带钢头部不喷水、带钢尾部不喷水及带钢头部尾部均不喷水三种方式。

该控制方案是使硬质带钢及厚带钢（约 8mm 以上）的头部和尾部在卷取机上便于卷取而采用的。

6.6 控制轧制及控制冷却

长期以来为了改善热轧板带材性能的主要手段只是添加合金元素及热轧后的热处理，采用控制轧制及控制冷却后不仅可节约成本、节约能源，还可进一步提高钢材强度、韧性和焊接性能。

控制轧制是通过合理控制热轧轧制的变形制度及温度制度，使热态塑性变形与固态相变结合，细化变形奥氏体晶粒，通过奥氏体向铁素体及珠光体的相变，形成细化的铁素体晶粒及较为细小的珠光体球团来提高钢材强度韧性和有关性能。

控制冷却则是控制轧后钢材的冷却速度及开冷/终冷温度以控制相变后铁素体晶粒（在高温下）长大，阻止碳化物（在高温下）析出以进一步提高强化效果。

控制轧制和控制冷却新工艺对轧机设备及计算机控制提出了以下新的要求：

（1）由于要求在较低的终轧温度下加大终轧道次变形量，因而要求轧机具有较大的设备强度（允许较大轧制力）及电机功率，中厚板轧机采用控制轧制技术后单位辊身长度的允许轧制力能力将需加大一倍以上，对于 4300mm 以上中厚板轧机提出了万吨（轧制力）能力的要求。

（2）由于控制轧制要求有严格的变形温度和变形量，在轧制过程中需进行中间“待温”（又称“放冷”），亦即轧到一定厚度后需移到待温区，让温度降下来后再继续轧制，为了不过多影响产量，需实施多块钢板的交叉轧制，当第一块轧件（甚至几块）在待温时开始下一块钢的轧制，“这一块”待温时再对已待温的几块钢中已达到要求温度的钢板继续轧制，这对计算机控制的跟踪功能提出了更高的要求。

（3）最后几个道次当钢板宽厚比较大时为了保持平直度而要求每道次入口及出口相对凸度（凸度/厚度）间差量控制在较小的范围，为此需对最后 4 ~6 个道次进行负荷分配优化以便不但保证成品厚度，而且要保证成品凸度及平直度，但控制轧制（待温）使负荷分配优化复杂化。

（4）控制冷却则要求设有较强冷却能力的冷却系统及足够的水箱容量和单位时间出水的能力，并要求在冷却区后设有强力矫直机。

（5）冷却速度控制，用于对某些钢种性能提高，为此除了有一个目标 t_{FC} 值外需设立两个中间温度 t_{IM1} 及 t_{IM2}，使带钢由 t_{FC} 以冷却速度 β_1 冷到 t_{IM1}。达到 t_{IM1} 点的时间应为：

$$\tau_{IM1} = \frac{t_{FC} - t_{IM1}}{\beta_1}$$

达到 t_{IM1} 的距离为

$$L_{IM1} = v_n \tau_{IM1}$$

式中，v_n 为带钢出口速度。

然后再以 β_2 冷却速度使 t_{IM1} 冷却到 t_{IM2}，同样需计算 τ_{IM2} 及 L_{IM2}。最后则以 t_{CT} 为目标计算将带钢从 t_{IM2} 冷却到 t_{CT} 需开启的层流集数段。计算方法同前面所述。

第7章 厚度模型与厚度控制

7.1 基本概念

板带冷热轧的厚度精度一直是提高产品质量的主要目标。正因如此，厚度设定模型及自动厚度控制(AGC)曾是轧机自动化首先实现的功能。模拟 AGC 系统在计算机控制应用之前已经开始发展，而冶金工业第一套计算机控制系统（1960 年）即用于热连轧精轧机组的厚度设定。

板带厚度精度可分为：一批同规格板带的厚度异板差和每一块轧件的厚度同板差。为此可将厚度精度分解为头部厚度命中率和全长厚度精度及其百分比。

头部厚度命中率决定于中厚板、热带精轧或冷带轧机厚度设定模型的精度，以热带为例，当一批同规格轧件在进入精轧机前由于粗轧轧出的坯料厚度、宽度，特别是带坯温度可能有所不同，厚度设定模型需根据每一根带坯的实测粗轧出口温度、厚度和宽度来计算各机架辊缝和速度，以保证轧出的带钢头部厚度与要求的成品厚度之差不超出允许精度范围。同样，中厚板及冷轧机需在获得来料参数后对轧机各机架（道次）的辊缝（速度）进行设定以保证板带头部厚度在允许精度范围。

板带全长厚差则需由自动厚度控制系统(AGC)根据成品头部厚度或各道次头部厚度（相对 AGC 采用头部厚度作为锁定值）或根据厚度设定值（绝对 AGC 以设定值作为锁定值）使全长各点厚度与锁定值之差小于允许精度，应该说头部精度对 AGC 工作有明显影响。

厚度精度随着控制技术的发展而不断提高，对于热带由于头端部和尾端部温度较低，而对于冷带由于头尾端建张及失张以及加（减）速过程，因此厚度精度考核指标一般都不包括头 10 ~ 15m 和尾 10 ~ 15m。减少头尾不考核长度是当前努力的方向。

为了实现厚度设定和厚度控制，现代板带轧机一般设有以下功能，这些功能的关系如图 7-1 所示。

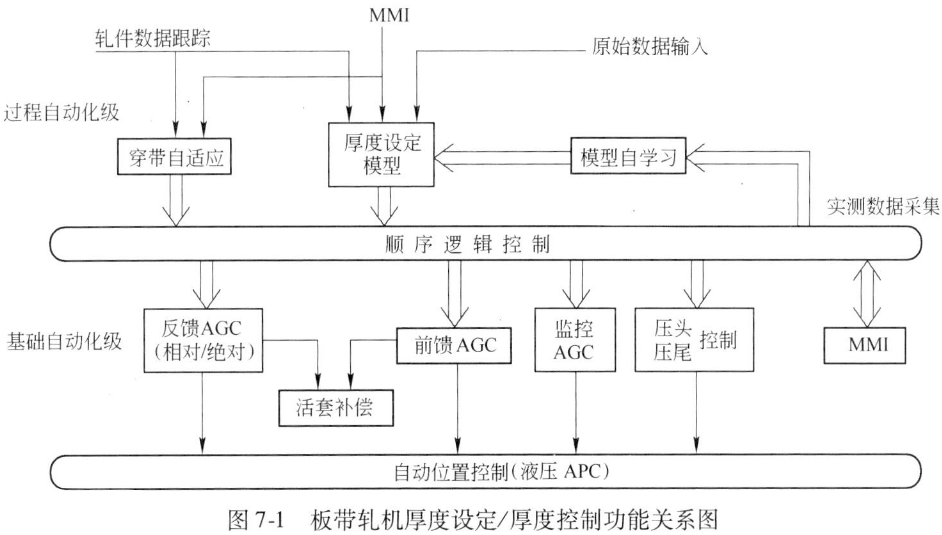

图 7-1 板带轧机厚度设定/厚度控制功能关系图

（1）过程自动化级：包括设定模型及模型自学习、穿带估计、动态设定等功能。

（2）基础自动化级：包括厚度快速监控、综合 AGC 系统（反馈 AGC，前馈 AGC、监控 AGC、偏心补偿、加减速补偿及活套补偿）等。

对于厚度精度，过程自动化级所列功能以设定模型为核心，以提高头部命中率为主要目标。基础自动化级所列功能则以综合 AGC 系统为核心，以提高厚度全长控制精度为主要目标。

造成热轧板带厚度偏差的主要原因是温度波动，而造成冷带厚度偏差的主要原因为热轧料的硬度波动。

对于同一批规格的产品，影响其头部厚度命中率的主要因素为：

（1）设定模型精度不高（主要是温降模型和轧制力模型的精度）；

（2）板坯或带坯在厚度方向存在温度差，所测表面温度与带坯实际平均温度有差异。

为了提高设定模型精度，需加强模型自学习，热带还需采用动态设定，即当带钢咬入 F_1，F_2 后，根据实测轧制力及辊缝值推算出带坯实际的硬度（变形阻力），修正 $F_3 \sim F_7$ 机架辊缝使头部命中率得以进一步提高。

其同板厚差（纵向厚差），主要是由于头尾及全长温度、硬度变化使轧制力 P 发生变化，从而在辊缝不变的情况下使带钢头尾（全长）厚度发生变化。

影响板带全长厚度偏差的主要因素可分为以下两类：

（1）由轧件工艺参数波动造成：这包括来料头尾温度不匀、水印、来料厚度不匀，化学成分偏析；冷轧则由于来料硬度变动等。

（2）由轧机参数变动造成：这包括支撑辊偏心、轧辊热膨胀、轧辊磨损以及轧速变动造成轴承油膜厚度变化，冷轧轧速变动还将造成变形区摩擦系数波动。轧机参数变动将使实际辊缝发生周期变动（偏心、油膜厚度变化）、零位漂移（热膨胀等）以及轧制力变动（摩擦系数变化）。这将在辊缝不调整情况下使轧件厚度发生周期波动或动态变化。

自动厚度控制系统主要用来克服轧件工艺参数波动对厚差的影响，对轧机参数的变动则将给予补偿。

从厚差分布特征来看，产生厚差的主要原因有以下几种：

（1）热带头尾温差。这主要是由于粗轧末机架出口速度一般比精轧入口速度要高，因而造成了带钢头部和尾部在空气中停留时间不同，其原因可解释如下：

设头部由粗轧末架运动到精轧机组 F_1 机架所需时间 t_H。头部以 v_{RC} 速度由粗轧机组末机架轧出，在尾部未轧出前，头部一直保持此轧速前进，当尾部离开粗轧末机架，则轧件按中间辊道速度运行，设中间辊道的平均速度为 v_E，则

$$t_H = \frac{l}{v_{RC}} + \frac{L-l}{v_E}$$

式中　l——轧件长度；

L——粗轧末机架到 F_1 机架的距离。

设尾部由粗轧出口到进入精轧所需要的时间为 t_T。尾部一离开粗轧末机架后，先以中间辊道的平均速度 v_E 前进，一旦当头部咬入 F_1，尾部将以精轧入口速度 v_{F0} 运动，因此

$$t_T = \frac{L-l}{v_E} + \frac{l}{v_{F0}}$$

由此知尾部和头部在空气中停留时间差为

$$\Delta t = t_{T} - t_{H} = l\left(\frac{1}{v_{F0}} - \frac{1}{v_{RC}}\right)$$

当 $v_{F0} = v_{RC}$ 时，$\Delta t = 0$，但一般情况下，精轧入口速度小于粗轧末机架出口速度，即 $v_{F0} < v_{RC}$，因此 $\Delta t > 0$，即尾部在空气中停留时间比头部长，因而尾部温降要比头部的大，形成头尾有温度差，这将使头尾轧制力变化并由此产生从头到尾的趋势性厚差。在具有加速能力的轧机则可通过逐步加速来消除头尾温差，但当采用大加速轧制时尾部温度反将大于头部。图 7-2 表示了各种情况下的头尾温度变化。头尾厚差从数量上看是全长厚差的主要部分，但由于是一逐渐变化的量，因此比较容易消除，目前主要通过轧制过程中逐渐调整压下（AGC）来消除（粗轧出口采用热板卷箱时不仅可缩短精/粗轧间距离，并且可以减小带坯全长温差）。

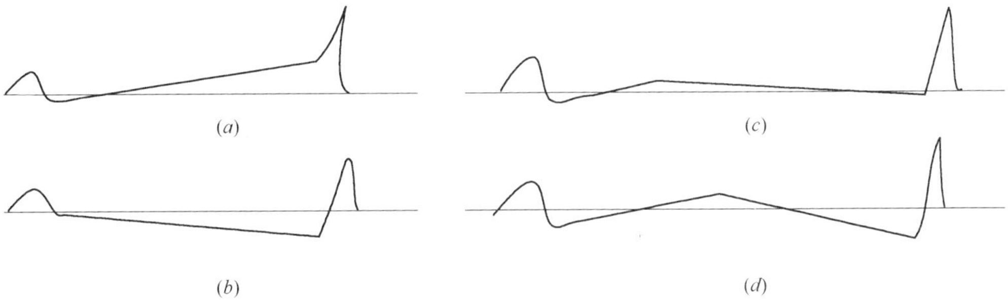

图 7-2　各种情况下的头尾温度变化

(a)—恒速轧制；(b)—有板卷箱时；(c)—小加速轧制；(d)—大加速轧制

（2）加热炉内导轨在钢坯表面造成的低温段称为水印，由于此段温度变化率大，厚度变动比较“陡”。一般反馈 AGC 由于有时间滞后，对这种厚差的调整效果较差。采用液压压下可大大减小滞后，但还需采用前馈 AGC 来控制水印厚差。

（3）活套起套过猛，对带钢产生冲击，使厚度变薄。为此需采用活套起套“软接触”技术。

（4）当活套张力过大时，尾部离开各机架时的张力消失，使轧制力发生突增，造成台阶性厚差。

（5）温度随机波动造成轧制力以及厚度波动。

（6）对于冷轧，由于热带终轧及卷取温度控制精度不足使来料全长硬度波动较大而使冷带厚度偏差加大。

（7）现代冷热带钢热连轧机都采用低速咬钢，待带钢进入卷取机后再同步加速至高速的办法进行轧制。在轧辊转速变动较大时，冷轧将由于变形区摩擦系数变动使轧制力变动从而影响厚度，加上轧辊转速变动使（冷热）轧机油膜轴承的油膜厚度发生变化，这将使实际辊缝变小，影响轧件厚度。为此需设加减速补偿功能。

（8）轧辊偏心（椭圆度）将直接使实际辊缝产生高频周期变化。过去，热轧板带轧机调厚精度尚不是很高，因此一般采用死区（不灵敏区）避开偏心以免电动压下系统受此高频干扰而频繁动作。近代板带轧机组由于全部采用液压压下，为了进一步提高精度，已开始采用热轧偏心控制。

消除同板厚差的主要办法是采用自动厚度控制系统(AGC)。AGC 系统工作的效果与辊缝及速度设定正确性直接有关。如果辊缝及速度设定不当，则 AGC 系统不仅要承担消除由温度（硬度）波动造成的同板厚差任务，还要承担消除由设定误差造成的头部偏差任务，这样将使 AGC 系统任务过重，往往由于设备能力的限制，而不得不被迫中途停止工作。为此，有些系统采用以板带头部厚度作为控制其后面厚度的标准（相对 AGC），这是当头部厚度不准确时一般采用的方法。当头部厚度准确时应采用设定值作为控制其后面厚度的标准（绝对 AGC）。因此，区分这两种偏差，力争减少头部偏差，同时不断改进 AGC 系统的功能，是提高板带厚度精度和厚度均匀性的主要措施。

长期以来 AGC 系统从厚度偏差出发反馈或前馈控制厚度，但从计算分析可知，当粗轧轧出的带坯厚度存在 3% 的台阶时成品厚差仅 20 ~ 30μm，这是由于随着带坯厚度被压缩的同时厚度偏差亦被“压缩”减少，因此带钢热连轧机具有“自然削减来料厚差”的能力。但温度（或冷轧来料硬度）波动不同，当温度较低的那段钢进入每一个机架时都将使轧制力加大而产生新的厚度偏差，即温度（硬度）波动对厚度影响具有“重复发生”的性质，当来料带坯某一段具有 3% 的温度变动时将使热带成品产生 80μm 以上的厚差，因此近年来 AGC 技术以温度（硬度）波动为主要扰动来控制厚度。

厚度控制主要通过调节压下来实现，20 世纪 80 年代中期之前板带轧机由压下电机通过齿轮及蜗轮副减速带动压下螺丝来调节辊缝。80 年代后板带轧机普遍采用液压压下（液压微调缸或全液压压下），使动态响应比电动压下系统提高了近十倍，因而进一步提高了厚度精度。已投产的板带热轧，为了提高厚度精度大部分采用了增设液压微调缸，采用电动压下加微调液压缸的形式。即辊缝设定采用电动压下，而调厚用液压缸。有些带钢热连轧前几个机架仍用电动压下调厚，为此采用电动-液压混合 AGC 的算法，冷轧则一般采用全液压压下。

压下调厚时将使轧制力发生变化，因而将影响出口带钢凸度进而影响板形，需用弯辊力加以补偿。调厚时将使前后滑变动，这将使冷轧张力波动或使热轧活套摆动造成机架间瞬时张力波动，张力波动反过来影响调厚效果。采用液压压下后，由于压下速度提高，更要求主传动及活套系统具有较高的响应性，并需增加活套/张力补偿功能。

7.2　厚度设定模型

厚度设定模型的任务是根据将要进入轧机的坯料初始数据及实测数据，对轧机各机架的负荷进行分配（确定各机架出口厚度）后，通过相关模型计算出轧机各道次或各机架的轧制力，辊缝和速度设定值。

7.2.1　厚度分配

合理分配各机架（道次）的厚度，既要考虑厚度分配对轧制力分配（凸度及板形）的影响，又要考虑设备条件的限制（$P_{允}$，$M_{允}$，$N_{允}$，$n_{允}$）及工艺上的限制。

各机架的设备限制条件大致相同，但各机架的工艺条件不同，如头几个机架轧件厚，温度高，压下量可以大些，后几个机架轧件薄，温度低，压下量将逐步降低，并要考虑板形所要求的相对凸度恒定这一条件。

厚度合理分配一般是指各个机架轧制力的合理分配，特别是后几个机架轧制力的分配，因为后几个机架轧制力的合理分配将直接影响凸度和平直度（板形）。

一般，由于前几个机架（道次）速度低，压下量大，轧制力及轧制功率往往是其限制条件，而后面几个机架（道次）板形是其主要限制，为了保持成品平坦度，后几个机架的轧制力应有一个合理分配。

板带轧机厚度分配，亦即是轧制规程，又称为负荷分配。当轧件的钢种、成品厚度、穿带速度以及坯料厚度、宽度及温度（对于热轧）已知的情况下，任何一个机架（道次）入口和出口厚度一旦确定，该机架（道次）的负荷，即轧制力、力矩以及轧制功率就将确定，因此板带轧机各机架（道次）出口厚度 h_i 的分配又称为负荷分配。

目前工程上采用的负荷分配方法有：厚度表格法、能耗累计分配法和轧制力累计分配法，为了检验各种方法的可行性，我们对 1700mm 热连轧（$F_1 \sim F_6$）实际所用的厚度分配表（表 7-1）在标准条件下（粗轧出口温度 t_{RTC}，除鳞水及机架间喷水模式、宽度 B、钢种、末架轧速等）进行了以下参数的计算：

（1）各机架轧制力 P_i 及能耗 a_i；

（2）各机架累计轧制力和累计能耗 $P_{iSUM} = \sum_{j=1}^{i} P_j$ 及 $a_{iSUM} = \sum_{j=1}^{i} a_j$；

（3）精轧机组总轧制力及总能耗 $P_{SUM} = \sum_{j=1}^{n} P_j$ 及 $a_{SUM} = \sum_{j=1}^{n} a_j$；

（4）各机架的伸长率 $\lambda_i = \dfrac{H_0}{h_i}$（$H_0$ 为精轧机组入口厚度）。

由上述计算结果可算出两类累计比例系数

$$\beta_{Pi} = \frac{P_{iSUM}}{P_{SUM}}, \quad \beta_{ai} = \frac{a_{iSUM}}{a_{SUM}}$$

表 7-1 1700mm 热连轧的现有厚度分配 (mm)

1700	规 格	H_0	h_1	h_2	h_3	h_4	h_5	H_6	h_7
$F_1 \sim F_6$	2.0	23	11.43	6.58	4.32	3.00	2.32	2.00	
	4.0	28	16.90	11.00	7.85	5.75	4.61	4.00	
	7.0	34	22.93	16.43	12.50	9.70	8.05	7.00	
$F_1 \sim F_7$	2.0	32	15.80	8.51	5.29	3.65	2.82	2.31	2.00
	4.0	34	20.33	13.29	8.98	6.71	5.49	4.57	4.00
	7.0	38	27.20	19.74	14.57	11.41	9.51	8.02	7.00

表 7-2 ~ 表 7-4 列出了热轧带钢 $h_n = 2.0 \sim 7.0$mm 规格的各参数计算结果。

表 7-2 H_0 = (A)23mm, (B)32mm, h_n = 2.0mm, v_0 = 10m/s, Q235, B = 1250mm, t_{RTC} = 1080℃, 喷水模式[3,0,1,0,0,0,(0)]时的各参数计算结果

分配法	参 数	F_1	F_2	F_3	F_4	F_5	F_6	F_7
A $F_1 \sim F_6$	H/mm	11.43	6.58	4.32	3.00	2.32	2.00	
	λ_i	2.012	3.495	5.324	7.667	9.914	11.50	
累计轧制力分配法	P_i/kN	29620	25200	21090	19510	14180	9040	
	P_{iSUM}/kN	29620	54820	75910	95420	109600	118640	
	P_{Pi}	0.249	0.462	0.640	0.805	0.924	1.000	

续表 7-2

分配法	参　数	F_1	F_2	F_3	F_4	F_5	F_6	F_7
累计能耗分配法	a_i/(MJ/kN)	11.20	11.14	10.03	10.34	7.12	3.64	
	a_{iSUM}/(MJ/kN)	11.20	22.34	32.37	42.71	49.83	53.47	
	P_{ai}	0.210	0.418	0.606	0.798	0.930	1.000	
B F_1 ~ F_7	H/mm	15.80	8.51	5.29	3.65	2.82	2.31	2.00
	λ_i	2.025	3.761	6.049	8.707	11.35	13.85	16.00
累计轧制力分配法	P_i/kN	28950	26870	22720	18660	13300	10610	9120
	P_{iSUM}/kN	28950	55820	78540	97200	110500	121110	130230
	P_{Pi}	0.222	0.429	0.603	0.746	0.849	0.930	1.000
累计能耗分配法	a_i/(MJ/kN)	9.405	11.06	10.39	9.05	6.06	4.66	3.63
	a_{iSUM}/(MJ/kN)	9.405	20.465	30.855	39.905	45.965	50.625	54.26
	P_{ai}	0.173	0.377	0.569	0.735	0.847	0.933	1.000

注：A— P_{SUM} = 117080 kN，a_{SUM} = 52.73 MJ/kN；B—P_{SUM} = 130230 kN，a_{SUM} = 54.26 MJ/kN。

表 7-3　H_0 =（A）28mm，（B）34mm，h_n =4.0mm，v_0 =8m/s，Q235，B =1250mm，t_{RTC} =1080℃，喷水模式[3，0，1，1，1，0，(0)]时的各参数计算结果

分配法	参　数	F_1	F_2	F_3	F_4	F_5	F_6	F_7
A F_1 ~ F_6	H/mm	16.90	11.00	7.85	5.75	4.61	4.00	
	λ_i	1.657	2.546	3.567	4.870	6.074	7.000	
累计轧制力分配法	P_i/kN	21580	18930	15670	15310	11140	8510	
	P_{iSUM}/kN	21580	40510	56180	71490	82630	91140	
	P_{Pi}	0.237	0.445	0.616	0.784	0.907	1.000	
累计能耗分配法	a_i/(MJ/kN)	5.75	5.73	4.94	5.41	3.66	2.38	
	a_{iSUM}/(MJ/kN)	5.75	11.48	16.42	21.83	25.49	27.87	
	P_{ai}	0.206	0.412	0.589	0.783	0.915	1.000	
B F_1 ~ F_7	H/mm	20.33	13.29	8.98	8.71	5.49	4.57	4.00
	λ_i	1.67	2.56	3.79	5.07	6.19	7.44	8.50
累计轧制力分配法	P_i/kN	21760	18540	18090	14020	9870	9290	8770
	P_{iSUM}/kN	21760	40300	58390	72410	82280	91570	100340
	P_{Pi}	0.217	0.402	0.582	0.722	0.820	0.913	1.000
累计能耗分配法	a_i/(MJ/kN)	5.34	5.28	5.57	4.43	2.83	2.78	2.37
	a_{iSUM}/(MJ/kN)	5.34	10.62	16.19	20.62	23.45	26.23	28.60
	P_{ai}	0.187	0.365	0.566	0.721	0.820	0.917	1.000

注：A— P_{SUM} = 91140 kN，a_{SUM} = 27.87 MJ/kN；B—P_{SUM} = 100340 kN，a_{SUM} = 28.60MJ/kN。

表 7-4 $H_0=(A)34mm,(B)38mm,h_n=7.0mm,v_0=6m/s$,Q235,$B=1250mm$,$t_{RTC}=1080℃$,喷水模式[3,1,1,1,0,0,(0)]时的各参数计算结果

分配法	参数	F_1	F_2	F_3	F_4	F_5	F_6	F_7
A $F_1\sim F_6$	H/mm	22.93	16.43	12.50	9.70	8.05	7.00	
	λ_i	1.483	2.069	2.720	3.510	4.224	4.857	
累计轧制力分配法	P_i/kN	16980	15060	12750	12250	9140	8640	
	P_{iSUM}/kN	16980	32040	44790	57040	66180	74820	
	P_{Pi}	0.226	0.428	0.599	0.763	0.885	1.000	
累计能耗分配法	a_i/(MJ/kN)	3.42	3.27	2.86	2.99	2.08	1.81	
	a_{iSUM}/(MJ/kN)	3.42	6.69	9.55	12.54	14.62	16.43	
	P_{ai}	0.208	0.407	0.582	0.762	0.890	1.000	
B $F_1\sim F_6$	H/mm	27.20	19.74	14.57	11.41	9.51	8.02	7.00
	λ_i	1.40	1.93	2.61	3.33	4.00	4.74	5.43
累计轧制力分配法	P_i/kN	14520	14500	14210	11710	8870	8730	8520
	P_{iSUM}/kN	14520	29020	43230	54940	63810	72540	81060
	P_{Pi}	0.179	0.358	0.533	0.678	0.787	0.891	1.000
累计能耗分配法	a_i/(MJ/kN)	2.46	2.82	3.11	2.59	1.85	1.83	1.81
	a_{iSUM}/(MJ/kN)	2.46	5.28	8.39	10.98	12.83	14.66	16.47
	P_{ai}	0.150	0.321	0.510	0.667	0.778	0.889	1.000

注：A— P_{SUM} = 74380 kN, a_{SUM} = 16.33 MJ/kN；B— P_{SUM} = 81060 kN, a_{SUM} = 16.47MJ/kN。

对 $P_{iSUM}=f(\lambda_i)$ 及 $a_{iSUM}=f(\lambda_i)$ 进行统计回归后得出了以下形式相同的公式，即

$$P_{iSUM}=B_{P1}(\ln\lambda)^2+B_{P2}(\ln\lambda)$$

$$a_{iSUM}=B_{a1}(\ln\lambda)^2+B_{a2}(\ln\lambda)$$

式中 B_{P1}，B_{P2}，B_{a1}，B_{a2}——分别为累计轧制力和累计能耗公式的系数。

表 7-5 ~ 表 7-8 列出了回归结果，各公式回归的相关系数都很高，表明有较强的规律性。轧制力分配法在不同规格时 B_{P1} 和 B_{P2} 系数变化小，可取其平均值，而能耗分配法 B_{a1} 和 B_{a2} 在不同规格时变化较大只能在小的规格范围内取平均，将轧制力分配法的 B_{P1} 及 B_{P2} 取平均值后对 6 机架精轧可得 $B_{P1}=351.0$，$B_{P2}=4020.0$，对 7 机架精轧可得 $B_{P1}=321.0$，$B_{P2}=4000.0$，用平均 B_{P1} 及 B_{P2} 代入求得的 P_{SUM} 与各规格实际计算各机架轧制力之和，仅差 1.7% ~3%(6 机架)及 3% ~5%(7 机架)。而用表格所列各规格的 B_{P1} 及 B_{P2} 求得的 P_{SUM} 与计算的总轧制力之和差 0.3% ~0.9%(6 机架)及 0.3% ~1.4%(7 机架)。

表 7-5 1700mm $F_1\sim F_6$ 回归结果（一）

规　格	分配法	B_1	B_2	R	S
2.0mm	轧制力法	356.5	3910.8	1.00	35.6
	能耗法	3.293	13.749	1.00	0.464
4.0mm	轧制力法	334.0	4005.0	1.00	53.7
	能耗法	2.089	10.335	1.00	0.177
7.0mm	轧制力法	347.5	4113.0	1.00	59.6
	能耗法	1.352	8.184	1.00	0.055

表 7-6　1700mm $F_1 \sim F_7$ 回归结果（二）

规　格	分配法	B_1	B_2	R	S
2.0mm	轧制力法	341.6	3798.5	1.00	50.8
	能耗法	2.694	12.253	1.00	0.49
4.0mm	轧制力法	311.8	3972.6	1.00	75.1
	能耗法	1.671	9.805	1.00	0.24
7.0mm	轧制力法	349.0	4148.8	1.00	64.7
	能耗法	1.455	7.245	0.99	0.15

表 7-7　1700mm $F_1 \sim F_6$ 回归结果（三）

规　格	参　数	F_1	F_2	F_3	F_4	F_5	F_6	F_7
2.0mm	β_{Pi}	0.2505	0.4685	0.647	0.810	0.929	1.00	
	h_i/mm	11.42	6.57	4.32	3.00	2.32	2.00	
4.0mm	β_{Pi}	0.232	0.444	0.621	0.792	0.917	1.00	
	h_i/mm	16.90	11.00	7.85	5.75	4.61	4.00	
7.0mm	β_{Pi}	0.225	0.429	0.604	0.774	0.904	1.00	
	h_i/mm	22.92	16.43	12.50	9.70	8.05	7.00	

表 7-8　1700mm $F_1 \sim F_7$ 回归结果（四）

规　格	参　数	F_1	F_2	F_3	F_4	F_5	F_6	F_7
2.0mm	β_{Pi}	0.220	0.432	0.608	0.752	0.856	0.939	1.00
	h_i/mm	15.81	8.52	5.29	3.65	2.82	2.31	2.00
4.0mm	β_{Pi}	0.214	0.403	0.588	0.725	0.829	0.929	1.00
	h_i/mm	20.31	13.29	8.98	6.70	5.49	4.57	4.00
7.0mm	β_{Pi}	0.179	0.359	0.537	0.687	0.801	0.910	1.00
	h_i/mm	27.19	19.74	14.58	11.40	9.51	8.02	7.00

为此可在轧制力分配法中采用平均的 B_{P1} 及 B_{P2} 值，能耗分配法由于 B_{a1} 及 B_{a2} 变化范围太大一般采用分区平均，并且平均后误差将比轧制力分配法要大。

表 7-7 和表 7-8 给出了 B_{P1} 及 B_{P2} 取平均值后各规格的 β_{Pi} 系数值及由此系数计算出的 h_i 值，由此可得用平均 B_{P1} 及 B_{P2} 和表中所列的 β_{Pi} 可获得应有的 h_i 值。

回归求出的 B_{P1}，B_{P2} 只能用于 h_i 分配，由于各机架轧制力 P_i 与带宽、钢种、t_{RTC} 等有关，应在获得 h_i 后根据实际工艺参数通过设定模型的轧制力子模型计算，不宜用上述轧制力分配法的公式来直接计算 P_i 设定值。

从板形（平坦度）角度看轧制力分配要比能耗分配更具有实用意义。因此累计轧制力分配法比累计能耗法更有优势。

由于将 β_i 与 λ_i 相联系，不论是累计轧制力分配或是累计能耗分配，一旦确定 β_{Pi}（或 β_{ai}）后，即可用下式计算出 i 机架出口厚度 h_i。

由于

$$P_{SUM} = B_{P1}(\ln\lambda_i)^2 + B_{P2}(\ln\lambda)$$

$$P_{SUM} = \beta_{Pi}P_{SUM}$$

所以

$$B_{P1}(\ln\lambda)^2 + B_{P2}(\ln\lambda) - \beta_{Pi}P_{\mathrm{SUM}} = 0$$

$$\lambda = \frac{H_0}{h_i} = \exp\left(\frac{-B_{P2} + \sqrt{B_{P2}^2 + 4B_{P1}\beta_{Pi}P_{\mathrm{SUM}}}}{2B_{P1}}\right)$$

$$h_i = H_0\exp\left(\frac{B_{P2} + \sqrt{B_{P2}^2 + 4B_{P1}\beta_{Pi}P_{\mathrm{SUM}}}}{2B_{P1}}\right)$$

a_{SUM}的 h_i 公式相似，只是将 B_{P1}，B_{P2}，β_{Pi}，β_{SUM}换成 B_{a1}，B_{a2}，β_{ai}，a_{SUM}即可。

在 B_{P_1}及 B_{P_2}(或 B_{a2},β_{ai})确定的情况下，给予不同的β_{Pi}(或β_{ai})值就会有不同的 h_i 分配，因此无论是哪一种分配公式（累计轧制力或累计能耗）都仅是一种分配的“方法”，分配的实质则决定于β_i(β_{Pi}或β_{ai})的大小，将已知 h_i 分配所计算得出的β_i 代入公式，将可得到与原分配基本相等的 h_i 值（误差是由回归造成，一般小于 0.5%），改变β_i 将使 h_i 变化。因此 h_i 分配是否最优（一般指板形——成品凸度和成品平坦度最优），将主要决定于 β_i 是否优化（有关“负荷分配优化”详见第 8 章“板形模型及板形控制”）。目前工厂中所用的β_i 往往是“经验的”，亦即所得的 h_i 是可行，但不一定是最优的。

7.2.2 厚度设定计算

在各机架出口厚度确定后（中厚板、热带精轧及冷连轧的典型厚度分配如表 1-2、表 1-4、表 1-8 所列）即可应用图 7-3 所列步骤，利用前面各章的相关模型进行设定计算。

中厚板、热带精轧机组及带钢冷连轧的设定计算结果列于本书末的附表 1 ~ 附表 3，附表 10 ~ 附表 13 及附表 20 ~ 附表 23。

设定计算虽然采用了本块料的实测参数，但轧制力预报精度尚不能完全保证，这是由于，第一，轧件表面温度与内部温度的不均匀使实际测量的温度和平均温度有偏差；第二，各块轧件的化学成分偏差无法在线识别。为了考虑这些不可预估的条件变化，近年来轧机设定又增加了动态设定内容，即在轧件咬入头两个机架（道次）后，根据实测轧制力信息对后面机架（道次）进行“再设定”，使轧机命中精度大大提高。此外，在获取全部所需实测数据后为下一块料进行模型系数自学习，通过模型自学习将可显著提高设定模型的精度。

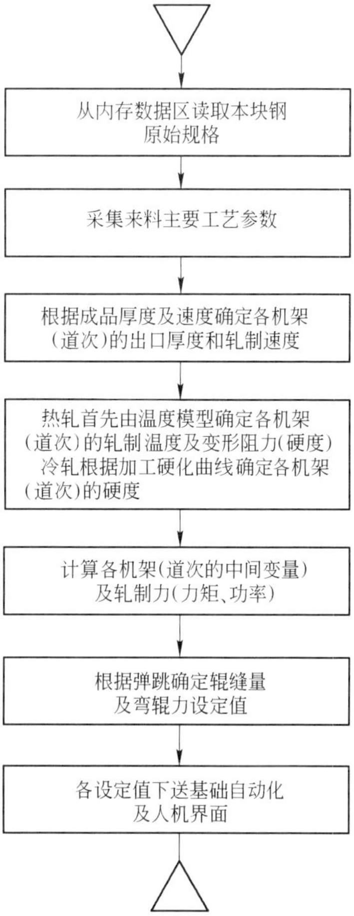

图 7-3 板带轧机设定计算步骤

7.2.3 厚度模型的自学习

模型自学习是提高设定精度的重要手段，实际应用效果十分显著。因此目前对轧机设定的主要模型，如温降模型、轧制力模型以及辊缝零位等都需进行自学习。模型自学习所用公式结构并不复杂，目前采用“指数平

滑公式”，即

$$\beta_{n+1} = \beta_n + a(\beta_n^* - \beta_n)$$

β 为要进行学习的模型系数，为此在计算机中设有自学习表，在轧制第 n 根钢时自学习表中存储的系数称为 β_n。在对第 n 根钢进行设定时应从自学习表中取出 β_n 值，并将此 β_n 值用于模型计算，当第 n 根钢进入轧机后通过实测轧制力、温度、厚度等可推算出此系数的实测值 β_n^*，当 β_n^* 与 β_n 有差异时表明设定有误差，为此利用此新的信息对 β_n 进行递推修正（学习），求出 β_{n+1}后再存回到自学习表中（用 β_{n+1} 替代 β_n）以使对第 $n+1$ 根钢（即下根钢）设定计算时采用。

在应用指数平滑式时有以下两个问题需要考虑：

（1）当下一根钢与本根钢属于同一钢种规格时，模型系数自学习主要目的是为了使具有“平均性质”的模型能适应“环境”，进行浮动以提高精度，此时将利用上一根钢反映当前环境的实测信息对模型进行学习，这称为短期自学习。

（2）当下一根钢与本根钢不属于同一个钢种规格时（换规格后第一块钢），为了纠正模型在这种钢种、规格下的误差，需要利用上一次轧制此钢种规格时所得信息进行学习，这称为长期自学习。

对于 α 值，当 α 过大将容易造成学习过程振荡，而当 α 过小时则又使学习过慢。目前在实际控制中常用的是：短期自学习为了加快学习过程采用 $\alpha=0.25\sim0.4$，长期自学习为求稳而采用 $\alpha=0.1\sim0.2$。

对 α 的取值需另外考虑两种情况：一是测量数据的可信度，当实测数据精度不高时 α 应取小甚至取 0（这一根钢不学习），为此应对实测数据进行处理，引入“可信度”，由可信度来决定 α 的大小。二是当刚换钢种规格后希望快速学习，为此 α 要取大，而当学习两三次后模型误差已不大时 α 应取小以求稳定，为此对 α 的计算可用下式。

根据可信度决定 α

$$\alpha = \alpha_0[1 - aG]$$

式中　a——权重系数，不同参数所需实测信号不同，可用不同的权重系数；

　　　G——可信度的平方。

$$G = \frac{t^2}{n-1}\left[n + \frac{\sum_{i=1}^{n} x_i^i}{\left(\sum_{i=1}^{n} x_i\right)^2} - 1\right]$$

式中　t——t 分布的双侧分位数；

　　　n——测量数据的自由度。

对 α 的计算还可用下式，即根据换规格后的学习次数及设定误差来计算 α 值：

$$\alpha = \alpha_{min} + \frac{\alpha_{max} - \alpha_{min}}{K_Z Z + 1}$$

$$\alpha_{max} = a + b\Delta$$

$$\alpha_{min} = c + d\Delta$$

式中　K_Z——用于调整 α 趋向 α_{min} 所需学习次数的系数；

　　　Z——学习次数；

Δ——设定误差；

a, b, c, d——系数。

目前模型自学习一般都采用自学习表进行分类的办法，例如轧制力公式中的自学习系数 K_P 设有图7-4所示的学习表，即按不同的宽度、厚度以及不同机架对 K_P 学习系数分类（不同钢种还设有自己的学习表），对下一根钢的学习将按其宽度、厚度，机架从相应自学习表中取自学习系数进行学习。

自学习表分类细一些有利于模型的针对性，但反过来却破坏了当前带钢实测值中所包含的"当时环境"的信息，但如果总是用紧接着的上一根钢的信息，则将无法校正不同钢种不同规格时模型出现的误差。这是目前模型自学习需要解决的一个问题。

正因如此，在考核指标中许多公司明确提出换钢种及换规格后的头一二块钢不进入考核的要求。

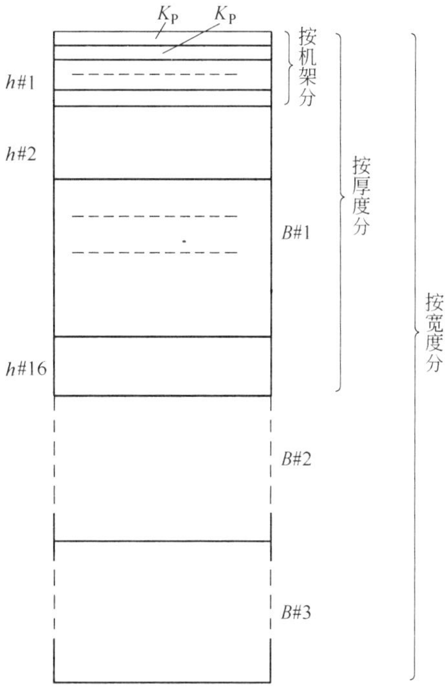

图7-4 轧制力自学习系数表

7.2.3.1 轧制力的自学习

轧制力的自学习和其他参数的自学习有一个很大区别，即不能把第 n 根钢的实测轧制力 P_N^* 和原先由模型预报的轧制力 P_N 直接进行比较，这是因为带钢轧机存在显著弹跳。当实测轧制力 P_N^* 偏高或偏低时，由于弹跳的影响，实际轧出厚度 h_i^* 将比原来的厚度分配值偏大或偏小。因此 P_N^* 和 P_N 相当于两个不同轧制条件下的轧制力值，无法相比。

为了利用实测数据来校正模型系数，应首先用实测轧制力计算出实际厚度 h_i^* 。然后根据 h_{i-1} 和实际厚度 h_i^* 采用原来模型重新计算轧制力 P'（称为重计算），用 P^* 和重计算的 P' 相比较，才能反映出模型的问题。图7-5表明了上述问题的解释，即通过重计算后获得 c 点，用 c 点和 b 点比较代替 a 点与 b 点的比较。因此，为了对轧制力进行自学习，首先需要确定各机架的实际轧出厚度 h_i^*。根据 h_i^*，重新用设定模型计算轧制力。

加上自学习系数后，轧制力公式可写成

$$P = K_P B l'_c Q_P K$$

式中 K_P——自学习系数。

当实测 P^* 后，由实测 P^* 反求出实际轧出厚度（冷连轧用流量法计算实际轧出厚度）：

$$h^* = S_0^* + \frac{P^* - P_0}{C_P} + 0 + G$$

由 h_0，h^* 以及实测温度、速度重计算得 l_c，Q_P，K 值后，可求出

$$K_P^* = \frac{P^*}{B l'_c Q_P K}$$

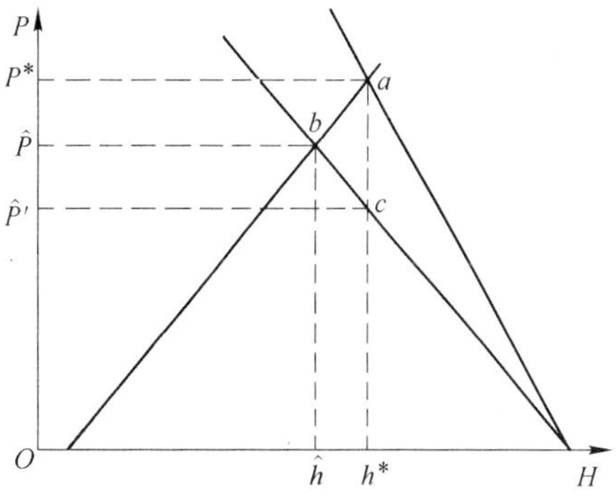

图7-5 轧制力自学习

然后用指数平滑法学习 K_P

$$K_{P(n+1)} = K_{P(n)} + \alpha(K_{Pn}^* - K_{P(n)})$$

式中　α——增益系数；

$K_{P(n)}$——学习表中现有值，用于第 n 根钢模型计算；

$K_{P(n+1)}$——学习后新值，将存回学习表中（对老值 $K_{P(n)}$ 更新），以便用于下根钢（$n+1$ 根钢）的模型计算。

K_P 将按厚度、宽度及机架号对学习表进行分类取出及存入。

7.2.3.2　辊缝零位常数 G

间接测厚法是利用辊缝仪信号来表示轧辊辊隙的，但实际上轧辊直径由于磨损和热膨胀而产生缓慢的变动，其结果将使实际辊隙和辊缝仪指示有差异。这种现象可归结为辊缝零位发生了漂移，加上其他各种因素造成的零位漂移，为此引入了辊缝零位常数 G。

确定辊缝零位常数首先需确定实际出口厚度 h^*，当可逆轧机前后设有测厚仪时则可直接获得 h^*，对于冷热带钢连轧机组可利用在稳定轧制条件时成品测厚仪实测 h^* 采用秒流量求出各机架“实测”出口厚度 h_i^*。确定实测厚度 h_i^* 后再用 h_i^* 和弹跳法算出的厚度 h_i 之差来求得各机架辊缝零位常数 G_i。

$$G_i = h_i^* - h_i = h_i^* - \left(S_{0i} + \frac{P_i - P_{0i}}{C_P} + S_F + O\right)$$

当然也可以将辊缝零位写成

$$G = G_0 + G_H + G_W$$

式中　G_H，G_W——轧辊热膨胀及磨损量，此时只学习 G_0。

由于稳定轧制是指轧件已全部通过各机架（热带活套动作已基本结束），而厚度控制系统尚未开始工作时的状态，秒流量相等法则可以认为是成立的。

$$h_i^* = h_n^* \frac{v_{0n}(1+f_n)}{v_{0i}(1+f_i)}$$

式中　h_n^*，h_i^*——末机架和 i 机架的实测厚度，mm；

v_{0n}，v_{0i}——末机架和 i 机架的轧辊线速度，m/s；

f_n，f_i——末机架和 i 机架的前滑量，%。

考虑到辊缝零位变动是一个缓慢过程，因此可用下式由本块钢所得的实测辊缝零位 G_n^* 来求下一块钢的

$$G_{n+1} = G_n + \alpha(G_n^* - G_n)$$

G_n 为自学习表中存有的值，求出 G_{n+1} 后送自学习表替代 G_n。

7.2.3.3　变形阻力 K 及应力状态系数 Q_P 的学习

在换钢种和换规格时应在轧制力公式的变形阻力 K 及应力状态系数 Q_P 中增加自己的学习系数以提高换钢种及换规格后第一块钢的预报精度。

为了通过自学习来提高轧制力公式中变形阻力 K 的精度，应利用曾经轧制同类钢种的

实测信息，为此对一批同类钢种的实测轧制力 P_i^* 及实测轧制温度、实测轧制速度等进行以下计算

$$\sigma_0^* = \frac{P^*}{Bl_c Q_P K_t K_u K_\varepsilon}$$

其中应根据实测的 P^* 所推算出的实际 h^* 来进行 l_c，Q_P 等的重计算，K_t，K_n，K_ε 即为变形阻力公式中的各分项

$$K_t = \exp(a_1 T + a_2)$$

$$K_n = \left(\frac{u_m}{10}\right)^{(a_3 T + a_4)}$$

$$K_\varepsilon = \left[a_6\left(\frac{e}{0.4}\right)^{a_5} + (a_6 - 1)\left(\frac{e}{0.4}\right)\right]$$

将精轧机各机架求得的 σ_{0i}^* 取平均值，对同一批同一钢种的各块轧件再作平均计算得出这一钢种的 σ_0^*，并存表，在下一次轧制这一钢种时可采用此 σ_0^* 修正这一钢种的标准 σ_0 得 $\hat{\sigma}_0$

$$\hat{\sigma}_0 = \alpha\sigma_0^* + (1 - \alpha)\sigma_0$$

对于应力状态系数 Q_P 公式同样可利用曾经轧制的同一规格的实测信息，其计算公式为

$$Q_P^* = \frac{P^*}{Bl_c K}$$

其中，l_c，K 应根据实测 P^* 所推算出的 h^* 来进行重计算，对同一批规格 i 机架计算值取平均作为 Q_{Pi}^* 存表。在下一次轧制这一规格时可用此 Q_{Pi}^* 修正该机架模型计算所得的 Q_{Pi} 来获得 $\hat{Q}_{Pi}$，$\hat{Q}_{Pi}$ 可用于这一规格该机架的轧制，即

$$\hat{Q}_{Pi} = \alpha Q_{Pi}^* + (1 - \alpha) Q_{Pi}$$

加权系数 α 大小应经试验确定。

7.2.4　热带穿带头部拯救

穿带后头部（厚度）是否命中要求精度，主要决定于设定模型的精度，但正如前面所述："机理模型在建模（确定模型系数）时由于采用大批数据进行统计回归，因而必然使模型先天性具有平均性，用此平均性模型预报每一块处在特定条件下的带钢时必然会存在一定的误差"。

模型自学习能引入当前的环境信息，使模型"浮动"以适应当前环境，但模型自学习需要有一个学习过程。为了提高头部命中率，补充上述不足，需设置头部拯救功能，包括穿带估计（EST）、动态设定（DSU）及快速监控（FMN）功能。

7.2.4.1　穿带估计（EST）

穿带估计基本思想是利用上一块钢穿带后的实际轧制结果（实测头部厚差），并根据上一块钢与本块钢的差别，在本块钢咬钢前估计本块钢穿带后将会产生的头部厚差，提前（穿带前）修正后面几个机架（道次）的辊缝设定值（热带精轧机组修正最后四个机架的

辊缝及速度设定值）以使穿带后头部厚差减小，提高头部命中率。

上一块钢与本块钢（同一规格）可能的主要差别为：

（1）来料温度（对热轧板带而言）；

（2）经自学习后各机架（道次）辊缝的变动。

为此可写出以下基于影响系数的公式（有关影响系数可见第 10 章）。

$$\delta \hat{h}_{xry(n+1)} = \delta h^{*}_{xry(n)} + K^{hxry}_{RTC}(RTC_{(n+1)} - RTC_{(n)}) + \sum_{i=1}^{m} K^{hxry}_{Si}(S_{i(n+1)} - S_{i(n)})$$

式中　$\delta \hat{h}_{xry(n+1)}$——本块钢头部厚差的估计值；

$\delta h^{*}_{xry(n)}$——上一块钢实测头部厚度偏差；

K——相应的影响系数；

m——精轧机组机架数；

n，$n+1$——表示上一块钢及本块钢。

后四个机架辊缝调整量与 $\delta \hat{h}_{xry(n+1)}$ 的比例关系与热带精轧机组快速监控 FMN 功能相同（见后面 FMN 功能）。

7.2.4.2　动态设定（DSU）

由于粗轧出口处测温仪只能测量带坯的表面温度，当带坯厚度方向上温度不均匀时测量的表面温度与实际平均温度有差别，加上化学成分可能偏析，精轧设定必将有误差，为此需用动态设定（DSU）加以校正，即利用带钢进入 $F_1 \sim F_3$ 机架（或前几个道次）后的实测轧制力算出带钢实际硬度用以修正后四个机架（后面道次）以保头部命中。

DSU 的应用要加以严格的判断，因为 $F_1 \sim F_3$ 轧制力与模型设定计算值有差异可能有其他原因，如模型的误差，辊缝零位的变动等，如果都按硬度变动来校正可能适得其反，为此应判断：

（1）$F_1 \sim F_3$ 的轧制力变大或变小是否一致（温度或成分的影响应是一致的）；

（2）$F_1 \sim F_3$ 轧制力变动的百分数值是否基本相近（温度或成分造成的变动百分数值应相近）；

（3）$F_1 \sim F_3$ 的平均轧制力变动百分数值是否大于 3%，一般说辊缝零位造成的轧制力变动较小，而且误差不太大可以不校正。

7.2.4.3　快速监控（FMN）

快速监控主要用于带钢热连轧，当带钢头部到达精轧出口 X 射线测厚仪，得到实测头部厚差 δh^{*}_{xry} 后，利用液压压下的快速性对后四个机架进行一次性下压、上抬以修正厚差使绝对 AGC 能投入。各机架辊缝上抬、下压量对成品厚差的影响为：

$$\delta h_7 = K^{h_7}_{S_4}\delta S_4 + K^{h_7}_{S_5}\delta S_5 + K^{h_7}_{S_6}\delta S_6 + K^{h_7}_{S_7}\delta S_7$$

为了保证上抬、下压后四机架辊缝后不破坏负荷分配（优化）所得的“轧制力比”，应使上抬、下压后能保证：

$$\frac{\delta P_4}{P_4} = \frac{\delta P_5}{P_5} = \frac{\delta P_6}{P_6} = \frac{\delta P_7}{P_7} = \beta$$

对上述公式通过迭代计算可确定应有的 $\delta S_4 \sim \delta S_7$

在轧机参数已知时可离线算出当 δh_{xry}^* 为 +100μm 时应下压的 $\delta S_3 \sim \delta S_6$ 值以便实际控制时查表并乘上实际 δh_{xry}^* 与 100μm 之比即可。

穿带估计在确定 $\delta \hat{h}_{xry}$ 后同样可查此表来决定后四个机架的辊缝修正量以提高头部命中率。当 $\delta h_{xry}^* = \pm 100\mu m$ 时对某 1700mm 热带计算的 $\delta S_3 \sim \delta S_6$ 的分配如表 7-9 所示。

表 7-9 某 1700mm 热带计算的 $\delta S_3 \sim \delta S_6$ 的分配

规 格	δS_3	δS_4	δS_5	δS_6
23/2.0	-0.190	-0.195	0.170	0.135
26/3.5	-0.125	-0.137	-0.130	-0.120
30/5.0	-0.095	-0.109	-0.111	-0.116
34/7.0	-0.085	-0.102	-0.109	-0.114

7.3 厚度控制分析方法

7.3.1 图解分析法

弹跳方程与轧制力公式相结合是分析厚度自动控制系统的一个有效工具，不但可以弄清各种因素对厚度的影响，而且还可定量地分析各种厚度控制方案。一种直观简易的分析方法是将变形区中的轧制力 P 作为纵坐标，而把厚度、辊缝值作为横坐标，作成所谓 P-h 图，在此图上，可以综合地研究变形区中轧件（塑性方程式）和轧机（弹性方程式）间相互作用又相互联系的力和变形关系，P-h 图如图 7-6 所示。

P-h 图在定性分析上比较直观，用于分析厚控问题十分有效，是目前讨论各种外扰造成的厚差和各厚控方案厚度控制效果的一个有用工具。由于轧出厚度 h 即为“有载”辊缝

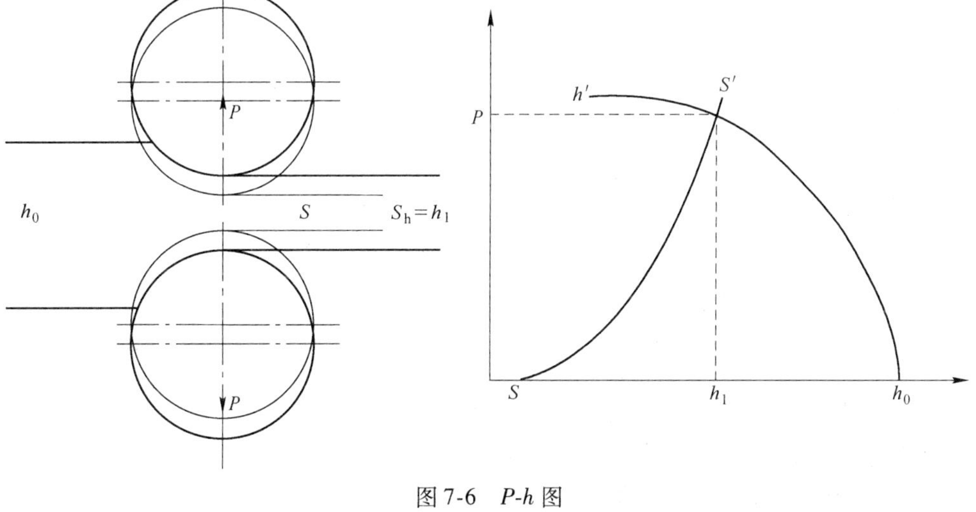

图 7-6 P-h 图

值，因此在横坐标 h 上可以很清楚地表达“空载”辊缝值 S_0，“有载”辊缝值（即轧出厚度 h）和机座弹跳量。这样在 P-h 图上可以同时表达出轧机弹性变形和轧件塑性变形的情况。

利用 P-h 图可以很直观地分析造成厚差的各种原因。造成厚差的原因可以分为两大类：

(1) 轧机方面的原因（见图 7-7）属于这类的有轧辊偏心（使轧缝发生周期变动）和轧辊热胀。前者为一变化频率高的扰动量，后者则变化缓慢，但产生的现象都是在辊缝指示值 S_0 不变的情况下，实际辊缝有所变动。因此使出口厚度由 h 变为 h'，其变动量为 $\delta h = h' - h$。从图可知，$\delta h = cb$，它将比 $\delta S = ab$（δS 为实际辊缝变动量）要小。$\delta h/\delta S$ 值决定于轧机弹性刚度（$C_P = \tan\alpha$）和轧件塑性线工作段的斜率大小（称为轧件塑性刚度 $Q = \tan\beta$）。

要消除轧机方面原因造成的厚差应采用“恒轧制力”控制。

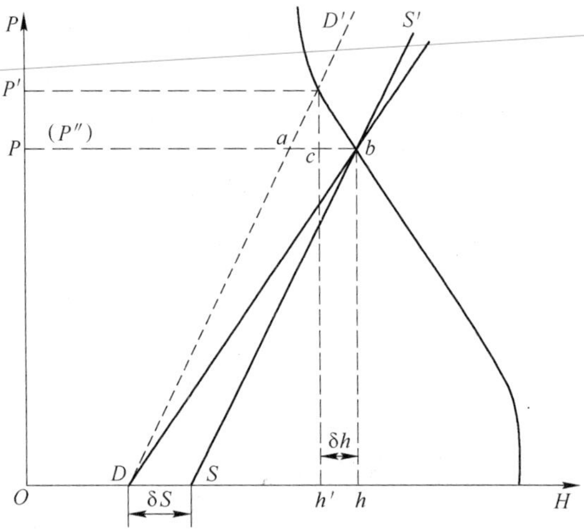

图 7-7　轧机方面的原因

(2) 轧件方面的原因，属于这类的有入口厚度波动 δh_0（图 7-8a）；轧件硬度（温度）波动（见图 7-8b）。

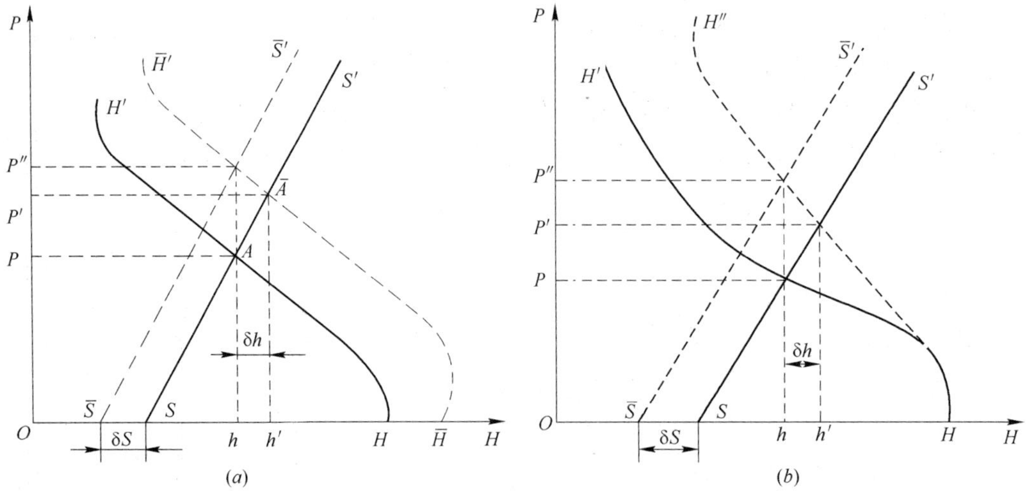

图 7-8　来料厚度及温度波动的影响

对于热轧来说，“硬度”波动是由来料温度变动造成的，冷轧硬度波动是由于热带冷却控制不匀造成，为了消除此厚差，应采用“恒厚度”控制。

自动厚度控制可以采用不同的方案：

（1）移动压下。这常用来消除轧件方面原因造成的厚差。如原来轧制力为 P，轧出厚度为 h，当入口厚度或硬度变动（虚线），而使轧制力变为 P'，轧出厚度变为 h'，为消去 δh，需移动压下 δS，结果轧制力变为 P''（$P''>P'>P$），因此使用此法调厚时，轧机负荷将增加。如果轧件较硬（当轧合金钢或轧件较薄时，轧件塑性变形线较陡），则移动压下来调厚的效率较低，δS 值很大时能消除的 δh 值较小，大部分都转成轧机弹性变形了。

对于轧机方面的原因造成的厚差，如是热胀等缓慢变化量，则可用相应的压下移动来补偿此实际辊缝值的变化，以使轧件厚度不变；对于高频变化的偏心影响，如是液压压下，则尚可高速地给予补偿，如是电动压下，则不能用来回移动压下的方法消除。过去，一般采用在调节系统中设非灵敏区（死区），使在此高频小偏差量作用下系统不工作。近来为了提高板厚精度采用液压压下系统，可利用软刚度控制来消除偏心影响，其实质为保持“恒”轧制力（见图 7-7），相当于改变轧机刚度（当量刚度），即当 h 变为 h'，轧制力 P 变为 P'后，通过改变刚度使轧制力仍变为 P，以恢复 h 值。

（2）利用张力，即用张力改变轧件塑性线来进行厚度控制。例如，当存在 δh_0 而产生 δh 时，可用改变张力（改变塑性斜率）来消除此 δh（见图 7-9）。此法主要用于冷轧，有时也用于精轧机组的后两机架（此时轧件较薄，压下效率较低），但张力变动范围有限，变动过大容易造成宽度不合格，因此控制效果受到限制。目前由于液压压下的推广，热轧已较少应用张力控制。

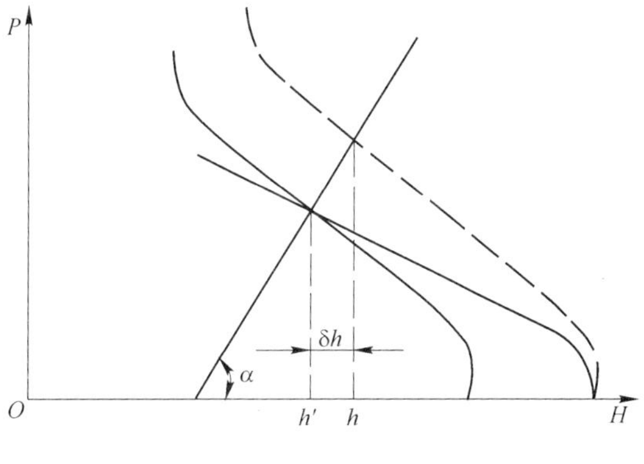

图 7-9 张力 AGC

P-h 图用于定量分析时，遇到的主要困难是，轧件塑性线（轧制力）为一非线性函数。考虑到用 P-h 图分析厚度控制等问题时，所涉及的都是各参量的“小”变化量，因此，为了便于 P-h 图用于定量分析，可利用塑性线某工作点的切线来代替塑性线本身，工作点不同时，则切线也不同，切线和横轴相交角的正切称为在此工作点时塑性线的塑性刚度 Q，以和弹性刚度 C_P 相对应。Q 值可用下法求得。

如工作点的轧制力为 P_a，其相应的轧件轧出厚度为 h_a，可取某一假想轧出厚度 h_b，设 $h_a - h_b = \Delta$ 对应于 h_b，可从塑性线上取得 P_b，则 Q 值可以计算如下：

$$Q = \frac{P_b - P_a}{\Delta}$$

由图 7-10 可知 $Q = \tan\beta$

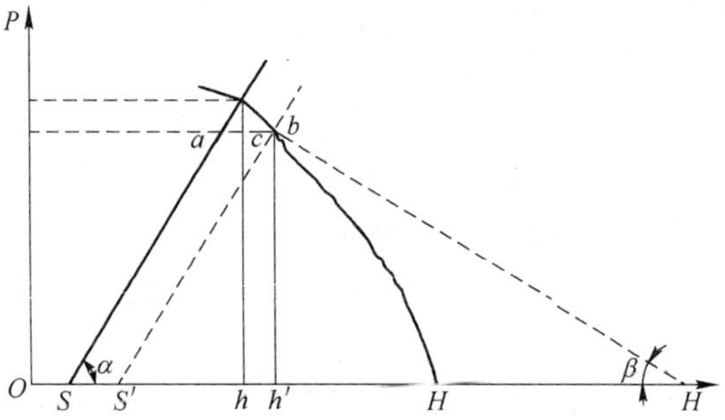

图 7-10　δh 与 δS 的关系

也可写成　　$Q = -\dfrac{\partial P}{\partial h}$

由轧制力特性可知　$Q = f(h_0, h, T, \sigma)$
一般 h_0 愈小，Q 愈大。

这样可利用斜率为 C_P 和 Q 的两根直线来定量分析厚差和厚度控制问题，如：

（1）δS 和 δh 的关系（图 7-10）：由图知，当压下移动 δS 时，轧件厚度变化量并不等于 δS，而仅仅是 δh，它们间的关系可推导如下：

$$\delta S = ab$$

$$\delta h = cb$$

$$\tan\alpha = C_P \qquad \tan\beta = Q$$

$$ab = ac + cb = \frac{cd}{\tan\alpha} + \frac{cd}{\tan\beta} = cd\left(\frac{1}{C_P} + \frac{1}{Q}\right) = cd\left(\frac{C_P + Q}{C_P Q}\right)$$

因此，在 C_P 和 Q 一定的情况下，为了消除 δh 值，压下需移动更大的 δS 值才行。

过去，一般 AGC 系统根据偏差量 δh 来控制压下系统进行厚度控制。由上式可知，如用 $\delta S = \delta h$，实际上厚差总是不能完全消除（即使压下及时移 δh 量，轧件厚度变化仍将小于 δh），因此，应该在求得轧件厚度偏差信号 δh 后，通过一个比例放大器，使输入控制系统的信号为 δS，即

$$\delta S = K\delta h$$

式中　K——比例放大倍数，亦称为压下效率系数。

$$K = \frac{C_P}{C_P + Q}$$

由于 Q 决定于轧件具体情况（温度、钢种、厚度等），压下效率系数 K 值为一变量，需根据具体轧制情况来决定。这一问题只有采用计算机控制后才能解决，即由过程计算机来计算确定压下效率系数，这样就使厚度调整精度大为提高。

（2）前馈 AGC 系统的 δh_0 与 δS 关系确定（见图 7-11）。过去 AGC 系统一般是根据反馈原理工作的，即利用直接或间接测厚（间接测厚即利用轧制力和辊缝信号用弹跳方程来间接测厚），检测出实际轧出厚度 h 后，与给定值相比，求得实际厚度偏差 δh，并用此偏差信号去控制压下进行厚度控制，使 $\delta h \to 0$。但反馈 AGC（图 7-12）的主要缺点为，实际

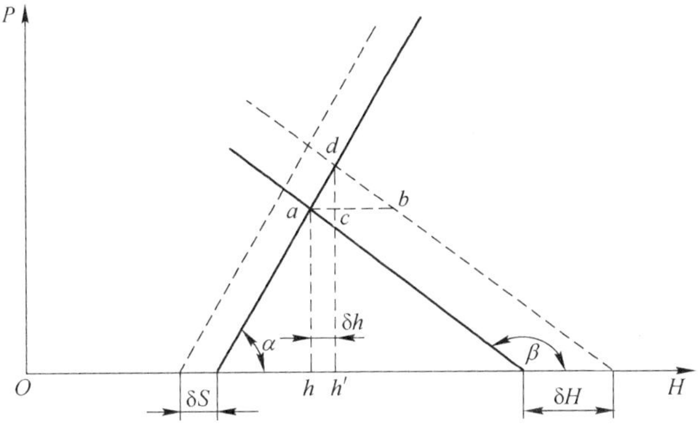

图 7-11 δh_0 与 δS 关系

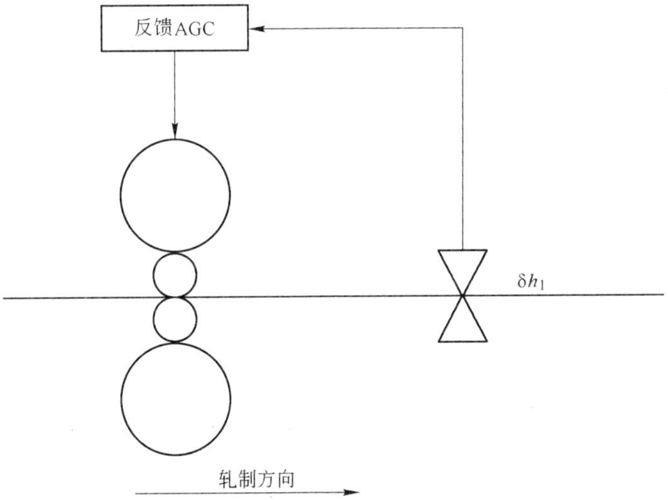

图 7-12 测厚仪反馈闭环 AGC

调厚的点不是所检测之处，存在滞后现象。为了克服这一点，在采用计算机控制基础上，可采用前馈原理来调厚，即用入口测厚仪或用上一机架弹跳方程测出本机架入口厚度 h_0^*，当它和给定值 h_0 相比有偏差 δh_0 时，可预先估计出本架将产生的 δh 值，由此可确定应有的 δS 值（为了使 $\delta h = 0$），然后根据检测点进入轧机的时间，并考虑移动压下 δS 所需的时间，提前进行控制，使控制点即为此检测点。δh_0、δh 和 δS 的关系也可推导如下（见图 7-11）。

$$\delta h_0 = ab \qquad \delta h = ac$$

$$ab = ac + cb = \frac{cd}{\tan\alpha} + \frac{cd}{\tan\beta} = cd\left(\frac{1}{C_P} + \frac{1}{Q}\right) = cd\left(\frac{C_P + Q}{C_P Q}\right)$$

$$cb = \frac{cd}{C_P}$$

$$\frac{\delta h}{\delta h_0}=\frac{\dfrac{cd}{C_P}}{\dfrac{cd(C_P+Q)}{C_PQ}}=\frac{Q}{C_P+Q}$$

$$\delta h=\frac{Q}{C_P+Q}\delta h_0$$

$$\delta S=\frac{Q}{C_P+Q}\delta h$$

$$\delta S=\frac{C_P+Q}{C_P}\cdot\frac{Q}{C_P+Q}\delta h_0$$

$$=\frac{Q}{C_P}\delta h_0$$

当然前馈控制属于开环控制，它的控制精度直接决定于计算公式的精度，因此，目前一般常采用前馈控制和反馈控制相结合的办法，互相取长补短，以提高总的控制精度。

如果来料温度 t 有波动，将使 Q 值有 δQ 波动时，δh 的变化如图 7-13 所示，由此可定控制值 δS。

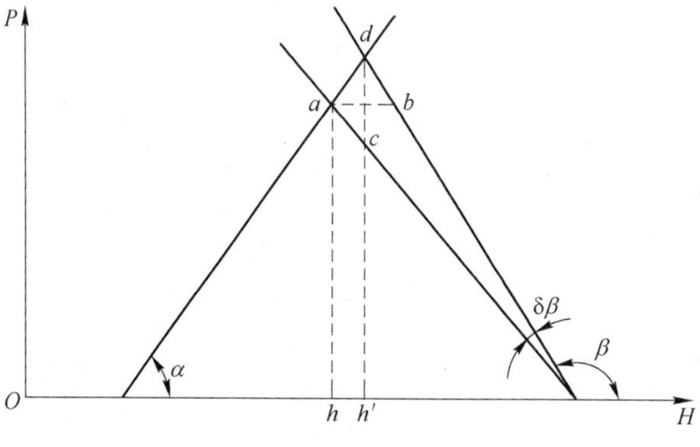

图 7-13　δQ 与 δS 关系

7.3.2　解析分析法

考虑到分析研究的对象是各参数的变动量，为了克服大量非线性方程联解的困难，厚控解析分析的基本方法为在小的变化范围内将非线性函数线性化，由此可得到一批适用于解析分析的线性增量方程（详见第 5 章所述的各增量方程）。

增量厚度方程为：

$$\delta h_1=A_H\delta h_0+A_S\delta S+A_F\delta F+A_K\delta K+A_{\tau_f}\delta\tau_f+A_{\tau_b}\delta\tau_b$$

上式比较直观地表明了控制量 δS，δF，扰动量 δh_0，δK，$\delta\tau$ 等因素对目标量 δh_1 的影

响。如 h_0，k，τ_b，τ_f，F 不变化，仅 δS 变时，则上式成为

$$\delta h_1 = \frac{C_P}{C_P - \frac{\partial P}{\partial h_1}}\delta S$$

考虑到 $\partial P/\partial h_1 = -Q$（$Q$ 可称为轧件塑性刚度，亦即使轧件塑性变形 1mm 所需的轧制力），因此可写成

$$\delta h_1 = \frac{C_P}{C_P + Q}\delta S$$

式中，$C_P/(C_P+Q)$ 即为压下效率系数。

轧制力增量方程则直观地表明了控制量 δS，扰动量 δK，δh_0 等对轧制力变动 δP 的影响。

凸度增量方程则表明了控制量 δS，δF，扰动量 δK，δh_0，δCR_0 等对凸度的影响。

中厚板、热连轧及冷连轧各增量方程的系数列于本书末的附表，以便本章厚度控制及后面各章有关控制功能算法及第 10 章介绍的解析分析方法及影响系数计算时查用。

7.4 自动厚度控制（AGC）

在 L2 设定模型确保板带头部厚度精度基础上，L1 的自动厚度控制功能将控制板带全长厚度以提高板带的全长厚度精度。由前面分析可知，对于轧机及轧件方面原因造成的厚差需采用不同的控制思想，对轧机方面原因造成的厚差需保持轧制力恒定，而对轧件方面原因造成的厚差则是变动轧制力来保持厚度恒定。由于这两种原因一般同时存在，因此目前 AGC 一般以控制轧件方面原因（来料温度或硬度变动）造成的厚差为主，对于轧机方面原因造成的厚差则采用补偿来加以克服。

自动厚度控制有多种方案，主要包括：

（1）厚度反馈（闭环）AGC（GM-AGC，即恒厚度控制——硬刚度）；

（2）恒轧制力（闭环）AGC（CP-AGC，即恒轧制力控制——软刚度）；

（3）厚度前馈（开环）AGC（FF-AGC）；

（4）硬度前馈（开环）AGC（KFF-AGC）；

（5）流量（闭环）AGC（MF-AGC）；

（6）张力（闭环）AGC（TS-AGC）；

（7）监控 AGC（MN-AGC）等。

7.4.1 厚度反馈 AGC（GM-AGC）

传统 AGC 以厚度反馈（闭环）方式为主，即以轧机出口处厚度（间接测厚信号图 7-14）对压下进行反馈闭环控制，如轧机出口处有测厚仪，用测厚仪信号进行反馈控制可充分利用测厚仪对轧出厚度的精确测厚信息，但滞后过大，不仅压

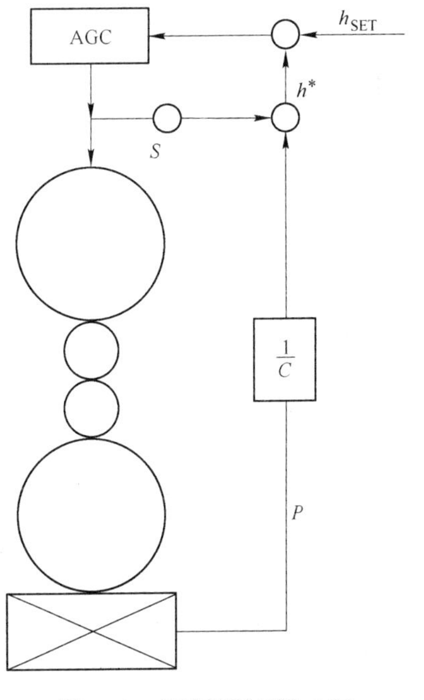

图 7-14 间接测厚反馈 AGC

下机构动作存在响应时间，轧件由轧机到测厚仪还需几秒时间（轧速越低时间越长），因而必须减小控制增量以免振荡，为了减小滞后时间，目前主要采用间接测厚的反馈闭环AGC（图7-14），即利用弹跳方程（GM-AGC）或流量方程（MF-AGC）来间接计算变形区出口厚度，计算精度虽不如测厚仪，但其所预报的是正处在辊缝出口处的厚度，因而大幅减少滞后时间，测厚仪信号可用作监控以补偿间接测厚精度的不足。

考虑到产生厚差的扰动有两类性质完全不同的来源，即由轧件带来的温度、硬度或来料厚度波动以及轧机本身产生的轧辊偏心、油膜厚度变动。这两种不同性质的扰动要求的控制方向是相反的，为此AGC将以克服轧件带来的扰动为主，为此可采用：

（1）GM-AGC或MF-AGC加上偏心补偿及加减速补偿；

（2）GM-AGC采用轧制力内环厚度外环（图7-15）。

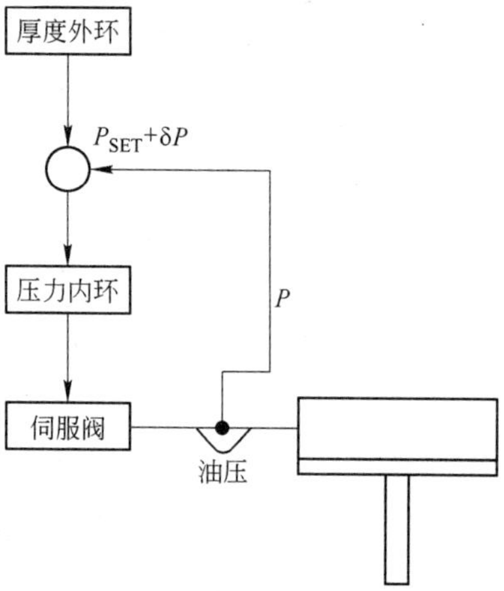

图7-15　厚度外环/轧制力内环AGC

第一种方案以GM-AGC或MF-AGC解决由轧件温度（硬度）或入口厚度带来的扰动，而对偏心及油膜厚度造成的辊缝扰动采用补偿来解决。

第二种方案则以轧制力内环来解决由轧机本身产生的辊缝扰动，而由厚度外环解决轧件带来的扰动（克服轧件带来的温度、硬度或来料厚度波动的影响）。

GM-AGC采用轧制力内环时其控制算法将和传统的采用位置内环时不同。

消除厚差的最终动作还是需移动压下（即输出δS），但输出量的计算对于位置内环和轧制力内环是不同的。

对于传统的厚度外环、位置内环方式，由于内环本身是位置环，厚度环的控制输出（给位置环给定）S_{REF}即可。

$$S_{REF} = S_{0bj} + \delta S$$

式中　S_{0bj}——模型设定的辊缝位置值；

δS——用来消除厚差所增加的调节量。

考虑到弹跳现象，为了消除δh，压下必须调节δS。

$$\delta S = \frac{C_P + Q}{C_P}\delta h$$

由于利用实测轧制力及实测辊缝通过弹跳方程来求得出口厚度h^*，因此

$$\delta h = h_{0bj} - h^*$$

式中　h_{0bj}——设定厚度或头部锁定时的厚度目标值。

对于厚度外环、轧制力内环方式，计算稍微复杂一些，由于内环为轧制力环，厚度环的输出应是P_{REF}。

$$P_{\mathrm{REF}} = P_{0bj} + \delta \mathrm{P}$$

式中 P_{0bj}——设定模型所确定的轧制力设定值。

δP 的确定需分析以下各种外扰情况：

（1）对偏心外扰，为了消除偏心需采用恒轧制力控制，即当偏心使轧制力变化时，应自动调节压下，使轧制力回到 P_{0bj}，即可消除偏心产生的厚差，因此对偏心外扰来说，不需要在 P_{0bj}后加 δP，即采用 $\delta P = 0$。

（2）对来料厚差 δh_0 外扰，δh_0 将产生两个结果：

一是产生出口厚差 δh

$$\delta h = \frac{\frac{\partial P}{\partial h_0}}{C_{\mathrm{P}} + Q}\delta h_0$$

二是产生轧制力变动 δP_{H}

$$\delta P_{\mathrm{H}} = \frac{C_{\mathrm{P}} \frac{\partial P}{\partial h_0}}{C_{\mathrm{P}} + Q}\delta h_0$$

式中，$Q = -\frac{\partial P}{\partial h}$。

δP_{H} 也可以写成

$$\delta P_{\mathrm{H}} = \frac{C_{\mathrm{P}}\left(\frac{\partial P}{\partial h_0}\right)}{C_{\mathrm{P}} + Q}\delta h_0 = \frac{C_{\mathrm{P}}\left(\frac{\partial P}{\partial h_0}\right)}{C_{\mathrm{P}} + Q} \cdot \frac{C_{\mathrm{P}} + Q}{\left(\frac{\partial P}{\partial h_0}\right)}\delta h = C_{\mathrm{P}}\delta h$$

（3）对来料温度外扰 δT，它同样产生两个结果。

$$\delta h = \frac{\frac{\partial P}{\partial T}}{C + Q}\delta T$$

$$\delta P_{\mathrm{T}} = \frac{C_{\mathrm{P}}\left(\frac{\partial P}{\partial T}\right)}{C_{\mathrm{P}} + Q}\delta T$$

$$= \frac{C_{\mathrm{P}}\left(\frac{\partial P}{\partial T}\right)}{C_{\mathrm{P}} + Q} \cdot \frac{C_{\mathrm{P}} + Q}{\left(\frac{\partial P}{\partial T}\right)}\delta h$$

$$= C_{\mathrm{P}}\delta h$$

即由轧件带来的外扰产生的 δP 都等于 $C_{\mathrm{P}}\delta h$。为了消除所产生的厚差 δh，使其为 0，应移动压下 δS。

$$\delta S = -\frac{C_{\mathrm{P}} + Q}{C_{\mathrm{P}}}\delta h$$

式中负号表示负反馈控制。

移动此 δS 将引起压力变化 δP_S。

$$\delta P_S = -\frac{C_P Q}{C_P + Q}\delta S = \frac{C_P Q}{C_P + Q} \cdot \frac{C_P + Q}{C_P}\delta h = Q\delta h$$

式中负号是因为当辊缝减小时轧制力将加大。因此 P_{REF} 应为

$$P_{REF} = P_{0bj} + \delta P_S + \delta P_H$$

或是

$$P_{REF} = P_{0bj} + \delta P_S + \delta P_t$$

$\delta P_S + \delta P_H$ 或 $\delta P_S + \delta P_t$ 都等于 $(C_P + Q)\delta h$ 。

因此可用

$$P_{REF} = P_{0bj} + \delta P$$

$$\delta P = (C_P + Q)\delta h$$

式中　C_P——轧机的弹性刚度系数，它在轧制过程中基本上为一常数，只和板宽和支撑辊径有关；

Q——轧件塑性刚度系数，它决定于轧件的厚度、轧件材料和轧制温度等。

当轧制条件不同时，Q 的数值亦不同，需由计算机根据轧制实际情况来确定。

7.4.2　厚度前馈 AGC（FF-AGC）

为了解决反馈 AGC 不可避免存在的时间滞后，提出了前馈（开环）控制方案，传统前馈控制 AGC 为厚度前馈 AGC，即利用轧机入口处测厚仪，或前一机架的间接测厚信息对其后面轧机压下进行控制（图 7-16）。

“前馈”和“反馈”是两个相对立的控制观点。前馈不是根据过程进行完了后的效果，而是根据来料情况，提前调整。因此只能应用相应的数学模型才能实现，其优点是可以克服时间上的滞后，加快系统的“响应性”。这对于一些突变性参量，例如对于水印造成的厚差等的调整比较有效（图 7-17）。

前馈控制同样可以采用传统的位置内环或采用轧制力内环以克服轧辊偏心影响。采用不同内环时前馈 AGC 的算法不同。

厚度前馈 AGC 的控制算法：

（1）当采用位置内环、厚度外环时，δS

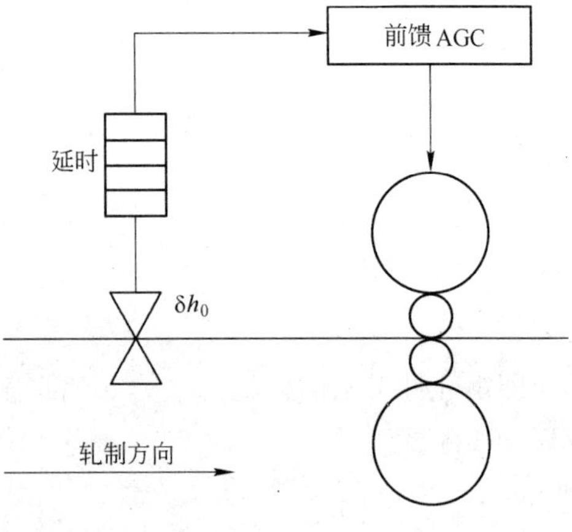

图 7-16　前馈控制 AGC

值为

$$\delta S = \frac{\frac{\partial P}{\partial h_0}}{C_P}\delta h_0$$

对位置环的给定为

$$S_{REF} = S_{0bj} + \delta S$$

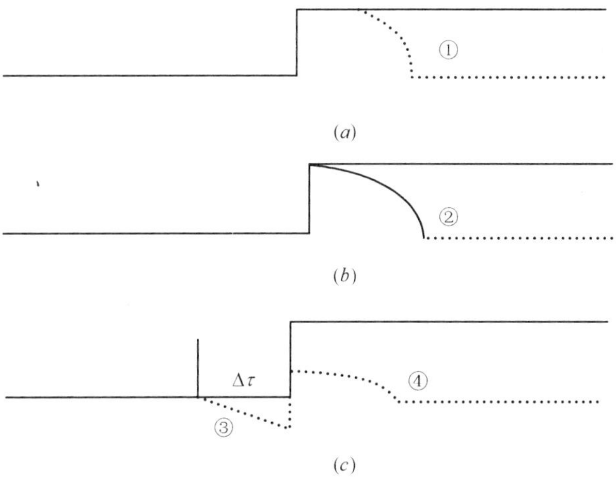

图 7-17 阶跃 δh_0 在反馈及前馈控制时的 δh 变化

(a)—阶跃厚差时反馈控制；(b)—阶跃厚差时前馈控制；(c)—具有提前量 $\Delta\tau$ 的前馈控制

①，②，③，④—压下控制动作

（2）当采用轧制力内环、厚度外环时，δP 的计算需考虑两个分量。

轧件进入轧机后，来料厚差 δh_0 产生的 δP_H 需在轧制力给定上加以补偿。

$$\delta P_H = \frac{C_P \frac{\partial P}{\partial h_0}}{C_P + Q}\delta h_0$$

轧件进入轧机后产生的厚差

$$\delta h = \frac{\frac{\partial P}{\partial h_0}}{C_P + Q}\delta h_0$$

为使 $\delta h \to 0$,需压下

$$\delta S = -\frac{C_P + Q}{C_P}\delta h = -\frac{C_P + Q}{C_P}\cdot\frac{\frac{\partial P}{\partial h_0}}{C_P + Q}\delta h_0 = -\frac{\frac{\partial P}{\partial h_0}}{C_P}\delta h_0$$

此 δS 压下将引起轧制力变化

$$\delta P_S = -\frac{C_P Q}{C_P + Q}\delta S = \frac{C_P Q}{C_P + Q}\times\frac{\frac{\partial P}{\partial h_0}}{C_P + Q}\delta h_0 = \frac{\frac{\partial P}{\partial h_0}}{C_P + Q}\delta h_0$$

所以厚度外环应给轧制力内环的总的轧制力给定为

$$P_{0bj} = P_{0bj} + \delta P$$

$$\delta P = \delta P_a + \delta P_H = \frac{Q\dfrac{\partial P}{\partial h_0}}{C_P + Q}\delta h_0 + \frac{C_P\dfrac{\partial P}{\partial h_0}}{C_P + Q}\delta h_0 = \frac{\dfrac{\partial P}{\partial h_0}(Q + C_P)}{C_P + Q}\delta h_0 = \frac{\partial P}{\partial h_0}\delta h_0$$

图 7-17a 表示了对于具有阶跃形 δh_0 的轧件咬入轧机后，在反馈系统作用下，其 δh 的变化，由于系统存在滞后时间 Δt_1，加上压下移动 δS 需要一定的时间 Δt_2，因此在轧件的一段长度上尚有较大的厚度波动。

对突发性扰动采用前馈后，由于两个机架间距离为定值，而前一机架速度能实测，可用下式计算阶跃扰动 δH 进入下一机架的时间以及时给予控制。

$$t = \frac{l}{v_0(1 + f)}$$

式中　f——前滑值，可根据前一机架压下量计算得出。

为了进一步发挥前馈（预控）控制的优点，可用下式计算延时时间：

$$t = \frac{l}{v_0(1 + f)} - \delta\tau$$

$\delta\tau$ 为控制机构的延时，采用合适的提前量可得图 7-17c 所示的结果，这样 δh 绝对值将进一步降低。

除厚度前馈控制方案外，近年来加拿大公司提出了 FF-AGC，即轧制力前馈 AGC——在带钢热连轧精轧第一二架实测得到轧制力变化后用于后面各机架控制。韩国浦项提出了“水印前馈” AGC。考虑到热轧的主要扰动为温度波动（头尾水印等），亦即带坯的硬度波动，为此我们在鞍钢 1700mm ASP 上研制和试验了硬度前馈 KFF-AGC 方案取得很好效果（图 7-18）。

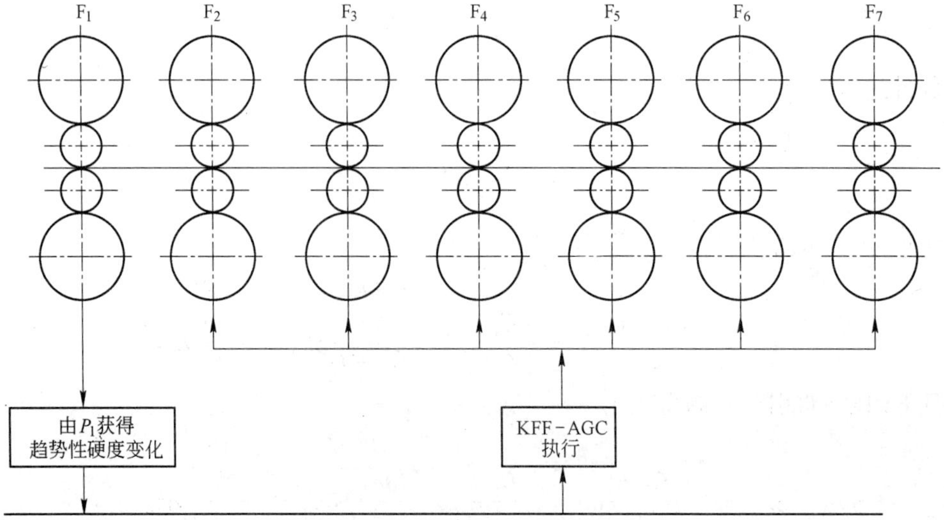

图 7-18　KFF-AGC

7.4.3 硬度前馈 AGC（KFF-AGC）

传统 AGC 以厚度偏差为依据来控制厚度，这对于来料厚差的消除有效而对于来料硬度波动（在每一机架重发性产生的厚差）只能“事情发生后”加以纠正。传统 AGC 亦设（厚度）前馈 AGC，但其主要功能是将本机架出口厚差作为信息用于下一架前馈控制使下一架出口厚差减到最小。

根据第 10 章影响系数分析法及动态仿真分析可知，造成热带厚差的主要原因是带钢全长上的温度不匀产生的“硬度”波动 δK，不解决 δK 只解决 δh_0 的影响，必然使传统厚度前馈 AGC 的作用减弱。为了突出带钢温度波动对厚度的影响，我们开发了硬度前馈控制 AGC，即 KFF-AGC。

KFF-AGC 可以是在粗轧出口处根据“头-中-尾”多点实测温度通过温降方程对“头-中-尾”多点进行计算以获得带钢硬度变化的信息，亦可以在精轧第一二机架通过各段带钢轧制力辨识出硬度的变化，用于前馈控制 $F_3 \sim F_7$ 机架，也可以是每一机架设有硬度辨识功能用于前馈控制下一机架。

辨识硬度信息无论辊缝是否在动作，即无论本架是否在进行调厚，都可用下式求出硬度的变化。每次采样得到 P_{ij}^* 及 S_{ij}^*（下标 j 为第 j 次采样的值），求出

$$h_{ij}^* = S_{ij}^* + \frac{P_{ij}^* - P_0}{C_P} + O_j + G$$

由上一机架可得到相应点的 $h_{0i,j}$，根据 $h_{0i,j}$ 及 h_{ij} 可求出此时的 l'_{cij}，Q_{pij} 等值，即可得

$$K_{ij}^* = \frac{P_{ij}^*}{B\lambda_{cij}Q_{pij}}$$

$$\delta K_{ij} = K_{ij}^* - K_i$$

K_i 为 i 机架硬度的设定值。$\delta K_{i,j}$ 为头部锁定点的硬度值与 j 次实测值之差，存储在表中，延迟用于后面机架的控制。

当采用 F_1 机架获得的硬度变化信息控制后续机架时，应考虑到温降来计算后面各机架的 δK_{ij}，可取：

$$\delta K_{ij} = \beta \delta K_1$$

此时前馈 AGC 的算法为：

$$\delta S_{ij} = \frac{1}{C_{Pi}}\left[\left(\frac{\partial P}{\partial h_0}\right)_i \delta h_{0i,j} + \left(\frac{\partial P}{\partial K}\right)_i \delta K_{ij}\right]$$

前馈控制应适当提前一个 Δ 量以补偿压下机构的滞后。

为了简化计算，亦可采用增量形式的公式，即采样得到 P_{ij}^* 及 S_{ij}^* 后求出

$$\delta P_{ij} = P_{ij}^* - P_i - \delta P_S$$

$$\delta S_{ij} = S_{ij}^* - S_i$$

式中 δP_{ij}——辊缝变动造成的轧制力变动值；

P_i，S_i——设定值。

δP_S——δS_{ij} 造成的附加轧制力变动。

由增量轧制力公式可得

$$\delta P = \left(\frac{C_P}{C_P + Q}\right)\left[\frac{\partial P}{\partial h_0}\delta h_0 + \frac{\partial P}{\partial K}\delta K + Q\delta S\right]$$

$$\delta K_{ij} = \frac{1}{\left(\frac{\partial P}{\partial K}\right)}\left[\frac{C_P + Q}{C_P}\delta P_{ij} - \left(\frac{\partial P}{\partial h_0}\right)\delta h_{0ij} - Q\delta S_{ij}\right]$$

KFF-AGC 抓住硬度变化这一要害，并充分发挥前馈 AGC 的优点，使 AGC 控制效果提高了一大步。由第10章的仿真分析可知，采用 KFF-AGC 和厚度反馈 AGC 结合的方案后厚度精度明显得到提高。

7.4.4　末机架恒轧制力控制

在 KFF-AGC 基础上，当末机架不动辊缝时如能使末机架轧制力恒定，则将可使成品厚度及凸度保持恒定。

当某段带钢具有硬度变化 $\delta K_{i,j}$ 时为了使末机架轧制力恒定可用末机架入口厚度的变化 $\delta h_{0i,j}$ 来加以补偿，即为了

$$\delta P = \left(\frac{C_P}{C_P + Q}\right)\left[\frac{\partial P}{\partial h_0}\delta h_0 + \frac{\partial P}{\partial K}\delta K + Q\delta S\right] = 0$$

当辊缝不动时，对 j 段应使：

$$\delta h_{0ij} = -\left(\frac{\partial P}{\partial K}\right)\Big/\left(\frac{\partial P}{\partial h_0}\right)\cdot \delta K_{ij}$$

为此，应使末机架的前一个机架轧制此段带钢时除了要克服本架硬度变化外应再使产生厚差（等于 δh_{0ij}）使末机架轧制力恒定。

7.4.5　流量 AGC（MF-AGC）

流量 AGC 主要用于冷轧。由流量方程

$$v' h_{0SET} = v h_{1SET}$$

当入口测厚仪实测到 δh_0，并实测到 v' 及 v 后，可得

$$v'(h_{0SET} + \delta h_0) = v(h_{1SET} + \delta h_1)$$

所以

$$\delta h_1 = \frac{v'}{v}(h_{0SET} + \delta h_0) - h_{1SET}$$

为了消除此间接测厚所得厚差，应控制压下

$$\delta S_1 = \frac{C_P + Q}{C_P}\left[(h_{0SET} + \delta h_0)\frac{v'}{v} - h_{1SET}\right]$$

流量法间接测厚其精度比弹跳法高。

7.4.6　监控 AGC（MN-AGC）

间接测厚的厚度控制系统虽然考虑了各种补偿因素（如油膜厚度、辊缝零位常数补偿等），其精度总是低于 X 射线测厚仪直接测出的厚度值。因此，在间接测厚的厚度控制系统投入后，仍需以 X 射线测厚仪所测得的成品厚度实测值为基准，对间接测厚 AGC 系统进行监控。当成品厚度和设定值有偏差时，将此偏差值积分后反馈到每个机架的 AGC 系统中。其积分控制的框图如图 7-19 所示。

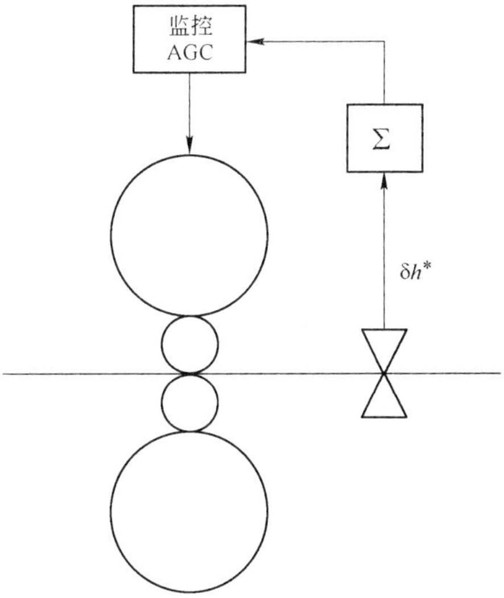

图 7-19　监控 AGC

图中，K_0/s 为积分环节；$e^{-t_L s}$ 为滞后环节，即 X 射线测厚仪测得的厚度 h_x 是 t_L 时间以前轧出的厚度；Δh_x 为 X 射线测厚仪测得成品厚度的偏差量。

图 7-20 所示的带有滞后时间的系统，其稳定性条件（考虑到控制系统本身还具有滞后时间）要求 K_0 不能太大，可用下式求得 K_0

$$K_0 \leqslant \frac{1}{K}$$

式中的 K 需根据实际情况调试，一般大于 3。对于热连轧精轧机组，由于仅在最后机架后设置 X 射线测厚仪，对于前面各机架的 AGC 系统，t_L 应是轧件从该机架运动到 X 射线测厚仪所需的时间。

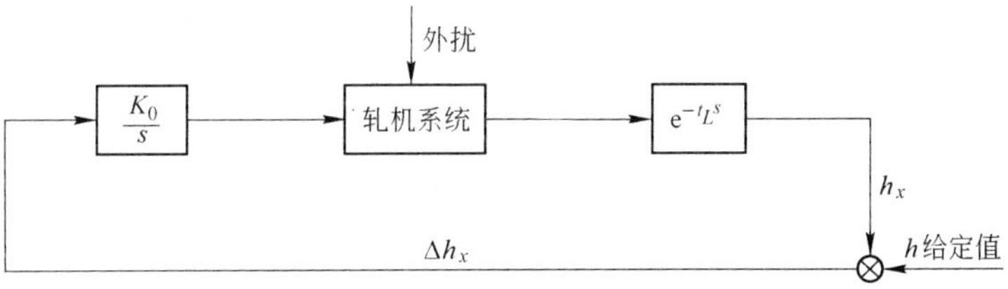

图 7-20　带有滞后时间的系统

$$t_L = \sum_{j=1}^{m-1} \frac{L}{v_j} + \frac{L_x}{v_m}$$

式中　v_j——第 j 个机架的出口速度；

v_m——末机架（设共有 m 个机架）的出口速度；

L——机架间距离；

L_x——末机架到 X 射线测厚仪的距离。

每个机架的监视值 K_x 可由下列积分式表示：

$$K_{x(n+1)} = K_{xn} + \beta \frac{1}{K_{iL}} \Delta h_x$$

$$K_{iL} = 4t_{iL}$$

式中，t_L 对于每个机架都是不同的；β 为监视增益系数。

X 射线测厚仪监视控制 K_x 和上一段介绍的辊缝零位常数 G 自学习的区别在于，G 是不断递推，由 n 根钢测得后递推到 $n+1$ 根钢时应用，而 K_x 仅用于本卷钢，当尾部一离开第一机架即停止工作，并将累积的 K_x 值清零（尾部离开第一机架后转入尾部补偿控制）。

由于大滞后系统容易振荡，热连轧监控 AGC 只用于 F_6，F_7 机架。冷连轧由于机架间设有测厚仪，可用于 C_1，C_2 和 C_5。

7.4.7 AGC 补偿功能

当 AGC 以轧件扰动为主要目标进行控制时需对轧机产生的扰动进行补偿，

AGC 系统需采用的补偿功能有：

（1）轧辊偏心补偿；

（2）轧机加减速补偿；

（3）活套补偿。

AGC 调节辊缝使轧制力变动后将影响轧出带钢的凸度，这一补偿已在板形控制 ASC 系统中的 FF-ASC 加以考虑，因此不再在 AGC 系统中设置补偿。

7.4.7.1 偏心补偿

由于冷连轧厚度精度要求很高，轧辊偏心的影响不容忽略，偏心控制补偿一直是冷连轧 AGC 系统的一个重要组成部分。近年为了进一步提高热轧带钢厚度精度，热连轧 AGC 亦开始采用偏心补偿。

轧辊偏心将使空载辊缝在设定值基础上波动 $\pm\delta S_{EC}$，从厚度增量方程可知

$$\delta h_{ECi} = A_{Si}\delta S_{ECi}$$

对于 6 机架精轧连轧，成品厚差 δh_n 为

$$\delta h_n = (A_{S1}\cdot\delta S_{EC1})\cdot A_{H2}\cdot A_{H3}\cdot\cdots\cdot A_{H6} + (A_{S2}\cdot\delta S_{EC2})\cdot A_{H3}\cdot\cdots\cdot A_{H6} + \cdots + (A_{S6}\cdot\delta S_{EC6})$$

用本书末的附表可查得各个 A 系数，当不投入 AGC 及偏心补偿以及设各机架 $\delta S_{ECi} = \pm 100\mu m$ 时可计算各机架偏心所产生的成品厚差以及总的成品厚差。代入 A_{Si} 及 A_{Hi} 值后可得

$$\begin{aligned}\delta h_n &= (0.017 + 0.048 + 0.074 + 0.105 + 0.133 + 0.165)\delta S_{EC}\\ &= 0.0017 + 0.0048 + 0.0074 + 0.0105 + 0.0133 + 0.0165\\ &= 0.054\end{aligned}$$

即总共将产生 $\pm 54\mu m$ 成品厚差（实际上各机架偏心造成的厚差曲线由于频率不同，初相角不同，不可能完全叠加，因此实际成品厚差将小于 $54\mu m$）。

不过由上述计算可知 F_1，F_2，F_3 的偏心对成品厚差影响很小，仅几个 μm，影响成品厚差的主要是后三架的偏心。

由此可知轧辊偏心对 $F_1 \sim F_3$ 的影响主要是在 GM-AGC 中将产生正反馈而被放大，需

要对反馈 AGC 所用的用轧制力进行滤波使偏心成分不进入反馈。硬度前馈 AGC 则不存在这个问题。

消除偏心的控制策略正好和消除带钢硬度的策略相反。当轧辊偏心使辊缝变小时将使出口厚度减小，轧制力增加，为消除此厚差应上抬辊缝，使轧制力恒定，而当带钢厚度或硬度变动使轧制力加大（出口厚度变大）时 GM-AGC 应下压辊缝使 $\delta h=0$，此时轧制力将变得更大。

目前设计的 GM-AGC 主要用来消除带钢厚度及硬度波动的影响，因此在投入 GM-AGC 时必须处理好轧辊偏心信号，不使产生正反馈。处理方法可以是：

（1）消极的方法：首先要从反馈信号中去掉偏心成分，为此或是采样轧辊“半转”中的 8 个轧制力，然后取平均值或是在轧制力模入通道中加上无延迟陷位滤波器（以轧辊转速作为中心），如轧辊转速较高，亦可用无延迟低通滤波器使偏心成分不进入轧制力反馈信号。这样虽不会让偏心信号正反馈，但亦无法消去偏心对成品厚差的影响。

（2）积极的方法：从带有偏心成分的轧制力信号中分离出带钢硬度及厚度变动带来的轧制力变动及由偏心造成的轧制力周期波动，将前者用于 GM-AGC，而将后者“反相”后加入 APC 的给定，这称为轧辊偏心补偿。偏心补偿法能否成功的关键在于如何检测出偏心信号的幅值及初相角。特别是弄准初相角，并在反相补偿时考虑“APC + 液压缸”的动特性对控制信号相位的滞后影响。

当初相角不准确时无法真正补偿轧辊偏心的影响（极端情况，当初相角差 180°时不仅不能补偿掉偏心影响还将使偏心影响加倍）。

为了检测偏心幅值和初相角，首先需在支撑辊轴端装单脉冲或多脉冲发生器作为轧辊转动位置的标志点，然后建立初始偏心模型。

由于轧制时轧制力信号中含有：

（1）将 H 轧成 h 的塑性变形力，没有外扰时此轧制力应为恒值 P_{R}；

（2）由于带钢来料参数变动 δH 及 δK 而造成的 δP_{H} 及 δP_{K}；

（3）由于轧辊偏心而造成的 δP_{EC}；

（4）其他随机性扰动 δP_{Q}。

δP_{EC}占的比重相对较小，为了精确确定原始偏心信号（特别是初相角）建议初始偏心模型的建立在换辊后所进行的预压靠时进行。换辊后无论轧辊的偏心量（δP_{EC}的最大幅值）及安装位置（相对于单脉冲发生器所标志的位置）都将固定下来，可从所得的 δP_{EC}变化曲线找出辊缝变化曲线 $\left(\Delta S=\left[\dfrac{\left(C-\dfrac{\partial P}{\partial h}\right)}{C}\right]\delta P_{\mathrm{EC}}\right)$，即可得出原始幅值及初相角。偏心幅值在生产中由于热胀及磨损会有所变动，但初相角这一重要的参数不会变，偏心补偿时只要初相角对准，幅值差一点仅是补偿多或少的问题，如初相角不准就根本谈不上补偿。

因此从预压靠信号中取出 δP_{EC} 建立初始偏心模型，关键是正确确定初相角（当然同时亦定了轧辊原始偏心幅值），另外从预压靠信号中确定 δP_{EC}后可从中辨识出除基波外哪些主要倍波需要考虑（由于上下支撑辊尺寸不完全相同，安装时偏心可能错开，加上工作辊偏心等使 δP_{EC}将是一个复杂波形或者说是一个由多个频率正弦曲线合成的波形工程上对幅值较小的高次谐波可以忽略）。

辨识可采用快速傅里叶变换法，由于换辊后一般都应进行预压靠（包括确定弹跳方程中的轧机刚度），可较从容地进行轧辊实际偏心造成的 δP_{EC} 曲线的采样和辨识。

当然预压靠与实际轧制时会有一些差别，因此对预压靠时所得偏心模型称为“初始”模型。

正常轧制时首先投入初始偏心模型进行补偿，投入时要充分考虑到执行机构（APC + 液压缸 + 仪表）动特性对相角延迟 $\Delta\tau$ 的影响而需提前 $\Delta\tau$ 进行补偿。

投入偏心补偿后再对实际轧制力中剩余的偏心成分进行辨识，此时由于剩余偏心成分已较小，并存在各种其他扰动，因此需采用一些排除噪声的算法。

在采用排噪算法时应是在投入硬度前馈 AGC（克服 δK 影响）及偏心补偿后进行，投入 KFF-AGC 及初始偏心模型补偿后，轧制力信号应为

$$P_{总}^{(n)} = P_{R}^{(n)} + \delta P_{EC}(n) + \delta P_{Q}(n)$$

式中，δP_{EC} 为偏心补偿后的残余偏心成分；δP_{Q} 为随机误差（均值为 0）。P_{R} 为恒定塑性变形力（包括克服 δK 所增加的轧制力），在此基础上可采用“相干时间平均法”来改善“信噪比”。

对轧制力采样 M 次（相当于轧辊 3 ~4 转）后做相干平均得

$$\frac{1}{M}\Sigma[P_{R}(n) + \delta P_{S}(n) + \delta P_{Q}(n)] = P_{R}(n) + \delta P_{S}(n)$$

提高信噪比后，从 $P(n) + \delta P_{S}(n)$ 中可求出 P_{max}，P_{min} 由此可得偏心的幅值

$$\delta P_{S} = P_{max} - \frac{P_{max} + P_{min}}{2}$$

考虑到初始模型对初相角已辨识准确，幅值则由于轧制时热膨胀和磨损而变，因此可用此轧制时获得的 δP_{S}（转成辊缝后）对初始模型的幅值进行自学习

$$A_{k+1} = A_{k} + \alpha(A_{k}^{*} - A_{k})$$

式中　A_{k+1}——学习修正后的幅值，代替 A_{k} 用于初始模型；

A_{k}——第 k 次所得的幅值；

A_{k}^{*}——由 δP_{S} 算出的幅值实测值；

α——指数平滑公式的增益。

经学习后的模型则继续用于偏心补偿（约可补偿掉 50% ~60% 偏心影响），对用于 GM-AGC 的轧制力反馈信号（间接测厚）则一定要消除偏心影响：

$$P_{平均} = \frac{P_{max} + P_{min}}{2}$$

亦即去掉偏心成分以免产生正反馈。

采用厚度外环、压力内环的目的亦是为了抑制偏心的影响，为了进一步消除偏心应加上偏心控制（或偏心补偿）。

在投入偏心补偿时则需通过信号处理（FFT 技术）将轧制力信号分解成两部分（从轧制力信号中提取出偏心信息 REC），所提取的信号可用下式表示

$$REC = A\sin(\omega t + \varphi)$$

式中 A——幅值；

ω——频率；

φ——初相角。

频率 ω 和轧辊转速有关，幅值 A 决定于偏心大小，而初相角 φ 则决定于信号的初始坐标点，为此需在轧辊上设有单脉冲或多脉冲编码器（多脉冲等于将轧辊转角分成多个等分，并以其中一个作为初始坐标点）。从正弦波特性可知，只有幅值相等并相反，频率相等并且初相角相同的两个正弦信号相加才能完全互相抵消，因此精确确定初相角是偏心补偿的关键。将偏心取出后加以反相再返回去控制时必须特别注意初相角。考虑到液压压下及其控制系统本身有一定的惯性（动特性），因此在确定反馈信号初相角时应计算液压压下特性对初相角的影响，图 7-21 给出了偏心补偿的框图。

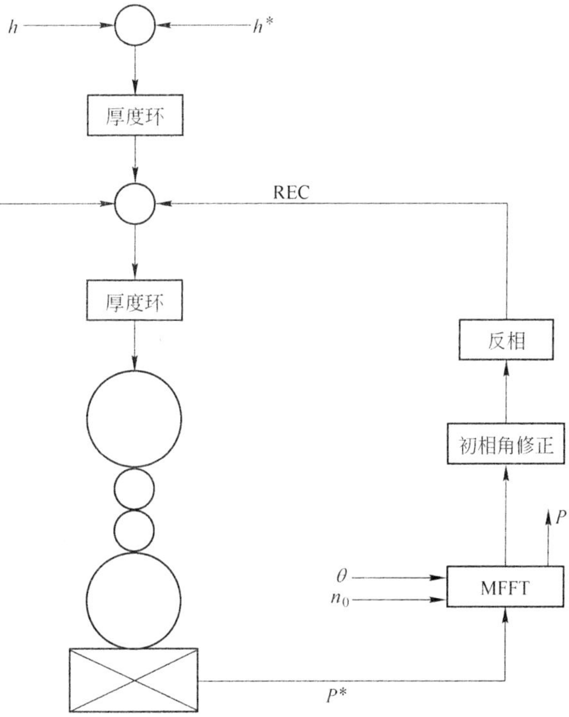

图 7-21 偏心补偿

h—目标厚度；P—分离出偏心信号后的实际轧制力；MFFT—改进的 FFT；
n_0—支撑辊转速；θ—轧辊角度测量信号；REC—偏心信号

7.4.7.2 加减速补偿

冷热连轧从穿带速度加速到稳定轧制速度以及尾部减速至抛钢速度时由于速度变化较大，将造成以下工艺参数的波动：

（1）随着速度的提高，工艺润滑条件得到改善，使冷轧轧制的摩擦系数随速度升高而降低，因而轧制力变小使冷轧带钢变薄（当热轧采用轧制油时摩擦系数也随速度升高而降低，因此也需采用补偿）。

（2）随着速度的提高，冷热连轧轧机油膜轴承的油膜厚度加大而使辊缝变小，使带钢变薄。

（3）加减速过程机架间动态张力波动大，使轧制力波动而增大厚差。

因此在加减速过程需补偿性抬高辊缝或控制张力，以减小这一动态阶段的厚差。

7.4.7.3　活套补偿

热连轧 AGC 调节压下后将改变出口厚度，因而改变了变形程度 ε 使前滑变化，这将使轧件出口速度变化而改变机架间活套套量，为了减小活套摆动（减小由于活套摆动而产生的带钢张力波动，以减小对厚度及宽度的影响），应对上游轧机的速度进行补偿，这对于快速动作的液压压下尤其重要。

活套补偿算法应以套量为基础，根据活套套长公式：

$$l = \int (v'_{i+1} - v_i)\,\mathrm{d}t$$

可知套长变化与 v'_{i+1} 及 v_i 有关，为了保持 AGC 动作时套长不变，应保持：

$$\delta v'_{i+1} = \delta v_i$$

式中　v'_{i+1}——$i+1$ 机架入口带钢速度，$v = v_0(1-\beta)$；

v_i——i 机架出口带钢速度，$v' = v_0(1+f)$；

β——$i+1$ 机架后滑率，当 $i+1$ 机架 AGC 动作，后滑率将是压下率的函数；

f——i 机架前滑率，如果，i 机架 AGC 动作，前滑率将是压下率的函数。

由上式可得活套补偿基本公式

$$v_{0,i+l}(l - \beta_{i+l}) = v_{0i}(l + f)$$

公式增量化后得

$$v_{0i+l}\delta\beta_{i+l} + (l + \beta_{i+l})\delta v_{0,i+l} = v_{0i}\delta f_i + (l + f_i)\delta v_{0i}$$

亦可写成

$$\frac{\delta v_{0i}}{v_{0i}} = -\frac{\delta f_i}{1 + f_i} + \frac{\delta\beta_{i+l}}{1 + \beta_{i+l}} + \frac{\delta v_{0,i+l}}{v_{0,i+l}}$$

从 i 机架入口和出口流量相等可写出以下流量公式：

$$v_i h_i = v'_i h_{0i}$$

$$v_{0l}(l + f_i)h_i = v_{0l}(l + \beta_i)H_i$$

所以

$$(1 + f_i)h_i = (1 + \beta_i)H_i$$

此式增量化后同样可得

$$\frac{\delta\beta_i}{1 + \beta_i} = \frac{\delta H_i}{H_i} + \frac{\delta h_i}{h_i} + \frac{\delta f_i}{1 + f_i}$$

设

$$\alpha_i = \frac{\delta f_i}{1 + f_i},\ g_i = \frac{\delta h_i}{h_i} - \frac{\delta H_i}{H_i}$$

则

$$\frac{\delta\beta_{i+1}}{1 + \beta_{i+1}} = \alpha_{i+1} - g_{i+1}$$

所以增量式可写成

$$\frac{\delta v_{0l}}{v_{0l}} = -\alpha_i + \alpha_{i+l} - g_{i+l} + \frac{\delta v_{0i+l}}{v_{0i+l}}$$

7.5 板带轧机 AGC 系统

7.5.1 中厚板轧机的 AGC 系统

中厚板轧机厚差产生的主要原因是温度的波动，考虑到其特点是板材长度较短，虽然目前中厚板轧机都有液压微调缸以加速辊缝调节，但板材短（轧制时间短）的特点要求 AGC 系统应以前馈 AGC 为主体，在此基础上适当加以反馈及监控 AGC。

对于可逆轧制，应利用每一道次的实测轧制力所得到的厚度变化及由轧制力变化所提炼出的硬度变化用于下一道次的前馈控制（需注意的是可逆轧制时头和尾将倒换，为此需将厚度及硬度变化信息加以存储），同样可对末道次采用入口厚度补偿控制使辊缝不动情况下保持轧制力恒定，以使厚度和凸度恒定。

7.5.2 带钢热连轧的 AGC 系统

带钢热连轧 AGC 系统主要用于精轧机组，现代热连轧还在粗轧机上设置了微调液压缸，但其主要任务应是控制带坯不产生侧弯，以免精轧穿带不顺，粗轧出口厚度偏差的减小对精轧成品厚差影响不是很大。

6 或 7 机架精轧的 AGC 系统长期来采用 GM-AGC 加上厚度前馈(H)FF-AGC 及 MN-AGC 的方案，但实践证明厚度前馈 AGC 对控制成品精度效果并不理想。

因此目前已较少采用，一般只采用 GM-AGC + MN-AGC。近年来提出了硬度前馈 AGC（KFF-AGC）的方案，由于抓住了温度（硬度）是影响热轧厚差的主要扰动，取得了良好效果。

图 7-22 为我们在鞍钢 1700mm ASP 上所采用的 AGC 系统配置，图中未给出用于 AGC

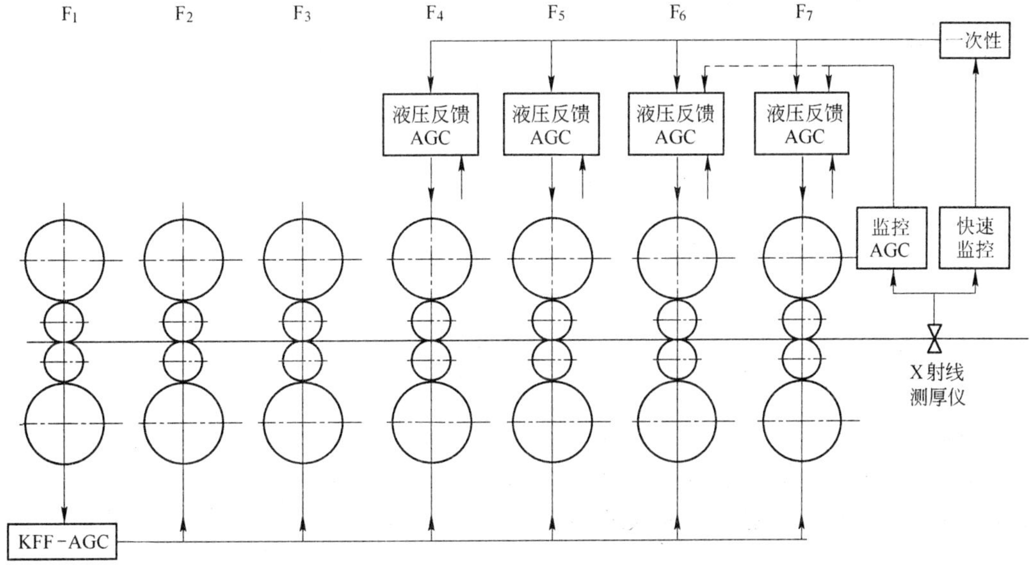

图 7-22 鞍钢 1700mm ASP 的 AGC 系统配置

系统的各种补偿功能（偏心、加减速、活套补偿及 FF-ASC）

7.5.3　带钢冷连轧的 AGC 系统

冷连轧除可采用上述所述各种 AGC 方式（反馈、前馈及监控 AGC）组成 AGC 系统外，根据其轧制时秒流量相等以及多个机架入口设有测厚仪的特点，加上近年来激光测速仪的推出，使有可能直接精确测量带速，因而开发了以流量方程为基础的流量 AGC 以代替采用弹跳方程的 GM-AGC。由于冷轧采用大张力轧制，因此为采用张力 AGC 提供了条件。

根据变形区流量方程：

$$v'h_0 = vh$$

如果对带钢段 h_0（入口厚度）用测厚仪实测后，当实测 h_0 的带钢段将进入变形区时根据此时实测的带速 v'（入口速度）及 v（出口速度）即可精确得到此带钢段的变形区出口厚度。

这一技术解决了长期来困扰冷连轧 AGC 系统设计的问题，即如用入口测厚仪信号进行前馈，由于是开环控制不能保证 $\delta h = 0$。如果用出口测厚仪信号进行反馈，则由于大滞后而不稳定（为了保持稳定裕度，不得不减小反馈量），如果用轧制力通过弹跳方程计算变形区出口厚度虽然不存在滞后但弹跳方程测厚对冷轧来说精度不够。

目前激光测速仪的采用，使这一问题迎刃而解，既可高精度地获得变形区出口厚度又可以没有滞后地进行反馈控制。由于采用了入口测厚仪实测 h_0 通过延迟来控制，这一方法似乎应是前馈控制，但加上带钢入口和出口速度实测值后计算所得的是变形区出口厚度 h_1，因此这一方法又具有反馈控制性质。所以下面仅以流量 AGC（粗调、精调）来称呼。

现代带钢冷连轧在每个机架的前后都设置了激光测速仪（有些轧机 C_3 前不设激光测速仪）。测厚仪一般设在 C_1 前后，C_5 前后及 C_4 前。张力仪在每个机架前后都设置。整个系统所采用的基本原则为张力仪信号都对下一机架压下进行控制。

7.5.3.1　粗调流量 AGC

粗调 AGC 由 C_1，C_2 甚至包括 C_3 组成（图 7-23），其基本控制为流量法 AGC，由于：

$$v'h_{0SET} = vh_{1SET}$$

当实测到 δh_0 后，可得

$$v'(h_{0SET} + \delta h_0) = v(h_{1SET} + \delta h_1)$$

所以

$$\delta h_1 = \frac{v'}{v}(h_{0SET} + \delta h_0) - h_{1SET}$$

因此

$$\delta S_1 = \frac{C_P + Q}{C_P}\left[(h_{0SET} + \delta h_0)\frac{v'}{v} - h_{1SET}\right]$$

式中　h_{0SET}，h_{1SET}——入口和出口厚度设定值。

由于张力仪信号直接用于控制下游机架的压下，在按上式控制的同时应设法保持入口流量不变。为此在 δh_0 进入变形区时应调整开卷机或 S 辊（酸洗-轧机联机时）的速度 δv_R。

为了进入变形区的流量不变，即

$$(v' + \delta v')(h_{0SET} + \delta h_0) = vh_{1SET}$$

由于
$$v'h_{0SET} = vh_{1SET}$$

所以
$$\delta v' = -\frac{\delta h_0}{h_{0SET}}v'$$

在稳定状态(张力不变)时

$$v_R = v'$$

$$\delta v' = \delta v_R$$

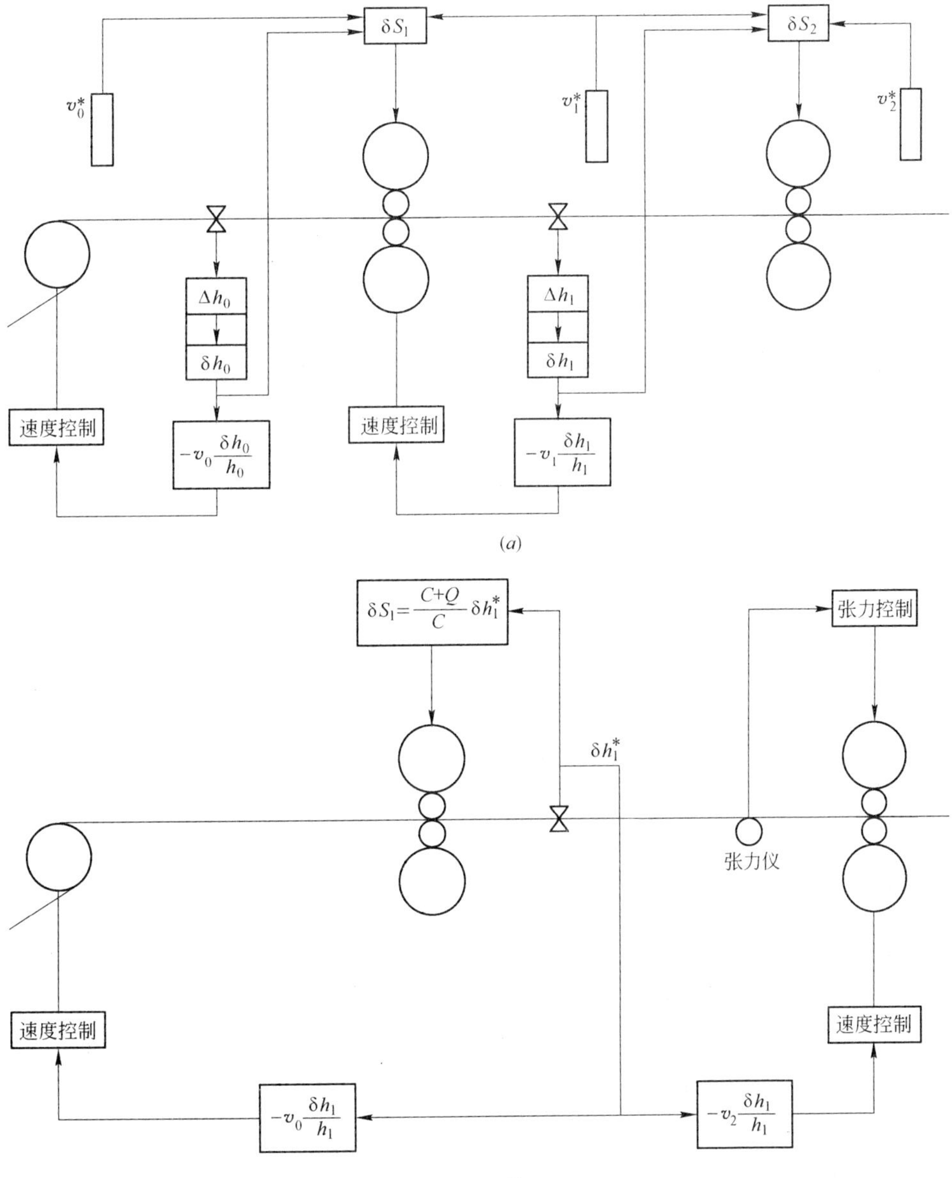

图 7-23　粗调流量 AGC

因此上式可写成

$$\delta v_R = -\frac{\delta h_0}{h_{0SET}} \cdot v_R$$

式中，v_R 及 δv_R 为开卷机或 S 辊的速度值及需调速的量。

利用 C_2 前测厚仪以及 C_2 前后激光测速仪同样可以对 C_2 进行流量 AGC 控制，以及为了保持进入 C_2 变形区秒流量不变可对 C_1 速度进行控制，与第一机架不同的是当控制 C_1 速度时同时要级联开卷机或 S 辊速度。

C_1 后的测厚仪实测 δh_1 后，仍可用前面所述的算法对 C_1 进行监控，C_2 后测厚仪信号可用于对 C_2 进行监控。

如 C_3 前后仪表齐全则亦可对 C_3 进行流量 AGC 及监控。

7.5.3.2 精调流量 AGC

精调 AGC 由 C_4，C_5 来完成，根据所轧产品厚薄硬度不同可采用：

(1) 压下方式；

(2) 极限张力方式；

(3) 平整方式。

A 压下方式(Reduction Mode)(图 7-24)

利用 C_5 前后激光测速仪及 C_5 前测厚仪信号，用上面相同方法可确定 C_5 变形区出口处厚差。

$$\delta h_5 = (h_{4SET} + \delta h_4)\frac{v_4}{v_5} - h_{5SET}$$

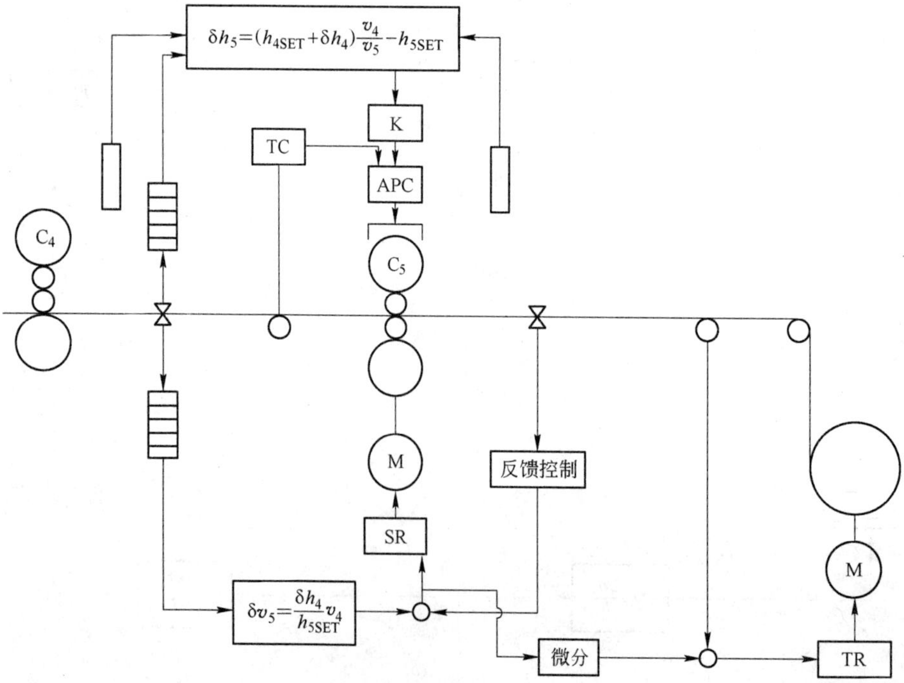

图 7-24 精调流量 AGC（压下方式）

因此

$$\delta S_5 = \frac{C_P + Q}{C_P}\left[(h_{4SET} + \delta h_4)\frac{v_4}{v_5} - h_{5SET}\right] = K\delta h_5$$

同时应对 C_5 速度进行控制以保持流量（按前面所述方法应控制 C_4 速度，但考虑到 C_3 为基准架，速度调节应转移到 C_5）。

按照

$$v_4(h_{4SET} + \delta h_4) = (v_5 + \delta v_5)h_{5SET}$$

得

$$\delta v_5 = \frac{\delta h_4}{h_{5SET}}v_4$$

成品测厚仪信号反馈控制 C_5 速度使 C_4，C_5 间张力变动，然后通过张力控制 C_5 压下。

B 极限张力方式

控制算法和压下方式相同，不同的是压下方式时 C_4，C_5 间张力仪信号将用来控制 C_5 压下以保持张力恒定。极限张力方式时允许张力变动 ±15%，亦即当张力在 ±15% 范围时张力信号不控制 C_5 压下，允许张力变动，仅当张力超出范围时才会控制压下以使张力回到这一范围内来。

C 平整方式（图 7-25）

当来料板形不好，而所轧产品厚度及硬度都允许用四个机架轧制时，将 C_5 作平整用，即仅给极小压下率，C_5 此时采用恒压力控制，C_4，C_5 间张力仪信号不再控制 C_5 压下而是控制 C_4 速度来保持 C_4，C_5 间张力恒定。

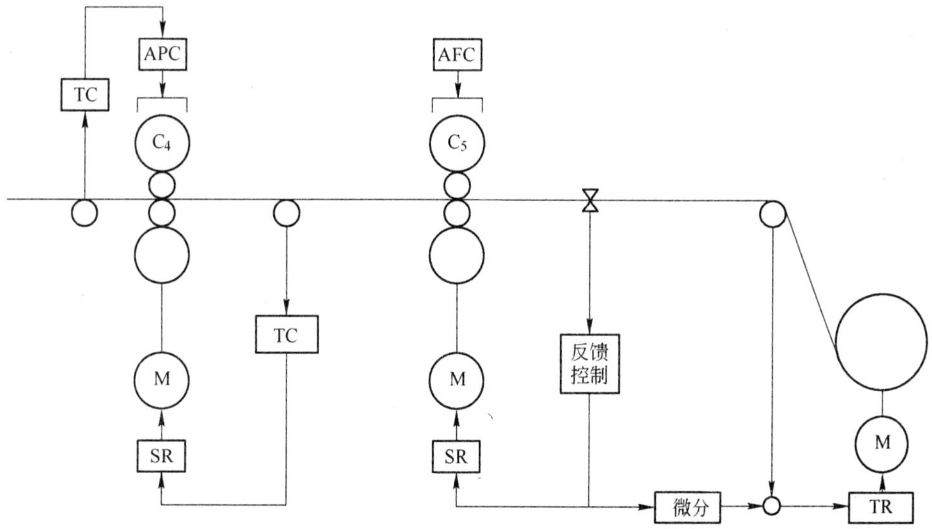

图 7-25 精调流量 AGC（平整方式）

C_5 后成品测厚仪信号用来反馈控制 C_5 速度，其后果将是：

（1）C_5 速度改变影响 C_4，C_5 间张力；

（2）C_4，C_5 间张力变动将控制 C_4 速度；

（3）C_4 速度变动将影响 C_3，C_4 间张力；

（4）C_3，C_4 间张力变动将调整 C_4 压下因而消除成品厚差。

当用成品测厚仪信号 δh_5^* 控制 C_5 速度时应级联卷取机不使 C_5 后张力变动（卷取机将用 C_5 后张力仪信号进行直接张力反馈控制）。对 C_5 速度调整同样采用流量不变原则，即

$$(h_{5SET} + \delta h_5)(v_5 + \delta v_5) = h_{5SET} v_5$$

$$\delta v_5 = -\frac{\delta h_5}{h_{5SET}} v_5 \cdot k_V$$

式中 k_V——控制用系数，可以调整。

采用流量 AGC 后成品厚度精度得到较大提高。

由上面所述的各种 AGC 方案可知，冷连轧 AGC 系统，由于各参数间错综复杂的关系而存在多种方案，相对于热连轧的 AGC 系统来说要复杂许多。为此在确定一个 AGC 系统方案时应进行控制系统多种方案的仿真研究。有关传统 AGC 及流量 AGC 系统的仿真研究请阅第 10 章。

7.5.4 双机架可逆冷连轧 AGC 系统

双机架可逆冷连轧机是近年随着薄板坯连铸连轧的发展而迅速发展，从产量上看，一套双机架可逆冷连轧用较薄的热轧来料时可达 100 万～120 万吨/年，与薄板坯连铸连轧比较匹配，而其设备投资却远远低于传统五机架冷连轧。

双机架冷连轧可以用四个或六个道次（最后一道可以是平整道次以提高产品平坦度）比较灵活，为了实现四道或六道，其 AGC 系统配置应具有一定的灵活性，亦即以两个机架可以是完成传统五机架冷连轧的粗调 AGC 任务，亦可以是第一架完成粗调 AGC，而两架间的张力 AGC 完成精调 AGC 任务以及可以最后一架完成平整道次的恒伸长率控制。

双机架可逆冷连轧的仪表配置一般比较齐全，在每一机架前后都设有测厚仪，激光测速仪，并在出口侧配有平坦度张力辊。

粗调及精调 AGC 所涉及的前馈 AGC，监控 AGC 以及流量 AGC 与前面所述的五机架冷连轧类似。图 7-26 示意性地给出了双机架可逆冷连轧 AGC，未机架作为平整道次时的

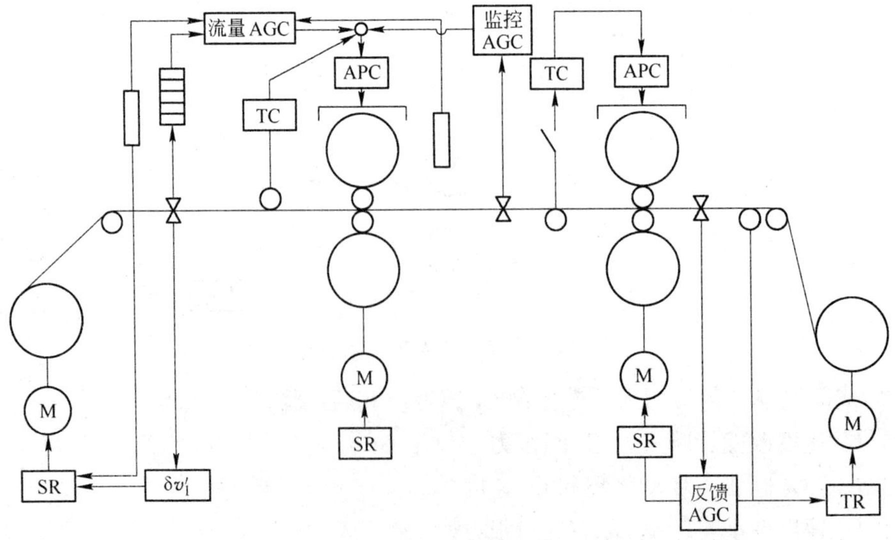

图 7-26 双机架可逆冷连轧 AGC

控制系统（与图 7-27 类似）。单机架可逆冷轧 AGC 系统类似图 7-26。

在轧制头两个道次时，其功能相当于五机架冷连轧的粗调 AGC。此时开卷机为速度控制，通过测速仪反馈控制，第一机架由前馈 AGC，监控 AGC 以及张力控制（控制压下）组成，前馈及监控 AGC 给开卷机一个速度补偿量，第二机架 AGC 系统亦由前馈，监控 AGC 及张力控制组成，此时前馈，监控 AGC 给的速度补偿量首先给 C_1 速度，然后级联到开卷机。C_2 出口侧张力仪则用于卷取机的直接张力控制。当各机架前后配置带速激光测速仪后，则第一机架可采用前馈 AGC，监控 AGC 及流量法测厚反馈 AGC，入口张力仪可用于开卷机的直接张力控制，第二机架按精调张力 AGC 方案，这可用于轧四个道次时。

在轧制最后二个道次时，第二机架往往作平整机用，此时第一机架采用前馈 AGC 及监控 AGC（或流量测厚反馈 AGC），而第二机架为恒伸长率控制，恒伸长率控制方案与上节所述单机架平整机相同。

由上面所述可知，由于机架数减少，仪表配置容易配置齐全，因而控制方案灵活多变，亦有利于获得较好的成品厚度精度。因此采用加强型双机架可逆冷连轧不仅设备投资大为减少，而且保证了产品质量，当轧制较薄的热轧卷时其产量亦能达到百万吨。

7.5.5 平整机恒伸长率控制系统

强力冷轧——平整轧机用作平整机时其控制系统如图 7-27 所示，其主要功能为恒伸长率控制。

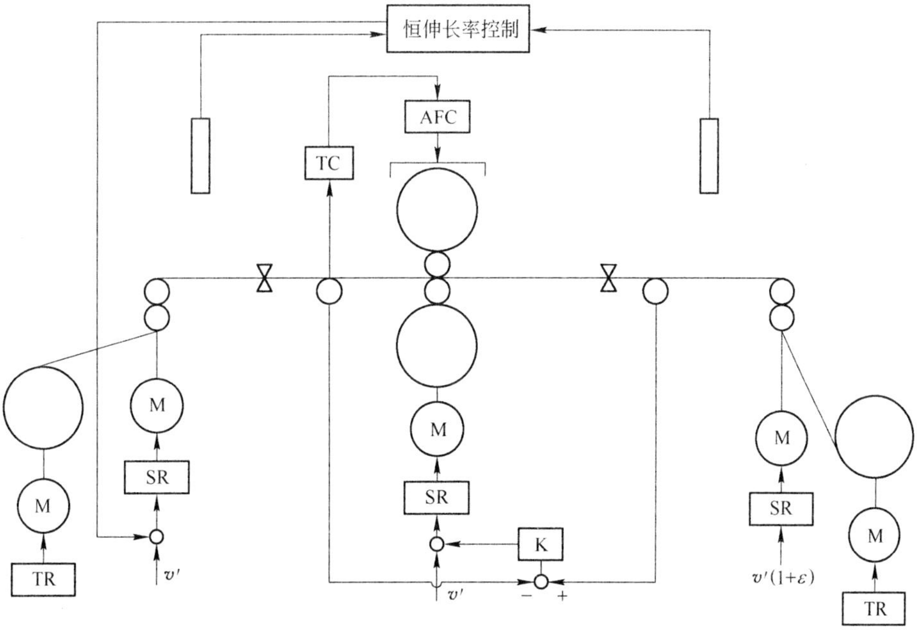

图 7-27 恒伸长率控制

带钢伸长率 e 的定义为

$$e = \frac{L_1 - L_0}{L_0} \times 100\%$$

式中，L_0 为入口侧带钢段长度；L_1 为出口侧同一带钢段的长度，长度检测可以用张力辊或导向辊上的脉冲发生器（脉冲计数）。但如果在导向辊发生打滑则不易测准，近年来由于激光测速仪的应用，可用速度信号积分求得较精确的带长。

如对伸长率公式的等号右边上下都除以时间，则可得

$$e = \frac{v - v'}{v'}$$

因此

$$v = v'(1 + \varepsilon)$$

为此只要将入口和出口速度设定为 v' 及 $v'(1+\varepsilon)$ 即可保证实现恒伸长率控制。

第 8 章　板形模型与板形控制

8.1　基本概念

板形控制是板带材质量控制的另一个主要功能，与厚度控制相同，板形控制亦包括了过程自动化级的板形设定模型及基础自动化级的自动板形控制系统。图 8-1 列出了与板形控制有关的各项功能。

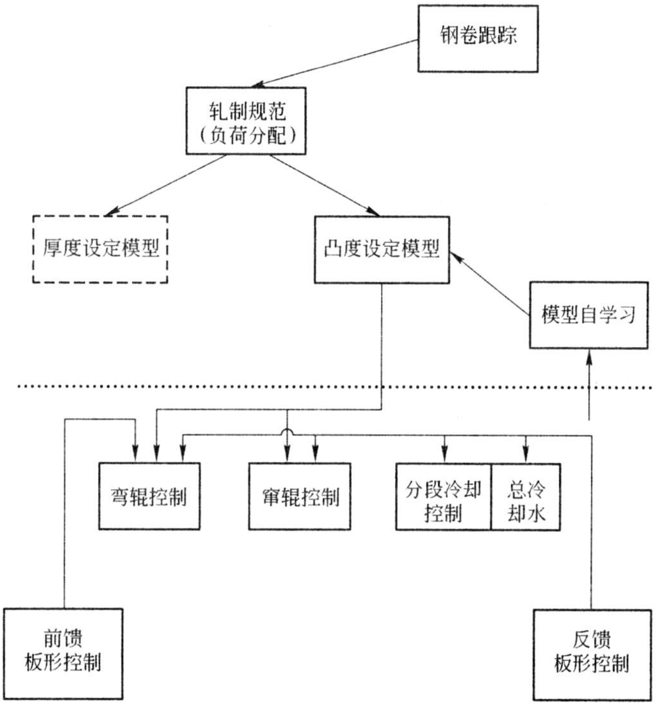

图 8-1　板形控制功能

板形实际上包含了“带钢横截面几何形状”和在自然状态下“板带材平坦度”这两个方面，因此要定量描述板形就将涉及到这两个方面的多项指标，包括：凸度、楔形、边部减薄、局部高点和平坦度。

8.1.1　板带材横断面形状的表示方法

板带材横截面形状包括：凸度、楔形、边部减薄和局部高点。

8.1.1.1　凸度

凸度（图 8-2*a*）是描述板带材横截面形状的一项主要指标，凸度定义为在宽度中点处厚度与两侧边部标志点平均厚度之差

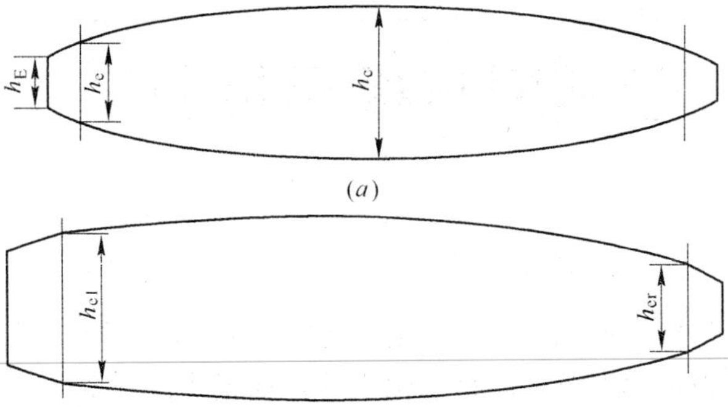

图 8-2　板带材横截面形状
(a)— 凸度；(b)— 楔形；

$$CR = h_c - \frac{1}{2}(h_{er} + h_{el})$$

式中，h_{er} 和 h_{el} 为右部及左部的标志点厚度。所谓标志点是指不包括边部减薄部分的边部点，一般取离实际边部 40mm 左右处的点。h_c 为板带材宽度方向中心点的厚度。

8.1.1.2　楔形

楔形（CT）（图 8-2b），即左右标志点厚度之差

$$CT = h_{er} - h_{el}$$

8.1.1.3　边部减薄

边部减薄（E）（图 8-2a），即轧件边部与轧辊接触处的轧辊压扁由于过渡区而在板边造成的板带材边部减薄。

$$E_r = h_{er} - h_{Er}$$

$$E_l = h_{el} - h_{El}$$

式中，r 指右部；l 指左部（右部一般指传动侧，左部为操作侧）。h_{Er} 及 h_{El} 为板带材实际的右边部和左边部的厚度。

8.1.1.4　局部高点

局部高点是指横截面上局部范围内的厚度凸起。

对于宽冷轧带钢，严格说，凸度还可分为二次凸度 CR_2 和四次凸度 CR_4。从带宽中心点到两侧标志点范围内如测取多个点的厚度值，并用这些点的厚度值拟合出一条曲线，将是如下公式形式：

$$h(x) = b_0 + b_1 x + b_2 x^2 + b_4 x^4 + \cdots$$

$b_0 \sim b_4$ 为系数，由此可定义

$$CR_1 = 2b_1$$

$$CR_2 = (b_2 + b_4)$$

$$CR_4 = \frac{b_4}{4}$$

其中 CR_1 实际上表现了带钢的楔形，CR_2 为二次凸度，亦即为一般所说的凸度，CR_4 为四次凸度。

8.1.2 板带材的平坦度

平坦度是指轧制后在自然状态下（不存在张力的状态下）板带材的平坦性，由于可有多种测量方法，平坦度有几种表示方法。

平坦度不良的主要表现为带钢（在自然状态下）的瓢曲。瓢曲是由于轧件宽度方向上各点延伸不均形成内部残余应力所致。

热带在卷取机咬钢后产生较大张力或带钢冷轧前后施加较大张力时从表面上一般不易看出瓢曲、起浪等现象，但当自然地放在平台上，常可看到瓢曲、皱纹或局部凹凸。

冷轧带钢的瓢曲比热轧带钢复杂（图 8-3）。不仅有侧弯、边浪、中浪，而且存在 1/4 处的波浪以及复合浪，这是由于内应力的不同分布所造成。中厚板板宽方向不均匀延伸情况下，当宽厚比较大时（轧制较宽较薄的中板）亦可能有浪，但一般表现为平面形状的失真（偏离矩形）。

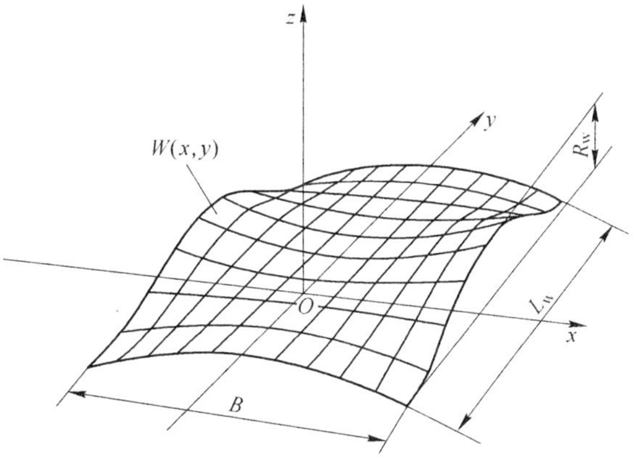

图 8-3 冷轧带钢的瓢曲

平坦度表示方法有纤维相对长度差表示法、波形表示法、残余应力表示法和张应力差表示法。

8.1.2.1 纤维相对长度差表示法

轧制后带钢起浪（边浪或中浪）或中厚板平面形状失真是由于板带材边部及中部延伸不同而产生。一个比较简单的表示方法就是取宽度方向上不同小条的相对长度差 $\Delta L/L$ 来表示平坦度。其中 L 是所取基准小条的轧后长度，ΔL 是其他点小条相对于基准小条的长度差，相对长度差又称为板形指数 ρ_w：

$$\rho_w = \Delta L/L$$

板形指数 ρ_w 的单位为 I，一个 I 单位相当于相对长度差为 10^{-5} 。一般定义：I 为负时是边浪，正时是中浪。

8.1.2.2 波形表示法

在瓢曲的轧件上测量长度来求出相对长度差很不方便，所以采用了更为直观的方法，即以瓢曲波形来表示平坦度，称之为波浪度 d_w。将带材切取一段置于平台之上，如将其最短纵条视为一直线，最长纵条视为一正弦波，则如图 8-4 所示，可将带钢的波浪度表示为

$$d_w = \frac{R_w}{L_w} \times 100\%$$

式中 d_w——波浪度；

R_w——波高；

L_w——波长。

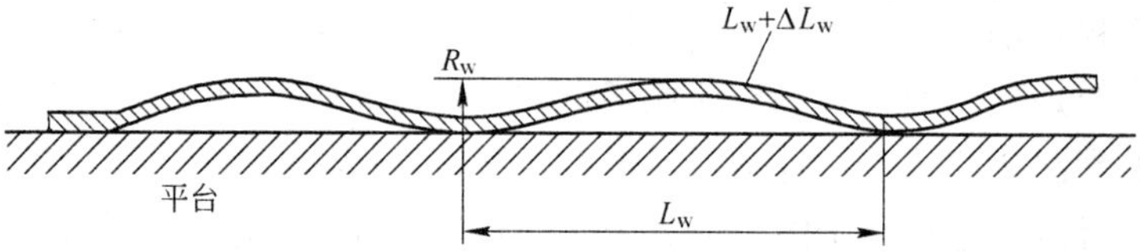

图 8-4　波形表示法

这种方法直观、易于测量，许多工厂都采用这种方法。

设在图 8-4 中与长为 L_w 的直线部分相对应的曲线部分长为

$$L_w + \Delta L_w$$

当认为曲线按正弦规律变化，则可利用线积分求出曲线部分与直线部分的相对长度差。

曲线为正弦波时

$$H_w = \frac{R_w}{2}\sin\left(\frac{2\pi y}{L_w}\right)$$

故与 L_w 对应的曲线长度为

$$\begin{aligned} L_w + \Delta L_w &= \int_0^{L_w} \sqrt{1 + \left(\frac{dH_w}{dy}\right)^2} dy \\ &= \frac{L_w}{2\pi}\int_0^{2\pi} \sqrt{1 + \left(\frac{\pi R_w}{2L_w}\right)^2 \cos^2\theta} d\theta \\ &\approx L_w\left[1 + \left(\frac{\pi R_w}{2L_w}\right)^2\right] \end{aligned}$$

因此，曲线部分和直线部分的相对长度差为

$$\rho_w = \frac{\Delta L_w}{L_w} = \left(\frac{\pi R_w}{2L_w}\right)^2 = \frac{\pi^2}{4} d_w^2 \times 10^{-5}$$

波浪度可以作为板形指数（相对长度差）的代替量。只要测出带钢波浪度，就可以求出板形指数。

一般说中浪是由于轧制力不足或是弯辊力太大使轧件宽度中部压下率过大造成，而边浪则是由于轧制力过大使辊系弯曲变形在边部压下率过大所造成，产生边浪的另一种原因是由于轧辊（板边部分）磨损，轧辊在板边部分磨损后当再轧制更宽的带钢时将使板带边部的平坦度变坏，正因如此，轧制计划要求按先宽后窄的宽度变化规律来操作。这种宽度

变化规律对于薄板坯或中薄板坯连铸连轧将有一定困难。为了加大同宽度允许轧制的“公里数”（能轧制的带钢总长度）。许多轧机采用了在线磨辊或平辊窜辊来使过渡区（板边与轧辊接触处）得以均匀磨损。因此平辊窜动虽不能用来改变辊缝形状，但对自由轧制及板形的改善是有益的。

8.1.2.3　残余应力表示法

带钢平坦度不良实质上是由于带钢内部残余应力沿轧件宽度方向的分布所造成。所以也常用带钢内部的残余应力来表示板形，这更能反映问题的实质。一般将带钢内部残余应力表示为带钢横向相对位置的函数，x 是所研究点距带钢中心的距离，B 是板宽。经验表明，要精确表示残余应力分布，需要用四次函数，在凸度设定及前馈控制时由于采用弯辊力，而弯辊力的作用仅为二次函数，因此为了简化，可以只用二次函数表示残余应力分布，即

$$\sigma(x) = \sigma_T\left(\frac{2x}{B}\right)^2 + C$$

式中，$\sigma(x)$ 是距带钢中心距离为 x 的点处发生的残余应力；C 为常数；σ_T 称为平坦度参数，研究表明，σ_T 与下列参数有关：

$$\sigma_T = f(\tau_b, \tau_f, h_0, h, v, C_W, C_B, F)$$

式中　τ_b，τ_f——前、后张应力，MPa；

h_0，h——轧前、轧后厚度，mm；

C_W，C_B——工作辊、支撑辊的凸度，μm；

v——轧制速度，m/s；

F——弯辊力，kN。

8.1.2.4　张应力差表示法

当使用剖分式张力辊平坦度测量仪时获得的是实测的带钢宽度方向张应力分布（其积分值为总张力），张应力不均匀分布是由于内应力与张应力合成的实际张应力所造成。

设实测张应力为 $\Delta\tau(x)$

$$\Delta\tau(x) = \tau_f(x) - \tau_{fm}$$

则

$$\Delta\tau(x) = E\rho_w(x) \times 10^5$$

式中　τ_{fm}——宽度方向上的平均张应力；

E——弹性模量。

$\Delta\tau(x)$ 在带宽上的总和应为零，$\Delta\tau(x)$ 的分布曲线可用四次多项式来描述，即

$$\Delta\tau(x) = a_0 + a_1x + a_2x^2 + a_4x^4$$

式中，a_0，a_1，a_2，a_4 为多项式系数，可由实测数据拟合得到。

8.1.3　凸度与平坦度间的关系

板形的各项指标中，凸度和平坦度为主要指标，这两个指标在控制中往往存在矛盾，

但它们之间又存在紧密关系，正如前面谈到辊缝形状方程及板形方程时所述，凸度决定于轧辊有载辊缝形状，因此凡是对轧辊有载辊缝形状有影响的因素，例如轧制力、弯辊力、热辊型、磨损辊型，轧辊原始冷辊型以及在线可调辊型都将对出口带钢的断面形状有影响。而平坦度则决定于带宽方向各假想小条的均匀延伸，因此将和入口带钢凸度及出口带钢凸度是否匹配有关。所谓匹配，从板形方程可知，即为入口和出口带钢的相对凸度（亦可称为比例凸度）应相等，即

$$\frac{\Delta}{h_0} = \frac{\delta}{h_1} = \left(\frac{\Delta}{H}\right)_L$$

对于冷连轧机组则

$$\frac{\delta_i}{h_i} = \frac{\delta_n}{h_n} = \frac{\Delta_0}{H_0}$$

式中　Δ_0——冷轧原料（热轧卷）凸度，mm；

H_0——冷轧原料（热轧卷）厚度，mm；

h_0，h_1——入口及出口厚度，mm；

Δ，δ——入口及出口凸度；

δ_i，δ_n——i 机架及 n 机架出口带钢凸度，mm；

h_i，h_n——i 机架及 n 机架出口带钢厚度，mm；

H_L——热连轧可能产生翘曲的临界厚度。

因此，以下两种极端情况是不允许的：

（1）入口处带钢形状如图 8-5*a* 所示，希望出口处断面形状为矩形，假设沿宽度方向（坐标 x）可分成许多小条，则此时上式可写成

$$h_0(x)L = hl(x)$$

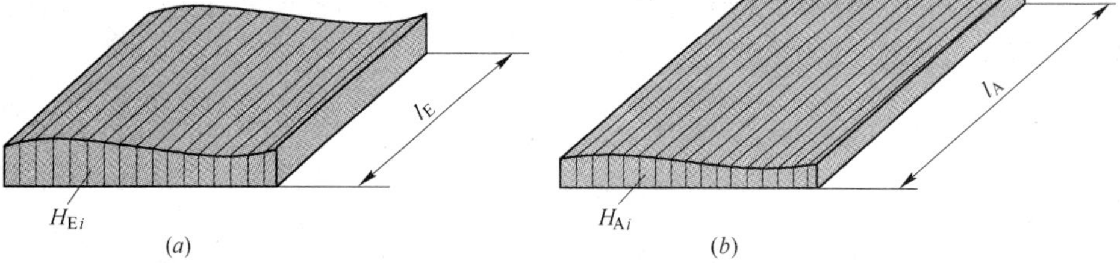

图 8-5　入口及出口断面形状

（*a*）— 入口断面形状；（*b*）— 出口断面形状

设入口处带钢沿宽度（坐标 x）各点长度相同，即 L 为常数与 x 无关。当希望出口断面形状为矩形，即 h 亦与 x 无关，则出口处沿宽度方向各小条长度将为 x 的函数

$$l(x) = \frac{L}{h}h_0(x)$$

即出口各小条长度将与此小条入口处厚度成正比，由于小条入口厚度不同，各小条将有不同的长度，但由于带钢为一整体，因此将产生内应力（有些部分受拉，另一些部分则

受压），当内应力大于带钢翘曲所需的临界应力时，带钢将产生翘曲。

当钢板厚又较短时，则不易翘曲，而使钢板端部产生舌头或燕尾形。

（2）入口处带钢断面为矩形，希望出口处断面形状如图 8-5b 所示，此时

$$h_0L_1 = h(x)l(x)$$

$$l(x) = \frac{L_1h_0}{h(x)}$$

即出口各小条将与要求出口断面（带钢凸度）形状有关。由于 h 随 x 变，将使各小条有不同的长度，产生内应力而产生翘曲。

入口和出口带钢相对凸度相互不匹配，将使带钢带宽方向各小条受到不均匀压缩，因而产生不均匀延伸，这将使带钢内部产生内应力，轧制结束后转为残余内应力，当残余内应力超过带钢产生翘曲的极限应力，带钢将发生翘曲。

翘曲的极限应力 σ_{CR} 可用下式求得：

$$\sigma_{CR} = k_{CR}\frac{\pi^2E}{12(1+\nu)}\left(\frac{h}{B}\right)^2$$

式中 k_{CR}——临界应力系数，需由试验获得；

E，ν——材料的弹性模量和泊松比（E 的单位为 MPa）；

h，B——带钢的厚度和宽度，mm 和 m。

因此带钢越薄越宽将越容易产生翘曲。当带钢轧制具有前后张力时，张应力与内应力合成后虽分布不均，但只要各点合成应力大于零时，带钢表面上将不会产生翘曲，一旦当张力释放后（取一段带钢放平台上）带钢将产生翘曲。正因如此冷轧制时带钢的平坦度可以用剖分式张力测量辊或其他能测量带宽方向张应力分布的装置来进行在线测量。热带则采用激光平坦度仪直接测量成品带钢的中浪或边浪大小。

主要板形缺陷的张应力分布如图 8-6 所示。

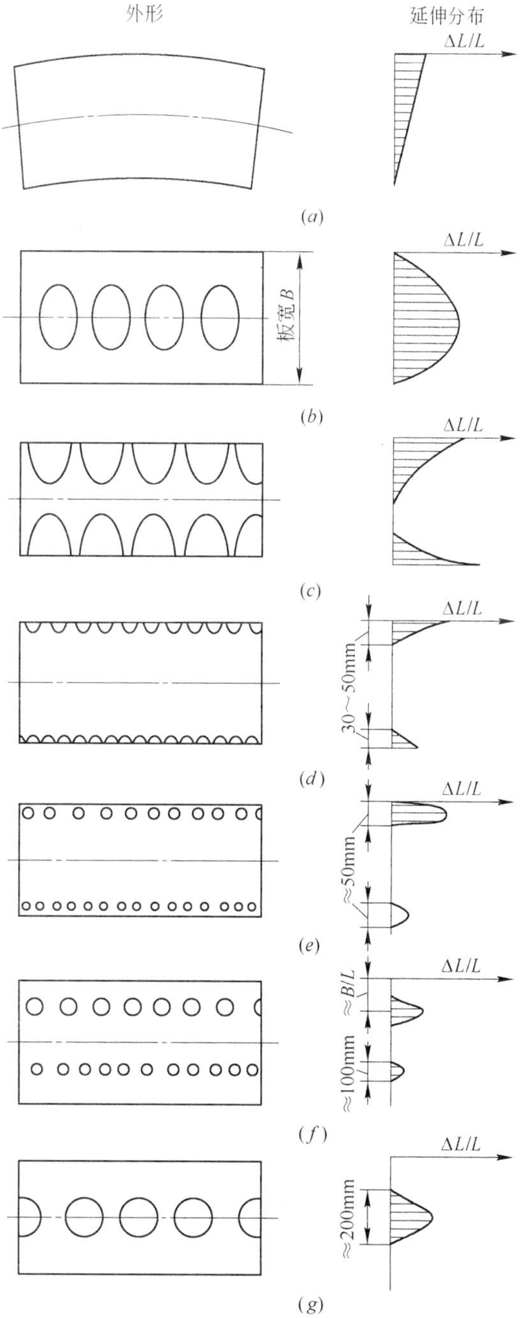

图 8-6 张应力分布与板形缺陷

(a)—侧弯；(b)—中波；(c)—边波；(d)—侧边波；(e)—近边波；(f)—复合波；(g)—中心波

8.2　以板形为目标的最优负荷分配

从第 4 章辊缝形状方程可知，调节带钢出口凸度的手段有：轧制力、弯辊力和可控辊型。

除了通过 CVC，LVC，PC 等可控辊型以及弯辊对辊系变形的控制外，分配各机架轧制力大小亦是一种有效手段。图 8-7 及图 8-8 示意地给出了两种板形控制框图。

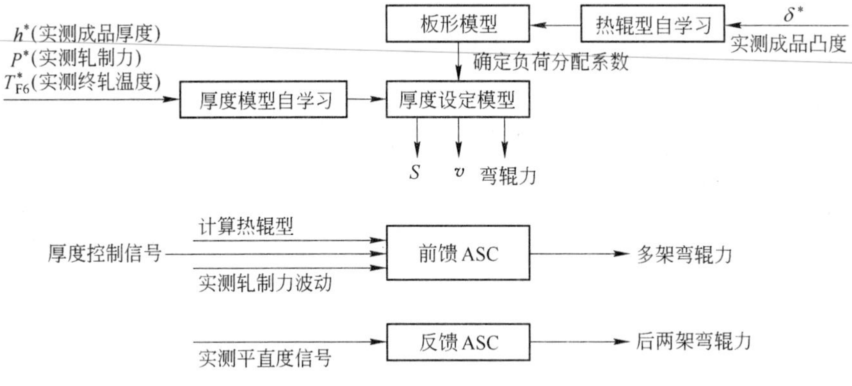

图 8-7　板形控制框图（一）

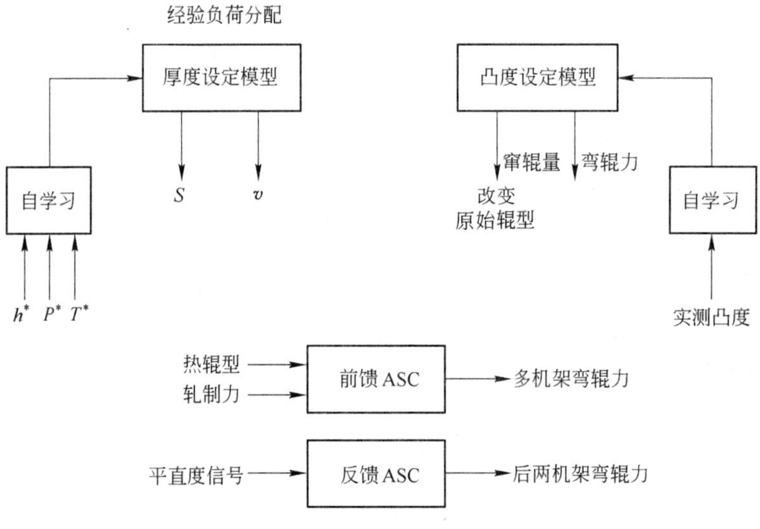

图 8-8　板形控制框图（二）

对于没有设置 CVC，LVC，PC 的轧机，或虽有窜辊机构，但为了使轧辊均匀磨损，延长同宽度规格的轧制公里数而采用平辊时，合理分配各机架轧制力加上弯辊装置的配合亦可有效实现板形设定。

对于设置有 CVC，LVC，PC 技术的轧机，可以允许轧制力由厚度设定模型独立确定，并将其作为已知值后通过可控辊型来保证最终带钢出口凸度。但即使是方案二，如果能够合理分配轧制力，亦是有利于凸度（板形）的设定。因此开发了以板形最优为目标的最优负荷分配法。

精轧机组负荷分配“优化”指的是在已知来料参数（厚度 H_0 等）及成品厚度 h_n 条件下以某种“目标”最优来分配 h_i 。

目前公认的“目标”应是尽量为板形设定创造良好条件，即通过负荷分配（分配 h_i ，亦即分配 P_i ）使带钢成品的头部凸度及平坦度得到保证。

负荷分配优化应在标准条件下进行，对于热轧，即在已定精轧入口温度，除鳞水及机架间喷水模式，末架穿带速度以及各机架弯辊力设定，轧辊辊系的辊型设计等值基础上进行。

我们开发了以下两种方法：

（1）逆算法；

（2）寻优法。

8.2.1　负荷分配逆算法

逆算法负荷分配优化按三段进行计算，以热连轧为例：

（1）第一段为末机架参数计算，在末机架辊型已定及给定弯辊力设定值后，根据成品凸度的要求，由凸度方程来确定末机架应有的轧制力。由于凸度方程需先知末机架入口凸度 CR_{H}，而为了保证末机架轧制力在已定出口厚度 h 的情况下应保证有合适的入口厚度 h_0，而末机架入口的相对凸度 $\frac{CR_{\mathrm{H}}}{h_0}$ 应和成品相对凸度 $\frac{CR}{h}$ 相等，为此需通过迭代计算来同时确定末机架轧制力 P，入口凸度 CR_{H} 及入口厚度 h_0（即为上一机架的出口凸度及出口厚度）。

（2）第二段为通过对后四个机架 h_i 的逐架逆算，使后四个机架的出口相对凸度满足平直度条件，即

$$\left(\frac{CR}{h}\right)_i = \left(\frac{CR}{h}\right)_n + \sum_{j=i+1}^{n}\Delta C_j - 40\left(\frac{h_i}{B}\right)^{1.86} < \Delta C_i < 80\left(\frac{h_i}{B}\right)^{1.86}$$

或

$$\Delta C = \beta 80\left(\frac{h_i}{B}\right)^{1.86}$$

$$\beta = -0.5 \sim +1.0$$

（3）第三段，在确定 h_3（6 机架连轧为 h_2 ）后，分配 $\mathrm{F}_1 \sim \mathrm{F}_3$（6 机架连轧为 $\mathrm{F}_1 \sim \mathrm{F}_2$）的负荷使能“吃掉”剩余压下量 $H_0 - h_3$（或 $H_0 - h_2$ ），一般可设 $P_1 \approx P_2 \approx P_3$（或 $P_1 \approx P_2$ ），但都不应超过轧机允许轧制力。如不能满足，则需调整成品凸度，各机架辊型及弯辊力以及 β 值（ β 值范围为 $-0.5 \sim +1.1$，允许 $\beta > 1.0$ 是为了使薄规格产品产生微弱中浪以便补偿层流冷却产生的边浪），重新计算，使 $P_1 \sim P_3$ 小于允许值，并具有一个合理的 $\frac{P_3}{P_4}\left(\text{或}\frac{P_2}{P_3}\right)$比值。

上述三段计算时需首先确定各机架轧制温度，为此应先以现有经验负荷分为基础用精轧温降公式计算各架轧制温度，在三段优化计算完成获得新的 h_i 后需重新计算温降（各架轧制温度），并在确定温度后再进行（迭代）三段计算。

当 P_1，P_2，P_3（或 6 机架连轧的 P_1，P_2）超过允许值时或 P_1，P_2 过小时需调整 CR_n 目标值及 β 值。以 6 机架连轧为例，CR_n 及 β 对轧制力分配的影响如图 8-9 所示。

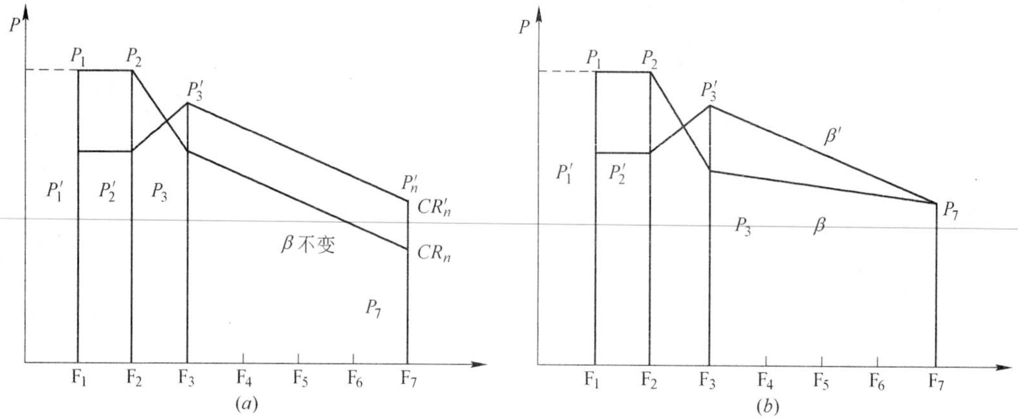

图 8-9　CR_n 及 β 对轧制力分配的影响

(a)—β 不变，不同的 CR_n；(b)— CR_n 不变，不同的 β 值

由图 8-9a 知，当 CR_n 加大后要求 P_6 加大，在 β 值不变情况下，P_5，P_4，P_3 都将加大，最后使 h_2 较大而减小了 F_1 及 F_2 机架需要压下的量而使 P_1，P_2 变小。

而图 8-9b 表示了当 CR_n 不变（P_6 不变），但当 β 取大后 P_5，P_4，P_3 亦将加大，同样将使 P_1，P_2 减小。对于薄规格要求 β 取大，可取 0.7～1.1，而对于厚规格则要求 β 取小，可取 0.3～0.7（大于 5.0 以上的带钢板形目标较容易满足）。

表 8-1～表 8-6 给出了不同规格现有负荷分配的核算结果，由表可知，薄规格板形目标往往不易满足，对薄规格进行负荷分配优化的计算结果列于表 8-7～表 8-10，其板形目标得到明显改善。

表 8-1　某厂 1700mm 热连轧现有 h_i 分配表

产品厚度/mm	H_0	h_1	h_2	H_3	h_4	h_5	H_6
7.0	34	22.93	16.43	12.50	9.70	8.05	7.00
5.0	30	19.16	13.00	9.53	7.14	5.79	5.00
4.0	28	16.90	11.00	7.85	5.75	4.61	4.00
3.0	24	13.63	8.56	5.98	4.34	3.46	3.00
2.0	23	11.43	6.56	4.32	3.00	2.32	2.00

表 8-2　现有 h_i 分配（7.0mm）的验证计算表

参　数	F_1	F_2	F_3	F_4	F_5	F_6
P/kN	16630	14850	12640	12240	9190	7010
CR/mm	0.135	0.108	0.088	0.081	0.058	0.040
CR/h	0.0039	0.0066	0.0070	0.0083	0.0072	0.0057
ΔC	−0.0007	−0.0004	−0.0013	0.0011	0.0015	
ΔC 允许	−0.0235	−0.0134	−0.0080	0.0024	0.0017	
$\Sigma\Delta C$	0.0002	0.0009	0.0013	0.0026	0.0015	
$\Sigma\Delta C$ 允许	0.0265	0.0148	0.0081	0.0041	0.0017	

表 8-3 现有 h_i 分配（5.0mm）的验证计算表

参 数	F_1	F_2	F_3	F_4	F_5	F_6
P/kN	18910	17490	14680	14450	10780	7500
CR/mm	0.149	0.129	0.106	0.100	0.074	0.047
CR/h	0.0078	0.0099	0.0112	0.0140	0.0128	0.0094
ΔC	-0.0021	-0.0012	-0.0029	0.0013	0.0034	
ΔC 允许	-0.0188	-0.0087	-0.0047	0.0013	0.0009	
$\Sigma\Delta C$	-0.0015	0.0006	0.0018	0.0047	0.0034	
$\Sigma\Delta C$ 允许	-0.0368	0.0089	0.0045	0.0022	0.0009	

注：带下划线的值为不满足平坦度要求。

表 8-4 现有 h_i 分配（4.0mm）的验证计算表

参 数	F_1	F_2	F_3	F_4	F_5	F_6
P/kN	21250	18730	15540	15350	11220	7060
CR/mm	0.164	0.140	0.114	0.108	0.079	0.046
CR/h	0.0097	0.0127	0.0146	0.0188	0.0171	0.0114
ΔC	-0.0030	-0.0019	-0.0042	0.0017	0.0056	
ΔC 允许	-0.0157	-0.0084	-0.0032	0.0008	0.0005	
$\Sigma\Delta C$	-0.0018	0.0012	0.0031	0.0073	0.0056	
$\Sigma\Delta C$ 允许	-0.0331	-0.0174	0.0030	0.0014	0.0005	

注：带下划线的值为不满足平坦度要求。

表 8-5 现有 h_i 分配（3.0mm）的验证计算表

参 数	F_1	F_2	F_3	F_4	F_5	F_6
P/kN	24010	20720	17080	16570	11920	7340
CR/mm	0.182	0.157	0.129	0.120	0.087	0.050
CR/h	0.0134	0.0183	0.0215	0.0276	0.0250	0.0167
ΔC	-0.0049	-0.0032	-0.0061	0.0026	0.0083	
ΔC 允许	-0.0099	-0.0054	-0.0018	0.0005	0.0003	
$\Sigma\Delta C$	-0.0033	0.0016	0.0048	0.0109	0.0083	
$\Sigma\Delta C$ 允许	-0.0172	0.0036	0.0017	0.0008	0.0003	

注：带下划线的值为不满足平坦度要求。

表 8-6 现有 h_i 分配（2.0mm）的验证计算表

参 数	F_1	F_2	F_3	F_4	F_5	F_6
P/kN	29110	24910	21080	20110	15020	8440
CR/mm	0.215	0.190	0.163	0.152	0.116	0.065
CR/h	0.0188	0.0289	0.0376	0.0506	0.0499	0.0326
ΔC	-0.0101	-0.0087	-0.0130	0.0007	0.0173	
ΔC 允许	-0.0067	-0.0022	-0.0010	0.0002	0.0001	
$\Sigma\Delta C$	-0.0138	-0.0037	0.0050	0.0180	0.0173	
$\Sigma\Delta C$ 允许	-0.0106	-0.0039	0.0008	0.0002	0.0001	

注：带下划线的值为不满足平坦度要求。

表 8-7　最优 h_i 方案（5.0mm）的计算表（$CR_6=0.055$，$\beta=0.5$，$t_{RTC}=1080$℃）

参　数	F_1	F_2	F_3	F_4	F_5	F_6
h_i /mm	18.89	12.19	9.26	7.33	5.99	5.00
P/kN	19470	19750	12820	11420	10350	9560
CR/mm	0.153	0.145	0.097	0.077	0.065	0.056
CR/h	0.0081	0.0119	0.0105	0.0105	0.0109	0.0112
ΔC	−0.0038	0.0014	0.0000	−0.0004	−0.0003	
ΔC 允许	−0.0183	0.0038	0.0022	−0.0028	−0.0018	
$\Sigma\Delta C$	−0.0031	0.0007	−0.0007	−0.0007	−0.0003	
$\Sigma\Delta C$ 允许	−0.0349	0.0083	−0.0090	−0.0046	−0.0018	

表 8-8　最优 h_i 方案（4.0mm）的计算表（$CR_6=0.06$，$\beta=0.0$，$t_{RTC}=1080$℃）

参　数	F_1	F_2	F_3	F_4	F_5	F_6
h_i /mm	17.47	11.00	7.88	6.04	4.94	4.00
P/kN	19920	20230	15340	12840	11250	10020
CR/mm	0.156	0.148	0.115	0.091	0.075	0.062
CR/h	0.0089	0.0135	0.0146	0.0151	0.0155	0.0156
ΔC	−0.0046	−0.0011	−0.0005	−0.0004	−0.0001	
ΔC 允许	−0.0156	−0.0062	−0.0032	−0.0019	−0.0012	
$\Sigma\Delta C$	−0.0067	−0.0021	−0.0010	−0.0005	−0.0001	
$\Sigma\Delta C$ 允许	−0.0281	−0.0125	−0.0063	−0.0031	−0.0012	

表 8-9　最优 h_i 方案（3.0mm）的计算表（$CR_6=0.065$，$\beta=0.5$，$t_{RTC}=1080$℃）

参　数	F_1	F_2	F_3	F_4	F_5	F_6
h_i /mm	14.25	8.59	6.04	4.59	3.65	3.00
P/kN	22230	22620	16720	13820	12040	10820
CR/mm	0.171	0.167	0.128	0.101	0.083	0.0675
CR/h	0.0120	0.0195	0.0212	0.0220	0.0227	0.0225
ΔC	−0.0075	−0.0017	−0.0008	−0.0007	0.0002	
ΔC 允许	−0.0104	−0.0038	−0.0019	−0.0011	0.0003	
$\Sigma\Delta C$	−0.0105	−0.0030	−0.0013	−0.0005	0.0002	
$\Sigma\Delta C$ 允许	−0.0178	−0.0074	−0.0036	−0.0018	0.0003	

表 8-10 最优 h_i 方案（2.0mm）的计算表（$CR_6=0.065$，$\beta=1.1$，$t_{RTC}=1100$℃）

参 数	F_1	F_2	F_3	F_4	F_5	F_6
h_i/mm	10.65	5.51	3.91	2.99	2.40	2.00
P/kN	29910	28110	15850	13030	11120	10010
CR/mm	0.218	0.177	0.087	0.066	0.054	0.045
CR/h	0.0205	0.0320	0.0221	0.0220	0.0220	0.0220
ΔC	-0.0115	0.0099	0.0001	0.0	0.0	
ΔC 允许	-0.0068	0.0005	0.0003	0.0002	0.0001	
$\Sigma\Delta C$	-0.0015	0.0100	0.0001	0.0	0.0	
$\Sigma\Delta C$ 允许	-0.0105	0.0011	0.0006	0.0003	0.0001	

对于冷带由于带厚较薄，不存在第三段计算，可由第二段直接确定冷连轧机组应有的入口凸度及厚度，以此来要求热轧应提供的来料凸度和厚度。

8.2.2 负荷分配寻优法

所谓最优都是在一定的观点和意义下的，是和希望追求的目标紧密有关的。从不同的目的和观点出发就有不同的最优工作状态，所得到的厚度 h_i 的"最优分配"方案亦将是不同的。在一定的来料厚度下，通过 n 架轧机轧出厚度为 h_n 的成品的轧制方案（各架的 h_i 分配）很多。我们现在要从大量可能实现的方案中选取一个既满足限制条件又是最优或较优的方案，为此需有一个比较标准。这个最优标准若用数量形式来描述，就称为"目标函数"。对于必须满足的限制条件亦需写成数学式子，便形成了所谓的"约束条件"。最优化计算从数学角度来说即求目标函数在满足约束条件下的最小（或最大）值的问题（称为条件极值问题）。

冷轧轧制时间长，可采用寻优方法。考虑到热连轧轧制节奏仅 100 多秒，因此采用寻优方法时应要考虑计算时间。

负荷分配优化的方法有：动态规划法、变尺度混沌遗传算法等。

精轧机组负荷分配的中心问题是合理分配各机架的出口厚度，并由此确定各机架的压下量、轧制力等，因此负荷分配又称为厚度分配。目前实用的负荷分配多根据生产经验制定。

经验负荷分配方法简单、合理，但并非最优。本节提出的方法是在经验负荷分配的基础上，利用智能化的优化手段对分配进行优化（对经验负荷分配结果进行调整）。其算法实现步骤如下：

（1）读取设备、轧件、工艺初始参数及带钢成品参数。

（2）确定优化目标函数。假设兼顾板形最优、$F_1 \sim F_3$ 机架负荷分配均匀的目标函数如下：

$$J = \min\left\{(P_1 - KP_2)^2 + (P_2 - P_3)^2 + \lambda \sum_{i=4}^{7}\left(\frac{CR_i}{h_i} - \frac{CR_n}{h_n} \pm \Delta\right)^2\right\}$$

K 可根据工艺需要确定，下面计算实例中取 $K=0.9$。

（3）根据下面的负荷分配经验公式确定各机架出口厚度的基础值：

$$\bar{h}_i = H_0 \exp\left(\frac{K_2 - \sqrt{K_2^2 + 4K_1 E_\Sigma \psi_i}}{2K_1}\right)$$

（4）确定各机架 h_i 的优化范围：$\delta h_i \in [-dh_i, dh_i]$。

（5）令 $h_i = \bar{h}_i + \delta h_i$。

（6）用前面所述模型计算各机架负荷参数（轧制力等）。

（7）调用变尺度混沌遗传算法（简称 MSCGA）程序，搜索使 J 最小的各机架轧制力 P_{mi}。

（8）检验优化终止限制条件，若满足，输出最优解 P_{mi}；否则转（5）。

（9）检验约束限制条件，若不满足条件，转（5）；否则继续。

（10）输出最优负荷分配值（各机架出口厚度及修正后负荷分配系数）。

用此方法对热带生产现场采集数据进行了优化计算。钢种为 Q235B，遗传算法的优化部分适用的样本数据（实测）为：$B=1535$mm，$H_0=36.7$mm，$h_n=5.7$mm；粗轧机出口温度 $t_{RC}=1067$℃，精轧机组出口温度 $t_{FC}=891$℃，目标凸度 $CR_n=0.016$mm。

遗传算法的结构为：种群大小 $M=10$，最大遗传代数 $N=50$，选择概率 $p_S=0.08$，交叉概率 $p_C=0.8$，变异概率 $p_m=0.05$。

表 8-11 及表 8-12 为各机架出口厚度、轧制力及出口相对凸度的最优化计算结果。

表 8-11　智能优化后的负荷分配结果（方案一）

参　数	F_1	F_2	F_3	F_4	F_5	F_6	F_7
h_0/mm	36.7	24.2	17.4	12.0	9.5	7.8	6.6
h/mm	24.2	17.4	12.0	9.5	7.8	6.6	5.7
ε/%	34	28	31	21	18	15	14
K/MPa	157.4	172.4	190.5	185.8	188.6	186.6	187.6
Q_P	1.31	1.38	1.53	1.49	1.49	1.50	1.54
R/mm	380	380	380	380	380	380	380
R'/mm	389.6	394.2	401.4	409.8	417.8	426.1	432.5
l_c/mm	68.9	52.1	45.1	31.2	25.1	21.0	18.8
l'_c/mm	69.7	56.4	46.2	32.5	26.3	22.3	19.1
P'/kN	19868	21023	20770	14139	11655	9915	8416
T_i/℃	1001.8	984.9	967.8	951.6	935.6	919.9	904.5
$\frac{CR}{h}(\times 10^{-3})$	1.6	2.3	3.3	2.8	2.8	2.8	2.8
$\Delta\frac{CR}{h}(\times 10^{-3})$	-1.6	-0.7	-1.0	0.5	0.0	0.0	0.0

表 8-12 智能优化后的负荷分配结果（方案二）

参 数	F_1	F_2	F_3	F_4	F_5	F_6	F_7
h_0 /mm	36.7	24.2	17.4	12.1	9.3	7.6	6.4
h /mm	24.2	17.4	12.1	9.3	7.6	6.4	5.7
ε /%	34	28	31	23	18	15	12
K/MPa	157.3	172.4	191.4	191.9	187.7	189.2	187.3
Q_P	1.31	1.38	1.52	1.53	1.52	1.53	1.47
R/mm	380	380	380	380	380	380	380
R'/mm	389.7	393.9	401.4	410.3	419.2	428.0	435.7
l_c /mm	68.9	52.2	44.9	32.6	25.5	20.7	16.8
l'_c /mm	69.7	56.4	46.3	33.9	26.7	22.0	21.1
P'/kN	19945	21040	21039	15569	12306	9931	8416
T_i /℃	1001.8	984.9	967.8	951.6	935.6	919.9	904.5
$\frac{CR}{h}$ ($\times10^{-3}$)	1.6	2.3	3.3	3.2	3.1	2.9	2.8
$\Delta\frac{CR}{h}$ ($\times10^{-3}$)	-1.6	-0.7	-1.0	0.1	0.1	0.2	0.1

（1）方案 1。目标函数中采用很小的 Δ_i ，即追求 $F_4 \sim F_7$ 机架相对凸度比较恒定，其计算结果列于表 8-11。图 8-10*a* 给出了经验负荷分配与优化结果的比较。由表和图可知：

1）相对凸度达到了比较恒定的结果。

2）轧制力分配不尽合适，$F_4 \sim F_7$ 轧制力过小（由 F_3 到 F_4 轧制力下降过大）。

（2）方案 2。目标函数中 Δ_i 以临界条件（留有一定的余地）为依据，适当加大，其计算结果列于表 8-12，与现有经验负荷分配的结果比较示于图 8-10*b*。

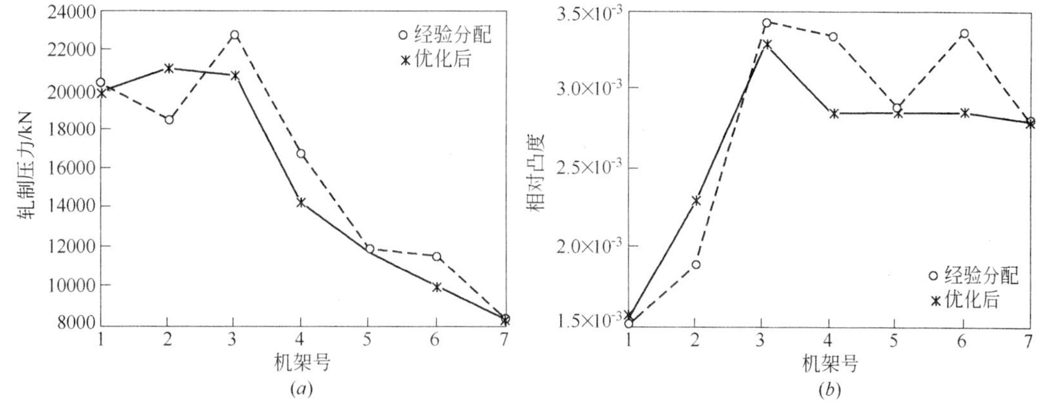

图 8-10 优化方案与经验负荷分配的比较

(*a*)—各机架轧制压力；(*b*)—各机架出口相对凸度

此时，各架相对凸度虽不完全相等，但并不破坏平坦度，而此方案轧制力分配更为合理。对于薄规格，负荷分配优化的效果将更为明显。

调整目标函数中有关参数，即可获得不同的分配方案。

中厚板轧机板厚较大但板宽亦大，其 $\left(\frac{h}{B}\right)$ 及 ΔC 上下限如表 8-13 所列，从 $\left(\frac{h}{B}\right)$ 比值

可知，仅最后 3 ~5 道次需考虑平坦度条件，其他道次则应以最大轧制力或最大轧制力矩为限决定其压下量。采用粗轧/精轧两个机架配置时，仅精轧的后几个道次需考虑平坦度条件来优化各道次出口厚度 h_i 。

表 8-13　$B = 2700$mm，成品厚度 10mm 时 ΔC 允许上下限

出口厚度/mm	30	20	15	12	10
允许 ΔC 上限/%	1.86	0.88	0.52	0.34	0.24
允许 ΔC 下限/%	-0.92	-0.44	-0.26	-0.17	-0.12

中厚板轧机在负荷分配（制订轧制规程）时需考虑的另一重要问题是“控制轧制”所限定的后几个道次温度及压下率。所谓控制轧制（可参阅第 6 章）是指利用热加工使轧件晶粒度细小以提高成品的强度、韧性及焊接性。

冷带由于厚度较薄，其 $\frac{h}{B}$ 之比值远小于热带（表 8-14 列出了热带和冷带 ΔC 上下限允许值的比较），因此负荷分配优化尤为重要。

表 8-14　热带与冷带 ΔC 上下限允许值比较

热带（2.0mm）	F_2	F_3	F_4	F_5	F_6
允许 ΔC 上限/%	1.2	0.51	0.2	0.06	0.044
允许 ΔC 下限/%	-0.6	-0.255	-0.1	-0.03	-0.022
冷带（0.3mm）	1 号	2 号	3 号	4 号	5 号
允许 ΔC 上限/%	0.014	0.007	0.004	0.0022	0.00128
允许 ΔC 下限/%	-0.007	-0.0035	-0.002	-0.0011	-0.00064

热带精轧 F_2/F_3 机架轧出厚度大于 12mm，当带宽为 1350mm 时其 ΔC 喇叭口上下限较大（为 -0.6% ~ +1.2%），因此可在 F_2/F_3 处改变出口凸度使其出口相对凸度与成品相对凸度匹配。

冷带由于 ΔC 上下限之间空间很小，已很难去任意改变其出口相对凸度，为此一般要求冷轧的来料相对凸度（热带成品供冷轧作原料）应与冷轧成品要求的相对凸度相匹配，这样冷轧各机架（或各道次）的任务则是保证相对凸度匹配。

8.3　板形控制策略

8.3.1　热轧板形控制的控制策略

上面所述的相对凸度恒定为板形良好条件的结论，对于冷轧来说是严格成立的。对于热轧由于前几个机架（道次）轧出厚度尚较厚，轧制时还存在一定的宽展，因而减弱了对相对凸度严格恒定的要求。图 8-11 给出不同厚度时轧件金属横向及纵向流动的可能性，由图 8-11

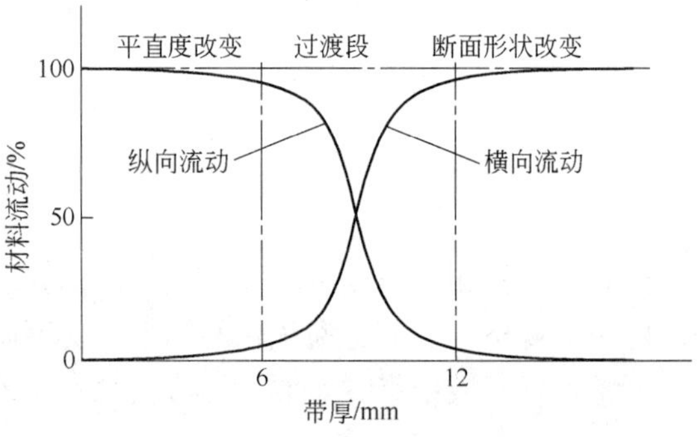

图 8-11　横向流动的三个区段

可知热连轧存在以下三个区段：

（1）轧件厚度小于6mm左右时不存在横向流动（0%），因此应严格遵守相对凸度恒定条件以保持良好平坦度。

（2）6～12mm为过渡区，横向流动由0%变到100%。此处100%仅是意味着将可以完全自由地宽展。

（3）12mm以上厚度时相对凸度的改变受到限制较小，即不会全因为适量的相对凸度改变而破坏平坦度。因此将会允许各小条有一定的不均匀延伸而不会产生翘曲。

为此Shohet等曾进行许多试验，并由此得出图8-12所示的Shohet和Townsend临界曲线，此曲线的横坐标为B/h_1，而纵坐标则为变形区出口和入口处相对凸度差。

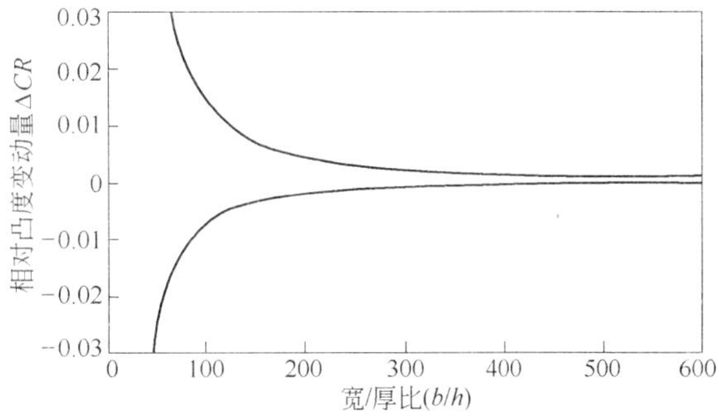

图8-12 Shohet及Townsend的ΔCR允许变化范围的曲线

上部曲线是产生边浪的临界线，当ΔCR处在曲线的上部时将产生边浪。下部曲线为产生中浪的临界线。此曲线限制了每个道次能对相对凸度改变的量，超过此量将产生翘曲（破坏了平直度）。

例如当带宽为1500mm，对于6mm带钢允许$+\Delta CR<0.4\%$，$-\Delta CR<-0.2\%$，而对于12mm带钢宽厚比为125，此时允许$+\Delta CR<1\%$，$-\Delta CR<-0.5\%$。

正因如此，对带钢凸度的纠正只能在F_2或F_3进行，否则将破坏带钢平坦度。为此可将精轧机组分为凸度调节，平坦度保持及平坦度控制三个区段（图8-13），对7机架连轧

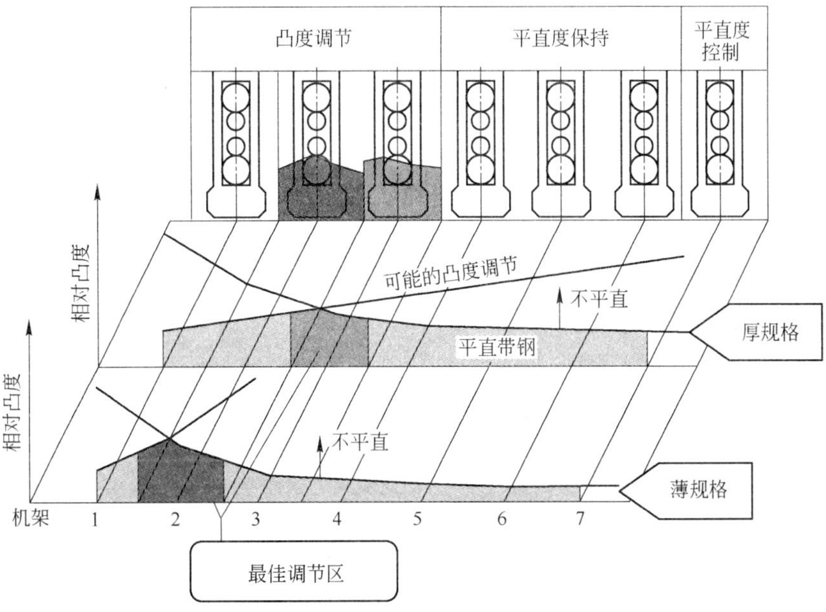

图8-13 凸度及平坦度控制三区段

来说，一般 $F_1 \sim F_3$ 为凸度调节区段，$F_4 \sim F_6$ 为平坦度保持区段，$(F_6)F_7$ 为平坦度控制区段，其具体工作策略为：

（1）通过 $F_1 \sim F_3$ 凸度调节段，使 F_3 出口带钢具有 $\delta_{F3}(CR_3)$，其大小应为

$$\delta_{F3} = \frac{h_3}{h_7}\delta_{HOT}$$

式中，δ_{HOT} 为成品凸度控制目标。

（2）$F_4 \sim F_6$ 则严格保持相对凸度恒定，即

$$\frac{\delta_{F3}}{h_3} = \frac{\delta_{F4}}{h_4} = \frac{\delta_{F5}}{h_5} = \frac{\delta_{F6}}{h_6} = \rho_{0bj}$$

式中，ρ_{0bj} 为要求成品应有的目标相对凸度。

（3）F_7 则用于平坦度反馈控制$\left(\frac{\delta_{F7}}{h_7} = \rho_{0bj}\right)$，以最终保证平坦度。如果平坦度反馈控制调节量过大，进而会影响到成品凸度，则可以将平坦度控制区段扩大到 F_6。

新建热连轧一般精轧机组各机架都设有弯辊和窜辊，因为增设这些装置对新建轧机投资影响不会很大，反过来却给板形控制提供了自由度。但对于已有轧机改造就要考虑在哪些机架设弯辊和窜辊最为有效。

为了分析板形控制装置的最佳设置位置，需从以下两个方面着手：

（1）从带钢平坦度不被破坏的临界应力条件出发，这即为图 8-13 所示的允许一个道次改变 ΔCR 的临界曲线。

（2）需从板形控制装置的有效性出发，板形控制装置能力在不同机架处将不同（图 8-14）。

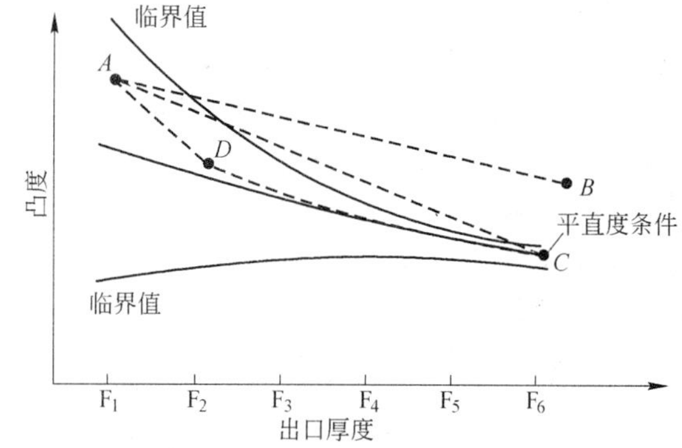

图 8-14　平坦度控制策略

图 8-15 给出了具有普遍性的厚度和轧制力分布趋势，亦即 $F_1 \sim F_3$ 轧制力较大，F_3 以后逐架减小。这种分布方式是保持后面各机架相对凸度恒等所必须的。

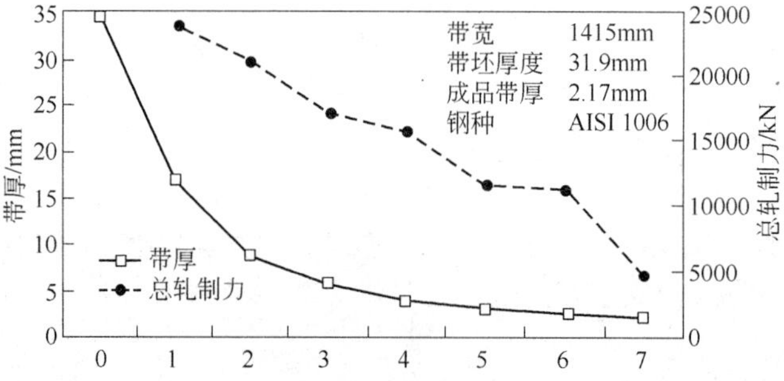

图 8-15　厚度和轧制力分布

轧辊凸度将受以下因素影响：

（1）原始辊型；

（2）热辊型；

（3）磨损辊型；

（4）CVC，LVC 或 PC 辊对辊型的调节；

（5）弯辊装置对辊型的调节；

（6）轧制力（单位宽度的轧制力）使辊系弯曲和剪切变形。

由此可知，下游机架的板形控制机构对相对凸度调节的范围要比上游机架大，但这仅是从弯辊及板形控制机构的能力出发所得出的结论。而另一方面从带钢平坦度临界应力条件出发，对 6mm 以下厚度的带钢调节范围则又很有限，即下游机架不允许偏离恒相对凸度原则，将这两个方面结合在一起即对每个机架计算这两个方面，则可得最终各架能进行调节的范围。

根据对不同规格带钢的分析，结论是 F_2 及 F_3 是凸度调节的最佳操作区。

对于连铸连轧由于坯料宽度不易经常变化，特别是当轧线中没有设置侧压压力机时宽度变动能力不是很大，为此需考虑的另一个问题是需在后几个机架设置平辊窜辊以获得均匀磨损，以加长同宽度带钢轧制长度（自由轧制）。为此后几个机架应加大弯辊力调节能力以用于各机架出口凸度控制。

8.3.2 冷轧板形控制的控制策略

冷轧带钢由于厚度薄，因此允许的极限应力较热轧小，图 8-16 分别表示了热轧带钢及冷轧带钢板形良好条件的范围。

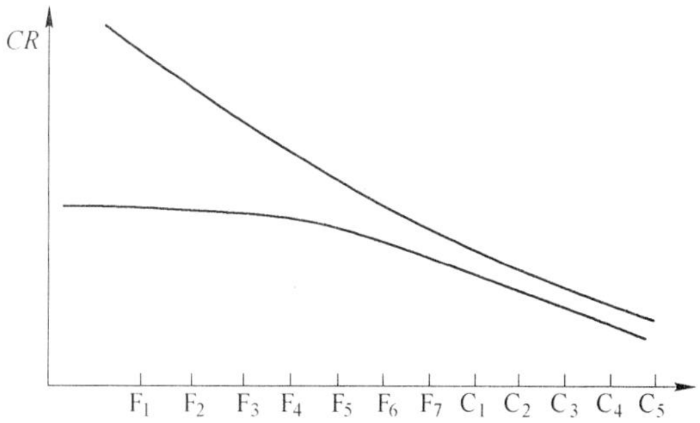

图 8-16 板形良好区

从热轧板形良好范围来看，由于在 $F_1 \sim F_3$ 处存在一个较大的喇叭口，允许在 $F_1 \sim F_3$ 处将来料带钢相对凸度控制到接近成品所要求的相对凸度值，然后在 $F_4 \sim F_7$ 注意保持板形良好条件，即可既获得所要的成品凸度，又获得良好平坦度。对于冷轧带钢来说由于板形良好范围非常窄，可以说冷轧时无法随便改变来料相对凸度，必须严格按相对凸度恒等法则控制各机架出口相对凸度，为了同时保证成品凸度和平坦度，必须要求热轧送来的热轧卷具有要求的凸度 Δ_0，即

$$\frac{\Delta_0}{H_0} = \frac{\delta_n}{h_n}$$

即热轧成品卷的相对凸度应按冷轧成品所要求的 δ_n 及 h_n 来保证。这即是所谓冷轧的来料和成品应有相似性（图 8-17），冷轧来料达到相似性要求才能真正保证冷轧带钢的成品凸度和平坦度，否则只能以平坦度为主要控制目标，而放松对成品凸度的要求。根据冷轧的这一特点，应主要控制好成品带钢的平坦度，而其成品带钢的相对凸度必须与热轧送来的来料相对凸度相等，如热轧送来的来料不满足相似性，则冷轧就不能满足用户对冷轧成品凸度的要求。

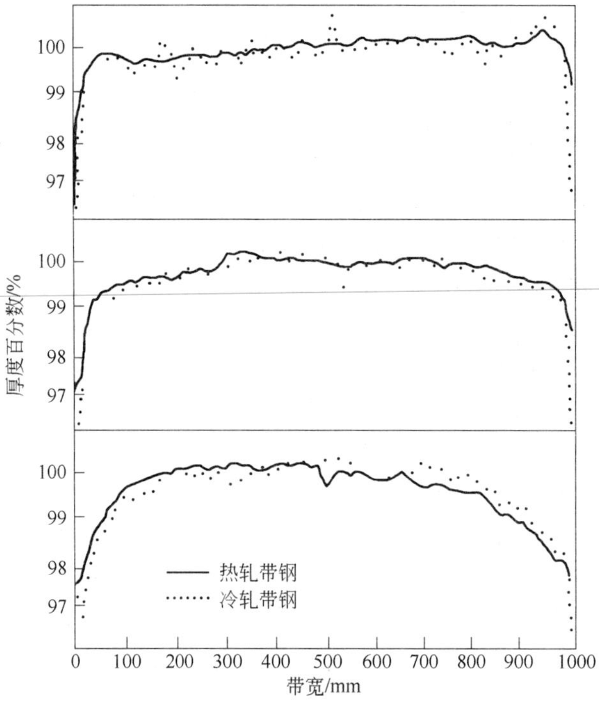

(*a*)

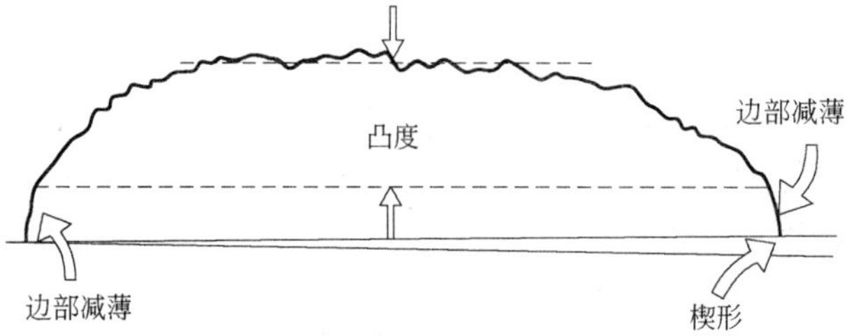

(*b*)

图 8-17　冷轧来料和成品的相似性

与板形有关的检测仪表方面，一般仅在成品侧设有检测平坦度的张力辊，因此采用以下控制策略：

（1）在厚度分配时尽可能使各机架轧制力的分配符合板形良好条件，即使各机架出口相对凸度接近相等。

（2）采用修形辊（Tapered Roll），即在支撑辊辊面靠两端处有一个锥形 Taper，使支撑辊和工作辊间接触长度缩短，这将有利于轧辊辊系的横向刚度，加大弯辊力的效果，并减少有害接触长度，对带钢边部减薄有好处。

（3）采用 CVC 或 LVC 辊系。CVC（连续可变凸度）轧辊系统是德国西马克公司推出的板形控制方法，其原理是在上下工作辊上磨成一定曲线（互成 180°放置），当轧辊相对窜动时可实现辊缝形状的在线调节。

LVC（线性可变凸度）轧辊系统是北京科技大学板形研究小组开发的辊型，可实现辊缝形状的在线调节。它们的优点是：

1）调节能力较大，一对 CVC 辊或 LVC 辊可以满足不同宽度带钢的需要；

2）轴间窜动机构相对说不太困难。

LVC 目前在国内应用比较广泛，特别是用于冷轧时可以在轧制过程中调节而不仅是用于设定。

冷轧板形控制还可用 HC 轧机，HC 轧机是日本日立公司于 20 世纪 70 年代推出的六辊轧机，其中间辊可窜动。目前已发展出多种形式，如：中间辊窜动的 HCM 六辊轧机、工作辊和中间辊均能窜动的 HCMW 六辊轧机、中间辊带辊型曲线的 HC-CVC 六辊轧机。

HC 为六辊辊系，在工作辊与支撑辊间加上了中间辊，通过中间辊的抽动来改变与工作辊的接触长度及改变辊系的弯曲刚度，HC 轧机在冷轧中应用较为广泛。

HC 轧机其优点是：

（1）板形控制能力强，图 8-18 为 HC 轧机与常规四辊轧机在同样弯辊力下的控制效果比较，由图 8-19 中曲线可知，HC 轧机仅需不太大的弯辊力即可较好的调节带钢波形度。

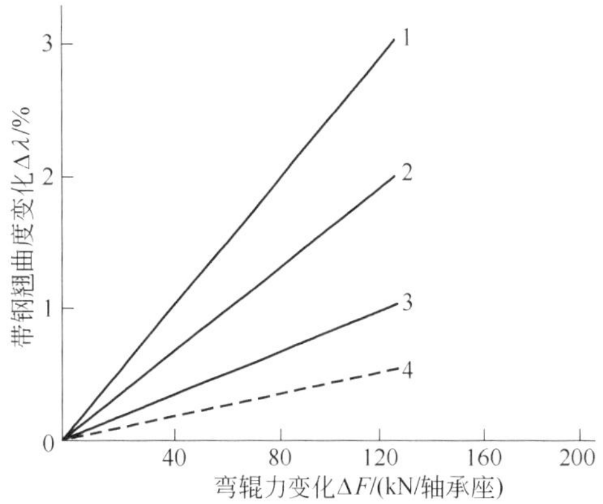

图 8-18　弯辊力效果比较

（$H_1=2.5\sim0.8$mm，$B=1000$mm）

1—HC 轧机（$\phi320$mm/$\phi530$mm/$\phi1420$mm×1420mm），$\delta=-100$mm；2—HC 轧机，$\delta=0$mm；3—HC 轧机，$\delta=100$mm；4—四辊轧机（$\phi530$mm/$\phi1420$mm×2032mm）

（2）可消除工作辊与支撑辊边部的有害接触部分，使带钢边部减薄现象减轻，并减少裂边。

（3）由于工作辊辊径减少（比常规四辊少 30% 左右），可加大压下量，实现大压下量轧制，并减少能耗。

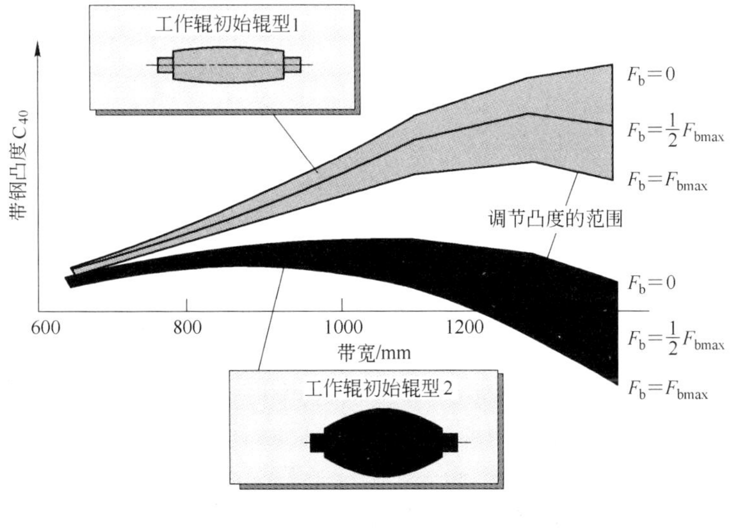

图 8-19　工作辊弯辊调节凸度的范围

（4）采用标准无凸度轧辊就能满足各种带宽的带材轧制，减少了轧辊备件。

DSR 辊是法国克里西姆公司 20 世纪 90 年代推出的新的板形控制方法，目前已在我国宝钢 2030mm 冷轧机上应用。

PC 辊是日本三菱公司推出的，PC 辊在应用中的问题是轧辊的磨损，为此目前 PC 轧机都带有在线磨辊装置以保持辊缝形状的稳定。CVC，LVC 和 PC 是目前热连轧上应用最为广泛的板形技术。

弯辊装置由于响应快，并能在轧钢过程中调节出口带钢凸度，作为一种基本设置与 CVC，PC 或 HC 技术联合应用。

热带轧机（四辊轧机）一般安装的为正弯辊系统，即通过弯辊来加大辊凸度，利用设在工作辊轴盒上的平衡缸，加大油压来产生弯辊力。板形设定时可将弯辊力设定到 50%。这样在轧钢时即可正向和反向调节。如设计正负弯辊系统则需在工作辊轴盒与支撑辊轴承座间设油缸，这种配置一般仅用于 HC 六辊轧机。弯辊装置调节凸度的范围如图 8-19 所示。

CVC，LVC，PC 或 HC 技术各有特点，可从以下几个角度来进行比较：

（1）调节范围。PC 轧机的凸度调节能力较大，能调节的凸度大于 1mm，CVC 当抽动 ±100mm 时，可当量改变凸度 ±0.5mm。

（2）调节机构。PC 轧机调节机构复杂，相比之下 CVC 的窜辊机构要简单许多。

（3）轴向力。PC 轧机轴向力大，这亦是限制交叉角更进一步加大的主要因素，PC 轧机轴向力最大可达到轧制力的 10%，即达到 2000 多千牛，而 CVC 轧机一般仅为 200kN 左右。

（4）弯辊力大小。PC 辊轧辊交叉，限制了弯辊力加大，一般最大用到 80～1000kN，而 CVC，LVC 轧机弯辊力可以加大到 1500kN 甚至 2000kN。

虽然各有自己的优点和缺点，但无论 PC 还是 CVC 或 LVC 在热带轧机上应用都是成功的。HC 轧机在冷连上应用较多。

8.4　板形设定模型及模型自学习

8.4.1　热轧板形设定计算

板形设定是指在厚度设定基础上，即各机架轧制力已定的基础上，通过板形模型对弯辊力及窜辊（CVC，LVC）抽动量或上下辊交叉角（PC）的设定计算，使带钢轧出后能获得要求的成品断面形状和平坦度。

如何同时保证成品要求凸度及带钢平坦度，是板形设定模型要解决的问题。

相对凸度恒定，是获得平直带钢的理想条件，但实际上允许有一定的偏差，当某机架入口和出口相对凸度有差异时，将造成宽度方向的不均匀压缩，从而产生不均匀延伸，其后果将是在带钢宽度方向上存在不均匀内应力（残余压力）分布。这是造成带钢翘曲的根本原因，但是带钢翘曲程度除内应力大小外，还决定于带钢的自身刚度。实际上，我们也可看到，当带钢较厚（较窄）时，将不容易产生翘曲，因此不同厚度的带钢都存在一个残余应力临界值，只有当残余应力超过此临界值时，才真正发生翘曲，临界值与厚度平方成正比，因此允许残余应力在精轧头几个机架处（F_1，F_2）较大，往后迅速变小，这为我们同时达到成品断面形状和平坦度提供了条件。

如图 8-20 所示，设精轧来料的断面凸度为 A 点，如按相对凸度恒定原则设定轧机，末机架出口处凸度为 B 点，亦即虽保证了平坦度，但成品凸度高于所要求的 C 点，如果此时按照获得 C 点为目标来设定，应充分利用头两个机架限制条件较宽来设定 F_1、F_2 机架，使 F_2 机架出口凸度达到 D 点，从而同时达到了成品凸度和平坦度。由此可见，在设计轧机时，应使 F_2 机架具有较强的改变辊缝形状的能力。

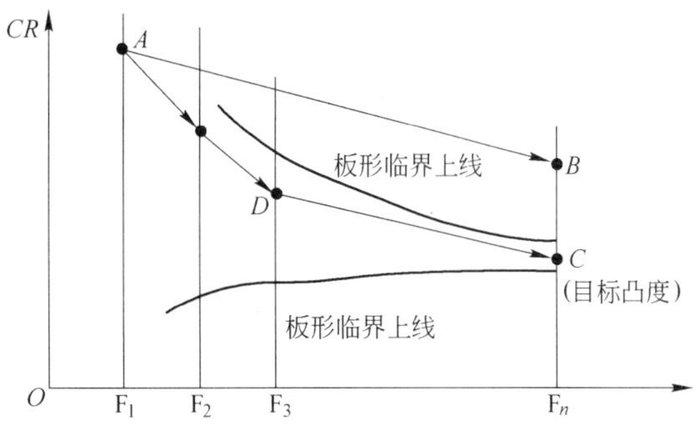

图 8-20　凸度和平坦度设定

板形模型计算框图如图 8-21 及图 8-22 所示。

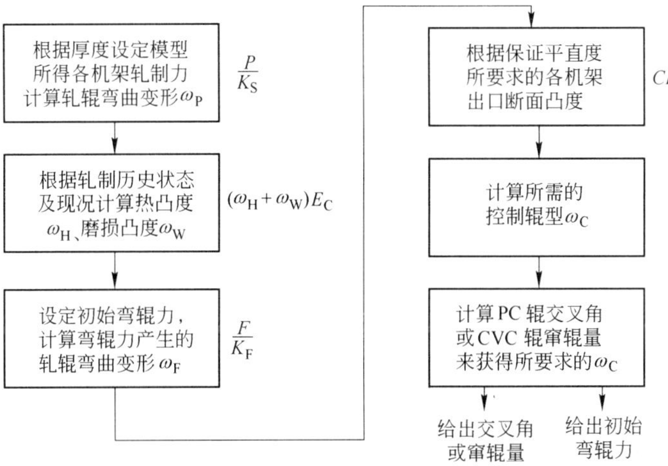

图 8-21　板形设定计算框图一

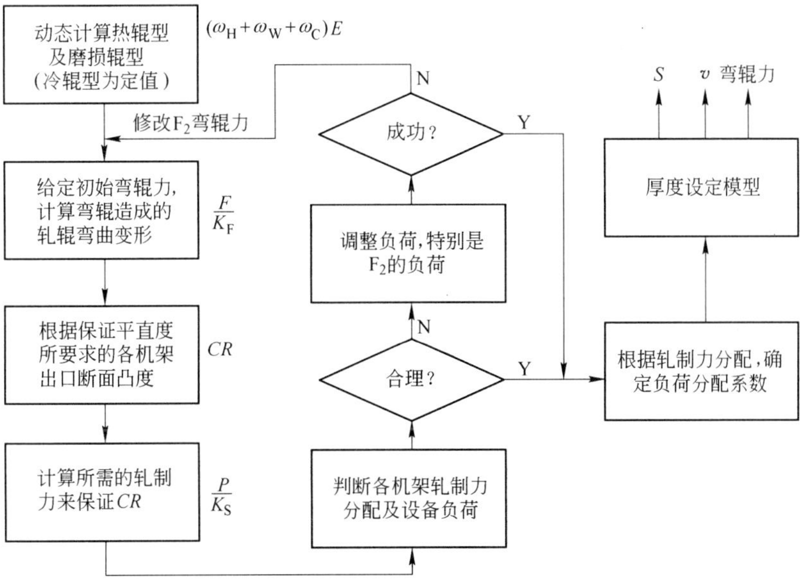

图 8-22　板形设定计算框图二

当采用 CVC 轧机时

$$\omega_c = -\alpha\Delta R b^2 d$$

式中　b——带宽；

d——横向抽动量；

ΔR——辊形曲线（最大、最小直径之差）；

α——系数。

当采用 PC 轧机时

$$\omega_c = \frac{b^2}{2D_W}\theta^2$$

式中　b——板宽；

D_W——工作辊直径；

θ——上下辊交叉角（相对于原平行轴线）。

板形设定实际上是对每个机架出口带钢凸度的设定。

从凸度方程中可知影响出口凸度的有以下三点因素：

（1）扰动量——热辊型和磨损辊型，当负荷分配不考虑板形时，则轧制力亦将作为扰动量。

（2）可控制量——可调节辊型（CVC，LVC 或 PC），当以板形最优为目标进行负荷分配时轧制力亦是一种可控制量。

（3）固定量——初始辊型和弯辊力。初始辊型的设计需考虑轧制单位的特征，但一旦确定后，在轧制时将固定不变。弯辊力应该亦是可控的，但为了保留弯辊力用于轧制时在线调节，在设定计算时往往将其固定于某一值。

因此板形设定计算首先确定一个弯辊力后主要是确定 CVC 或 LVC 辊的抽动量或 PC 辊的交叉角，以使每个机架出口凸度（出口相对凸度）能实现上述板形控制策略所要求的值。

在设定计算时，要判断有关参数是否超出临界值。如果超出，则要重新计算，此时需要首先改变弯辊力，以补偿辊型调节能力的不足。

当调整弯辊力后如再超出限制条件时，则应当重新分配负荷，即改变轧制力分配。

凸度设定模型虽是用来设定各机架出口凸度，但实际上也设定了头部平坦度，即设定了头部板形。

8.4.2　冷轧板形设定计算

冷轧带钢的出口断面形状虽然一般要用四次多项式描述，但由于其主要部分还是二次凸度 CR_2，而且用于执行板形预设定模型计算结果的弯辊或 CVC，LVC 辊的调节能力亦主要是二次凸度，预设定模型将忽略断面形状曲线的细节，以总的凸度（板宽中心点厚度与边部标志点厚度之差）为目标来建立模型。

采用第 4 章所述凸度方程

$$CR = \frac{P}{K_P} + \frac{F}{K_F} + E_\omega(\omega_W + \omega_0) + E_H\omega_H + E_C\omega_C + K_{CR}CR_0$$

现对此式分析如下：

（1）式子右边第一项表述了由于轧制力引起的辊系弯曲（压扁）变形对有载辊缝形状的影响，其中 K_P 称为与轧制力有关的横向刚度，K_P 与辊系尺寸及带宽有关，考虑到对已定的轧机来说可变的仅支撑辊直径 D 和带宽 B，因此需对具体轧机建立下述函数式：

$$K_P = f(D, B)$$

严格说 P/K_P 应改为 $\frac{P/B}{K'_P}$（单位宽度轧制力沿带宽的分布是影响辊系弯曲及压扁变形的主要因素）考虑到 $K'_P = f(D,B)$，如设 $K_P = BK'_P$，则 $K_P = f(B,D)$，因此亦可用 $\frac{P}{K_P}$ 表示。

（2）式子右边第二项表述了弯辊力引起的辊系弯曲变形对有载辊形状的影响，弯辊力可为绝对值，但一般常采用百分率，即最大弯辊力的百分之多少。K_F 亦与辊系尺寸有关，并与支撑辊和工作辊的有效接触长度有关，因此支撑辊两端的修形以及 HC 轧机中间辊的抽动都将影响 K_F 值，为此需对具体轧机建立下述函数式：

$$K_F = f(D, \Delta d)$$

式中，D 为支撑辊直径；Δd 为修形长度或 HC 轧机支撑辊抽动量。

（3）综合辊型（$\omega_W + \omega_0$），ω_W 为磨损辊型，ω_0 为原始辊型，E_ω 为与带宽有关的影响系数。

（4）轧辊热辊型 ω_H，由于冷连轧在末架采用了分段冷却对热辊型进行调节，在式中单独列项，E_H 为与带宽有关的影响系数。

（5）可调轧辊辊型 ω_C，可以是 CVC、LVC 技术、HC 技术，亦可以是其他可调轧辊辊型的技术。E_C 为与带宽有关的影响系数。

由于凸度 CR 是指带宽中点与带边标志点之差，所有的辊型（ω_W，ω_0，ω_H，ω_C）都需乘上与宽度有关的系数 E。式中右边最后一项为轧机入口处带钢凸度 CR_0 对出口凸度 CR 的影响，K_{CR} 为凸度转移系数，用此凸度方程可反推出弯辊力与凸度的数学关系式：

$$F = K_F CR - K_\Sigma$$

$$K_\Sigma = f(P, \omega_H, \omega_C, \omega_W, \omega_0, CR_0, B)$$

同样可建立 CVC，LVC 辊窜动量 Δl 与凸度的数学关系式。

由于

$$\omega_C = \alpha \Delta R B^2 \cdot \Delta l = K_1 \cdot \Delta l$$

式中 B ——带宽；

ΔR ——辊形曲线（最大及最小直径之差）；

α ——系数。

则

$$\Delta l = \frac{1}{E_C K_1} CR - K'_\Sigma$$

$$K'_\Sigma = f(P, \omega_H, \omega_W, \omega_0, CR_0, B)$$

确定 F，Δl 设定值的准则是保持每个机架出口相对凸度恒等，即

$$\frac{CR_i}{h_i} = \frac{\Delta}{H_0}$$

式中，Δ 为热轧来料凸度；H_0 为热轧来料厚度，由于分段冷却留作反馈控制用，设定模型不对其计算，仅仅根据带钢温度确定冷却剂量总量。

此外，为了留有前馈控制的能力，对弯辊力的设定要留有裕量。

由于弯辊力及 CVC，LVC 辊抽动都可用来改变出口凸度，需制订一个分配的原则，即：

（1）对于 $C_1 \sim C_4$，一般仅设置正弯辊，为了留出弯辊能力用于前馈板形控制，可以首先设定弯辊力为 50%，然后设定 CVC 或 LVC 辊窜动量。窜动量达到 80% 仍不能满足凸度要求时再反回来变动弯辊力设定。

（2）对于 C_5 由于设置了正负弯辊，可以首先设定 CVC 辊抽动量为 50%，然后再设定弯辊来满足凸度的要求。由于要用弯辊进行前馈 ASC，以及要用弯辊及 CVC 辊进行平坦度反馈控制，希望都留有裕量，如使用过多表明轧辊原始凸度没有设计好，应加以改进。

由于凸度方程（有载辊缝形状）涉及多种因素，计算复杂，$C_1 \sim C_4$ 由于没有凸度检测仪及平坦度检测仪，无法进行自学习，目前不少冷连轧对弯辊及窜辊的设定往往采用经验值存于轧制规程中，设定时取出经验值乘上一些修正系数后用于设定，或由操作员修正后用于设定。

随着凸度仪的采用，哪怕只是两点测厚度（带宽中心点及一侧边部标志点），使板形（凸度）设定模型得到检验，并可投入模型自学习，必将可使设定精度提高到更高的水平。

一般，不同规格（厚度和宽度不同）的带钢，末机架工作辊弯辊力和 CVC（LVC）位置是不一样的。在动态规格改变时当前后两根带钢的规格不同时，要在恰当的时间内及时调节弯辊力和 CVC（LVC）位置值。在什么时候进行 CVC（LVC）和工作辊弯辊力的调节要根据是常规轧制还是全连续轧制而定，即：

（1）全连续轧制。在全连续轧制时，带钢在轧机中是不间断轧制的，因此要在完成动态变规格的同时完成弯辊力和 CVC 位置值的预设定。

当规格变化中带钢焊缝到达 1 号机架前的 2 号探孔位置时，计算机将为下一根带钢预计算出新的工作辊弯辊力和 CVC（LVC）位置值。但这时仅把 CVC，LVC 位置值发给基础自动化控制器，这是因为位置的调节要求轧辊具有一定的转速，并且调节装置本身的调节速度较慢。因此当焊缝到达 1 号机架前的 3 号探孔位置且轧线降速时就必须进行第 5 号机架 CVC（LVC）位置的调节。此期间内带钢板形由工作辊弯辊来控制。当焊缝通过第 5 号机架时，计算机才把新的弯辊力设定值传送给基础自动化控制器，由于工作辊弯辊的响应速度极快，工作辊弯辊能够及时地从前一带钢状态切换到新带钢的状态上来。

（2）常规轧制。在常规轧制时，一卷带钢轧制完成后，第 5 机架处于静止状态。当前面一卷带钢的带尾通过 5 号机架后，轧机入口侧不能马上穿带，而应让带头停在 1 号机架前，然后仅使 5 号机架升速至 300m/min，5 号机架轧制力加大到 1.2MN 左右。当满足上述条件时，CVC，LVC 位置开始从前一带钢位置调节到新带钢位置上来。上述调节过程大约需要 1min。当调节结束后，计算机发出 5 号机架停车命令，并给出预设定结束信号，这时轧机才可以开始穿带。

通常，当前后两条带钢的 CVC 位置值相差不足 5mm 时，上述预设定可不进行。反之，当超过 5mm 时，必须进行位置的预设定。

根据钢种、带厚、带宽、末机架轧制力、末机架支撑辊使用时间（以轧制的吨位计）

的不同，末机架工作辊弯辊力和 CVC 位置的预设定值的组合共有上万组。

一般，工作辊弯辊力和 CVC 位置的设定值都是经验值，是由工艺工程师按经验在计算机终端上通过相应的预设定画面逐个输入的。同样，工艺工程师也可在计算机终端上通过预设定画面显示已经输入到计算机中的弯辊力和 CVC 位置值并对其进行修正。由于这些设定值对板形控制起着重大的作用，故不能随意改变，更要防止由于疏忽而破坏这些数据。为此，在输入新的预设定数据或对预设定数据进行修改以前，必须给计算机输入相应的密码，计算机在检查了密码以后，才准输入或修改。

预设定值的优化有两种方法：一是由工艺工程师每隔一段时间把在实际轧制中积累的经验通过计算机终端上的预设定画面进行修正；二是由计算机控制系统根据实际轧制过程中获得的工作辊弯辊力和 CVC 位置值自动地按一定方法对存储在计算机中的预设定值进行修正。通过上述两种办法，随着轧制过程的不断进行，5 号机架工作辊弯辊力和 CVC 位置将不断得到优化，并且与实际的轧制条件越来越吻合，保证带钢具有良好的板形。

8.4.3　板形模型自学习

数学模型由于采用了各种假设，加上建模时环境的平均性质使模型精度受到限制，利用当时环境下的实测数据对模型进行自学习是提高模型在具体环境下预设定精度的重要方法。

板形（凸度）模型由于涉及到一批机理复杂的影响有载辊形状的因素，例如热辊型及其在分段冷却下的变化，与轧制力有关的横向刚度及和弯辊力有关的横向刚度等，使有载辊缝形状的计算复杂化。如果能够实测到各机架出口带钢的断面形状，哪怕是两点厚度（中心处及某一侧带钢边部标志点处）的测量，将使凸度模型的自学习变得容易。

当前大部分冷连轧末机架凸度仪刚刚开始进入实际应用，因此在成品（凸度）检测方面板形控制远远落后于厚度控制，这给板形模型的自学习带来很大的困难。

目前常用的“自学习”为：当末机架板形反馈控制投入使用使成品板形得到改善后将反馈控制的弯辊力、轧辊窜动位置等记存下来用于自学习，以使下卷钢得到改善。

由于成品带钢的平坦度缺陷是由各机架出口带钢相对凸度不恒等所累积造成的后果，理想的方法应是首先保证各机架出口相对凸度等于热轧来料的相对凸度，然后再靠末架板形反馈控制加以精调。如单靠末架来纠正前面各机架的偏差，即仅记存末架反馈控制后的弯辊力、CVC（或 LVC，HC 轧机）窜辊位置有可能是将错就错（前面各机架相对凸度不恒等仅靠学习末架的反馈控制）。

当然如果通过经验积累使冷连轧各机架的弯辊力、窜辊设定保证了每一机架出口相对凸度接近恒等或者保证了各机架间的带钢平坦度较好，则采用记存末架反馈控制后的弯辊力、窜辊值用于自学习，对不断改善板形是会有好处的。

模型自学习亦采用指数平滑法，这种方法与厚度模型的自学习方法类似。

8.5　自动板形控制系统

8.5.1　热轧自动板形控制系统

板形设定模型和厚度设定模型一样，只能保证带钢的头部质量，正如带钢全长的厚度需采用自动厚度控制系统（AGC）来保持带钢全长厚度品质一样，带钢全长的板形（凸度和平直度）亦需有相应的自动板型控制系统（ASC）来控制。ASC 系统包括前馈板形控制（FF-ASC）及反馈板形控制（FB-ASC）。

8.5.1.1 前馈板形控制（FF-ASC）

FF-ASC 内容包括以下两部分：

（1）热凸度及磨损凸度的补偿；

（2）轧制力变化的补偿。

前者为一缓慢变化过程，如果轧制节奏稳定，则换辊半小时后热凸度将逐渐趋向稳定，而磨损凸度如带钢长度不大，则在一根带钢的头尾间差别亦不会很大。

轧制力为一快速变化过程，可以是由于轧件温度等条件变化而变，但更主要的是当 AGC 投入控制时，将会使轧制力频繁变化。

FF-ASC 的功能为：

（1）检测轧制力变动并计算由此将对成品平坦度破坏的程度；

（2）计算各机架弯辊力对平坦度的影响系数；

（3）计算当轧制力变化时为了保持平坦度不受破坏所需变动的弯辊力值。

当操作员介入时，FF-ASC 计算出的各机架弯辊力将保持不变（操作员的操作将在此保持值基础上“加”或“减”），当操作员介入终了时，对当时的轧制力及热辊型值再次锁定，并以此新锁定值为基础进行各项计算，并给出各机架弯辊力控制值。

FF-ASC 的目的是保持带钢全长凸度及平直度不受 AGC 破坏，并使其等于头部的设定值（或锁定值）。

从凸度方程可知，轧制力对带钢出口凸度具有很大影响，因此当 AGC 工作时所造成的轧制力变动或由于其他原因（来料温度/硬度波动）造成轧制力变动时将破坏预设定保持的各机架出口相对凸度恒等的原则，为此需动用弯辊力进行补偿，使有载辊缝形状恢复为设定值。

设轧制时轧制力变动 δP，由此将产生 δh

$$\delta h = \delta S + \delta P / C_P$$

式中，δS 为此刻辊缝的变动量。

为了保持相对凸度恒等，应使

$$\frac{CR + \delta CR}{h + \delta h} = \frac{CR}{h}$$

为此需设法获得 δCR

$$\delta CR = \frac{h + \delta h}{h} \cdot CR - CR = \frac{\delta h}{h} CR$$

将凸度方程增量化后得

$$\delta CR = \frac{\delta P}{K_P} + \frac{\delta F}{K_F}$$

$$\delta F = K_F \left[\delta CR - \frac{\delta P}{K_P} \right] = K_F \left[\frac{CR}{h} \delta h - \frac{\delta P}{K_P} \right]$$

$$= K_F \left[\frac{CR}{h} (\delta S + \delta P / C_P) - \frac{\delta P}{K_P} \right]$$

因此
$$\delta F = K_F \frac{CR}{h}\delta S + K_F\left(\frac{1}{C_P}\cdot\frac{CR}{h} - \frac{1}{K_P}\right)\delta P$$

式中，CR/h 为目标相对凸度。

由此可得，当 δP 及 δS 动作后应给予 δF 补偿来维持相对凸度不变。前馈板形控制精度决定于 K_P,K_F 及 C_P 各刚度系数的精度。

8.5.1.2　反馈板形控制（FB-ASC）

FB-ASC 主要根据精轧出口处平坦度测量仪的实测结果，反馈调整最后一个或两个机架的弯辊力来保证带钢平直。

由于热轧带当卷取机咬入带钢头部而使末机架与卷取机夹送辊间产生一定张力后，目前所用的激光平坦度仪将无法再正确测出带钢翘曲度，其控制作用仅是带钢头部 100 多米。冷轧不存在这个问题。

FB-ASC 在平坦度仪 ON 开始，高速周期地根据实测平坦度与目标平坦度之差进行 PI 控制，并根据计算的弯辊影响系数控制末机架的弯辊，当卷取机咬入带钢（电流负荷继电器 ON），则保持当时弯辊力，前馈控制时，此值将作为弯辊力锁定值，当操作员介入后，操作员介入所造成的新的弯辊力将保持不变。

热带由于激光平坦度只能检测头部 100 多米的平直度，因此 FB-ASC 的效果往往不很理想，目前大部分热轧板厂，板形控制主要是凸度设定和 FF-ASC，再加上凸度和平坦度的自学习，基本上能取得良好的效果。

当设置平坦度仪时末机架的弯辊力用于平坦度反馈控制，即 FB-ASC，设目标平坦度为 A_{0bj}，实测信号经处理后得到的实际平坦度为 A^*，由此可得

$$\delta F = (K_{PP}\cdot\Delta A + K_{IT}\cdot\Sigma\Delta A)/K_{F7}^{A}$$

式中　K_{PP}，K_{IT}——比例系数和积分系数；

K_{F7}^{A}——F_7 弯辊力对平坦度的影响系数；

ΔA——A^* 与 A_{0bj}之差值。

A^* 及 A_{0bj} 的符号“+”表示中间有浪；“-”表示边部有浪。当 $\Delta A=0$ 时表示带钢平坦度良好。

当 FB-ASC 投入后，FF-ASC 应锁定。前馈 ASC 的算法以凸度方程为依据。即当各机架 AGC 投入后，轧制力发生变动以及热辊型有所变动（主要是换辊后半小时或停轧时间较长重新开轧后）时应调节弯辊力，不使设定的或锁定时的各架出口凸度发生变动。

如简单地用凸度方程来推算应调节的弯辊力 δF，其公式为

$$\delta CR = \frac{\delta P}{K_P} + \frac{\delta F}{K_F} + E_H\delta\omega_H$$

当发生 δF 及 $\delta\omega_H$ 后为了使 $\delta CR = 0$

$$\delta F = -K_F\left[\frac{\delta P}{K_P} + E_H\delta\omega_H\right]$$

但考虑到当弯辊力变动后又将使轧制力发生变动，其变动量为 δP_{cont}

$$\delta P_{cont} = \delta F + \frac{\partial P}{\partial F}\delta F$$

式中，$\frac{\partial P}{\partial F}$为当弯辊力变动后由于辊系的变形而将产生额外的轧制力的系数。因此应写成

$$\delta F = -K_F \left[\frac{\delta P}{K_P} + \frac{1 + \frac{\partial P}{\partial F}}{K_P} \delta F + E_H \delta \omega_H \right]$$

因而

有
$$\left[\frac{K_P + K_F\left(1 + \frac{\partial P}{\partial F}\right)}{K_P} \right] \delta F = -K_F \left[\frac{\delta P}{K_P} + E_H \delta \omega_H \right]$$

所以
$$\delta F = \beta_P \delta P + \beta_\omega \delta \omega_H$$

其中
$$\beta_P = \frac{K_F}{K_P + K_F\left(1 + \frac{\partial P}{\partial F}\right)}$$

$$\beta_H = \frac{K_F K_P E_H}{K_P + K_F\left(1 + \frac{\partial P}{\partial F}\right)}$$

如忽略辊系弯曲造成的额外轧制力变动，则 β_P 及 β_H 分别为

$$\beta_P = \frac{K_F}{K_P + K_F}$$

$$\beta_H = \frac{K_F K_P E_H}{K_P + K_F}$$

上式中 δP 中包括了由于 AGC 动作而产生的轧制力变动，亦包括了温度等造成的轧制力变动。而 $\delta \omega_H$ 则是由热辊型模型计算所得的 ω_H 的变动求得。

8.5.2　冷轧自动板形控制系统

冷轧自动板形控制系统根据出口平坦度仪实测带钢张应力沿宽度方向的分布计算出下列调节回路的调节值：

（1）轧辊倾斜调节值；

（2）工作辊弯辊调节值；

（3）CVC（LVC）辊位置设定值；

（4）轧辊分段冷却设定值。

这些调节设定值经过极限值检查后通过数据接口传送到各控制回路。同时，通过显示终端（安装在主控室），把带钢张应力分布实际值和目标值以及各调节值及分段冷却调节量的直方图在 MMI 上显示。

这里需说明的是有两个张应力偏差值：

第一个是上面所说的 $\Delta\tau_{Rj}$，它是 j 测量段实测张应力与平均张应力之差；

第二个是 $\Delta\tau_j$，它是 j 测量段实测张应力与目标分布所规定的对应于 j 测量段张应力目标值之差。一般说应采用第二个张应力偏差 $\Delta\tau_j$ 作为调节用偏差值。

调节偏差值通过数学方法回归成一个四次多项式，分解成对应于不同次方的平坦度缺陷，此偏差值用多项式表示即为：

$$y = a_0 + a_1x + a_2x^2 + a_3x^3 + a_4x^4$$

式中 a_1x ——对应于一次平坦度缺陷的调节偏差分量；

a_2x^2 ——对应于二次平坦度缺陷的调节偏差分量；

a_3x^3，a_4x^4 ——对应于三次、四次平坦度缺陷的调节偏差分量。

这样，每个测量段上存在的带钢张应力调节偏差又被转换成对应于不同平坦度缺陷的调节偏差分量。这些不同的板形缺陷可以通过下列不同的调节方式和调节回路来加以消除（见图 8-23）。

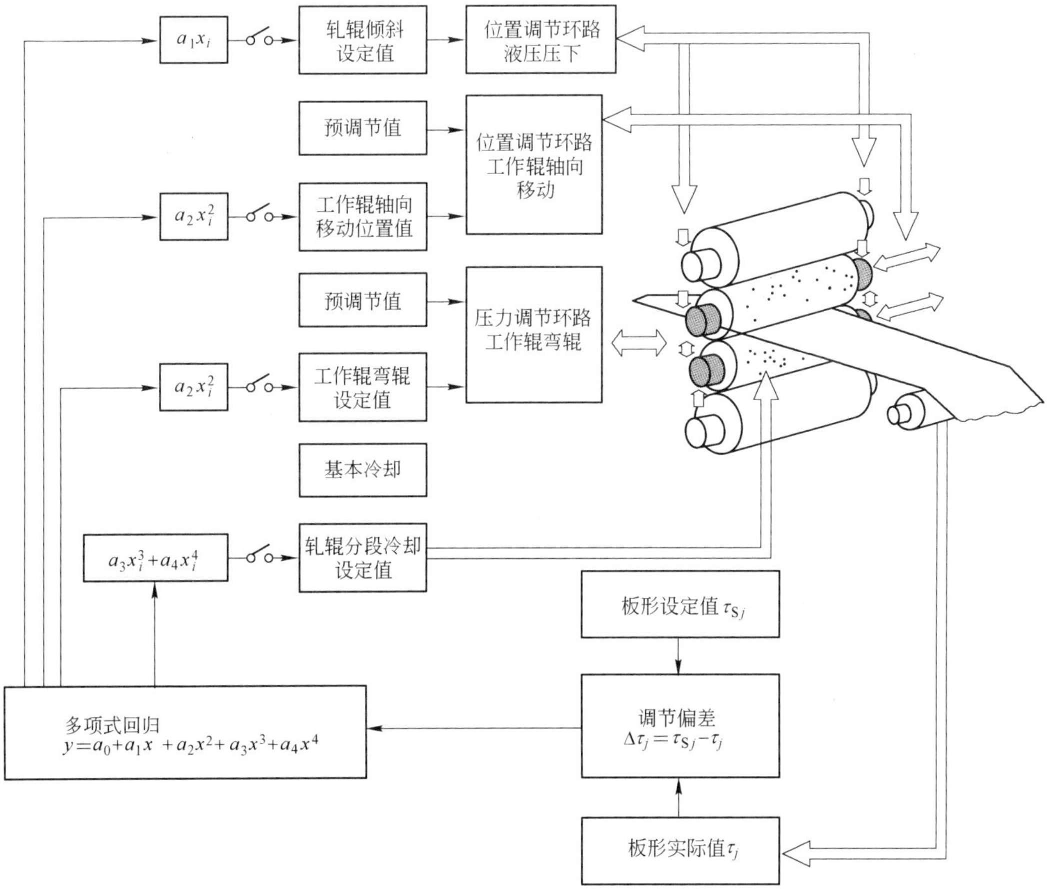

图 8-23 不同板形缺陷的控制

8.5.2.1 轧辊倾斜调节

轧辊倾斜调节用于消除非对称性的带钢断面形状（如楔形、单边浪）的平坦度缺陷，即回归多项式中的 a_1x 分量。该调节系统根据带钢左、右两边的不对称张应力分布，根据数学模型计算出轧辊倾斜的调节量，并与原轧辊倾斜设定值迭加，作为新的轧辊倾斜值输出给倾斜控制回路对轧辊的左右压下位置进行修正。

8.5.2.2 工作辊弯辊和 CVC，LVC 位置在线调节

工作辊弯辊和 CVC，LVC 位置调节是用于消除对称带钢断面形状缺陷（如中间浪、两边浪等），即抛物线形状的平坦度缺陷，亦即回归多项式中的 a_2x^2 分量。

这个调节系统根据带钢两边的对称张应力分布，再根据数学模型计算出实际需要的轧辊弯辊力调节值。由于带钢的断面形状各种各样，并且弯辊力对轧辊辊型的改变受到轴承强度的限制，其变化量是有限的，因而需要配置不同（不同凸度）的 CVC，LVC 辊型来适应多变的轧制参数。通过轴向移动轧辊就可获得各种不同的轧辊凸度。

带钢断面形状的二次缺陷（中间浪、两边浪）首先由工作辊弯辊装置来消除。但此时凸度调节范围有限，所以通过弯辊控制系统常常不能完全消除板形缺陷，为此亦需要轴向移动轧辊（冷轧由于有乳液润滑，因此可在线轴向移动轧辊）来改变轧辊凸度，即由弯辊和 CVC，LVC 轴向移动系统来共同消除板形二次缺陷。通过工作辊弯辊和轴向移动系统组成的闭环回路可扩大对轧辊辊缝形状进行调节的范围。

通常，当板形的二次缺陷在弯辊控制系统调节范围的 60%（该值是可调节的）以内时，仅通过弯辊控制系统来调节，因为弯辊动作快，调节简单；当超过调节范围的 60% 时，则需要投入 CVC（LVC）调节系统，以增加或减小轧辊凸度。这时工作辊弯辊和位置轴向移动控制系统共同对二次板形缺陷进行调节。

8.5.2.3 轧辊分段冷却控制

分段冷却主要用于消除其他断面形状的平坦度缺陷，即多项式中的分量 a_3x^3 和 a_4x^4。由于三次、四次板形缺陷在整个板形缺陷中所占的比例较小，因而可以采用轧辊分段冷却来控制。

如前所述，轧辊辊身方向共有 36 个控制段，对这些段喷射不同剂量润滑及冷却剂即可控制每个测量段所对应的轧辊段的热膨胀量，从而得到不同的轧辊凸度。为此在 5 号机架工作辊上方横梁上安装了 9 个冷却阀，每个控制阀对应上下工作/支撑辊段。这样，36 个测量段通过 9 个冷却阀组成了 9 个冷却区，并通过它来控制每个冷却区的冷却量。每个冷却区的控制都可以单独进行。

在轧辊分段冷却控制系统中，根据与每个测量段上带钢张应力相对应的轧辊分段冷却分量按数学模型计算出每个冷却区的冷却设定值，同时要保证在轧制过程中轧辊在任何时候都有一个基本冷却量，该基本冷却量约为最大冷却量的三分之一。这两个冷却量迭加后作为每个冷却区实际的冷却量输出给下级控制装置，并由控制装置打开和关闭相应的控制阀，达到对板形控制的目的。

板形测量将得到一组离散张应力分布值，它代表什么样的板形缺陷，需要通过板形缺陷类型识别加以确定。只有确定了此时带钢具有的板形缺陷类型，才能对其实施控制。板形缺陷识别可以采用如上面所述的基于最小二乘法的曲线拟合方法（回归方法）。但这种方法对诸如任意位置局部翘曲等复杂的浪形根本无法识别。并且这种曲线拟合方法对于不对称复杂板形偏差分布，拟合精度很差。在控制过程中，倾斜、弯辊及 CVC，LVC 的调节都是根据板形缺陷单独计算调节量，无法使系统达到最优控制。

为此出现了一些新的平坦度缺陷识别方法及以此为依据的控制策略，如：

(1) 基于模糊分类原理的平坦度缺陷识别法。从理论上讲模糊分类可以处理任何形式的标准样本，但从实用角度往往要限制模式数量，例如可选择图 8-24 所示的六种最常见

的平坦度缺陷模式，即单侧边浪（a，b），中浪（c），双侧边浪（d），四分之一浪（e）及边中复合浪（f）。

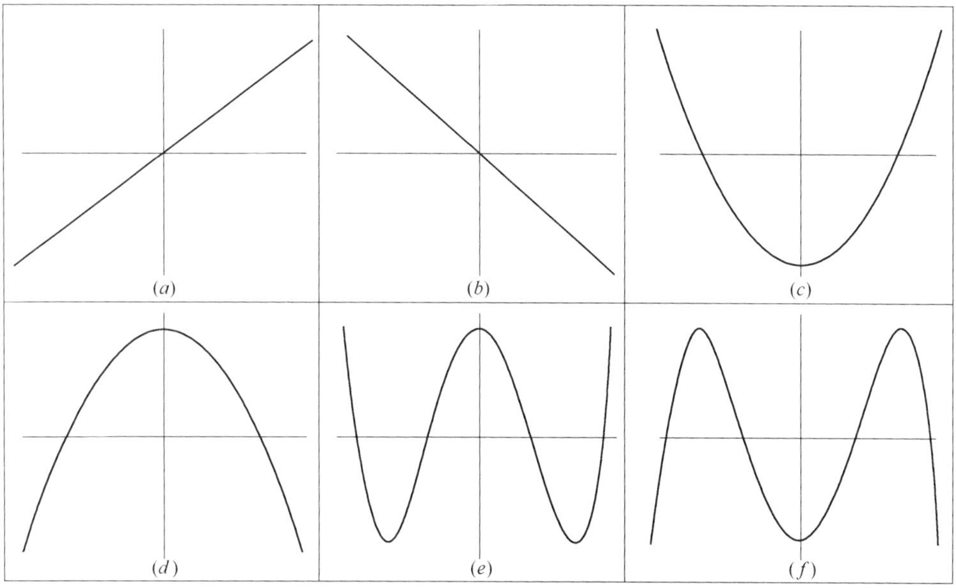

图 8-24　六种常见的平坦度缺陷

模糊分类的基本原理是：

1）把当前一组 m 个实测张应力（偏差）分布看作一个待识别的新样本。选择 N 种基本板式（此处 $N=6$）为已知的标准样本，$Y^k=(y_1^k, y_2^k, \cdots, y_m^k)(k=1 \sim N)$。

2）引入模糊距离来度量一个新样本 $Y=(y_1, y_2, \cdots, y_m)$ 与每一标准样本的接近程度（相似度）把 Y 及 Y^k（k 从 1 到 N 逐个计算）看作两个 m 维向量，则这两个向量之间的加权欧氏距离 D_k 为

$$D_k = \sqrt{\sum_i \omega t(i)(y(i) - y_i^k)^2} \quad (积分\ i = 1\ 到\ m)$$

式中，$\omega t(i)$ 为 i 变元的加权。

3）定义 μ_k 为新样本 Y 与第 k 个标准样本 Y^k 的相似度

$$\mu_k = \frac{D_k}{\sum_{k=1}^{N} D_k} \qquad (k = 1, \cdots, N)$$

因此
$$\sum_{k=1}^{N} \mu_k = 1.0$$

根据相似度来决定新样本属于哪一个标准样本类。

根据图 8-24 所示的六种平坦度缺陷模式给出控制——如属 a，b 则调单侧液压压下，如属 c，d 调弯辊及 CVC，LVC 辊，如属 e，f 调分段冷却。

（2）人工神经元网（常用的为 BP 网）具有良好的自学习、高度非线性映射、动态容错等优点如采用含有一个隐含层的三层 BP 网，通过一批学习样本的训练后在所训练的范

围内当有新的样本输入时即输出识别结果（标准样本类）。

新的平坦度缺陷识别方法虽有新意，但大多尚处于研究开发阶段，目前工业上实际应用的大多还是前面提到的多项式最小二乘回归法。

8.6 中厚板平面形状控制

20 世纪 70 年代后，世界上中厚板生产已从单纯追求产量发展到更重视产品质量，降低成本、能耗和原材料上来，提高收得率就是达到这一目的的有效手段。影响中厚钢板生产收得率的因素中平面形状不良（影响切头、切尾和切边）造成的收得率损失约占收得率损失的 50%。因此中厚板生产轧制阶段的任务就从过去对产品尺寸的一般要求发展到要使钢板轧后平面形状接近矩形。据统计日本中厚板收得率从 1970 年的 80.4% 提升到 1979 年的 90.5%，其中 50% 是靠提高连铸比，50% 是靠平面形状控制法所取得的。目前国外先进水平是切头、切尾仅为 200mm，成材率可达 96% 以上。而我国的实际平均成材率为 85% ~90%。

中厚板轧制过程（图 8-25）可分成下述三个阶段：

（1）第一阶段（成形轧制）。为了除去板坯表面清理等凸凹不平的影响，得到正确的板坯厚度，提高后面展宽轧制的精度，首先将板坯长度方向上轧制 1 ~4 道次。

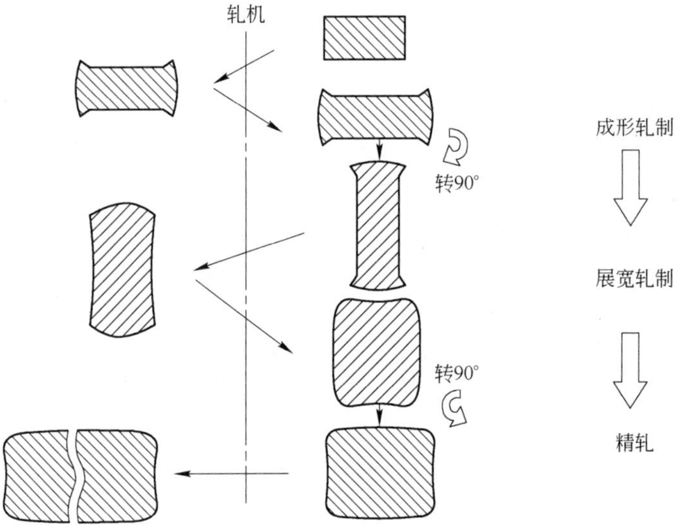

图 8-25 中厚板轧制过程

（2）第二阶段（展宽轧制）。为了得到既定的轧制宽度，将板坯转动 90°，沿成形轧制时的宽度方向进行轧制。

（3）第三阶段（精轧）。再一次转动 90°，回到板坯的长度方向，轧制到要求的厚度。

传统的平板轧制理论基本上是以平面应变条件为基础进行的，宽厚比较大时认为横向不发生变形。但是，在前述的成形轧制和展宽轧制时轧件厚度较厚的阶段，不能认为是平面应变，轧制中在横向也发生变形。这在轧制头尾端更为显著，发生所谓不均匀塑性变形。结果，在成形和展宽阶段产生的不均匀变形合成起来，则轧后钢板的平面形状不再是矩形。成形轧制和展宽轧制过程中发生的平面形状变化如图 8-26 所示。可以认为这些变化基本上基于同一原理发生的。图中 c_1 和 c_3 部分那样的凸形是因为宽度方向上两边部分比中间部分宽展大，因而在长度方向上发生延伸差再加上 c_1 和 c_3 部分局部展宽的影响而产生的。作为前述平面形状变化的影响因素，除了横向轧制比（轧制宽/板坯宽，以后称展宽比）和长度方向轧制比（轧制长/板坯长）之外，还要依据以压下率、投影接触弧长等为参数的实验式定量地掌握平面形状，并与控制相结合。定性地说，在展宽比小而长度方向轧制比大的情况下，变形结果如图 8-26*a* 所示；反之，在展宽比大而长度方向轧制比小时，如图 8-26*b* 所示。

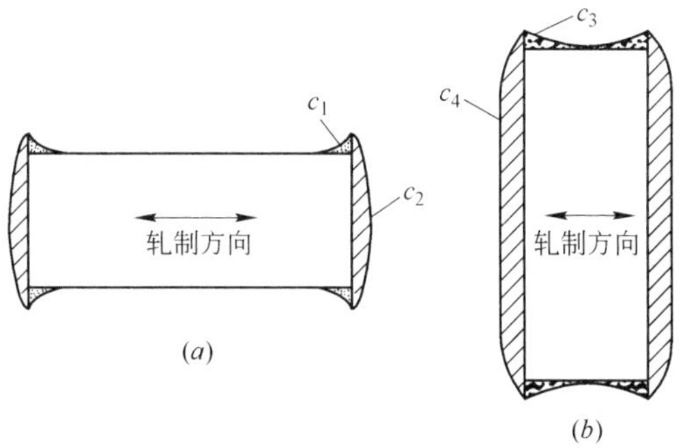

图 8-26 轧制过程中的平面形状改变

(*a*)— 成形轧制后；(*b*)— 展宽轧制后

宽展比在 1.4 左右时展宽变化量最小，小于 1.4 时成品钢板呈凹形，大于 1.4 时呈桶形，因此，随着展宽比远离 1.4，钢板切边损失增大。此外展宽轧制时板坯厚度越厚，道次压下量越小，展宽轧制后板坯的侧边折叠量越大。试验表明：当展宽轧制开始坯厚小于 300mm，道次压下量为 20 ~ 30mm 时，板坯侧边折叠量较小。

为了使轧制后钢板平面形状接近矩形，过去曾经采用过改进板坯形状和调整展宽比，效果都不明显。20 世纪 70 年代以后，由于高精度、快速响应性的液压 AGC 装置及高精度光学仪器用于中厚板厂，因此使平面形状控制得以实现。

第9章　宽度模型与宽度控制

9.1　基本概念

带钢热连轧除了要保证成品带钢的终轧温度、卷取（冷却）温度、厚度以及凸度精度和平坦度外，还需保证带钢的宽度精度。

随着对提高成材率要求的不断提高，热带宽度控制精度已从过去的0～+20mm提高到了目前的0～+6mm。特别是对于中宽带钢及窄带钢热连轧，由于相当一部分中宽带及窄带成品将用于螺旋焊管和直缝焊管，对宽度的精度要求更严。

成品带钢的宽度精度包括头部宽度命中率和全长宽度的均匀性。宽度精度与加热质量、平辊的宽展、立辊的控制、精轧区活套起套冲击、活套张力波动以及卷取机速度/张力控制切换的平滑性都有关系。因此不少热连轧机由于不能保证带钢在精轧区以及卷取机卷入时不被拉窄，只能在粗轧区宽度设定时将粗轧出口的目标宽度放宽，以保证宽度不出现负公差，但这样做的后果是加大了成品的切边量，降低了成材率。

带钢热连轧全线一般设置2～3台测宽仪，最基本的测量点是在粗轧出口处及精轧出口处。近年来为了加强粗轧区宽度控制，还在粗轧区入口或中间设置一台测宽仪以用于宽度前馈控制，并在卷取机前设置一台测宽仪以用于测量带钢颈部被拉窄的量。

宽度设定及宽度控制主要是对调宽压力机（SP）或大立辊（VSB）以及粗轧机的立辊（EG）开口度进行设定及调节。亦有一些轧机在精轧入口处设置小立辊（FE）用于对宽度精调。精轧前小立辊也由宽度模型设定，但FE在带坯厚度不太厚时由于带坯容易拱起而作用减弱。目前有加厚进入精轧机组带坯厚度的趋势，因此不少轧机设置了精轧前小立辊。

由此可知，为了保证成品带钢的宽度精度（正公差）以及全长宽度的均匀性，需在以下方面着手：

（1）改善卷取机咬钢后由速度控制向张力控制模式转换的平滑性，以免拉窄带钢颈部。

（2）改善精轧机组活套起套状态，实现活套起套软接触，以免拉薄拉窄带钢。

（3）改善活套高度控制，减少活套摆动以减小活套张力动态波动对宽度的影响。

（4）采用调宽压力机能加大调宽能力，并改善带坯头尾形状。如采用VSB时为了克服头尾“失宽”应设置短行程控制（SCC）功能。

（5）立辊采用电动机构设定，液压微调缸调节宽度以加强宽度控制能力。

（6）粗轧立辊，精轧前小立辊设有自动宽度控制（AWC）功能。

为了在粗轧区精确控制宽度，需对宽的扁平轧件在立辊轧制时产生的狗骨头断面形状以及随后紧接着对狗骨头断面进行平辊轧制时所额外产生的宽展量进行研究。

粗轧区由于立辊/水平辊交替轧制，各道次轧出厚度及宽度的计算公式中所用符号较多，为了便于阅读下面各节，对所用符号作以下规定：

（1）粗轧区用 B 表示宽度，而精轧区用 b 表示宽度。

（2）ΔB 为侧压量，即 $\Delta B = B_0 - B_1$。为此，ΔB_{VSB} 或 ΔB_{SP} 为 VSB 或侧压压力机的侧压量；ΔB_{Eij} 为粗轧第 i 号立辊第 j 道次的侧压量（j 为奇数，因反向轧制时立辊不工作）；ΔB_{FE} 为精轧前小立辊（FE）的侧压量。

（3）DB 为粗轧平辊的宽展量，Db 为精轧平辊宽展量。为此，DB_{Rij} 为粗轧第 i 架水平辊第 j 道次的宽展量；Db_{Fi} 为 F_i 机架的宽展量（中板精轧为可逆轧机，则应使用 Db_{Fij}）；DB_{ERij} 为第 i 架立辊和水平辊第 j 道次相继轧制后的有效宽展量（水平辊出口宽度与立辊入口宽度之差）。

（4）B_S，B_{RC}，b_n 分别表示粗轧板坯宽度，粗轧区出口带坯宽度及精轧出口成品带钢宽度；H_S，H_{RC}，h_n 同样为粗轧板坯厚度，粗轧区出口带坯厚度（即精轧机组入口厚度）和精轧出口的成品带钢厚度（粗轧区厚度用 H_{Rij}，而精轧机组内用 h_i）；S_{rij} 及 S_i 分别为粗轧第 i 机架第 j 道次水平辊辊缝量及精轧 i 机架的辊缝量；E_{ij} 为第 i 架立辊第 j 道次的立辊开口度；ΔH_{Rij} 及 Δh_i 则为粗轧第 i 机架第 j 道次厚度压下量及精轧 i 机架的厚度压下量（中板轧机精轧为可逆轧制，应采用 Δh_{ij}）。

一般性讨论厚度和宽度时，下标 0 表示入口量，无下标或下标 1 表示出口量，因此 $B_0(b_0)$ 为入口宽度，B 或 B_1（b 或 b_1）为出口宽度，$H_0(h_0)$ 为入口厚度，H 或 H_1（h 或 h_1）为出口厚度。

9.2 热轧板带轧制的宽展

带坯在粗轧（包括精轧前 2～3 机架或道次）平辊轧制时，厚度被压缩时根据压力加工理论中体积不变原理，长度方向及宽度方向将会产生纵向延伸和横向延伸使长度和宽度增加，宽度增加称为宽展。长度方向延伸与宽度方向延伸各占多少则决定于“最小阻力定律”。由于轧辊圆弧形形状以及纵向摩擦力比横向摩擦力小（轧辊加工方式所决定），加上变形区接触长度（l_c）远比接触宽度（即带宽 B）要小。轧件将主要在长度方向延伸，但对于厚度较大，压下量较大的道次，横向延伸亦是不可忽略的。为此需要计算每个道次的宽展量来保证由粗轧轧出带坯的宽度。

下面分别讨论平辊轧制时以及立辊-平辊轧制时的宽度（宽展）计算。

9.2.1 平辊轧制的宽展计算

由于轧辊与轧件接触面上存在摩擦力，表面上质点的流动轨迹与轧件内部各层是不同的，在轧件厚度小时摩擦力影响尚能深透到轧件中心，因而变形区可认为是均匀变形，此时宽展后带钢侧面仍将是矩形（图 9-1b）。当轧件厚度加大，变形区内存在不均匀变形，有可能产生凸形或双鼓形侧面（图 9-1a，c），此时轧制后宽度需用平均宽度代表。

$$B_1 = B_1'' - \frac{B_1'' - B_1'}{n}$$

对双鼓形可认为 $n=2$，而对凸形有人采用 $n=3$。

轧后宽展 DB 等于

$$DB = B_1 - B_0$$

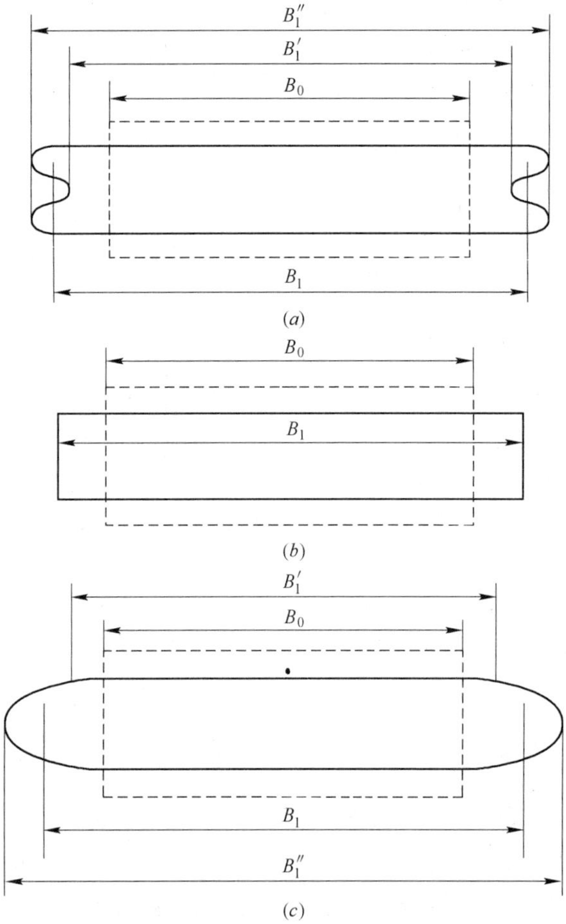

图 9-1　板边轮廓示意图

(a)— 双鼓形；(b)— 矩形；(c)— 凸形

亦有些文献采用宽展系数 S_B 来表示

$$S_B = \frac{\ln \dfrac{B_1}{B_0}}{\ln \dfrac{H_0}{H_1}}$$

式中　B_1，H_1——轧后宽度和厚度；

B_0，H_0——轧前宽度和厚度。

DB 与 S_B 的关系为：

$$DB = B_0\left[\left(\frac{H_0}{H_1}\right)^{S_B} - 1\right]$$

仔细观察宽展可认为它是由以下部分组成：

（1）滑动宽展。滑动宽展是金属在接触面处由于横向延伸（与轧辊产生相对滑动）所增加的宽展量 DB_a。

（2）翻平宽展。翻平宽展是由于摩擦力起阻碍作用，内部变形大于表面，使轧件侧面在金属变形过程中翻转上来与轧辊接触而使宽度增加的宽展量 DB_b。

（3）鼓形宽展。鼓形宽展是轧件中心层变形大而造成的，其宽展量（按厚度取平均值）为 DB_c。

因此可写成

$$B_1 = B_0 + DB_a + DB_b + DB_c$$

各组成部分将随变形区形状（几何参数），摩擦系数的不同而有不同的变化规律。因此从理论上来推导宽展定量计算公式是十分困难的，目前主要还是利用实验室实验及现场实验来求得宽展公式，定量上则依靠现场数据统计。

影响金属变形区内沿纵向和横向流动的因素很多，但这些因素的影响主要决定于“体积不变定律”和“最小阻力定律”。归纳起来主要有：

（1）压下量加大后宽展将加大，实验证明，在总压下量一定时粗轧道次越多宽展越小。

（2）变形区接触弧长加大将使宽展加大。

（3）带钢宽度窄时将使宽展加大。

（4）轧辊（圆弧形）直径变小时宽展减小。

（5）变形区摩擦系数加大，宽展增加（凡是影响摩擦系数的其他因素，如温度、轧制速度等都将对宽展有影响）。

这些影响因素将以无单位准数的形式进入宽展计算公式。常用的宽展公式有以下几种。

9.2.1.1 采利柯夫公式

采利柯夫在最小阻力定律基础上，假设存在如图 9-2 所示的宽展区、前滑区和后滑

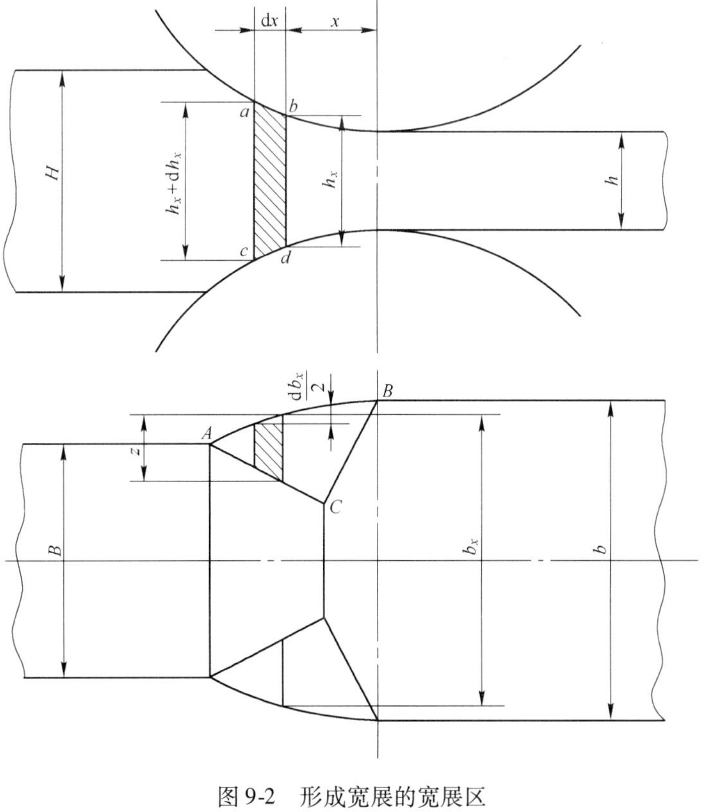

图 9-2 形成宽展的宽展区

区，认为轧制时宽展区中压下的体积全部横向移动而形成宽展。

设距轧辊出口（连心线）为 $x+\mathrm{d}x$ 处的（ac）断面移动一个 $\mathrm{d}x$ 距离，这时宽展区内的压下体积都横向流动，根据体积不变定律可写出

$$\frac{1}{2}h_x\mathrm{d}x\,\frac{\mathrm{d}b_x}{2} = -\frac{1}{2}z\mathrm{d}x\times 2\,\frac{\mathrm{d}h_x}{2}$$

式中　$\mathrm{d}h_x$——ac 移到 bd 后断面高度的减小量；

$\mathrm{d}b_x$——移动 $\mathrm{d}x$ 后宽展方向增加量。

经整理后

$$\mathrm{d}b_x = -2z\,\frac{\mathrm{d}h_x}{h_x}$$

积分后

$$\int_{B_0}^{B_1}\mathrm{d}b_x = \int_{h_0}^{h_1} -2z\,\frac{\mathrm{d}h_x}{h_x}$$

在设定 z 与 $\mathrm{d}h_x$ 间关系后即可解此方程，所推出的公式过于复杂，经一系列简化后采利柯夫提出了下列简化公式

$$DB = C\Delta h\left(2\sqrt{\frac{R}{\Delta h}}-\frac{1}{f}\right)(0.138\varepsilon^2+0.328\varepsilon)$$

式中，C 决定于轧件原始宽度与接触弧长的比值。

$$C = 1.34\left(\frac{B_0}{l_c}-0.15\right)e^{\left(0.15\frac{B_0}{l_c}+0.5\right)}$$

9.2.1.2　Beece 公式

在低碳钢板坯工业试验基础上，Beece 得出了以下预测最大宽展的公式

$$S_B = 0.6\left(\frac{H_0}{B_0}\right)\exp\left(-0.32\,\frac{H_0}{l_c}\right)$$

9.2.1.3　Hill 公式

其形式为

$$S_B = 0.5\exp\left(-0.707C\,\frac{B_0}{l_c}\right)$$

式中，C 为常数需试验确定，建议采用 0.5 ~ 0.525。

9.2.1.4　Helmi 和 Alexamde 公式

$$S_B = 0.95\left(\frac{H_0}{B_0}\right)^{1.1}\exp\left[-0.707\left(\frac{B_0}{l_c}\right)\left(\frac{H_0}{B_0}\right)^{0.971}\right]$$

由以上各式可见，各公式中主要使用了以下准数：

(1) B_0/l_c；

(2) B_0/H_0；

(3) H_0/l_c；

(4) $\varepsilon = (H_0 - H)/H_0$。

各公式在定性上都反映了前面所述的各因素影响规律，但定量存在一定差距。不同轧机应在选定公式后，用实测数据来确定公式中部分系数，以获得符合本轧机的宽展定量计算公式。

9.2.2 立辊-平辊轧制的宽展计算

立辊侧压是目前控制宽度的主要手段，由于板坯宽度大，侧压量相对较小，侧压影响不能深透中心而形成板坯不均匀变形。

侧压量仅一部分转化为轧件长度的延伸，其余部分造成轧件边部增厚，通常形成明显的鼓形，使板坯断面变成“狗骨头”的形状，而侧压后紧接着的平辊轧制又使狗骨头形的边部鼓形还原成为额外的宽展。这种侧压时的边部厚度增大显著降低了侧压的调宽效率。

为了分析立辊-平辊轧制时的宽展，需对狗骨头形状进行分析，图 9-3 给出了侧压前后的轧件断面形状变化。Shibahara 等人曾对现场板坯形状作了检测，得到图 9-4 所示的狗骨头形横断面轮廓曲线。

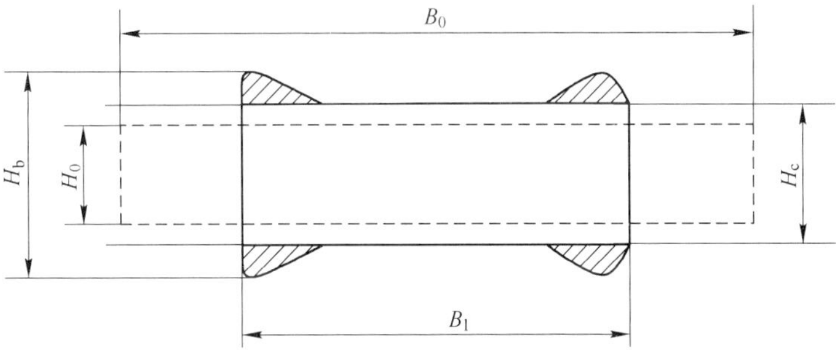

图 9-3 侧压前后板坯横断面轮廓

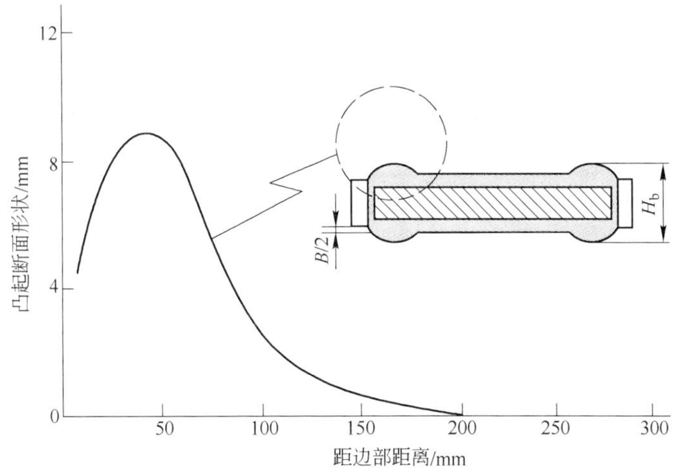

图 9-4 平辊侧压后横断面轮廓

为了能用参数表达狗骨头形状，用图 9-5 所示的狗骨头简化表示形式，其基本参数为：

(1) 鼓形处（峰值）厚度 H_b，因此侧压后狗骨头高度为 $H_b - H_c$，与侧压前厚度相比，狗骨头高度为 $H_b - H_0$。

(2) 狗骨头位置 A。

(3) 狗骨头影响区大小 C。

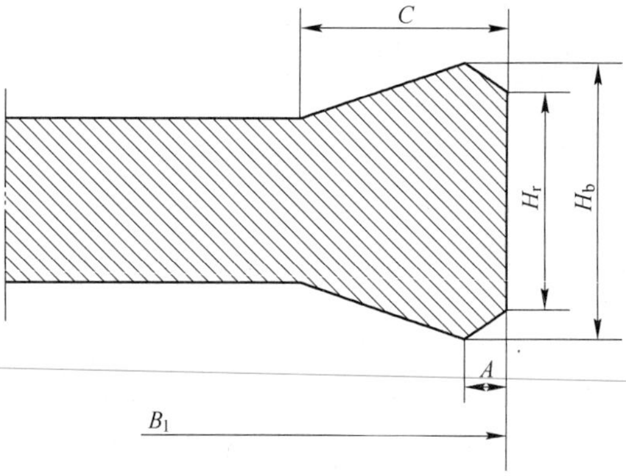

图 9-5　狗骨头形状的简化表示

Tazoe 等人提出了以下计算 H_b 的经验公式

$$H_b = H_0\left[1 + a\left(\frac{\Delta B}{B_1}\right)^b\left(\frac{R_E}{B_1}\right)^c\left(\frac{H_0}{B_0}\right)^\alpha\right]$$

而 Okado 等人给出的公式为

$$H_b = H_0[1 + 0.098H_0^{-0.44}\Delta B^{0.7}]$$

$$A = 4.25H_0^{0.35}\Delta B^{0.07}$$

$$C = 1.65H_0^{0.77}\Delta B^{0.2}$$

式中　ΔB——侧压量，mm；

B_0，B_1——侧压前和侧压后宽度，mm；

R_E——立辊半径，mm；

H_0——侧压前的轧件厚度，mm。

在此基础上进一步紧接着平辊轧制时宽展将为（图 9-6）

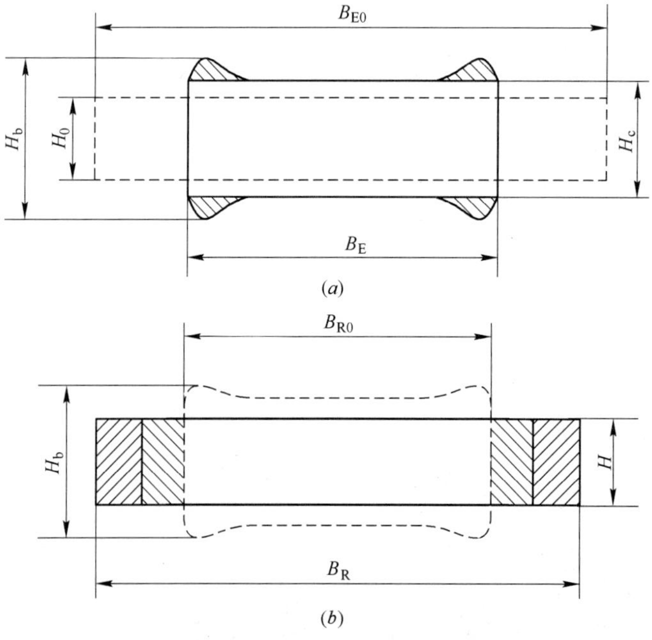

图 9-6　立轧道次和平轧道次后形成的横断面

(a)—立轧道次；(b)—平轧道次

B_{E0}，B_{R0}—进入立辊及平辊前的宽度；B_E，B_R—由立辊及平辊轧出的宽度

$$DB = DB_R + DB_D$$

即

$$B_1 = B_0 + DB_R + DB_D$$

式中 DB_R ——水平辊轧制正常宽展（不存在狗骨头时），mm；

DB_D ——狗骨头形中的鼓形（凸峰）造成的额外宽展，mm。

Shibahara 等人提出了

$$DB_R = B_0\left[\left(\frac{H_0}{H_1}\right)^{\alpha} - 1\right]$$

$$DB_D = b\Delta B\left(1 + \frac{DB_R}{B_1}\right)$$

$$a = \exp\left[-1.64m^{0.376}\left(\frac{B_1}{l_c}\right)^{0.016m}\left(\frac{H_0}{R}\right)^{0.015m}\right]$$

其中

$$m = \left(\frac{B_1}{H_0}\right)$$

$$b = \exp\left[-1.877\left(\frac{\Delta B}{B_0}\right)^{0.063}\left(\frac{H_0}{R_E}\right)^{0.441}\left(\frac{R_E}{B_0}\right)^{0.989}\left(\frac{B_0}{B_1}\right)^{7.591}\right]$$

而

$$DB_R = B_1\left[\left(\frac{H_0}{H_1}\right)^{9} - 1\right]$$

正是这种立辊侧压减宽（同时形成狗骨头），平辊接着又产生较大的宽展（正常宽展加上由狗骨头产生的额外宽展）构成了粗轧区宽度的变化特征。图 9-7 给出了现场实测的不同粗轧机组中轧件宽度变化的典型情况，粗轧机布置虽不相同，但宽度变化的特征是相似的。因此有必要研究侧压的效率及有效宽展量的问题。

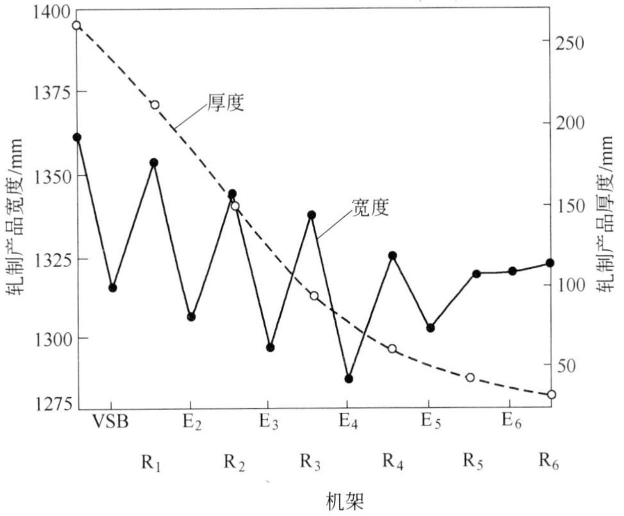

图 9-7 粗轧机组中轧件宽度的变化

有效宽展量定义为水平辊轧制后的轧件宽度 B_R 与立辊侧压前轧件宽度 B_{E0} 之差，即

$$DB_{ER} = B_R - B_{E0}$$

亦可写成

$$DB_{ER} = DB_R + DB_D - \Delta B$$

式中 ΔB——立辊实际侧压量。

侧压率 η 可表达为

$$\eta = \frac{DB_{ER}}{\Delta B} \times 100\% = \frac{B_R - B_{R0}}{B_E - B_{E0}} \times 100\%$$

式中 B_{E0}，B_{R0}——进入立辊及平辊前的宽度；

B_E，B_R——由立辊及平辊轧出的宽度。

B_R 与 B_E 的差别不仅仅是水平辊的正常宽展，而且还包括了立辊侧压形成狗骨头形（鼓形峰）经水平辊轧制又回展成的宽度（即额外宽展）。

考虑到 ΔB_{ER} 及 η 是立辊-平辊的综合效果，将受实际轧机参数，例如立辊及水平辊间张力等的影响。为此 ΔB_{ER} 及 η 的确定应在轧机上实测求得。各宽展公式中影响因素的作用可以在定性上参考。

9.3 宽度设定计算

粗轧设定包括厚度设定和宽度设定，厚度设定是确定粗轧区各水平辊的辊缝及速度（第 7 章）。宽度设定的任务是对各个立辊（包括各个道次）的开口度进行设定，同时亦将对立辊的转速进行设定，粗轧设定还包括侧导板开口度以及立辊前辊道速度的设定。无论是厚度设定还是宽度设定首先需确定各道次厚度和宽度的分配。

对于宽度可先确定板坯宽度 B_S 及粗轧出口宽度 B_{RC}。B_{RC}应比成品宽度 b_n 略宽以防活套及卷取机将带宽拉窄

$$B_{RC} = b_n + \Delta$$

式中，Δ 一般取值为 3～6mm。如精轧前几个机架（或道次）宽展较大，则在上式中应加以考虑（减小 Δ）。

表 9-1 给出 1700mm 热连轧所用的立辊侧压分配系数 a_{ij}，各立辊的侧压量为

$$\Delta B_{Eij} = \Delta B_{E\Sigma} a_{ij}$$

$$\Delta B_{E\Sigma} = (1.015 B_S - B_{RC}) + \Sigma DB_{Rij}$$

式中 ΔB_{Eij}——粗轧机组第 i 架立辊第 j 道次的立辊侧压量，mm；

$\Delta B_{E\Sigma}$——粗轧机组总侧压量，mm；

B_S——前面乘上 1.015 是考虑钢坯的热膨胀，mm；

DB_{Rij}——粗轧机组第 i 机架第 j 道次的宽展量，mm。

表 9-1 立辊侧压分配系数 a_{ij} (%)

R₂ 道次数 \ 立辊	VSB	E_2		E_3	E_4
3	18	1	24	22	15
		3	21		
5	18	1	18	15	8
		3	23		
		5	18		
7	15	1	15	15	10
		3	15		
		5	15		
		7	15		

在获得各道次的入口和出口厚度及宽度后，即可用与精轧设定类似的步骤和公式相继计算出各道次温度、接触弧长（可不考虑压扁）、变形区形状系数（l_c/h_m）以及变形程度、真正变形程度 e、变形速度 u_m 等值，以能进一步计算变形阻力 σ、应力状态系数 Q_r 或 Q_P 以及轧制力，在此基础上考虑立辊弹跳后计算各道次立辊开口度。

由第 3 章知，外摩擦造成的变形区应力状态将使接触弧上平均单位压力大于金属塑性变形阻力 K。

$$p_c = Q_P K$$

式中，Q_P 称为外摩擦应力状态系数，Q_P 的值为 1 ~ 3 左右，它将是变形区形状系数 $\frac{l_c}{h_m}$ 和变形程度 ε 的函数。

由 Sims 公式可知当 $\frac{l_c}{h_m}=1$ 时 $Q_P \approx 1.0$，从公式本身看当 $\frac{l_c}{h_m}<1$ 时 Q_P 亦将小于 1，但实际上当 $\frac{l_c}{h_m}<1$ 时，由于接触弧小于平均厚度，轧件在变形区中将发生不均匀变形，与轧辊接触层的金属变形大而厚度中心层部分的金属变形小，由于变形区外面两端不变形的金属（“刚端”）的限制将使变形区内产生额外的应力状态而使接触弧上平均单位压力升高，此时可写成类似 $p_c = Q_P K$ 的公式，但用 Q_r 代替 Q_P。Q_r 称为外区影响系数，它将随着 $\frac{l_c}{H_m}$（粗轧区采用 H_m 作为平均厚度）变小而加大。外区影响应力状态系数 Q_r 对于热轧（中厚板及热带粗轧区）立辊以及平辊的轧制力计算较为重要，但中薄板坯（100 ~ 150mm）或薄板坯（90mm）连铸连轧粗轧各道次的 $\frac{l_c}{H_m}$ 都将大于 1，因此其应力状态主要由外摩擦造成。

当 $\frac{l_c}{H_m}$ 大于 1 时粗轧轧制力公式可采用

$$P = B_m l_c Q_P K$$

而当小于 1 时应采用 Q_r 代替 Q_P

$$P = B_m l_c Q_r K$$

与精轧不同处在于：

（1）接触弧长不必考虑轧辊压扁，即可直接用 l_c 而不必计算 l'_c；

（2）由于宽展的存在，平面变形阻力 K 用 $K = 1.0\sigma$，不用 1.15σ。

当采用常规板坯（200 ~ 250mm）时，粗轧前几个道次的 $\frac{l_c}{H_m}$ 将小于 1。

为了确定各立辊开口度，首先需计算各个轧机出口的宽度值。

根据前一节所述的粗轧区宽度的分配可确定各架轧机的出口宽度，下面以 VSB—R_1—E_2/R_2 布置为例，设 R_1 轧一道，R_2 轧三道，则各架轧机的出口宽度如图 9-8 所示。

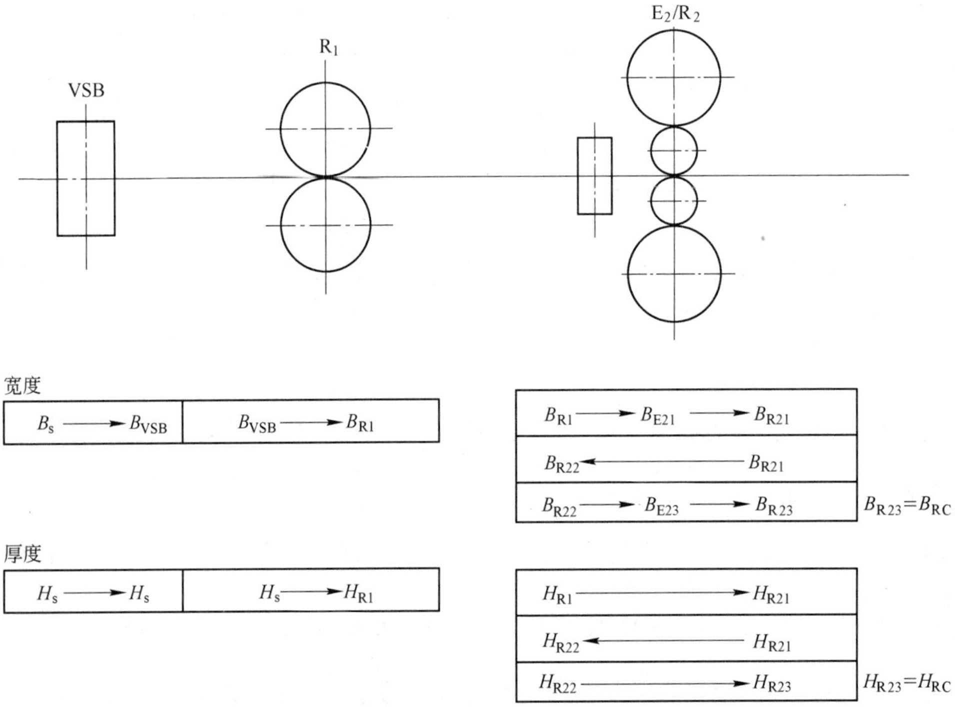

图 9-8　粗轧各道次的出口厚度和宽度

由此可得

$$B_{VSB} = B_S - \Delta B_{VSB}$$

$$B_{R1} = B_{VSB} + DB_{R1}$$

（或可用有效宽展方式写成 $B_{R1} = B_S + DB_{ER1}$）

$$B_{E21} = B_{R1} - \Delta B_{E21}$$

$$B_{R21} = B_{E21} + DB_{E21}$$

$$B_{R22} = B_{R21} + DB_{R22}$$

（偶数道次立辊空过）

$$B_{E23} = B_{R22} - \Delta B_{E23}$$

$$B_{R23} = B_{E23} + \Delta B_{E23} = B_{RC}$$

立辊开口度 E_{ij} 的计算公式为

$$E_{ij} = B_{Eij} - \frac{P_{Eij}}{C_{Ei}} = B_{Eij} - SP_{ij}$$

式中 B_{Eij}——i 机架 j 道次的出口宽度，mm；

P_{Eij}——i 机架 j 道次的侧压压力，mm；

C_{Ei}——i 机架直辊刚度，kN/mm；

SP_{ij}——i 机架 j 道次的弹跳量，mm。

考虑到立辊刚度不太好测量，加上 P_{Eij} 亦不太容易计算，因此实际应用时一般采用在现场直接测量弹跳量

$$SP_{ij} = B_{Eij}^{*} - E_{ij}^{*}$$

$$B_{Eij}^{*} = B_{Rij}^{*} - DB_{Rij}$$

其中 E_{ij}^{*} 可以实测，B_{Eij}^{*} 可通过实测 B_{Rij}^{*} 及宽展 DB_{Rij} 计算后得到。

由于 C_{Ei} 可认为是常数，因此 $SP_{ij} = f(P_{Eij}) = f(H_{E0}, \Delta B_{Eij}, K_{PG})$，可采用统计法求得其公式，其中 H_{E0} 为立辊入口处板坯厚度，K_{PG} 为钢种系数。

当测宽仪设置在 R_2 出口不远处，甚至在 R_1 和 R_2 间设置测宽仪时可利用前后测宽仪对中间道次的轧出宽度进行实测以对宽展模型自学习，用以提高 B_{RC} 的精度。宽度自学习所用的公式和厚度自学习所用的相同。

9.4 自动宽度控制（AWC）

立辊设定计算以及宽展模型的自学习，可提高带坯头部的宽度（B_{RC}）命中率，带钢全长的宽度均匀性还需通过自动宽度控制系统（AWC）来保证，图 9-9 给出了采用和不用 AWC 时带钢全长宽度的均匀性。

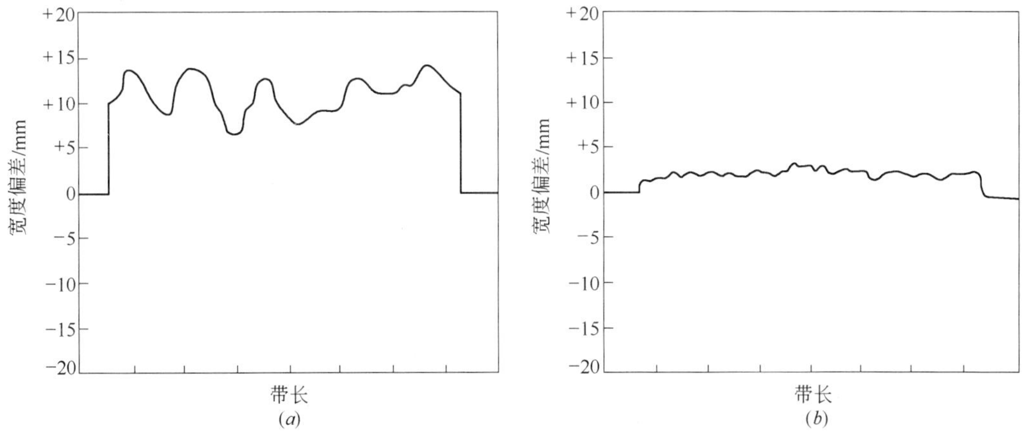

图 9-9 AWC 控制效果

(a)—不用 AWC；(b)—用 AWC

在确定 AWC 组成部分前，我们先讨论一下造成全长宽度不均匀的原因。

9.4.1　带坯全长宽度变动的原因

带坯全长宽度变动的原因有：

（1）带坯头尾的宽度变窄，这是由于缺乏“刚端”，立辊轧制时没有一个力矩能回牵轧件所致。立辊（特别是大立辊侧压量较大时）在轧制带坯头部及尾部时将出现两个非稳定段，图 9-10 表示了侧压的宽度变化，即在离开立辊前头部已和立辊脱离，只有当带坯通过立辊辊缝足够长时才达到完全与轧辊接触，尾部情况类似。

带坯头尾出现图 9-11 所示形状，即头尾部存在失宽现象，并随着带坯宽度加大使失宽增加。

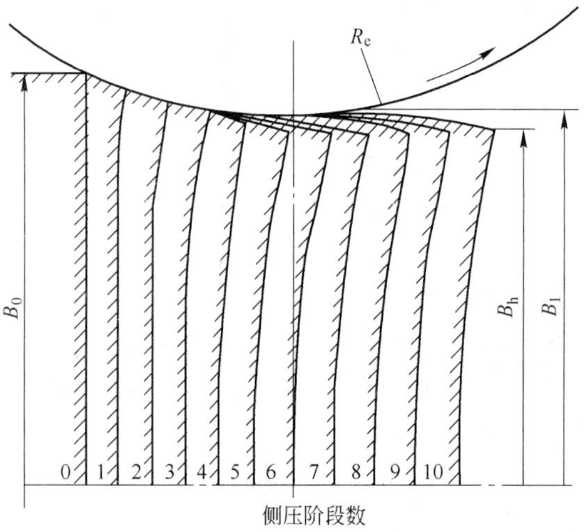

图 9-10　侧压的宽度变化

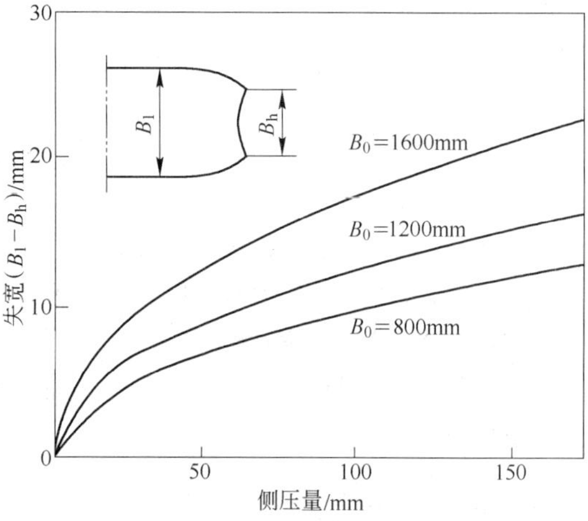

图 9-11　侧压后头尾宽度失宽

（2）由于温度不均，特别是水印区，造成轧出宽度不匀。

（3）由于精轧机组活套起套及摆动以及由于卷取机速度向张力切换过程的拉钢都将造成成品宽度拉窄。

（4）进精轧带坯长度上的温度变化将改变各段带钢在 $F_1 \sim F_3$ 的宽展量。

AWC 系统一方面应能克服粗轧区本身所造成的宽度不匀，还应能补偿精轧及卷取机所造成的有规律的宽度拉窄。

由于精轧及卷取机所造成的宽度不匀只能由精轧出口处测宽仪实测，在宽度设定模型及 AWC 控制系统中除粗轧机前后测宽仪外应充分利用上一块钢的成品测宽仪所提供的信息进行补偿。

9.4.2　AWC 的组成

为了克服上面所述的各种宽度变动，以粗轧区立辊为主（有些轧机在 F_1 前设有小立辊 FE 作精调)，设置了以下各 AWC 子系统（图 9-12)：

（1）DSU——动态设定：利用 R_2 入口宽度实测值修正末道立辊开口度来提高粗轧出口宽度 B_{RC} 精度。

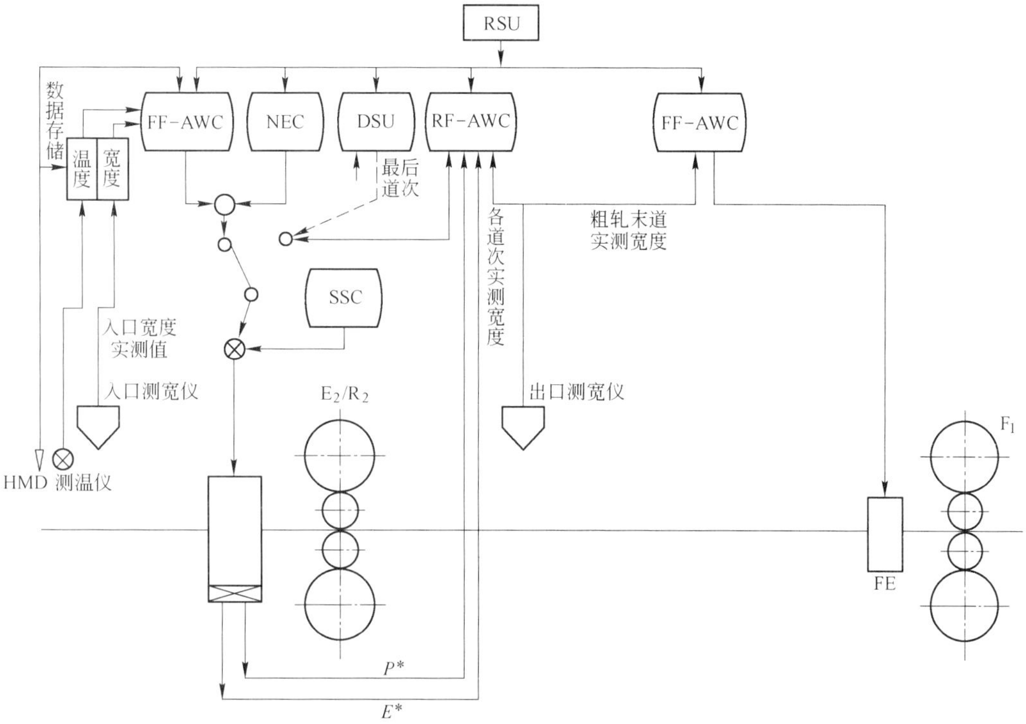

图 9-12 AWC 系统

（2）SSC——短行程控制：用以补偿头部和尾部的失宽。

（3）RF-AWC——轧制力反馈 AWC，类似于 GM-AGC 或 RF-AGC 的功能，动态调节立辊开口度来获得均匀宽度。

（4）FF-AWC——前馈 AWC：当轧机前设有测宽仪时可利用其所检测的入口宽度偏差对立辊开口度进行前馈调节以提高出口宽度均匀性。

（5）NEC——缩颈补偿：用来补偿卷取机切换到张力控制时对带钢冲击（拉钢）所造成的缩颈（图 9-13*a*）。

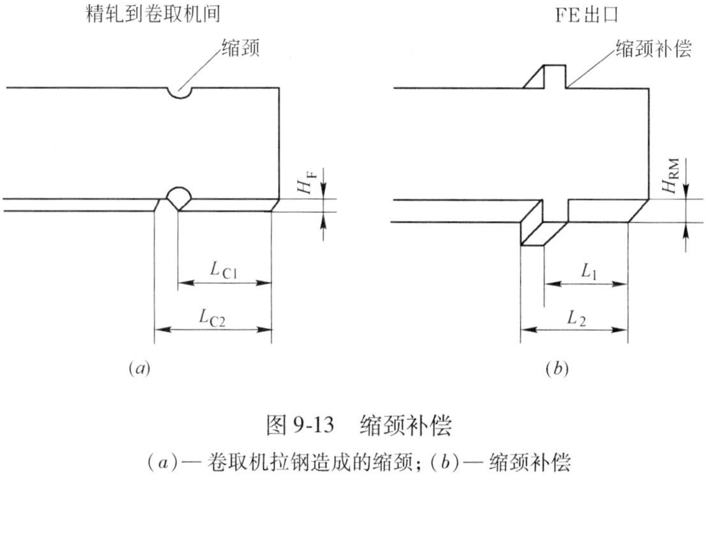

图 9-13 缩颈补偿

（*a*）— 卷取机拉钢造成的缩颈；（*b*）— 缩颈补偿

（6）宽度自学习：利用粗轧及精轧出口处测宽仪实测信息对宽度模型进行学习。

下面分节对以上功能进行讨论。

9.4.2.1　SSC

当粗轧区采用 VSB 调节产品宽度时，给予较大侧压量后将在头部形成失宽，为了头部宽度保持均匀需在各道立辊轧制时先将开口度加大，板坯咬入后随轧入的长度逐步收小开口度到设定值。尾部控制与头部相反，即在到达尾部不稳定区后逐步放开开口度（尾部随轧入的长度逐步加大开口度）。

开口度随轧入长度收小（加大）的曲线应根据 VSB 后面测宽仪所测前一块的头部信息来定。当粗轧区仅在出口处装设测宽仪时则应根据事先统计所得并存于计算机内的曲线进行开口度收小，并用粗轧出口测宽的信息对曲线进行修正。

为了实现 SSC 尚需对板坯头尾及轧入长度进行跟踪和计算，以便按要求曲线对开口度收小（加大）进行控制，为了计算轧入长度应以头部到达立辊前 HMD 及尾部离开立辊 HMD 作为起点按带坯速度（用激光测速仪精确测量带坯速度）进行计算。

9.4.2.2　RF-AGC

RF-AGC 计算公式与精轧 AGC 类似，与精轧厚度控制公式相对应，可写出 AWC 宽度控制公式。精轧 AGC 的主要公式为

$$h = S + \frac{P - P_0}{C}$$

$$\delta h = \frac{1}{C - \dfrac{\partial P}{\partial h}}\left[\frac{\partial P}{\partial h_0}\delta h_0 + \frac{\partial P}{\partial k}\delta K + C\delta S\right]$$

$$\delta P = \frac{C}{C - \dfrac{\partial P}{\partial h}}\left[\frac{\partial P}{\partial h_0}\delta h_0 + \frac{\partial P}{\partial k}\delta k + \frac{\partial P}{\partial h}\delta S\right]$$

由此可得粗轧 AWC 的主要公式为

$$B = E + \frac{P_{\mathrm{E}}}{C_{\mathrm{E}}}$$

$$\delta B = \frac{1}{C_{\mathrm{E}} - \dfrac{\partial P_{\mathrm{E}}}{\partial B}}\left[\frac{\partial P_{\mathrm{E}}}{\partial B_0}\delta B_0 + \frac{\partial P_{\mathrm{E}}}{\partial K}\delta K + C_{\mathrm{E}}\delta E\right]$$

$$\delta P_{\mathrm{E}} = \frac{C_{\mathrm{E}}}{C_{\mathrm{E}} - \dfrac{\partial P_{\mathrm{E}}}{\partial B}}\left[\frac{\partial P_{\mathrm{E}}}{\partial B_0}\delta B_0 + \frac{\partial P_{\mathrm{E}}}{\partial K}\delta K + \frac{\partial P_{\mathrm{E}}}{\partial E}\delta E\right]$$

$$\delta P_{\mathrm{E}} = P_{\mathrm{E}}^* - P_{\mathrm{EL}}$$

$$\delta E = E^* - E_{\mathrm{L}}$$

式中，P_{EL} 及 E_{L} 为头部锁定时的侧压力及开口度。

因此 RF-AWC 在获得 δE 及 δP_{E} 后可用下式计算出 δB

$$\delta B = \delta E^* + \frac{\delta P_E^*}{C_E}$$

以此作为反馈信号，通过 RF-AWC 求出

$$\delta E_C = -G_{FB}\frac{C - \dfrac{\partial P_E}{\partial B}}{C_E}\delta B$$

式中，G_{FB}为 RF-AWC 的增益，一般小于 1.0。

所有增量（δE，δP_E 等）都是以头部锁定值为基础，考虑到头部在用 VSB 时存在失宽，因此 RF-AWC 的头部锁定值需在头部失宽区后面采样。

δE_C 为 AWC 输出的控制侧压液压缸的量，C_E 为立辊轧机刚度。

$\frac{\partial P}{\partial B}$ 及 $\frac{\partial P}{\partial B_0}$ 与 $\frac{\partial P}{\partial h}$，$\frac{\partial P}{\partial h_0}$ 类似，即每变动 1mm 出口或入口宽度将增加的侧压力，工程上用 t/mm，国标用 kN/mm（数值上差 9.81 倍）。

9.4.2.3 FF-AWC

与 FF-AGC 相似，利用上面所述主要公式在测得入口宽度与锁定值相比有偏差 δB_0 时，为了使出口宽度偏差 $\delta B = 0$，应给出立辊开口度变动量（控制量）

$$\delta E_C = -G_{FF}\frac{\dfrac{\partial P_E}{\partial B_0}}{C_E}\delta B_0$$

式中，G_{FF}为前馈控制的增益。

前馈控制要注意的是确定所测 δB_0 段进入立辊变形区的时间，利用头部作为基准确定具有 δB_0 段离头部的长度是一种比较好的方法。

FF-AWC 亦可以利用入口测温仪信号确定水印位置进行水印补偿。

9.4.2.4 NEC（缩颈补偿）

缩颈（宽度变窄）是由于卷取机咬入带钢后由速度控制切换到张力控制时切换不平滑所造成。为此可以采用在粗轧区通过立辊开口度控制产生一个反向“凸颈”来加以补偿（图 9-13*b*）。缩颈补偿功能需要知道以下三个参量：

（1）缩颈起始位置 L_1；

（2）缩颈结束位置 L_2；

（3）缩颈量 δB_{NEC}。

但考虑到由精轧测宽仪或卷取前测宽仪所测出的为成品带钢的缩颈，因此在确定 L_1 及 L_2 时应作以下转换：

$$L_i = L_{Ci}\frac{h_n}{H_i} + \Delta L_{CL} \quad (i = 1,2)$$

式中 L_{C1} ——成品带钢缩颈的起始点离带头的距离；

L_{C2} ——带钢上缩颈的结束点；

h_n，H_i ——带钢成品厚度和粗轧区用于补偿的立辊之处带坯厚度；

ΔL_{CL} ——补偿卷取机张力冲击时当卷取机由 1 号改为 2 号时所增加的距离。

由此可求出立辊控制用的 L_1，L_2 和缩颈量 ΔB_{NEC}。

需补偿的开口度量为：

$$\delta E_{NEC} = - G_{NEC} \frac{C_E - \dfrac{\partial P_E}{\partial B}}{C_E} \delta B_{NEC}$$

式中，G_{NEC} 为缩颈补偿增益系数，应通过自学习不断改进。

第 10 章 冷热带钢连轧的综合分析

10.1 概述

板带轧制特别是带钢冷热连轧的一个显著特点是机械、电气、液压控制系统和轧件变形之间的紧密联系，形成了一个复杂的系统。机架及辊系的纵向和横向弹性变形，使各种工艺参数的变动都将通过对轧制力的影响而影响到轧出的厚度和凸度。机架间速度不协调将影响张力，而张力通过影响前滑、后滑又反过来影响前后机架出/入口速度。这些“自然反馈现象”使冷热连轧过程的分析更加复杂化。

多机架连轧机由于通过带钢的联系而形成了一个系统，带钢起着机架间传递厚度、凸度、温度以及张力的作用。前一个机架轧出的厚度及凸度延时地决定了后一个机架的入口厚度及入口凸度，因此各种扰动对前一机架轧出厚度和凸度的影响都将经过一定的时间后，由被影响的那一段带钢带到下一个机架而成为新的“外扰源”。这种通过轧件厚度、凸度所传递的影响是延时的，同时又是“顺流”的（向轧制方向传递影响），而带钢的动态张力则同时影响轧机前后两个机架的参数，任何外扰产生的张力波动，将“瞬时”地，既“顺流”又“逆流”地传递影响。每一个外扰量产生的后果（厚度波动、凸度波动或张力波动）都将成为新的外扰源。因此，各种“原始”的和“再生”的外扰将在七个机架间相互影响。

任何控制动作（某一机架压下的变动，速度的变动，弯辊力变动等）也都将通过上述的顺流及逆流影响，最终使成品厚度、凸度、平坦度等发生变动。

由此可见，冷热连轧机中某一个机架参数发生变化后，除直接影响本机架的工作外，还将影响其他机架的工作，而最终都会在成品厚度、凸度上反映出来。

研究各个变量间的影响，特别是它们之间的动态联系，是设计和改进控制系统所需要的。

应用静态综合分析（影响系数法）及动态仿真分析来研究连轧机组（包括控制系统）的综合特性，是近几年来随着冷热连轧机计算机控制的发展而迅速发展起来的一项密切结合实际的理论研究工作。

近年来，又进一步发展了“实时仿真”技术。实时仿真，顾名思义即为仿真计算所用时间和实际设备的响应时间相同。对液压压下的实时仿真来说，输入控制信号到仿真位置传感器检出变化所需时间应少于 1 ~ 2ms，正是近年来发展起来的高速芯片，才使这一技术可以得到实现。实时仿真技术主要用于对计算机控制系统各控制器中控制软件的离线“实时”调试，这将使控制软件（自动厚度控制功能等）可以在实际轧机安装前进行离线实时调试，从而减少程序调试对生产的影响。

冷热连轧机组存在着大量互相紧密联系的工艺和设备参数，这些参数可以分为以下六类：

（1）设备负荷参数：即电动机功率、轧制力和轧制力矩。在正常工作时，这些负荷参数都应小于机电设备的允许极限值。

（2）设备特性参数：主要是机座纵向刚度和横向刚度值。

（3）轧制过程中可能产生的外扰量（影响整个系统的工作而最终影响产品质量的不可控因素）：对于热轧来说，主要是来料温度波动 δt 和来料厚度波动 δH_0，对于冷轧则为来料硬度波动 δK_i 和来料厚度波动，此外有轧辊偏心产生的辊缝波动以及张力变化 $\delta\tau_b$ 及 $\delta\tau_f$ 等。

（4）控制参数：主要是辊缝量 S、弯辊力 F、轧辊速度 v_0 及冷轧窜辊量 L_s。

（5）目标参数：是连轧生产所要求得到的，主要是终轧温度（热轧），成品厚度、宽度、凸度和板形等。

（6）最后还有一批基本固定不变或变化缓慢（在一块料轧制中可以认为不变）的参数，如由于轧辊磨损而使轧辊半径变化。

分析这些参数间的相互关系，研究在一定工艺条件下将产生的负荷变动和产品品质（厚度和板形）变化，特别是研究当某些工艺参数变动时可能产生的轧制力变动、厚度变动和凸度变动，以及研究在外扰量作用下如何通过调整控制量 S、F、L_s 及 v_0 来补偿此外扰量的影响使目标参数不变等，都是设计良好的控制系统所不可缺少的。

用物理实验方法来研究上述各种参数间的关系（特别是参数变化的关系），无论从技术上或从物质上来说，工作量都过大，同时从改变因素的灵活性上看，也受到很大限制。因此，比较合理的方法是，采用理论分析和实验验证相结合的办法，即大量分析工作可以应用静态/动态综合分析（影响系数法及动态仿真法）从理论上进行，最后对其结论进行实验验证或在理论分析基础上找到较合理的方案后，在试验轧机及生产轧机上试用。

数字仿真法，实质上是将连轧工艺和设备（包括控制系统）的静动态特性用数学方程来描述和模拟，通过改变轧制过程条件来进行仿真分析研究。

连轧机的综合分析可分为静态分析和动态分析。当一个处于稳定状态的系统，即各参量间保持一定的关系而处于相对平衡状态，受到外扰量或控制量的影响后平衡遭到破坏，各参量发生一定的变化，最后又达到一个新的稳定状态，静态分析是研究两个稳定状态各个参量的变化。而对于各个参量从一个稳定状态到另一个稳定状态的变动过程（过渡过程）的研究，则称为动态分析。例如，对于稳态分析，我们需要知道的只是外扰量的大小，但对于动态分析则不但要知道外扰量的大小，而且需了解外扰量随时间变化的规律。静态分析可用代数方程组，而动态分析则需要解微分方程组，因此后者计算量要大得多。

对于工艺方案的综合分析，当仅需静态地研究各参数的相互影响及其对成品厚度、板形的影响时，可以忽略压下系统，主速度系统及活套系统的动态特性，仅以变形区为对象进行各参数的静态分析（图 10-1）。常用的静态分析方法为“影响系数法”。

对控制方案以及控制系统结构及参数的研究则要求注意工艺参数变动的动态过程，为此需引入各执行机构的动特性，构成一个完整的动态系统（图 10-2）。动态综合分析所用的方法为数字仿真分析法。

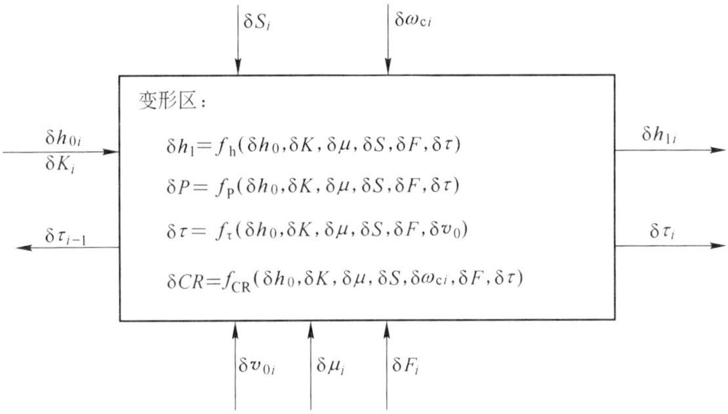

图 10-1 静态综合分析

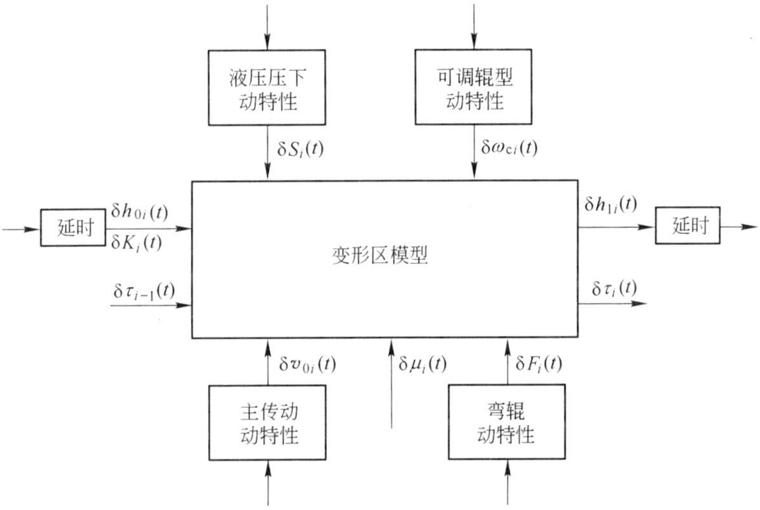

图 10-2 动态综合分析

连轧机综合分析需采用以下范畴的数学模型：

（1）表征轧机及轧件特性的模型。表征轧机及轧件特性的模型主要是指厚度（弹跳）方程、凸度方程、板形方程、流量方程以及温降模型、轧制力模型、前滑模型等。对于连轧过程来说，还有两个十分重要的方程，即套量方程和张力方程。

（2）表征控制系统动特性的模型。例如，液压压下系统及主传动控制系统的传递函数，包括检测仪表的时间响应特性等。

10.2 解析分析法在质量控制功能中应用

基础自动化各个质量控制功能（自动厚度控制 AGC、自动宽度控制 AWC、终轧温度控制 FTC 及卷取温度控制 CTC 以及自动板形控制 ASC）都是在设定模型所计算的设定值基础上进行微量调节。由于调节量相对较小，为了简化控制中各扰动量（如入口厚度波动 δh_0 、硬度波动 δK ）、控制量（辊缝调节量 δS 、速度调节量 δv_{0i} 、弯辊力调节量 δF_i ）、目标量（出口厚度 δh_i 、出口凸度 δCR 、温度 δt_i 等）及负荷变量（轧制力变动 δP_i 等）间关系的分析，可以采用前面所述的增量方程进行解析分析。

10.2.1　自动厚度控制的解析分析

10.2.1.1　GM-AGC

热连轧由于机架间没有测厚仪，反馈 AGC 采用间接测厚方式，即利用实测轧制力及辊缝值用弹跳方程间接求出出口厚度，在获得出口厚差 δh 后根据第 5 章所列的“增量厚度方程”及“增量轧制力方程”可计算反馈 AGC 的调节量 δS 及在此调节量下轧制力的变化 δP

$$\delta S = -\frac{C_P + Q}{C_P}\delta h$$

此时将使轧制力变动

$$\delta P = B_S\delta S = -\frac{C_P Q}{C_P + Q}\delta S$$

10.2.1.2　FF-AGC

前馈 AGC 根据某段带钢入口厚度波动（δh_0）或硬度的波动（δK）在该段带钢进入后面机架变形区时（或提前 $\Delta\tau$ 时间以克服压下系统的响应时间）控制 δS 以使后面机架 $\delta h = 0$，前馈 AGC 的 δS 值为

$$\delta S = -\frac{A_H}{A_S}\delta h_0 = -\frac{\frac{\partial P}{\partial h_0}}{C_P}\delta h_0$$

或
$$\delta S = -\frac{A_K}{A_S}\delta K = -\frac{\frac{\partial P}{\partial K}}{C_P}\delta K$$

此时将使轧制力变动

$$\delta P = B_H\delta h_0 + B_S\delta S = \frac{C_P\frac{\partial P}{\partial h_0}}{C_P + Q}\delta h_0 - \frac{C_P Q}{C_P + Q}\delta S$$

或
$$\delta P = B_K\delta K + B_S\delta S = \frac{C_P\frac{\partial P}{\partial K}}{C_P + Q}\delta K - \frac{C_P Q}{C_P + Q}\delta S$$

10.2.2　AGC 对凸度及套量的影响

当调厚系统调节辊缝 δS 后将使轧制力及前滑变动而影响出口凸度及套量，其解析式为：

$$\delta CR = G_{\mathrm{H}}\delta h_0 + G_{\mathrm{S}}\delta S = \frac{C_{\mathrm{P}}}{C_{\mathrm{P}} + Q}\left(\frac{\dfrac{\partial P}{\partial h_0}}{K_{\mathrm{P}}}\right)\delta h_0 - \frac{C_{\mathrm{P}}}{C_{\mathrm{P}} + Q}\left(\frac{Q}{K_{\mathrm{P}}}\right)\delta S$$

或

$$\delta CR = G_{\mathrm{K}}\delta K + G_{\mathrm{S}}\delta S = \frac{C_{\mathrm{P}}}{C_{\mathrm{P}} + Q}\left(\frac{\dfrac{\partial P}{\partial K}}{K_{\mathrm{P}}}\right)\delta K - \frac{C_{\mathrm{P}}}{C_{\mathrm{P}} + Q}\left(\frac{Q}{K_{\mathrm{P}}}\right)\delta S$$

由于前滑变化而使出口速度变动为

$$\delta v = E_{\mathrm{H}}\delta h_0 + E_{\mathrm{S}}\delta S$$

如果上一机架入口速度没有变动，则 i 及 $i+1$ 机架间套量变化为

$$\delta l = \int \delta v_i \mathrm{d}t$$

为了不使 AGC 调节 δS 时影响活套稳定应对本机架轧辊速度进行补偿调节（δv_0）使带钢出口速度不变，利用入口及出口速度的增量方程可得：

$$\delta v = E_{\mathrm{H}}\delta h_0 + E_{\mathrm{S}}\delta S + E_{\mathrm{v}}\delta v_0 = 0$$

或
$$\delta v = E_{\mathrm{K}}\delta K + E_{\mathrm{S}}\delta S + E_{\mathrm{v}}\delta v_0 = 0$$

为此应调节的 δv_0 为：

$$\delta v_0 = -\frac{1}{E_{\mathrm{v}}}(E_{\mathrm{H}}\delta h_0 + E_{\mathrm{S}}\delta S)$$

或
$$\delta v_0 = -\frac{1}{E_{\mathrm{v}}}(E_{\mathrm{K}}\delta K + E_{\mathrm{S}}\delta S)$$

10.2.3 前馈板形控制的解析分析

FF-ASC 主要用来克服 AGC 调动 δS 后对出口凸度的影响，为了使出口凸度不被破坏，应调节弯辊力 δF，利用凸度增量方程可得

$$\delta CR = G_{\mathrm{H}}\delta h_0 + G_{\mathrm{K}}\delta K + G_{\mathrm{S}}\delta S + G_{\mathrm{F}}\delta F = 0$$

$$\delta F = \frac{1}{C_{\mathrm{F}}}[G_{\mathrm{H}}\delta h_0 + G_{\mathrm{K}}\delta K + G_{\mathrm{S}}\delta S]$$

如仅 δh_0 变动，可设 $\delta K=0$，如仅 δK 变动，则可设 $\delta h_0 = 0$。

但从板形（平坦度）角度出发应使 $\dfrac{CR}{h}$ 不被破坏，为此应使 $\delta\left(\dfrac{CR}{h}\right)=0$。

$$\delta\left(\frac{CR}{h}\right) = \frac{h\delta CR - CR\delta h}{h^2} = \frac{h}{h^2}[(G_{\mathrm{H}}\delta h_0 + G_{\mathrm{K}}\delta K + G_{\mathrm{S}}\delta S + G_{\mathrm{F}}\delta F) - \cdots$$

$$CR(A_{\mathrm{H}}\delta h_0 + A_{\mathrm{K}}\delta K + A_{\mathrm{S}}\delta S + A_{\mathrm{F}}\delta F)] = 0$$

因此
$$\delta F = -\frac{h(G_{\mathrm{H}}\delta h_0 + G_{\mathrm{K}}\delta K + G_{\mathrm{S}}\delta S) - CR(A_{\mathrm{H}}\delta h_0 + A_{\mathrm{K}}\delta K + A_{\mathrm{S}}\delta S)}{hG_{\mathrm{F}} + CRA_{\mathrm{F}}}$$

10.2.4　终轧温度控制 FTC 对厚度及凸度的影响

当 FTC 通过调节速度（或喷水）改变所有机架（或仅改变后续机架）的轧制温度后将使进入相应机架的带钢硬度发生 δK 变化，$\delta K = f(\delta t)$，δt 为温度变动量，由此将对 δh，δP，δCR 产生影响。

$$\delta h = A_K \delta K = \frac{\dfrac{\partial P}{\partial K}}{C_P + Q}\delta K$$

$$\delta P = B_K \delta K = \frac{C_P\dfrac{\partial P}{\partial K}}{C_P + Q}\delta K$$

$$\delta CR = C_K \delta K = \frac{C_P}{C_P + Q}\frac{\dfrac{\partial P}{\partial K}}{K_P}\delta K$$

为了使 δh 及 $\delta CR = 0$，应调节辊缝 δS 及弯辊力 δF 加以补偿

$$\delta S = -\frac{A_K}{A_S}\delta K = -\frac{\dfrac{\partial P}{\partial K}}{C_P}\delta K$$

$$\delta F = -\frac{C_K}{C_F}\delta K = -\frac{\dfrac{C_P}{C_P + Q}\left(\dfrac{\dfrac{\partial P}{\partial K}}{K_P}\right)}{\dfrac{C_P}{C_P + Q}\left(\dfrac{-Q}{K_P C_F}\right) + \dfrac{1}{K_F}}$$

将本书末附表所列的 $\dfrac{\partial P}{\partial a}$，$\dfrac{\partial f}{\partial a}$（$a$ 可以是 h_0，K，S 等）以及各增量方程的系数值代入上面所列各式即可定量分析扰动量的影响以及为保持目标量不变所需要的控制量。

10.3　静态综合分析——影响系数法

静态综合分析由于只需要联解代数方程组，因而简化了分析过程。由于我们感兴趣的是扰动量或控制量变动的影响，因此可采用增量形式的代数方程，避免了求解非线性代数方程组。

冷热连轧机组参数可分为扰动量、控制量和目标量。

扰动量包括：

（1）来料温度变动或轧制温度变动 δt_i 和硬度变动 δK_i；

（2）来料厚度变动 δH_0 或入口厚度变动 δh_0；

（3）轧机速度及张力变动 δv_{0i} 及 $\delta\tau_i$（$i = 1 \sim 7$）。

控制量包括：

（1）压下位置调节量 δS_i（$i = 1 \sim 7$）；

（2）轧机速度调节量 δv_{0i}（$i = 1 \sim 7$）；

（3）弯辊力调节量 δF_i（$i = 1 \sim 7$）；

（4）窜辊调节量 δd。

目标量包括：

（1）出口厚度变动量 δh_i（$i=1\sim7$），特别是成品厚度变动量；

（2）出口凸度变动量 δCR_i（$i=1\sim7$），特别是成品凸度变动量；

（3）成品带钢的平坦度变动；

（4）成品带钢的终轧温度变动。

为了静态地分析任何一个扰动量及控制量对任何一个目标量的影响（例如分析第一机架压下 δS_1 动作后对第一机架，第 i 机架及对成品机架出口厚度的影响），引入了“影响系数” $K_{\mathrm{a}}^{\mathrm{c}}$ 和 $K_{\mathrm{b}}^{\mathrm{c}}$（下标 a 为控制量，b 为扰动量，上标 c 为目标量）。例如，K_{S1}^{h7} 表示第一机架压下动作 δS_1 对成品（第七）机架出口厚度的影响，K_{H0}^{h7} 表示来料厚度 H_0 的变动对成品（第七机架）厚度的影响，K_{F3}^{h3} 表示 F_3 弯辊力调节对 F_3 出口厚度影响等。

因此热连轧总共可以有 504 个影响系数，当然一般感兴趣的仅 108 个或多一些的影响系数（对成品的影响）。如果在目标量中再引入轧制力、轧制力矩、主电机功率，则影响系数数目将更多。

为了求解出各影响系数，可根据前面第 5 章节所述的增量方程来建立由目标量，扰动量和控制量组成的静态综合分析用增量数学模型。

例如，厚度方程可写成

$$\delta h_i = (A_{\mathrm{H}i}\delta h_{0i} + A_{\mathrm{K}i}\delta K_i) + (A_{\mathrm{S}i}\delta S_i + A_{\mathrm{F}i}\delta F_i) + (A_{\tau fi}\delta\tau_i + A_{\tau bi}\delta\tau_{i-1}) \quad (i = 1 \sim 7)$$

如果认为活套张力控制系统工作效果良好，张力变动可以忽略，则上式可省去最后两项。

同样可以列出凸度变动 δCR 的增量方程

$$\delta CR_i = (C_{\mathrm{H}i}\delta h_0 + C_{\mathrm{K}i}\delta K_i) + (C_{\mathrm{S}i}\delta S_i + C_{\mathrm{F}i}\delta F_i) + (C_{\tau fi}\delta\tau_i + C_{\tau bi}\delta\tau_{i-1}) \quad (i = 1 \sim 7)$$

平坦度良好条件为

$$\frac{CR_i + \delta CR_i}{h_i + \delta h_i} = \frac{CR_n}{h_n}$$

式中，CR_n 及 h_n 为成品要求的凸度及厚度，因此这 14 个方程表达了各外扰量和控制量与成品质量目标量（成品厚度及板形）的关系。求解此 14 个方程，即可求出各相应影响系数。

例如，当仅研究 δS_i 的影响时

$$K_{S1}^{h1} = \frac{\partial h_1}{\partial S_1} = \left(\frac{C_{\mathrm{P}}}{C_{\mathrm{P}} - \dfrac{\partial P}{\partial h}}\right)_1$$

而

$$K_{S1}^{h7} = \frac{\partial h_7}{\partial S_1} = \frac{\partial h_1}{\partial S_1}\cdot\frac{\partial h_2}{\partial h_1}\cdot\frac{\partial h_3}{\partial h_2}\cdot\frac{\partial h_4}{\partial h_3}\cdot\frac{\partial h_5}{\partial h_4}\cdot\frac{\partial h_6}{\partial h_5}\cdot\frac{\partial h_7}{\partial h_6}$$

$$= \frac{\partial h_1}{\partial S_1}\cdot\frac{\partial h_2}{\partial h_{02}}\cdot\frac{\partial h_3}{\partial h_{03}}\cdot\frac{\partial h_4}{\partial h_{04}}\cdot\frac{\partial h_5}{\partial h_{05}}\cdot\frac{\partial h_6}{\partial h_{06}}\cdot\frac{\partial h_7}{\partial h_{07}}$$

为此

$$K_{S1}^{h7} = \left(\frac{C_P}{C_P - \frac{\partial P}{\partial h}}\right)_1 \cdot \left(\frac{\frac{\partial P}{\partial h_0}}{C_P - \frac{\partial P}{\partial h}}\right)_2 \cdot \left(\frac{\frac{\partial P}{\partial h_0}}{C_P - \frac{\partial P}{\partial h}}\right)_3 \cdot \left(\frac{\frac{\partial P}{\partial h_0}}{C_P - \frac{\partial P}{\partial h}}\right)_4 \cdot \left(\frac{\frac{\partial P}{\partial h_0}}{C_P - \frac{\partial P}{\partial h}}\right)_5 \cdot \left(\frac{\frac{\partial P}{\partial h_0}}{C_P - \frac{\partial P}{\partial h}}\right)_6 \cdot \left(\frac{\frac{\partial P}{\partial h_0}}{C_P - \frac{\partial P}{\partial h}}\right)_7$$

对来料厚度、硬度波动 δh_{01} 及 δK_0（将使各机架产生 δK_i）其影响系数为

$$K_{H0}^{h7} = \left(\frac{\partial h_1}{\partial h_{01}}\right) \cdot \left(\frac{\partial h_2}{\partial h_1}\right) \cdot \left(\frac{\partial h_3}{\partial h_2}\right) \cdot \left(\frac{\partial h_4}{\partial h_3}\right) \cdot \left(\frac{\partial h_5}{\partial h_4}\right) \cdot \left(\frac{\partial h_6}{\partial h_5}\right) \cdot \left(\frac{\partial h_7}{\partial h_6}\right)$$

$$= \frac{\partial h_1}{\partial h_{01}} \cdot \frac{\partial h_2}{\partial h_{02}} \cdot \frac{\partial h_3}{\partial h_{03}} \cdot \frac{\partial h_4}{\partial h_{04}} \cdot \frac{\partial h_5}{\partial h_{05}} \cdot \frac{\partial h_6}{\partial h_{06}} \cdot \frac{\partial h_7}{\partial h_{07}}$$

为此

$$K_{H0}^{h7} = (A_H)_1 \cdot (A_H)_2 \cdot (A_H)_3 \cdot (A_H)_4 \cdot (A_H)_5 \cdot (A_H)_6 \cdot (A_H)_7$$

其中

$$(A_H)_i = \left(\frac{\frac{\partial P}{\partial h_0}}{C_P - \frac{\partial P}{\partial h}}\right)_i \quad (i = 1 \sim 7)$$

而 K_{K0}^{h7} 由于以下原因而将使计算式复杂化：

（1）δK_0 这一段带钢进入每一个机架将会有一个 δK_i（$\delta K_i = \beta_i \delta K_0$）。

（2）δK_i 将使 i 机架产生 δh_i，而 δh_i 又将会影响后面各机架的出口厚度。

$$K_{K0}^{h7} = \left(\frac{\beta\frac{\partial P}{\partial K}}{C_P - \frac{\partial P}{\partial h}}\right)_1 \cdot K_{h1}^{h7} + \left(\frac{\beta\frac{\partial P}{\partial K}}{C_P - \frac{\partial P}{\partial h}}\right)_2 \cdot K_{h2}^{h7} + \left(\frac{\beta\frac{\partial P}{\partial K}}{C_P - \frac{\partial P}{\partial h}}\right)_3 \cdot K_{h3}^{h7} + \left(\frac{\beta\frac{\partial P}{\partial K}}{C_P - \frac{\partial P}{\partial h}}\right)_4 \cdot K_{h4}^{h7} + \left(\frac{\beta\frac{\partial P}{\partial K}}{C_P - \frac{\partial P}{\partial h}}\right)_5 \cdot K_{h5}^{h7} + \left(\frac{\beta\frac{\partial P}{\partial K}}{C_P - \frac{\partial P}{\partial h}}\right)_6 \cdot K_{h6}^{h7} + \left(\frac{\beta\frac{\partial P}{\partial K}}{C_P - \frac{\partial P}{\partial h}}\right)_7$$

$$= (\beta A_K)_1 K_{h1}^{h7} + (\beta A_K)_2 K_{h2}^{h7} + (\beta A_K)_3 K_{h3}^{h7} + (\beta A_K)_4 K_{h4}^{h7} + (\beta A_K)_5 K_{h5}^{h7} + (\beta A_K)_6 K_{h6}^{h7} + (\beta A_K)_7 K_{h7}^{h7}$$

其中

$$(A_K)_i = \left(\frac{\frac{\partial P}{\partial K}}{C_P - \frac{\partial P}{\partial h}}\right)_i \quad (i = 1 \sim 7)$$

而仅研究 δF_i 影响时可得：

$$K_{F5}^{h7} = \frac{\partial h_7}{\partial F_5} = \frac{\partial h_5}{\partial F_5} \cdot \frac{\partial h_6}{\partial h_{06}} \cdot \frac{\partial h}{\partial h_{07}} = \left(\frac{C_P \dfrac{\partial P}{\partial F}}{C_P - \dfrac{\partial P}{\partial h}} \right)_5 \cdot \left(\frac{C_P \dfrac{\partial P}{\partial h_0}}{C_P - \dfrac{\partial P}{\partial h}} \right)_6 \cdot \left(\frac{C_P \dfrac{\partial P}{\partial h_0}}{C_P - \dfrac{\partial P}{\partial h}} \right)_7$$

考虑到热连轧正常轧制时机架间将形成一定的活套/张力（热轧带钢张力将由活套电机力矩进行控制），在稳态时由于引入了活套电机力矩随活套角变化的控制，因而保证了不论套大套小，带钢张力将是恒值，因此在作静态分析时可认为 $\delta\tau_i = 0\ (i = 1 \sim n-1)$。在动态研究时当活套有摆动时，由于活套机构存在惯性而产生动态张力。

利用基本增量方程组可研究各种方案以适合不同目的。讨论不同的问题时，哪些是已知量，哪些是未知量可以不同，但能求得的未知数应等于方程数。具体作法为：

（1）研究 AGC 方案时可去掉 5（冷连轧）或 7（热连轧精轧机）个凸度方程，即只用 5 或 7 个厚度方程。并设 $\delta F = 0$，此时有 5 或 7 个未知数。δH_0 及 δK_i 为扰动量，为了 $\delta h_i = 0$，则未知量为 5（冷连轧）或 7（热连轧）个 δS_i。

（2）研究各扰动量的影响。此时可认为各控制量为零（$\delta S_i = 0$，$\delta F_i = 0$，$\delta v_{01} = 0$）。并设 $\delta\tau_i = 0$。以热连轧为例，当 δH_0 及 δK_i 扰动量已知的情况下，用 14 个方程求解，可求出 14 个未知量，即 7 个 δh_i 及 7 个 δCR_i。

（3）研究各控制量的影响。在给定 δS_i，δF_i 及 δv_{0i}（可以只给一种控制量，而认为其他控制量为零，以分别研究每一种控制量的影响），以热连轧为例，此时求解 14 个方程求得 7 个 δh_i 及 7 个 δCR_i。

（4）研究 AGC 和 ASC 的相互影响，此时可设扰动量为零，而分别研究给定 δS_i，δv_{0i} 或给定 δF_i 后的 δh_i 及 δCR_i 变化，可用 14 个方程（热连轧）来求解 7 个 δh_1 及 7 个 δCR_i。

（5）全面求解，即已知各扰动量 δH_0，δK_i 及各控制量 δS_i，δF_i，δv_{0i}（热连轧 $i = 1 \sim 7$）情况下，由上面 14 个方程可联立求解出 14 个未知数 $\delta h_i(i = 1 \sim 7)$，$\delta CR_i(i = 1 \sim 7)$。

一旦设定值确定（工作点）以及轧制力等公式确定后，这些偏微分系数以及 A，B 等增量方程系数都将是常数，因此各影响系数亦将是常数。

10.4 带钢热连轧静态综合分析实例

为了进一步定量讨论，我们将用厚度设定这一章中的四个轧制规程为基础进行计算，计算有关偏微分系数值及增量方程系数，计算结果列于本书末的附表。

表 10-1 ~ 表 10-4 中列出当粗轧出口带钢厚差为 δH_{RC}（$\delta H_{RC} = \delta H_0$ 或 δh_{01}，即 F_1 的入口厚差），粗轧出口带钢温度波动为 δT_{RC}（可用温降公式计算出 δT_{FT0}，δT_{F1}，…，δT_{Fn}）时由 δT_{Fi} 计算出 i 机架的 δK_i 时的各影响系数值 K_{Si}^{hi}，K_{H0}^{hi} 及 K_{Ki}^{hi}。在表 10-1 中认为静态下 $\delta\tau_i = 0$，并且仅分析厚度 δh_i。计算将用以下公式

$$\begin{aligned}\delta h_i &= \left(\frac{1}{C_P - \dfrac{\partial P}{\partial h}} \right)_i \left[\left(\frac{\partial P}{\partial h_0} \right)_i \delta h_{0i} + \left(\frac{\partial P}{\partial K} \right)_i \delta K_i + C\delta S_i \right] \\ &= \cdots \\ &= (A_H)_i \delta h_{0i} + (A_K)_i \delta K_i + (A_S)_i \delta S_i\end{aligned}$$

表 10-1 计算中设：

（1）$\delta S_i = 1\text{mm}$；

（2）$\delta H_{RC} = 1\text{mm}$；

（3）$\delta t_{FT0} = 20℃$。

表 10-1　2.0mm 规格时各影响系数值

K	δh_1	δh_2	δh_3	δh_4	δh_5	δh_6	δh_7
δS_1	0.779	0.206	0.070	0.033	0.019	0.012	0.0086
δS_2		0.530	0.181	0.084	0.049	0.031	0.022
δS_3			0.417	0.195	0.113	0.071	0.049
δS_4				0.299	0.173	0.109	0.076
δS_5					0.236	0.148	0.104
δS_6						0.184	0.129
δS_7							0.158
δH_{RC}	0.114	0.030	0.010	0.0048	0.0028	0.0018	0.0012
δt_{FT0}	0.196	0.161	0.129	0.099	0.078	0.064	0.055

注：K 为相应的影响系数。

当 δt_{FT0} 为 20℃时各机架温度变化以及 K 的变化计算结果列于表 10-2 ~ 表 10-4，表 10-1 ~ 表 10-4 中最后一项 δt_{FT0} 对各机架 δh_i 的影响系数是按表 10-5 ~ 表 10- 8 δK_i 来计算的。由表 10-1 ~ 表 10-4 可得以下结论。

表 10-2　3.62mm 规格时各影响系数值

K	δh_1	δh_2	δh_3	δh_4	δh_5	δh_6	δh_7
δS_1	0.778	0.198	0.063	0.027	0.015	0.0084	0.0053
δS_2		0.605	0.192	0.084	0.044	0.026	0.016
δS_3			0.507	0.221	0.116	0.067	0.043
δS_4				0.408	0.215	0.124	0.079
δS_5					0.351	0.203	0.129
δS_6						0.298	0.190
δS_7							0.270
δH_{RC}	0.134	0.034	0.011	0.0047	0.0025	0.0014	0.0009
δt_{FT0}	0.165	0.150	0.129	0.102	0.081	0.067	0.055

注：K 为相应的影响系数。

表 10-3　5.2mm 规格时各影响系数值

K	δh_1	δh_2	δh_3	δh_4	δh_5	δh_6	δh_7
δS_1	0.798	0.190	0.055	0.022	0.010	0.0053	0.0030
δS_2		0.656	0.191	0.075	0.035	0.018	0.010
δS_3			0.577	0.226	0.106	0.055	0.032
δS_4				0.492	0.231	0.120	0.069
δS_5					0.439	0.228	0.131
δS_6						0.388	0.222
δS_7							0.358
δH_{RC}	0.136	0.032	0.0094	0.0037	0.0017	0.0009	0.0005
δt_{FT0}	0.146	0.136	0.121	0.096	0.076	0.063	0.051

注：K 为相应的影响系数。

表 10-4 7.0mm 规格时各影响系数值

K	δh_1	δh_2	δh_3	δh_4	δh_5	δh_6	δh_7
δS_1	0.800	0.176	0.041	0.014	0.0055	0.0025	0.0013
δS_2		0.699	0.164	0.054	0.022	0.010	0.0050
δS_3			0.674	0.224	0.090	0.041	0.021
δS_4				0.575	0.232	0.106	0.053
δS_5					0.521	0.237	0.119
δS_6						0.468	0.236
δS_7							0.434
δH_{RC}	0.149	0.033	0.0077	0.0025	0.0010	0.0005	0.0002
δt_{FT0}	0.115	0.120	0.108	0.093	0.073	0.062	0.051

注：K 为相应的影响系数。

(1) 对于薄规格 $F_1 \sim F_3$ 压下移动对 δh_7 有一定影响，其影响系数为（$\delta S_i = 1$mm 时）0.0084，0.0215 及 0.0496，而对于厚规格（7.0mm），则这些影响系数将分别为 0.0013，0.0050 及 0.0207。

由此可知，对于厚规格 $F_1 \sim F_3$ 是否投入 AGC 对成品精度影响不太大，但薄规格则应在 $F_1 \sim F_3$（特别是 F_2，F_3）投入 AGC。

(2) 对于厚规格（7.0mm）δS_6 及 δS_7 对成品厚度影响非常大（其影响系数为 0.236 及 0.434），而薄规格（2.0mm）仅为 0.129 及 0.158。因此可知对于厚规格 F_6，F_7 投入 AGC 是十分重要的。

过去认为 F_7 为了保持成品板形最好不投入 AGC，目前由于设置了弯辊系统可以进行补偿，F_7 还是应该参与调厚。

(3) 长期以来将带坯厚度波动作为精轧机组主要扰动，但从 δH_{RC} 对 δh_7 的影响可知，2.0mm 规格当 $\delta H_{RC} = 1$mm（约为带坯厚度的 3%），不投入 AGC 时，δh_7 仅 0.0012，而 7.0mm 规格为 0.0002。因此带坯厚度波动对成品精度并不重要。但当 δt_{FT0} 变动 20℃（约 2%）则将使 δh_7 为 55μm 左右，即温度波动对成品精度影响较大。

利用各增量公式的系数可得到下述影响系数：

(1) δt_{FT0} 变动（20℃）对 δK_i 的影响（表 10-5 ~ 表 10-8 给出了计算结果）。由表 10-5 ~ 表 10-8 可知，当带坯进精轧前有温度变动时各机架轧制温度基本上以同样的百分比产生温度变动。但对于变形阻力 K 来说由于模型的非线性，其产生的 $\delta K/K$ 并不是按相同百分比，相反而是各机架 δK 基本接近，对 ASF 钢，约为 10MPa（后几个机架小一些，厚规格小一些）。因此由温度变动造成的硬度不能简单地按百分比算。

表 10-5 $h = 2.0$mm，$t_{FT0} = 1020$℃，$\delta t_{FT0} = 20$℃时的参数

参 数	F_1	F_2	F_3	F_4	F_5	F_6	F_7
$u_m/10$	1.026	2.0297	4.352	6.929	8.813	12.20	13.79
$e/0.4$	1.633	1.419	1.265	0.944	0.645	0.595	0.431
$\frac{t+273}{1000}$	1.262	1.244	1.227	1.210	1.194	1.178	1.162

续表 10-5

参数	F_1	F_2	F_3	F_4	F_5	F_6	F_7
$\frac{t'+273}{1000}$	1.243	1.226	1.209	1.192	1.176	1.160	1.144
K/MPa	175.7	202.7	225.9	237.3	232.0	243.3	232.2
K'/MPa	185.9	213.0	236.3	247.5	241.9	253.1	241.6
δK/MPa	10.2	10.3	10.4	10.2	9.9	9.8	9.4

表 10-6 $h=3.62$mm，$t_{FT0}=1030$℃，$\delta t_{FT0}=20$℃时的参数

参数	F_1	F_2	F_3	F_4	F_5	F_6	F_7
$u_m/10$	1.286	2.276	4.167	5.773	6.759	8.711	9.324
$e/0.4$	1.300	1.115	1.081	0.760	0.519	0.479	0.346
$\frac{t+273}{1000}$	1.271	1.253	1.235	1.218	1.200	1.184	1.167
$\frac{t'+273}{1000}$	1.252	1.234	1.216	1.199	1.182	1.166	1.150
K/MPa	173.8	192.5	215.9	218.2	209.9	218.4	206.5
K'/MPa	183.7	202.7	226.1	228.2	219.7	227.5	214.6
δK/MPa	9.9	10.2	10.2	10.0	9.8	9.1	8.1

表 10-7 $h=5.2$mm，$t_{FT0}=1040$℃，$\delta t_{FT0}=20$℃时的参数

参数	F_1	F_2	F_3	F_4	F_5	F_6	F_7
$u_m/10$	1.015	1.726	2.815	3.679	4.137	5.152	5.371
$e/0.4$	1.078	0.963	0.944	0.667	0.457	0.422	0.305
$\frac{t+273}{1000}$	1.280	1.261	1.243	1.225	1.207	1.190	1.173
$\frac{t'+273}{1000}$	1.260	1.242	1.224	1.206	1.189	1.172	1.155
K/MPa	160.3	177.8	197.7	197.6	188.7	196.5	185.1
K'/MPa	169.8	187.3	207.3	207.0	197.7	205.2	193.1
δK/MPa	9.5	9.5	9.6	9.4	9.0	8.7	8.0

表 10-8 $h=7.0$mm，$t_{FT0}=1050$℃，$\delta t_{FT0}=20$℃时的参数

参数	F_1	F_2	F_3	F_4	F_5	F_6	F_7
$u_m/10$	0.708	1.262	1.908	2.483	2.811	3.526	3.702
$e/0.4$	0.807	0.836	0.754	0.646	0.452	0.424	0.310
$\frac{t+273}{1000}$	1.290	1.271	1.252	1.234	1.217	1.199	1.182
$\frac{t'+273}{1000}$	1.271	1.252	1.234	1.216	1.199	1.181	1.165
K/MPa	140.5	161.7	175.4	183.0	175.7	185.0	175.4
K'/MPa	149.3	170.6	184.4	192.0	184.1	193.4	183.3
δK/MPa	8.8	8.9	9.0	9.0	8.4	8.4	7.9

（2）δh_0 对 δh_n 的影响为

$$K_{h0i}^{hn} = A_{Hi} \cdot A_{H(i+1)} \cdot \cdots \cdot A_{Hn} \quad (i = 1 \sim n, 其中\ n\ 为精轧机架数)$$

当 $i=1$ 时，h_{01} 即为 H_0（粗轧轧出的带坯厚度）

因此
$$\delta h_n = K_{h01}^{hn}\delta h_{01}$$

（3）δK 对 δh_n 的影响。δK 一般是由某段带钢由于温度变化（由 t_{FT0} 变化或 v_n 变化所造成）而造成，因此具有重发性，表 10-9 ~ 表 10-13 列出了各种规格当某段带钢（精轧入口）温度变化 20℃时各机架 δK 的大小（表 10-9 给出了 δt_{FT0} 及 δv_n 所造成的 δK_i），知道 δK_1 后可写出（设 $\delta K_i = \psi_i \delta t_{FT0}$）：

$$K_{tFT0}^{hn} = A_{H1}\cdot A_{h2}\cdot\cdots\cdot A_{Hn}\cdot\psi_1 + A_{K2}\cdot A_{K3}\cdot\cdots\cdot A_{Hn}\cdot\psi_2+\cdots+A_{Kn}\cdot\psi_n$$

因此
$$\delta h_n = K_{tFT0}^{hn}\delta t_{FT0}$$

表 10-9 δt_{FT0} 及 δv_n 所造成的 δK_i

外 扰	规格	轧机	F_1	F_2	F_3	F_4	F_5	F_6	F_7
$\delta t_{FT0}=10$℃ 所造成的 δK_i	2.0mm	A	0.516	0.463	0.414	0.371	0.317	0.260	
		B	0.515	0.475	0.438	0.380	0.326	0.302	0.265
	3.0mm	A	0.504	0.461	0.421	0.393	0.342	0.290	
		B	0.505	0.463	0.429	0.397	0.343	0.324	0.287
	4.0mm	A	0.492	0.459	0.422	0.403	0.357	0.306	
		B	0.491	0.458	0.439	0.397	0.350	0.335	0.295
	5.0mm	A	0.460	0.444	0.414	0.398	0.354	0.312	
		B	0.467	0.449	0.438	0.397	0.349	0.337	0.303
	7.0mm	A	0.443	0.427	0.408	0.383	0.354	0.320	
		B	0.431	0.440	0.426	0.405	0.362	0.351	0.314
$\delta v_n=1$m/s 所造成的 δK_i	2.0mm	A	0.212	0.272	0.429	0.484	0.515	0.521	
		B	0.227	0.290	0.450	0.487	0.522	0.586	0.619
	3.0mm	A	0.125	0.190	0.336	0.479	0.520	0.530	
		B	0.136	0.197	0.344	0.484	0.509	0.567	0.593
	4.0mm	A	0.071	0.138	0.281	0.424	0.535	0.545	
		B	0.079	0.145	0.291	0.421	0.527	0.586	0.600
	5.0mm	A	0.010	0.177	0.304	0.433	0.466	0.490	
		B	0.054	0.247	0.401	0.530	0.557	0.619	0.648
	7.0mm	A	0.007	0.064	0.172	0.274	0.367	0.396	
		B	0.002	0.183	0.333	0.476	0.586	0.652	0.668

注：A 表示 6 机架精轧；B 表示 7 机架精轧。

表 10-10 影响系数

影响系数	规格	F_1	F_2	F_3	F_4	F_5	F_6	F_7
K_{h0i}^{hn}	2.0mm	0.0044	0.0252	0.0855	0.2031	0.4072	0.6861	
	3.0mm	0.0037	0.0197	0.0681	0.1711	0.3600	0.6381	
	4.0mm	0.0021	0.0122	0.0470	0.1319	0.3067	0.5901	
	5.0mm	0.0015	0.0088	0.0352	0.1045	0.2602	0.5424	
	7.0mm	0.0008	0.0049	0.0217	0.0727	0.2026	0.4770	
K_{Si}^{hn}	2.0mm	0.0164	0.0412	0.0733	0.1164	0.1411	0.1776	
	3.0mm	0.0132	0.0369	0.0730	0.1231	0.1810	0.2521	
	4.0mm	0.0087	0.0285	0.0664	0.1255	0.2062	0.3157	
	5.0mm	0.0065	0.0224	0.0572	0.1216	0.2223	0.3715	
	7.0mm	0.0038	0.0149	0.0448	0.1103	0.2358	0.4553	

表 10-11　影响系数

影响系数	规格	F_1	F_2	F_3	F_4	F_5	F_6	F_7
K_{h0i}^{hn}	2. 0mm	0. 0013	0. 0098	0. 0422	0. 1166	0. 2492	0. 4382	0. 6918
	3. 0mm	0. 0010	0. 0070	0. 0290	0. 0841	0. 1931	0. 3660	0. 6362
	4. 0mm	0. 0007	0. 0047	0. 0205	0. 0661	0. 1621	0. 3262	0. 5993
	5. 0mm	0. 0006	0. 0037	0. 0159	0. 0529	0. 1348	0. 2886	0. 5634
	7. 0mm	0. 0003	0. 0015	0. 0073	0. 0280	0. 0847	0. 2141	0. 4867
K_{Si}^{hn}	2. 0mm	0. 0072	0. 024	0. 048	0. 077	0. 108	0. 140	0. 174
	3. 0mm	0. 0052	0. 0177	0. 0415	0. 0765	0. 123	0. 180	0. 248
	4. 0mm	0. 0036	0. 0134	0. 0360	0. 0736	0. 129	0. 206	0. 312
	5. 0mm	0. 0028	0. 0107	0. 0304	0. 0666	0. 1287	0. 2230	0. 3645
	7. 0mm	0. 0012	0. 0053	0. 0183	0. 0496	0. 1139	0. 2355	0. 4464
	3. 0mm	0. 0012	0. 0033	0. 0060	0. 0093	0. 0110	0. 0150	0. 0169

表 10-12　影响系数

规格	影响系数	轧机	F_1	F_2	F_3	F_4	F_5	F_6	F_7
2. 0mm	K_{Hi}^{CRn}	A	0. 17	0. 98	3. 32	7. 88	15. 8	26. 6	
		B	0. 05	0. 37	1. 61	4. 45	9. 50	16. 7	26. 8
	K_{Si}^{CRn}	A	0. 77	1. 95	3. 36	5. 0	6. 65	32. 3	
		B	0. 33	1. 09	2. 19	3. 5	4. 91	6. 5	32. 0
3. 0mm	K_{Hi}^{CRn}	A	0. 13	0. 76	2. 63	6. 62	13. 9	24. 7	
		B	0. 04	0. 27	1. 12	3. 25	7. 48	14. 2	24. 6
	K_{Si}^{CRn}	A	0. 6	1. 67	3. 33	5. 53	8. 18	28. 9	
		B	0. 24	0. 81	1. 90	3. 5	5. 62	8. 24	29. 1
4. 0mm	K_{Hi}^{CRn}	A	0. 08	0. 47	1. 82	5. 1	11. 9	22. 8	
		B	0. 03	0. 19	0. 79	2. 56	6. 26	12. 6	23. 2
	K_{Si}^{CRn}	A	0. 39	1. 28	2. 99	5. 68	9. 25	26. 5	
		B	0. 17	0. 60	1. 61	3. 28	5. 74	9. 21	26. 7
5. 0mm	K_{Hi}^{CRn}	A	0. 06	0. 34	1. 37	4. 05	10. 1	21. 0	
		B	0. 02	0. 14	0. 61	2. 05	5. 21	11. 2	21. 8
	K_{Si}^{CRn}	A	0. 29	1. 01	2. 57	5. 45	9. 96	24. 3	
		B	0. 13	0. 47	1. 33	2. 91	5. 59	9. 74	24. 6
7. 0mm	K_{Hi}^{CRn}	A	0. 03	0. 19	0. 84	2. 82	7. 86	18. 5	
		B	0. 01	0. 07	0. 29	1. 09	3. 29	8. 32	18. 9
	K_{Si}^{CRn}	A	0. 17	0. 66	1. 98	4. 88	10. 4	21. 1	
		B	0. 06	0. 24	0. 81	2. 19	5. 01	10. 4	21. 4

注：A—6 机架精轧机组；B—7 机架精轧机组。

表 10-13 影响系数

规格	机组	K_{H0}^{hn}	$K_{\mathrm{FT0}}^{t\mathrm{FT}n}$	$K_{vn}^{t\mathrm{FT}n}$	K_{FT0}^{hn}	K_{vn}^{hn}	$K_{t\mathrm{FT0}}^{CRn}$	K_{vn}^{CRn}
2.0	A	0.0043	-5.6	-2.0	0.0217	0.0024	0.0189	0.0018
	B	0.0013	-5.5	-1.9	0.0191	0.0025	0.0164	0.0019
3.0	A	0.0036	-6.5	-2.1	0.0234	0.0024	0.0189	0.0018
	B	0.0010	-6.2	-2.0	0.0209	0.0026	0.0164	0.0019
4.0	A	0.0021	-6.8	-2.2	0.0245	0.0025	0.0188	0.0016
	B	0.0007	-6.6	-2.1	0.0211	0.0027	0.0158	0.0018
5.0	A	0.0015	-7.2	-2.4	0.0247	0.0027	0.0177	0.0016
	B	0.0006	-6.9	-2.4	0.0218	0.0030	0.0149	-0.0018
7.0	A	0.0008	-7.7	-2.4	0.0249	0.0028	0.0156	0.0015
	B	0.0003	-7.4	-2.4	0.0229	0.0033	0.0139	0.0017

注：A—6 机架精轧机组；B—7 机架精轧机组。

此式同样可以用于轧制速度（末架轧速）V_n 对温度（或 δK）的影响。

设 $\delta K_i = \phi_i \delta v_n$，则 K_{vn}^{hn}公式同上仅需将 ψ_i 改为 ϕ_i 即可，而 $\delta h_n = K_{vn}^{hn}\delta v_n$

（4）δS 对 δh_n 的影响为

$$K_{Si}^{hn} = A_{Si} \cdot A_{H(i+1)} \cdot \cdots \cdot A_{Hn}$$

$$\delta h_n = K_{Si}^{hn}\delta S_i$$

（5）δF 对 δh_n 的影响为

$$K_{Fi}^{hn} = A_{Fi} \cdot A_{H(i+1)} \cdot \cdots \cdot A_{Hn}$$

$$\delta h_n = K_{Fi}^{hn}\delta F_i$$

由于 A_{F} 值极小，因此 δF 对 δh_n 影响往往可以忽略。

（6）δh_0 对 δCR_n 的影响为

$$K_{h0i}^{CRn} = A_{Hi} \cdot A_{H(i+1)} \cdots \cdot A_{H(n-1)} \cdot G_{Hn}$$

$$\delta CR_n = K_{h0i}^{CRn}\delta h_{0i}$$

（7）δK（由 δt_{FT0}及 δv_n 造成）对 δCR_n 的影响为

$$K_{\mathrm{FT0}}^{CRn} = A_{K1} \cdot A_{H2} \cdot \cdots \cdot A_{H(n-1)} \cdot G_{Hn} \cdot \psi_1 + A_{K2} \cdot A_{H3} \cdot \cdots \cdot A_{H(n-1)} \cdot G_{Hn} \cdot \psi_2 + \cdots. + G_{kn} \cdot \psi_n$$

K_{vn}^{CRn}公式同上仅需将公式中 ψ_i 改成 ϕ_i 即可。

（8）δS 对 δCR_n 的影响为

$$K_{Si}^{CRn} = A_{Si} \cdot A_{H(i+1)} \cdot \cdots \cdot A_{H(n-1)} \cdot G_{Hn}$$

当 $i = n$ 时，$K_{Sn}^{CRn} = G_{Sn}$

（9）δF 对 δCR_n的影响为

$$K_{Fi}^{CRn} = A_{Fi} \cdot A_{H(i+1)} \cdot \cdots \cdot A_{H(n-1)} \cdot G_{Hn}$$

当 $i=n$ 时，$K_{Fn}^{CRn} = G_{Fn}$

由于 A_{Fi} 除了 A_{Fn} 值较大外，其余值均较小，因此可以忽略 δF_i（$i \neq n$）对 δCR_n 的影响。

（10）δh_{0i} 对 i 机架 δP 及后续机架 δP 的影响为

$$K_{h0i}^{Pi} = B_{Hi}$$

$$K_{h0i}^{Pi+1} = A_{Hi} \cdot B_{H(i+1)}$$

$$\cdots\cdots\cdots\cdots\cdots\cdots$$

$$K_{h0i}^{Pn} = A_{Hi} \cdot A_{H(i+1)} \cdot \cdots \cdot A_{H(i-1)} \cdot B_{Hn}$$

计算结果表明 δh_{0i} 主要影响本机架轧制力 δP_i，对后续机架影响很小，因此用轧制力增量方程系数 B_{H}，B_{S}，计算 δh_0，δS 对 δP 的影响。

（11）δK（由 δt_{FT0} 或 δv_n 造成）对各机架 δP 的影响为

$$K_{t_{\mathrm{FT0}}}^{Pi} = A_{K1} \cdot A_{H2} \cdot \cdots \cdot A_{H(i-1)} \cdot B_{Hi} \cdot \psi_1 + \cdots$$

$$A_{K2} \cdot A_{H3} \cdot \cdots \cdot A_{H(i-1)} \cdot B_{Hi} \cdot \psi_2 + \cdots + B_{Ki} \cdot \psi_i$$

$i=1$ 时，$K_{\mathrm{FT0}}^{P1} = B_{K1} \cdot \psi_1$

对于 K_{vn}^{Pi} 的公式仅需将上式中 ψ 更换为 ϕ 即可。

（12）各参数对 δt_{FT0} 的影响。由于温降公式比较复杂，因此有关各扰动量和控制量对 $t_{\mathrm{FT}n}$ 的影响系数需用温降公式计算，即将 t_{FT0}，v_n，S_i，h_{0i}（F_i 影响很小）人为地变动一个小量计算 $t_{\mathrm{FT0}'}$，v_n'，S_i'，h_{0i}'，然后用弦代切线的方法进行计算其影响。以 t_{FT0} 为例，用 t_{FT0} 及 $t_{\mathrm{FT0}'}$（其他条件不变）分别通过温降模型计算出 $t_{\mathrm{FT}n}$ 及 $t_{\mathrm{FT}n'}$ 后，得

$$K_{t_{\mathrm{FT0}}}^{t_{\mathrm{FT}n}} = \frac{t_{\mathrm{FT}n} - t_{\mathrm{FT}n'}}{t_{\mathrm{FT0}} - t_{\mathrm{FT0}'}}$$

其他参数对 $t_{\mathrm{FT}n}$ 的影响系数计算方法与此类似。

各影响系数的计算结果列于表 10-9 ~ 表 10-13。利用各表中所列系数值可对各种扰动及控制量对成品厚度、凸度、终轧温度及主要负荷参数的影响进行定量分析。

下面举几个实例（采用本书附录中增量公式的 A，B，…，G 各系数表）。

10.4.1 影响成品厚差的主要扰动

长期以来自动厚度控制系统（AGC）都是以厚度偏差为依据，包括 20 世纪 70 ~ 80 年代曾推出的前馈厚度控制 FF-AGC，是用前一机架的出口厚度偏差来前馈控制下一机架。

当粗轧出口带坯某段厚度有 2% 偏差（约 0.7 ~ 0.8mm）时成品厚度偏差最大仅为：

$$\delta h_n = K_{h01}^{hn} \delta h_{01} = 4.4\mu\mathrm{m} \times 0.8 = 3.5\mu\mathrm{m}$$

由此可见为什么当时所用的 FF-AGC 效果不大。而当带坯某段存在 2% 温度偏差，即 20℃时，成品厚度偏差由于温度造成的硬度变化 δK 具有重发性（即进入每个机架时都将产生新的厚差）将为：

$$\delta h_n = K_{t_{\mathrm{FT0}}}^{hn} \delta t_{\mathrm{FT0}} = (0.00225 \sim 0.00256) \times 20 = 0.045 \sim 0.052，\text{即} 45 \sim 50\mu\mathrm{m}。$$

因此可以说造成成品厚度偏差的主要原因是进入精轧带坯全长温度的不均匀性（带头、带尾黑端、带身水印以及其他温度的波动），正是基于这个分析我们开发了硬度前馈控制算法（KFF-AGC 详见第 7 章）。

10.4.2 快速监控对后四个机架辊缝控制量的分配

当穿带完成，带头到达 X 射线测厚仪处实测 δh_{xry}后，如头部厚度偏差过大不利于绝对 AGC 的投入，可利用液压压下的快速性，对后四个机架一次性下压/上抬（快速监控功能），然后再投入绝对 AGC。

对后四个机架一次性下压/上抬应对后四架的 δS 有一个分配以不破坏成品平坦度，为此要由下列方程联解求出 δS_i。对 7 机架连轧来说可写出后四个机架 δS 的影响：

$$\delta h_{\mathrm{FMN}} = K_{S4}^{hn}\delta S_4 + K_{S5}^{hn}\delta S_5 + K_{S6}^{hn}\delta S_6 + K_{S7}^{hn}\delta S_7$$

$$\delta\left(\frac{CR}{h}\right)_4 = \delta\left(\frac{CR}{h}\right)_7$$

$$\delta\left(\frac{CR}{h}\right)_5 = \delta\left(\frac{CR}{h}\right)_7$$

$$\delta\left(\frac{CR}{h}\right)_6 = \delta\left(\frac{CR}{h}\right)_7$$

式中 δh_{FMN}——拟消去的成品厚度偏差量；

$\left(\frac{CR}{h}\right)$——相对凸度。

在其他参数不变时

$$\delta\left(\frac{CR}{h}\right) = \frac{h\delta CR + CR\delta h}{h^2}$$

而
$$\delta CR = G_{\mathrm{S}}\delta S + G_{\mathrm{H}}\delta h_0, \delta h = A_{\mathrm{S}}\delta S + A_{\mathrm{S}}\delta h_0$$

可设 $\delta h_{04} = 0$，而 $\delta h_{05} = \delta h_4$

可在先设 $\delta h_{\mathrm{FMN}} = 100\mu\mathrm{m}$ 后，由上列各式联解求出 δS_i（$i = 4 \sim 7$），计算结果列表，以便在线控制时查用（实际要消除的 $\delta h_{\mathrm{FMN}}^*$确定后查表后乘以$\frac{\delta h_{\mathrm{FMN}}^*}{100\mu\mathrm{m}}$），此 δS_i 分配的表同时可用于动态设定（DSU）及穿带估计功能查用。

10.4.3 精轧终轧温度设定参数的调整

精轧机组穿带速度（末架穿带速度 v_n）将直接影响带钢头部的终轧温度。过程计算机内设有不同规格的计划穿带速度表，速度表是以标准工艺条件为基础确定的（包括粗轧出口温度，从粗轧到精轧的运送时间，除鳞水及机架间喷水模式），当实际生产中工艺条件有偏离时（常见的为前后带坯粗轧出口温度有差异，即有 δt_{RTc}）需对精轧穿带速度作相应修正（δv_n）以保证带头穿带后的终轧温度 $\delta t_{\mathrm{FT}n} = 0$，为此可写出

$$\delta t_{\mathrm{FT}n} = K_{t_{\mathrm{FT0}}}^{t_{\mathrm{FT}n}}\delta t_{\mathrm{FT0}} + K_{vn}^{t_{\mathrm{FT}n}}\delta v_n = 0$$

由此可求出应修正的 δv_n

$$\delta v_n = -\frac{K_{t_{FT0}}^{t_{FTn}}}{K_{vn}^{t_{FT0}}}\delta t_{FT0}$$

δt_{FT0}可由 δt_{RTc}算出。

张力对轧制力及前滑的偏微分系数$\left(\frac{\partial P}{\partial \tau_f}, \frac{\partial P}{\partial \tau_b}, \frac{\partial f}{\partial \tau_f}, \frac{\partial f}{\partial \tau_b}\right)$可采用含张力的 P 及 f 公式直接进行计算，即用：

$$P = Bl_c Q_P K \cdot K_\tau = Bl_c Q_P K\left[1 - \frac{a_b \tau_b + a_f \tau_f}{K}\right]$$

$$f = f_0 C_c = f_0[1 - b(\tau_b - \tau_f)]$$

因此可求得

$$\frac{\partial P}{\partial \tau_f} = Bl_c Q_P K \frac{\partial K_\tau}{\partial \tau_f} = Bl_c Q_P K\left[-\frac{a_b}{K}\right] = -Bl_c Q_P a_f$$

$$\frac{\partial P}{\partial \tau_b} = -Bl_c Q_P a_b$$

$$\frac{\partial f}{\partial \tau_f} = f_0 \frac{\partial C_\tau}{\partial \tau_f} = f_0[b] = f_0 b$$

$$\frac{\partial f}{\partial \tau_b} = f_0 \frac{\partial C_\tau}{\partial \tau_b} = f_0[-b] = -f_0 b$$

根据这四个偏微分系数即可计算各增量方程的 $A_{\tau f}$，$A_{\tau b}$，…，$G_{\tau i}$，$G_{\tau b}$系数。

由于带钢热连轧采用活套控制下的“小张力”轧制方式，有关张力的偏微分系数都较小，一般分析时可不考虑张力的影响。如果需专门分析张力的影响，则可用上面所列的公式对增量方程中与张力有关的 A，B，…，G 系数进行计算。

决定表中影响系数“单位”的扰动/控制量单位及目标量单位为：

H_0，h_n 单位为 mm，CR_n 单位为 μm，t_{FT0}，t_{FTn}单位为℃，v_n 单位为 m/s。

10.5 带钢冷连轧静态综合分析实例

为了进一步定量讨论冷连轧各影响系数，我们用 1700mm 冷连轧轧制规程对有关偏微分系数值及增量方程系数进行了计算，表 10-14、表 10-15、表 10-17 及表 10-18 则给出了各影响系数的计算结果，增量方程各系数计算结果列于本书的附录。

可以看出：

（1）由于各机架 C_P 值相同，后面机架的压下效率随着$\frac{\partial P}{\partial h_1}$加大而迅速变小，当成品厚度为 1.0 时压下效率由 C_1 的 0.375 变到 C_5 的 0.123（1/3），而当成品厚度为 0.3 时，压下效率将由 C_1 的 0.196 变到 C_5 的 0.014（1/14）。而且薄规格的 C_1 压下效率比厚规格的要低不少。

（2）假设 δH_0 为 0.1mm，如不进行任何厚度控制，则 δh_1 约为 0.051 ~ 0.055（为 δH_0 的一半左右），而 δh_5 则为 0.0026 ~ 0.0067$\left(为 \delta H_0 的\frac{1}{15} \sim \frac{1}{39}\right)$，因此可以说冷连轧机本身

具有减小原料绝对厚差的能力。如按各机架出口厚度的百分比计算厚差，则厚规格 $\delta H_0 = 0.1\text{mm}$ 时 $\frac{\delta H_0}{H_0} = 2.86\%$ ，$\frac{\delta h_1}{h_1} = 2\%$ ，$\frac{\delta h_5}{h_5} = 0.24\%$（1/12）。

而薄规格当 $\delta H_0 = 0.1\text{mm}$ 时 $\frac{\delta H_0}{H_0} = 6.67\%$ ，$\frac{\delta h_1}{h_1} = 5.54\%$，$\frac{\delta h_5}{h_5} = 2.23\%$（1/3）亦即厚规格的自然消差能力较强，使相对厚差（厚差与厚度之比）减小到1/12，而薄规格则较弱，仅减小到1/3。

（3）假设 $\delta K_0 = 20\text{MPa}$ 相当于 $\frac{\delta K_0}{K} = 4.5\%$ 左右。此时厚规格的 $\delta h_5 = 0.048\text{mm}$ ，$\frac{\delta h_5}{h_5} = 4.8\%$ ；薄规格的 $\delta h_1 = 0.02\text{mm}$ ，$\frac{\delta h_1}{h_1} = 2\%$ ，而 $\delta h_5 = 0.022\text{mm}$，$\frac{\delta h_5}{h_5} = 7.3\%$ 。由此可明显看到 δK_0 的影响不仅没有逐架减少，反而是逐架增强，充分反映出其影响的重发性，而且薄规格增强比厚规格更严重。

（4）当 $\delta H_0 = 0.1\text{mm}$ 时为了使 $\delta h_5 = 0$ 。可以调节 δS_1，亦可以调节 δS_2 或 δS_5。对于厚规格需要移动的压下为：$\delta S_1 = 0.136\text{mm}$ 或 $\delta S_2 = 0.076\text{mm}$ ，而如仅调节 δS_5 则需调节 0.055mm。

对薄规格则分别为 $\delta S_1 = 0.283\text{mm}$ 或 $\delta S_2 = 0.204\text{mm}$ ，而 $\delta S_5 = 0.186\text{mm}$ 。因此应尽量在 C_1 及 C_2 机架进行控制。

（5）当 $\delta K_0 = 20\text{MPa}$ 时为了使 $\delta h_5 = 0$ ，δS_5 需移动 0.39mm（厚规格）和 1.57mm。由于存在“重发性”，仅移动 δS_1 或 δS_1，δS_2 都不能达到 $\delta h_5 = 0$ 的目的。

（6）由此可知，为了消除 δH_0 和 δK_0 对 δh_5 的影响，对较厚的规格可以采用调节 δS_1，δS_2（粗调）及 δS_4，δS_5（精调）的办法，而对薄规格则往往需要投入张力 AGC，用调节 $\delta \tau_4$ 和与 δS_4 或 δS_5 相配合的方法来消除厚差。

（7）δH_0 的影响相对来说较容易消除，而 δK_0 的影响要难许多，特别是薄规格时，由于存在重发性，为了减少调节量（δS_5 的移动将影响板形，而 $\delta \tau_4$ 的调节量仅允许 ±15% 的范围），可以在粗调时采用“过补偿”的办法，即对较硬的带钢段不仅是消除本架厚差，而且“过头”调节，使其产生“反厚差”以便在后几个机架中恢复正常。

如果在求解影响系数时不假设张力恒定，则 δS_2 亦将对 δh_1 产生影响，但上面所述的基本结论不会有太大的出入。

10.6 带钢热连轧动态仿真分析

动态仿真需要考虑所有执行机构，如电动压下、液压压下、主速度系统、活套控制系统、液压弯辊系统的动特性以及检测仪表的响应性，仿真模拟出带有温度或厚度变动（扰动）的带钢进入各个机架后在各种控制系统（如 AGC，ASC 等）控制下轧出带钢的厚度、凸度、张力等随时间的变化，因此动态仿真分析法主要用于比较和分析各种控制方案的效果以及分析控制系统中有关参数的数值以获得最佳控制效果。动态仿真时变形区模型与静态分析基本相同，由于控制时各变量变动范围较小，亦可采用线性化后的增量代数方程，仅对套量及张力计算采用微分方程（亦可用其增量形式）。而此时进入变形区各增量方程中的有关扰动量及控制量将是 $\delta h_0(t)$，$\delta K(t)$ 及 $\delta S(t)$，$\delta v(t)$，$\delta F(t)$ 等随时间变化的变量。

表 10-14 及表 10-17 列出了两个轧制规程的工艺参数及其设定计算结果，表 10-15 和表 10-18 列出了这两个轧制规程下的偏微分系数值，表 10-16 和表 10-19 则给出了各影响系数的计算结果。

表 10-14　轧机设备参数及轧制规程计算（一）

1700 冷连轧基本参数：$R=280$mm，$B=1000$mm，$\tau_0=60$MPa，$C_P=4700$kN/mm，$H_0=3.5$mm，$\mu=0.07$，$h_n=1.0$mm，$P_0=10000$kN，$v_5=20$m/s

工艺参数	C_1	C_2	C_3	C_4	C_5
h_0/mm	3.5	2.55	1.81	1.37	1.08
h_1/mm	2.55	1.81	1.37	1.08	1.00
ε/%	27.1	29	24.3	21.1	7.4
τ_i/MPa	102	128	161	161	80
K_T	0.847	0.822	0.797	0.785	0.846
K/MPa	498	646	713	749	764
l_c/mm	16.3	14.4	11.1	9.00	4.73
Q_P	1.107	1.165	1.211	1.243	1.154
P/kN	7616	8904	7643	6578	3529
R'/mm	334.0	366.6	416.0	473.9	750.4
l'_c/mm	17.8	16.5	13.5	11.7	7.75
Q'_P	1.135	1.220	1.294	1.357	1.249
P'/kN	8536	10666	9958	9358	6256
f/%	2.17	4.18	4.50	3.97	1.22
v_{0i}/(m/s)	7.68	10.6	14.0	17.8	19.8
S_i/mm	2.861	1.668	1.379	1.217	1.797

表 10-15　偏微分系数计算结果（一）

偏微分系数	C_1	C_2	C_3	C_4	C_5
$\partial P/\partial h_0$	638.9	699.0	1055.6	1523.2	3019.6
$\partial P/\partial h_1$	-783.9	-975.1	-1434.5	-2029.7	-3338.5
$\partial P/\partial K$	22.6	23.9	22.5	22.1	15.5
$\partial P/\partial \tau_b$	-11.3	-12.0	-11.3	-11.0	-7.74
$\partial P/\partial \tau_f$	-11.3	-12.0	-11.3	-11.0	-7.74
$\partial f/\partial h_0$	0.0029	0.0163	0.0504	0.0853	0.1404
$\partial f/\partial h_1$	-0.0125	-0.0366	-0.0778	-0.1209	-0.1575
$\partial f/\partial \tau_b$	-0.00630	-0.00230	-0.00168	-0.00128	-0.00051
$\partial f/\partial \tau_f$	0.00193	0.00188	0.00155	0.00114	0.00040

表 10-16 影响系数计算结果（一）

K_{λ}^{h}	δh_1	δh_2	δh_3	δh_4	δh_5
δH_0	0.510	0.247	0.137	0.084	0.067
δK_0	0.018	0.025	0.026	0.025	0.024
δS_1	0.375	0.181	0.100	0.061	0.049
δS_2	—	0.325	0.180	0.110	0.087
δS_3	—	—	0.247	0.150	0.119
δS_4		—	—	0.188	0.149
δS_5	—	—	—	—	0.123
$\delta \tau_4$	—	—	—	-0.0020	-0.0005

表 10-17 轧机设备参数及轧制规程计算（二）

1700mm 冷连轧基本参数：$R=280$mm，$B=1000$mm，$\tau_0=60$MPa，$C_P=4700$kN，$H_0=1.5$mm，$\mu=0.07$，$h_n=0.3$mm，$P_0=10000$kN，$v_5=30$m/s

工艺参数	C_1	C_2	C_3	C_4	C_5
h_0/mm	1.50	1.00	0.65	0.43	0.315
h_1/mm	1.00	0.65	0.43	0.315	0.300
ε/%	33.3	35	33.8	26.7	4.8
τ_i/MPa	102	128	161	161	80
K_T	0.856	0.831	0.807	0.794	0.851
K/MPa	528	679	748	781	792
l_c/mm	11.83	9.90	7.85	5.67	2.05
Q_P	1.310	1.457	1.615	1.688	1.170
P/kN	6990	8134	7745	6074	1318
R'/mm	386.6	497.3	729.4	1390.6	3584.8
l'_c/mm	13.90	13.19	12.67	12.65	7.33
Q'_P	1.410	1.701	2.155	2.713	1.668
P'/kN	8869	12666	16472	21285	8249
f/%	4.76	7.24	8.14	6.77	1.09
v_{0i}/(m/s)	8.59	12.91	19.35	26.76	29.68
S_i/mm	1.241	0.083	-0.947	-2.086	0.673

表 10-18 偏微分系数计算结果（二）

偏微分系数	C_1	C_2	C_3	C_4	C_5
$\partial P/\partial h_0$	1330.6	1733.1	3093.8	19235.4	28535
$\partial P/\partial h_1$	-1931.7	-3452.6	-8227.2	-25788	-33315
$\partial P/\partial K$	24.61	34.21	55.82	107.1	33.65
$\partial P/\partial \tau_b$	-12.31	-17.10	-27.91	-53.53	-16.83

续表 10-18

偏微分系数	C_1	C_2	C_3	C_4	C_5
$\partial P/\partial \tau_f$	-12.31	-17.10	-27.91	-53.53	-16.83
$\partial f/\partial h_0$	0.043	0.107	0.229	0.446	0.709
$\partial f/\partial h_1$	-0.091	-0.205	-0.400	-0.662	-0.753
$\partial f/\partial \tau_b$	-0.0056	-0.0016	-0.0010	-0.0006	-0.0001
$\partial f/\partial \tau_f$	0.0016	0.0012	0.0008	0.0004	0.0001

表 10-19　影响系数计算结果（二）

K_λ^h	δh_1	δh_2	δh_3	δh_4	δh_5
δH_0	0.554	0.245	0.087	0.031	0.026
δK_0	0.010	0.013	0.011	0.012	0.011
δS_1	0.196	0.087	0.031	0.026	0.022
δS_2	——	0.120	0.043	0.031	0.026
δS_3	——	——	0.054	0.040	0.033
δS_4	——	——	——	0.018	0.015
δS_5	——	——	——	——	0.014
$\delta \tau_4$	——	——	——	-0.0044	-0.0020

因此动态仿真需建立的仿真对象模型将包括：

（1）执行机构的动态模型；

（2）检测仪表的响应性；

（3）变形区模型；

（4）机架间带钢的套量及张力模型（这两个工艺模型是动态模型）。

另外 i 机架轧出厚度并不瞬时等于下一机架入口厚度而应加上时间延后。

动态仿真费时较多，由于要对微分方程进行数值计算，无论用什么方法（例如龙格库塔法），计算量与所取步长有关，由于步长过大容易发散，因此计算量相对于静态分析要大许多。

为此应根据仿真研究的需要抓住重点，对次要点加以忽略，使问题得以简化。例如当研究 AGC 系统时如暂不研究板形问题，可以将与板形有关的模型暂不进入仿真对象，同样道理，如不是同时想研究活套控制系统，则可以暂时去掉主电机系统及活套系统的有关模型。

当然，当要研究液压 AGC 快速控制下活套系统，包括主电机系统是否能适应，如何改进活套高度及张力控制系统以适应液压压下时就必须将对象模型搞得复杂一点。

对系统进行动态仿真前应先给出系统方框图，并为每一环节写出其静态或动态模型。

图 10-3 为一个典型的电动-液压混合 AGC 系统粗框图，这往往在已有轧机改造时采用，即在热连轧精轧机组后四个机架（$F_4 \sim F_7$）增设液压微调缸，而 $F_1 \sim F_3$ 仍然保留电动压下。

图 10-4 为精轧机组中的两个机架，包括 AGC，LPC（活套由高度控制）系统的方框图，从中可以看出各个环节之间的关系。

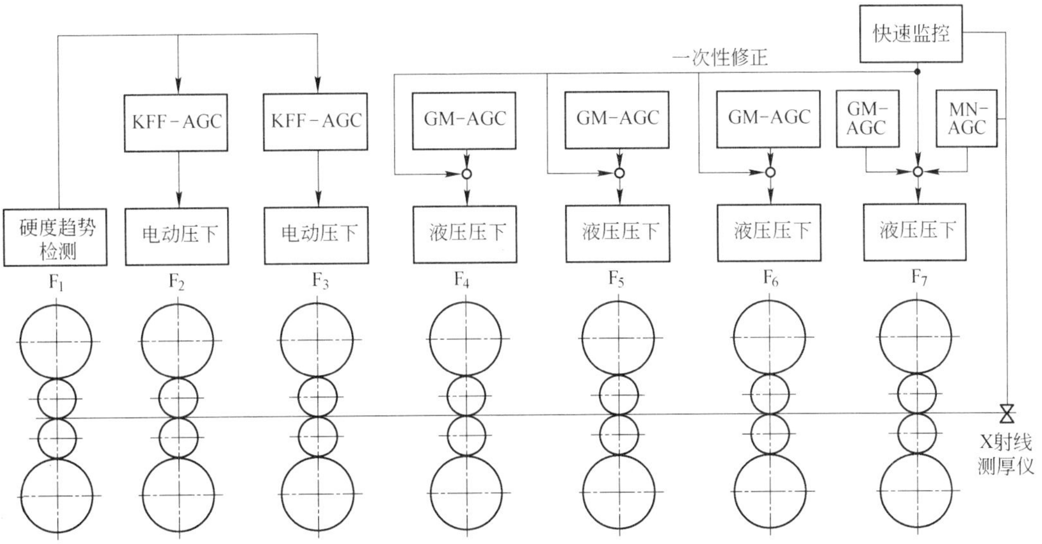

图 10-3 电动-液压混合 AGC 系统

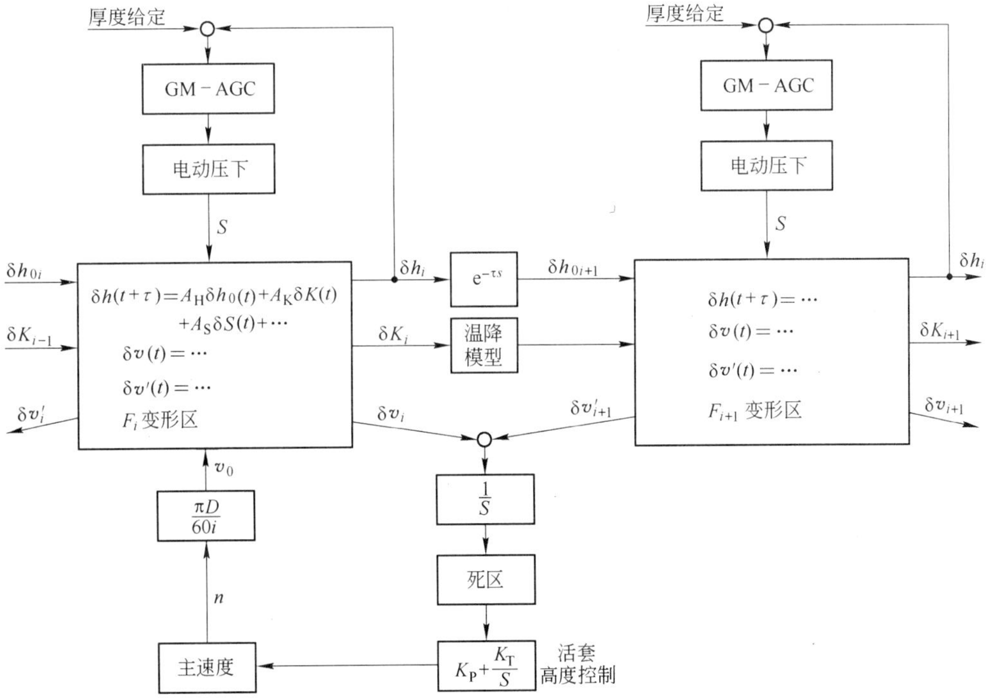

图 10-4 精轧机组两个机架的 AGC，LPC 系统

液压压下系统由许多环节构成，包括伺服阀、油缸、管路以及液压 APC 的 PI 调节器，因此实质上为一高阶系统。但由于其大部分环节惯性很小，可以将其简化为一个一阶或二阶环节，常用的形式为

$$G(s) = \frac{K}{s(s+T)}$$

式中 $G(s)$ ——液压压下系统的传递函数；

K ——增益；

T ——时间常数。

考虑液压 APC 后，AGC 框图如图 10-5 所示。

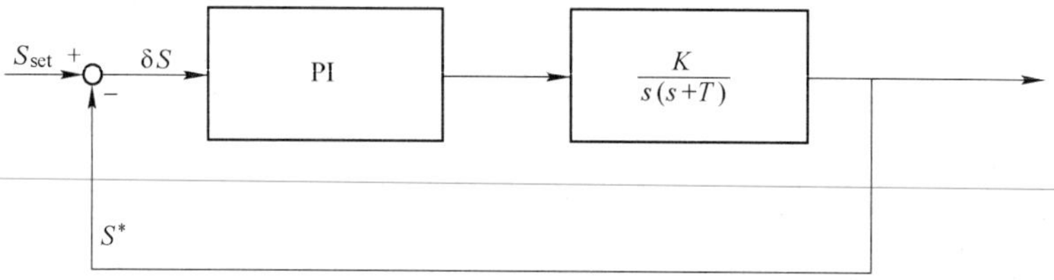

图 10-5 液压 AGC 框图

10.7 带钢冷连轧动态仿真分析

10.7.1 冷连轧动态仿真用数学模型

5 个机架的虚拟冷连轧机实际上由以下模块的数学模型构成：

（1）开卷机（恒张力控制系统）；

（2）5 个液压压下及液压 APC/AFC（不考虑左右调平）；

（3）5 个液压弯辊机构及液压 AFC；

（4）5 个液压窜辊机构及液压 APC（包括辊型曲线模型）；

（5）5 个主传动及速度级联系统；

（6）n 个变形区；

（7）4 个机架间带钢（厚度及硬度传递及机架间张力的模型）；

（8）4 个张力控制系统；

（9）张力卷取机（恒张力控制系统）。

10.7.1.1 变形区及机架间带钢模型

变形区及机架间带钢增量模型主要用于 AGC，ASC（板形控制）研究。

增量公式中的偏微分系数值一方面决定于其全量公式的结构；另一方面则决定于工作点，即轧制规程所定的设定值。

不同设定时调节所依据的工作点将不同，因而得出不同的偏微分系数值。因此在进行系统仿真时首先要用全量公式（设定模型）进行计算以确定 AGC，ASC 调节所依据的设定工作点（AGC，ASC 在工作点左右进行调节），并利用设定工作点来计算各偏微分系数值。

由此可得各增量方程中需确定的为各项偏微分系数，例如$\frac{\partial P}{\partial h_1}$等，这些系数可以利用设定模型计算出 P_i，h_i 等值后，再设 $h'_i = h_i - \Delta$（Δ 为一很小的值），然后利用设定模型公式计算出 P' 等，这样可以认为 $\frac{\partial P}{\partial h_1} = \frac{P' - P}{\Delta}$。

只要 Δ 足够小，这种用割线代替切线的方法在工业上是允许的。

10.7.1.2 执行机构的数学模型

A 液压压下

由于整个液压压下系统包括油缸、电液伺服阀、油路、蓄力器以及 APC 控制回路，其机理模型将是一个高阶微分方程，并且严格说其中含有非线性环节。但是由于整个系统惯性很小，各环节的时间常数都很小，对于 AGC 系统的仿真，如仅将其整体上看成一个执行机构，则简单化可将其看成为一个二阶环节，传递函数为

$$G_{\mathrm{HAPC}} = \frac{K}{s(s+T)}$$

如果要求更精确一些，应引入非线性环节。根据我们对某 2030mm 冷连轧液压压下系统的分析，可以认为它是一个采样时间为 10ms 的数模混合系统，其框图如图 10-6 所示，其响应曲线如图 10-7 所示，即在Ⅰ区内为一直线上升段斜率固定，在Ⅱ区内压下响应为一个有 100μ 阶跃输入下的二阶响应曲线，为此其输出特性可采用以下表达式：

$$u - y > 100\mu\mathrm{m} \qquad \frac{20000}{s(s+200)} \times 0.1$$

$$|u - y| \leqslant 100\mu\mathrm{m} \qquad \frac{20000}{s^2 + 200s + 20000} \times u$$

$$u - y > -100\mu\mathrm{m} \qquad -\frac{20000}{s(s+200)} \times 0.1$$

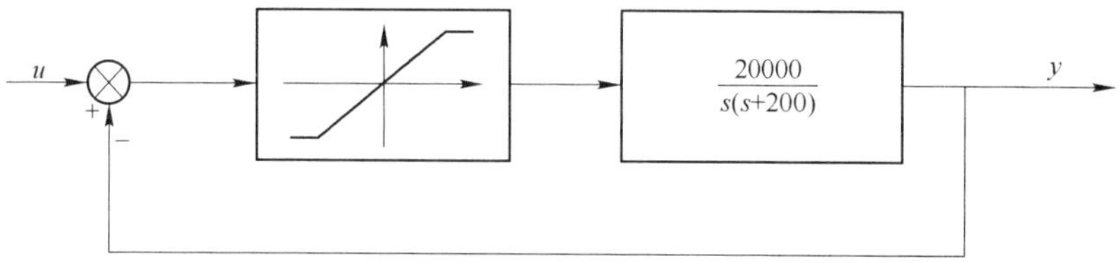

图 10-6 液压压下等效框图

B 主传动系统（含速度控制）

严格说亦是一个高阶系统，但从 AGC 系统仿真角度，我们对某冷连轧主传动响应曲线的分析，得到

$$G_{\mathrm{D}} = \frac{800}{s^2 + 40s + 800}$$

对任一台具体轧机来说，由于对主传动特性的调整有好有坏，传递函数中具体数字会有不同，需具体分析其响应曲线或进行在线系统辨识来求得。

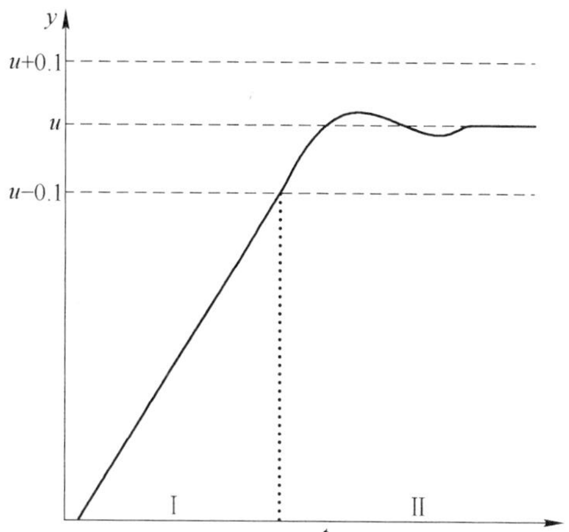

图 10-7 液压压下响应曲线

10.7.1.3 检测仪表及其特性

每一台检测仪表由于存在时间常数都将对所检测的参数造成滞后，并且还将引入一

定的误差（测量误差），为此可用下式表示

$$\alpha^{*} = \frac{1}{1+Ts}\alpha$$

式中，α^{*}为仪表的输出，即参数的实测值；α 为检测仪表的输入信号；T 为时间常数，另外需加上随机检测误差。不同仪表具有不同的 T 值。

10.7.2　动态仿真实例

作为动态仿真法的实例之一，我们对传统 AGC 及流量 AGC 系统进行了仿真研究。

10.7.2.1　传统 AGC 系统的仿真研究

AGC 系统原理图如图 10-8 所示。

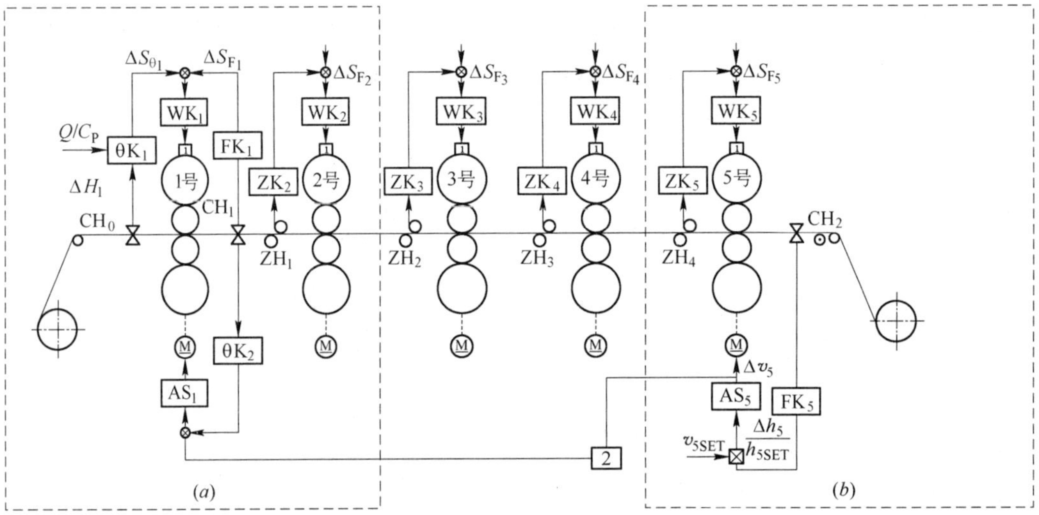

图 10-8　传统 AGC 系统仿真

(a)— 粗调 AGC 系统；(b)— 精调 AGC 系统

ZH—张力仪；CH—测厚仪；WK—位置自动控制回路；θK—前馈控制回路；FK—反馈控制回路；AS—速度调节器；M—直流电机；ZK—张力调节器；1—液压压下装置；2—第 5 机架对第 1 机架的反馈控制回路

仿真所依据的轧制规程，其设定计算数据及有关偏微分系数计算值列于表 10-20。计算的初始参数为：板宽 $B=1000$mm；预压靠力 $P_0=10000$kN；轧机刚度系数 $C_P=4700$ kN/mm；轧辊半径 $R=280$mm；机架间距 $L=4750$mm；摩擦系数 $\mu=0.07$。平均变形抗力则用下式计算：

$$K = a_1(\varepsilon + a_2)a_3$$

式中，系数为 $a_1=846$，$a_2=0.00817$，$a_3=0.3$

仿真中液压压下及主传动特性采用上节所列传递函数，各检测仪表的传递函数采用：

（1）测厚仪$\frac{1}{1+0.05s}$，即时间常数 $T=50$ms，检测误差 δ 为 0.1%；

（2）张力仪$\frac{1}{1+0.025s}$，即 $T=25$ms，δ 为 0.2%；

表 10-20 轧制规程及相关数据

项　目	第一机架	第二机架	第三机架	第四机架	第五机架
入口板厚 H/mm	4.25	3.29	2.47	1.93	1.58
出口板厚 h/mm	3.29	2.47	1.93	1.58	1.50
前张力 τ_f/MPa	102	128	161	161	75
后张力 τ_b/MPa	5.0	10.2	12.8	16.1	16.1
轧辊周速 v_R/(m/s)	8.97	11.76	14.98	18.42	19.87
轧制力 P/kN	7738	9802	9399	8525	5357
前滑 f/%	1.63	3.26	3.74	3.08	0.66
辊缝 S/mm	3.77	2.51	2.06	1.89	2.49
入口速度 v_{in}/(m/s)	7.06	9.12	12.15	15.55	18.95
出口速度 v_{out}/(m/s)	9.12	12.15	15.54	18.99	20.0
$\partial P/\partial H$	582.88	593.23	804.08	1115.2	2325.7
$\partial P/\partial h$	-676.47	-757.5	-1015.8	-1360.7	-2456.2
$\partial P/\tau_f$	-10.72	-11.22	-10.47	-9.64	-6.39
$\partial P/\tau_b$	-10.72	-11.22	-10.47	-9.64	-6.39
$\partial P/\partial K$	21.45	22.45	20.94	19.28	12.77
$\partial f/\partial H$	0.00080	0.00898	0.02938	0.05185	0.08172
$\partial f/\partial h$	-0.00627	-0.02069	-0.04508	-0.07112	-0.08933
$\partial f/\partial\tau_f$	0.00205	0.00208	0.00182	0.00133	0.00039
$\partial f/\partial\tau_b$	-0.00622	-0.00255	-0.00196	-0.00147	-0.00049

(3) 测速仪$\dfrac{1}{1+0.05s}$，即 $T=50\text{ms}$，δ 为 0.1%；

(4) PI 调节器采用以下函数

$$G(s) = K_P\left(1+\frac{1}{T_I s}\right)$$

对液压压下的控制：$K_P = 4.0$，$T_I = 0.025$。

仿真步长为 1ms，图 10-9 为 C_1 机架前馈及反馈控制原理图。由图所知

$$\Delta S_1 = \Delta S_{H_1} + \Delta S_{h_1}$$

其中 ΔS_{H_1} 为前馈控制输出。

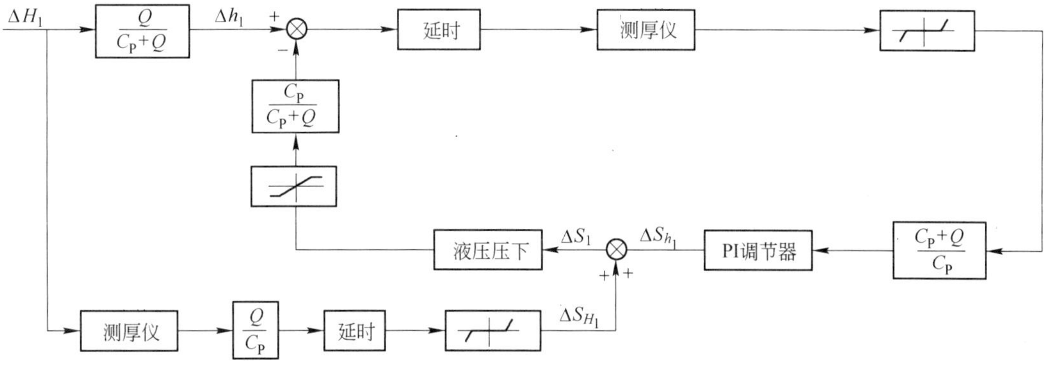

图 10-9 第一机架前馈及反馈控制

当来料在厚差 δH_0 时

$$\Delta S_{H_1} = \alpha \frac{\theta}{C_P} \delta H_0$$

ΔS_{h_1} 为反馈控制输出，当 C_1 出口厚度有偏差 δh_1 时

$$\Delta S_{h1} = \beta \frac{C_P + Q}{C_P} \delta h_1$$

仿真中 a 取 0.8，β 取 0.2。

仿真结果如图 10-10 曲线所示。

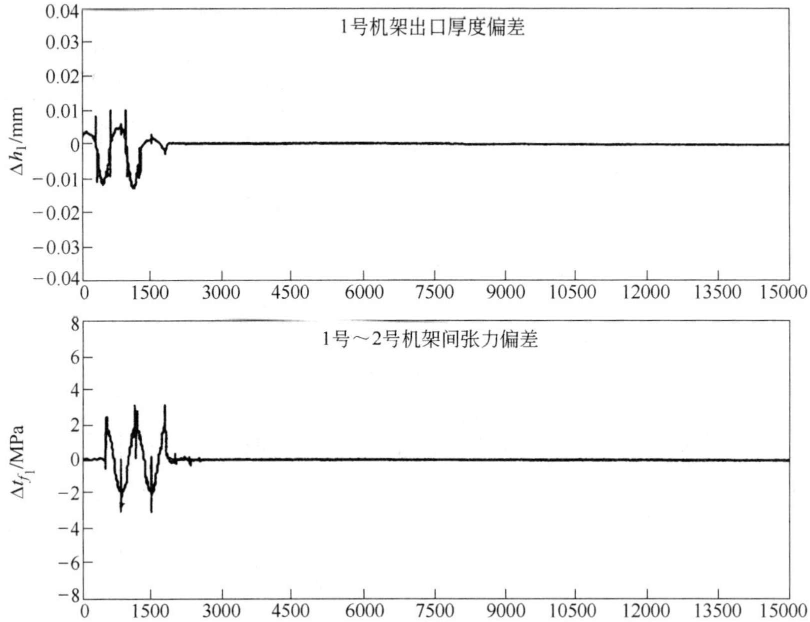

(a)

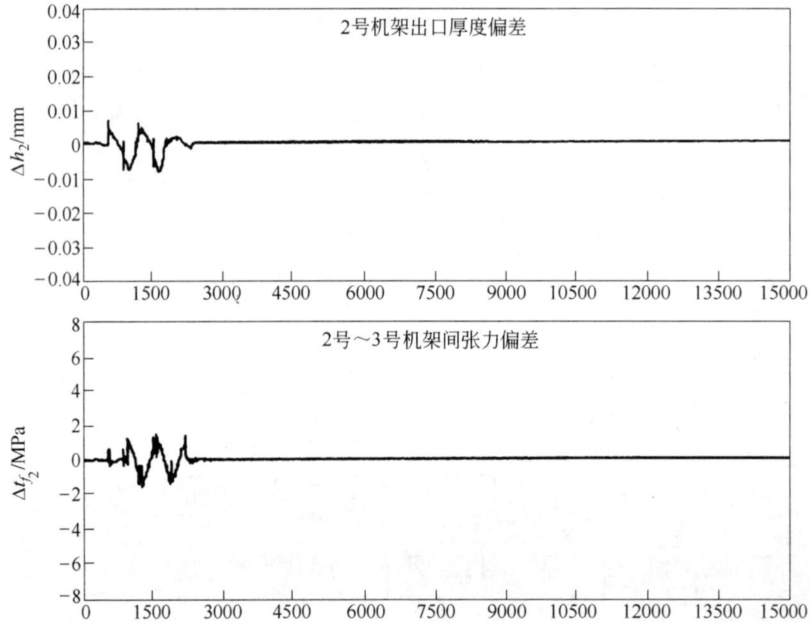

(b)

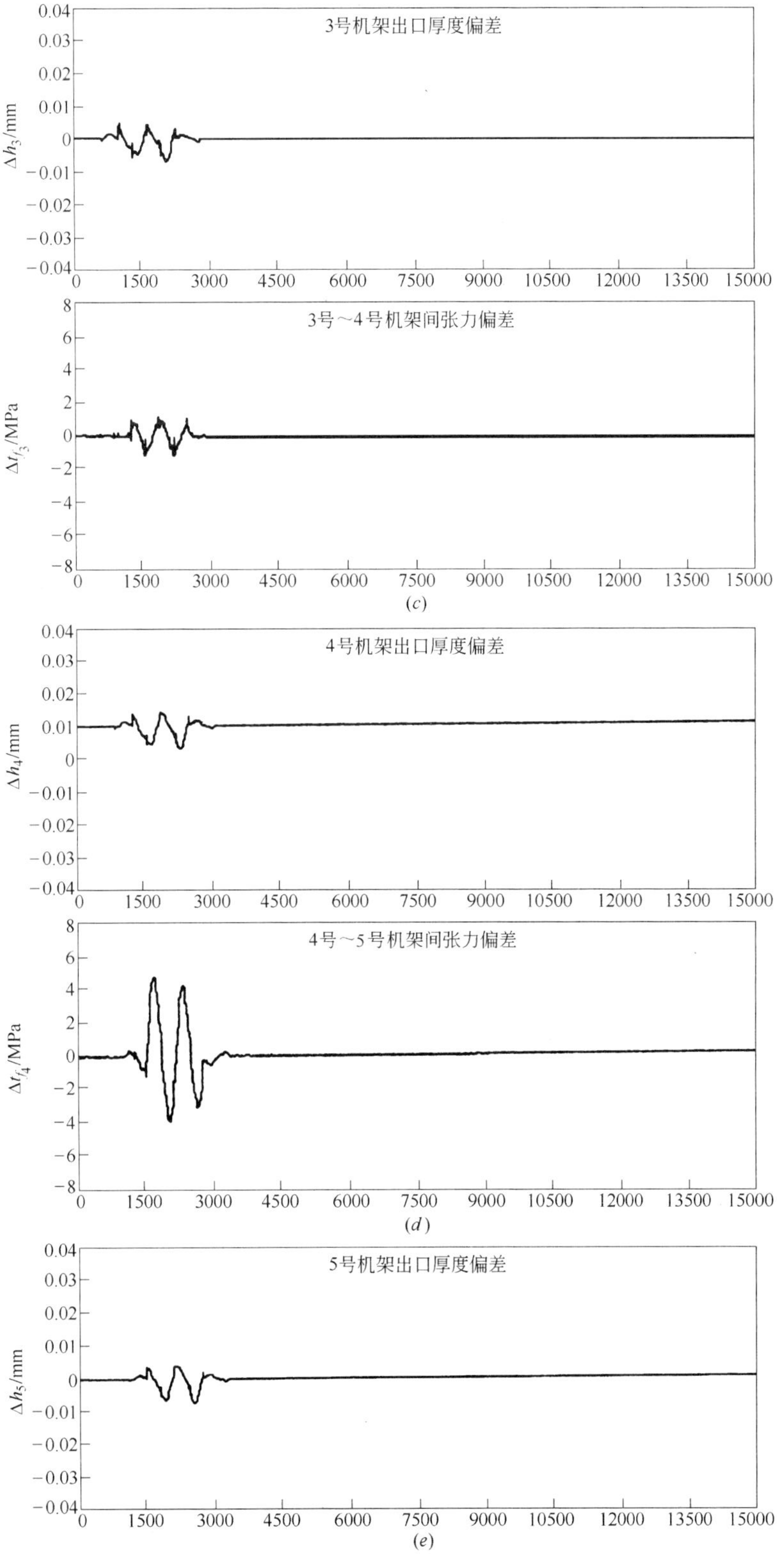

图 10-10 传统 AGC 仿真结果之一（来料厚度波动）

由图 10-10a 可知，当来料厚差为幅值等于 0.2mm 的正弦波单波（360°）时 δh_1 仅 ±8μm，即 C_1 的 AGC 消除了 95% 的来料厚差，并且调节过程很快。

加入第二机架前馈控制后（图 10-11），即从 C_2 出口流量恒定出发根据 δh_1 控制 C_1 速度，厚差进一步减小，δh_2 仅 +5μm/ -8μm，成品厚差仅为 +4.8μm/ -6μm。

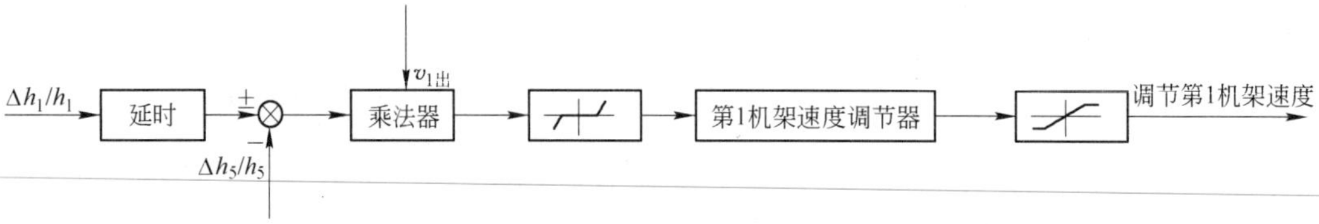

图 10-11　第二机架前馈控制

机架间张力控制系统如图 10-12 所示，通过控制下一机架的压下使张力迅速恒定，张力波动小于 ±4MPa。

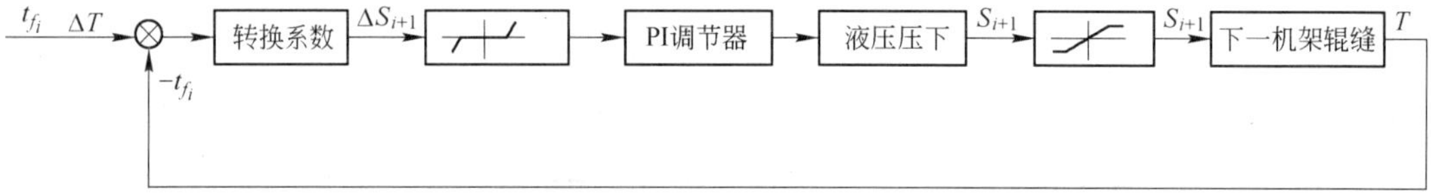

图 10-12　机架间张力控制

当加入来料硬度幅值为 3% 的单波正弦的变动时，仿真结果如图 10-13 所示。

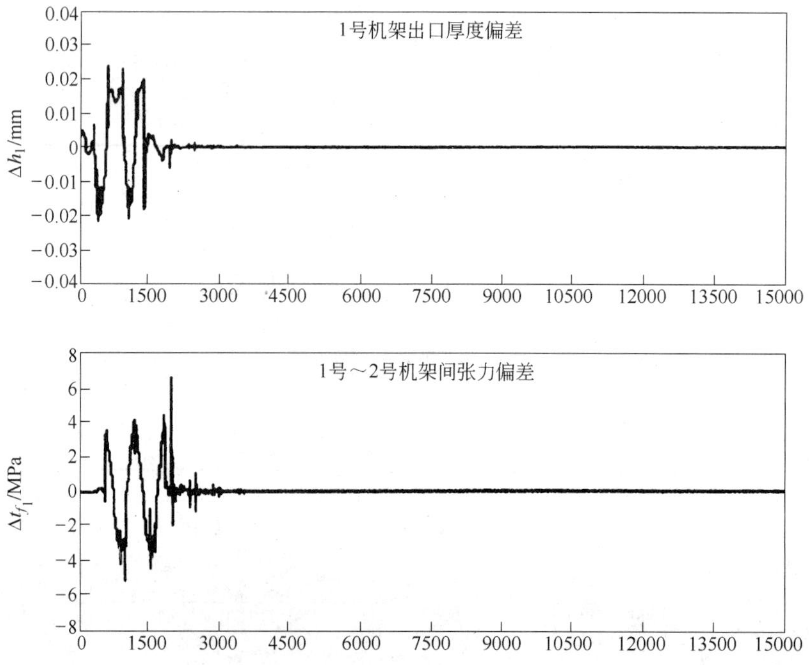

(a)

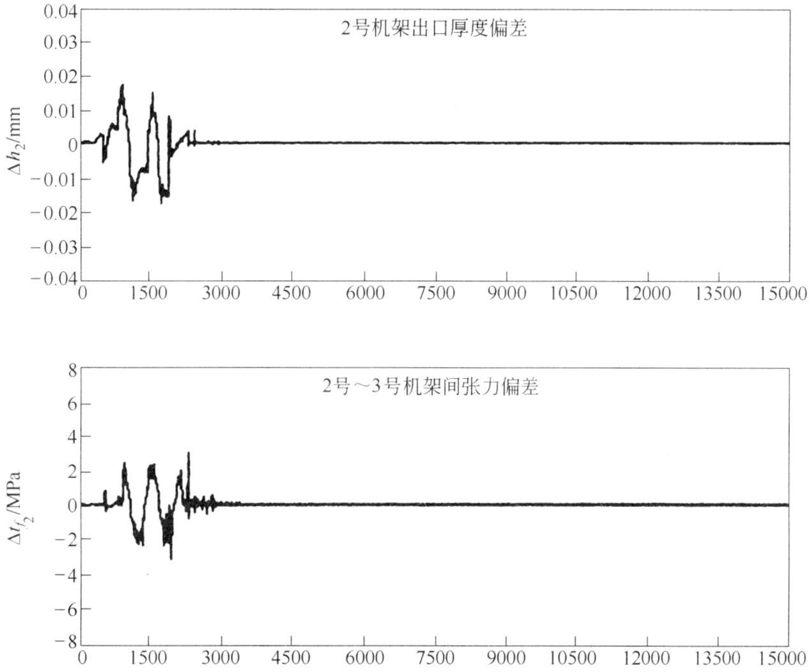
2号机架出口厚度偏差
Δh₂/mm
0.04
0.03
0.02
0.01
0
−0.01
−0.02
−0.03
−0.04
0 1500 3000 4500 6000 7500 9000 10500 12000 13500 15000
2号～3号机架间张力偏差
Δt_f2/MPa
8
6
4
2
0
−2
−4
−6
−8
0 1500 3000 4500 6000 7500 9000 10500 12000 13500 15000

(*b*)

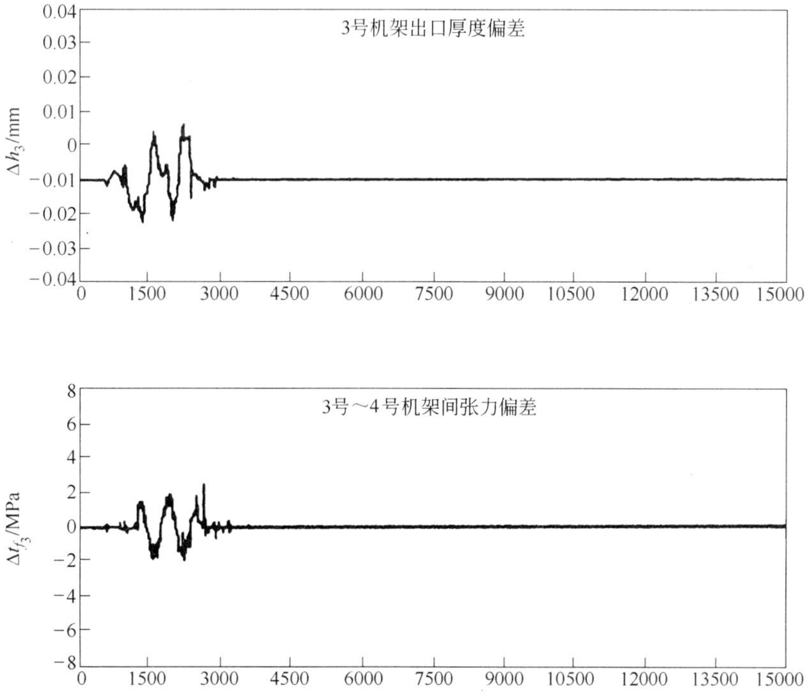
3号机架出口厚度偏差
Δh₃/mm
0.04
0.03
0.02
0.01
0
−0.01
−0.02
−0.03
−0.04
0 1500 3000 4500 6000 7500 9000 10500 12000 13500 15000
3号～4号机架间张力偏差
Δt_f3/MPa
8
6
4
2
0
−2
−4
−6
−8
0 1500 3000 4500 6000 7500 9000 10500 12000 13500 15000

(*c*)

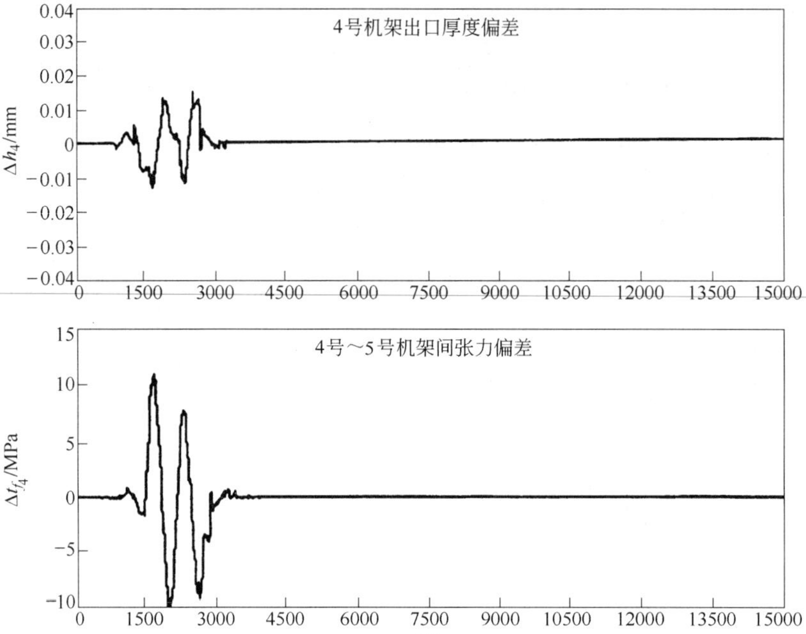

(*d*)

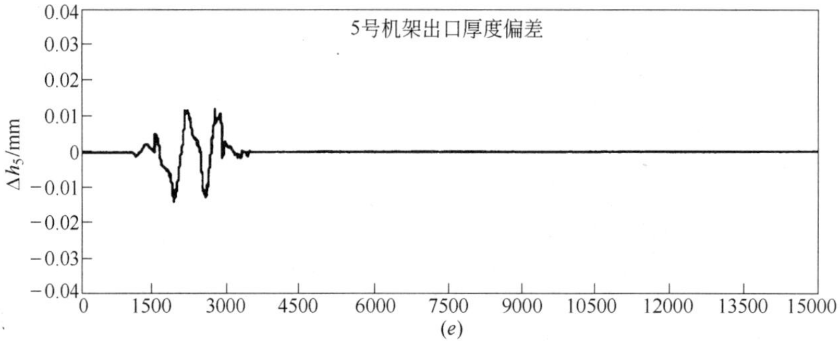

(*e*)

图 10-13　传统 AGC 仿真结果之二（来料硬度波动）

由图 10-13 可知，由于硬度变动存在“重发性”，亦即硬度较大（或较小）的该段带钢进入每个机架时都将产生新的厚差，加入硬度扰动后控制效果明显变差，即使通过粗调及精调 AGC，成品厚差仍达 ±12μm。

由图 10-10 及图 10-13 仿真结果可知，来料厚差即使达到 200μm，AGC 控制仍可使成品厚差小于 5μm，但当来料具有硬度波动时传统 AGC 效果将受到限制。

10.7.2.2　流量 AGC 系统

图 10-14、图 10-15 和图 10-16 表示了流量 AGC 系统图及粗调、精调 AGC 原理图。

仿真结果示于图 10-17，由图可知，由于通过激光测速仪获得较精确的变形区出口厚度，使控制效果更为理想，在同样的来料厚差（200μm）情况下成品厚差下降到 2.7μm。但当加入来料硬度波动后成品厚差达到 ±10μm。

我们认为目前结构的 AGC 系统缺乏抵御来料硬度波动能力是由于它缺乏检测硬度波

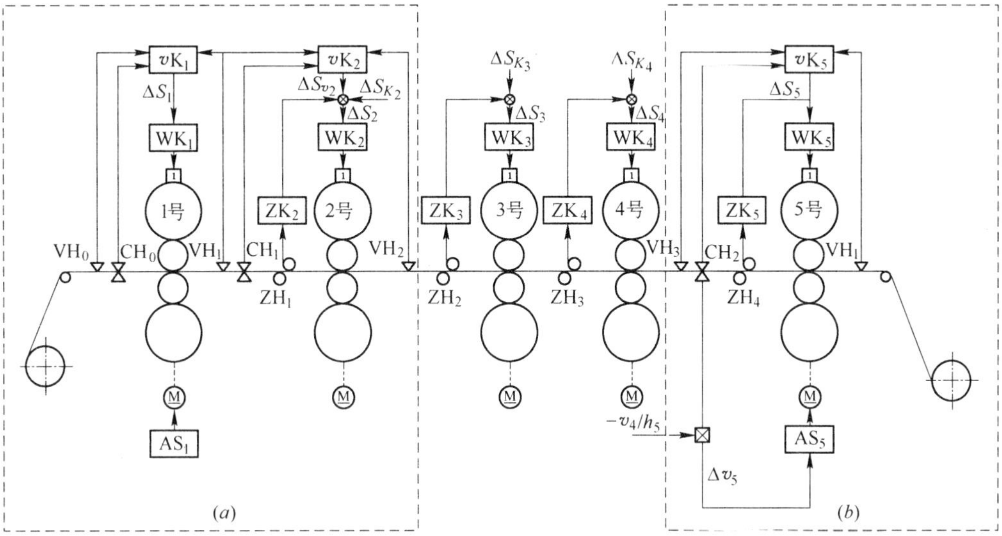

图 10-14　流量 AGC 系统

(a)— 粗调 AGC 系统；(b)— 精调 AGC 系统

ZH—张力仪；CH—测厚仪；VH—测压仪；WK—位置自动控制回路；

AS—速度调节器；M—直流电机；1—液压压下装置

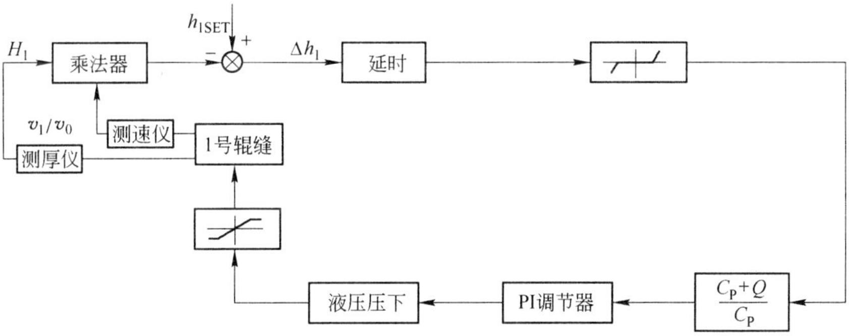

图 10-15　粗调流量 AGC

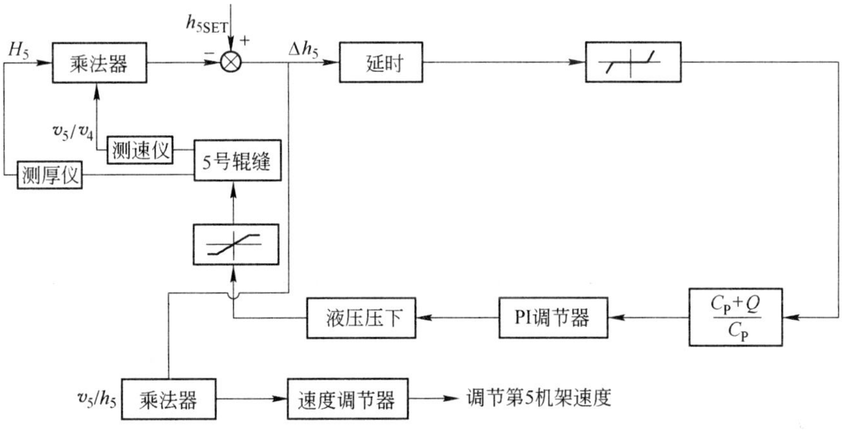

图 10-16　精调流量 AGC

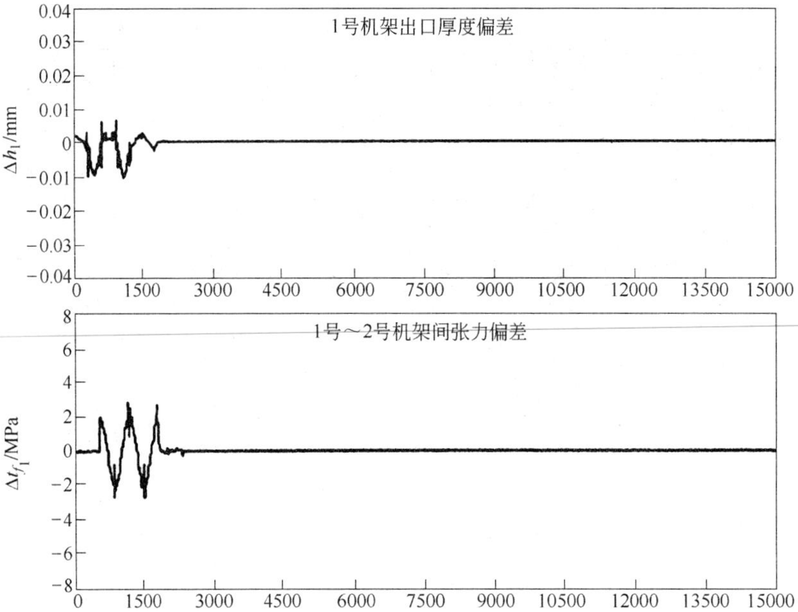
1号机架出口厚度偏差
Δh_1/mm
1号～2号机架间张力偏差
Δt_{f_1}/MPa

(*a*)

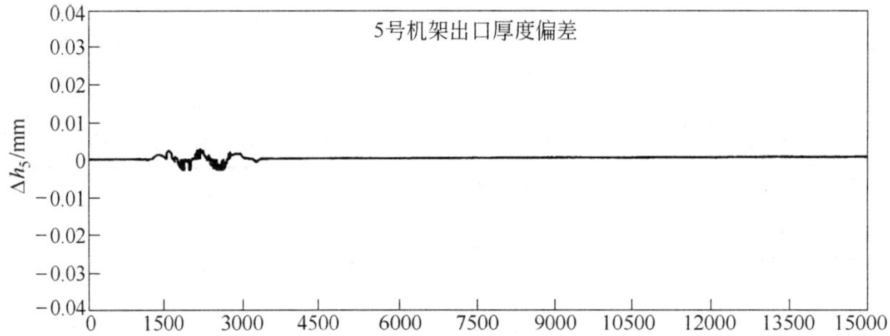
5号机架出口厚度偏差
Δh_5/mm

(*b*)

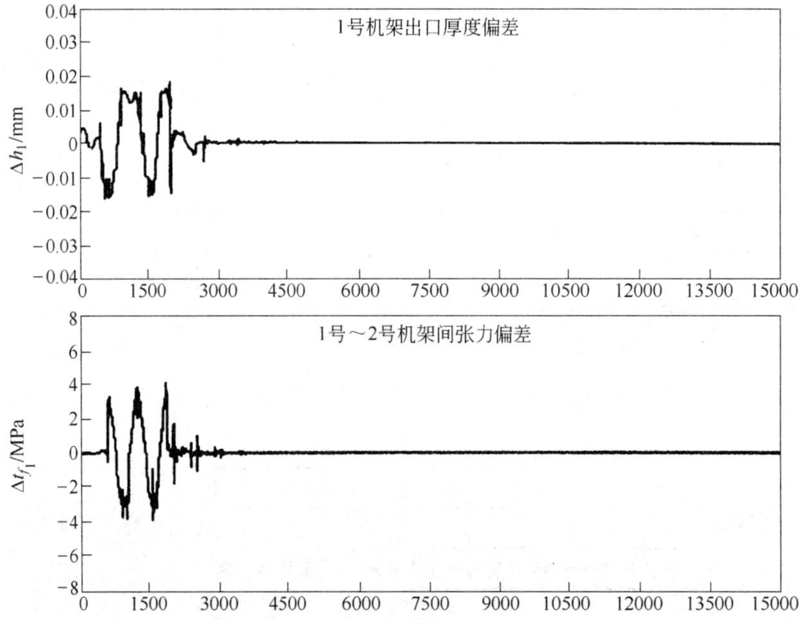
1号机架出口厚度偏差
Δh_1/mm
1号～2号机架间张力偏差
Δt_{f_1}/MPa

(*c*)

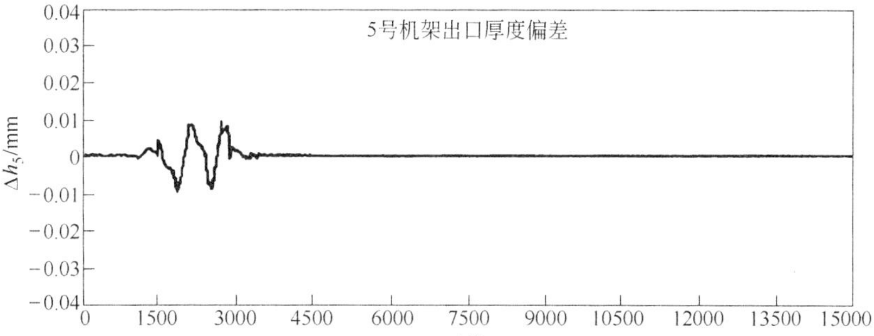

(d)

图 10-17 流量 AGC 仿真结果
(a), (b) —仅厚度扰动时; (c), (d) —加入硬度扰动时

动的仪表。为了消除来料硬度波动的影响，我们提出了改进型 AGC 方案，即在流量 AGC 基础上增加了硬度前馈厚控功能（KFF-AGC）。

KFF-AGC 的基本方法是利用第一机架的 P_1^* 和 S_1^* 实测信号，求出 K_1，为此先用弹跳方程算出 h_1^*，然后采用 H_0^* 及 h_1^* 重新计算 $\overline{Q}_P$ 和 $\overline{l}'_c$，这样即可算出

$$K_1^* = \frac{P_1^*}{B\,\overline{l}'_c\,\overline{Q}_P K_T}$$

由此知硬度波动为

$$\delta K_1 = K_1^* - K_{1S}$$

式中，K_{1S}为 K 设定值。

由于

$$K = K_0 + K_E \frac{H_0 - h_i}{H_0}$$

如设 K_E 不变，则 $\delta K = \delta K_0$

由此可求出 i 机架的 K_i 值

$$K_i^* = K_{0S} + \delta K + K_E \frac{H_0 - h_i}{H_0}$$

$$\delta K_i = K_i^* - K_{iS}$$

因而可对 i 机架进行前馈硬度控制

$$\delta S_{Ki} = \frac{\left(\frac{\partial P}{\partial K}\right)_i}{C_P}\delta K_i$$

加入 KFF-AGC 后的仿真结果如图 10-18 和图 10-19 所示，由图可知各机架出口厚差得到进一步改善，改进型传统 AGC（加入 KFF-AGC）成品厚差仅为 +7μm/ −8μm。而改进型流量 AGC 成品厚差为 +5μm/ −7μm。表 10-21 列出了各种方案下各机架厚差波动的幅值。

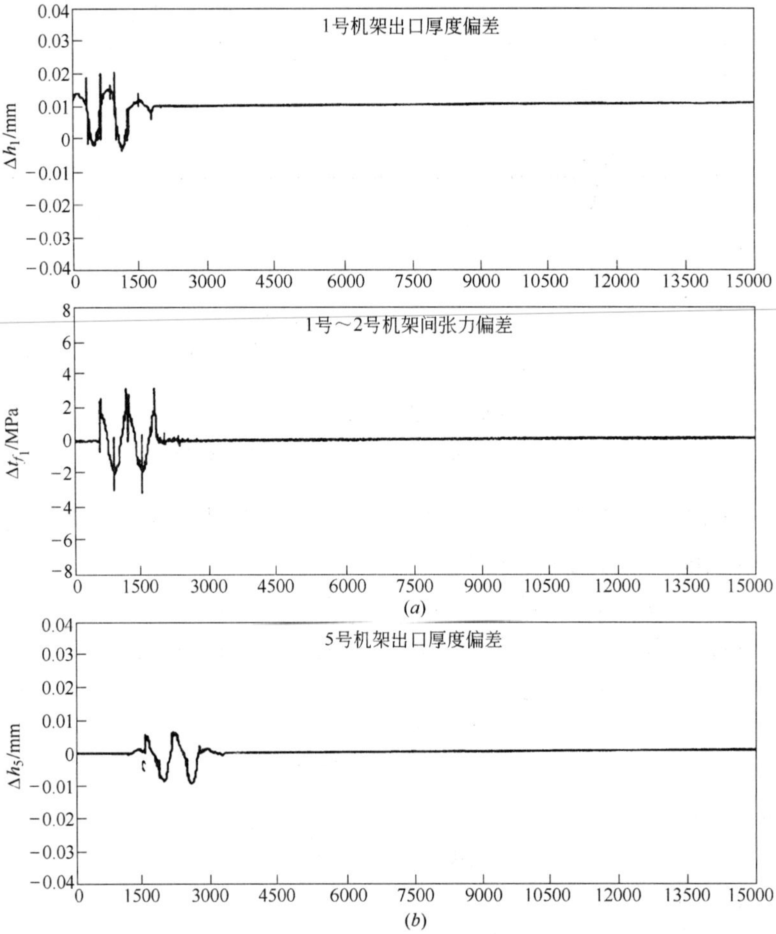

图 10-18　改进型传统 AGC 仿真结果

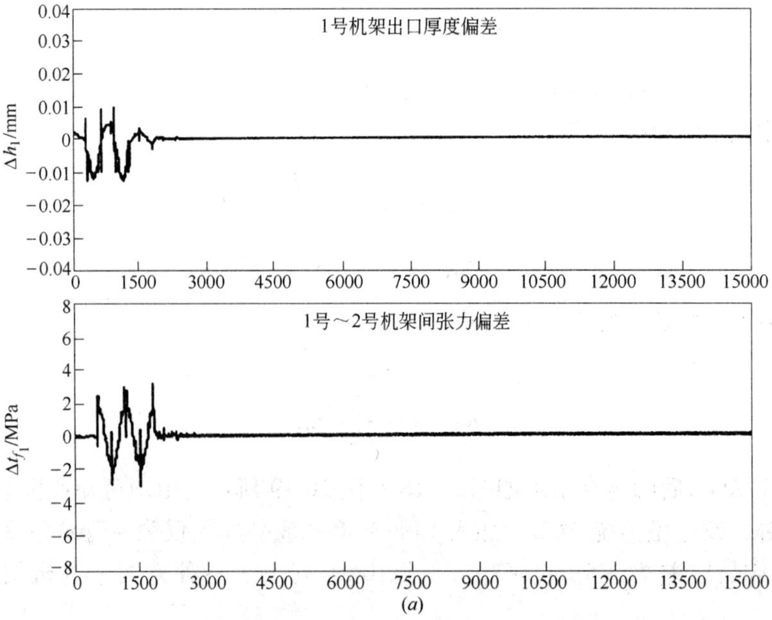

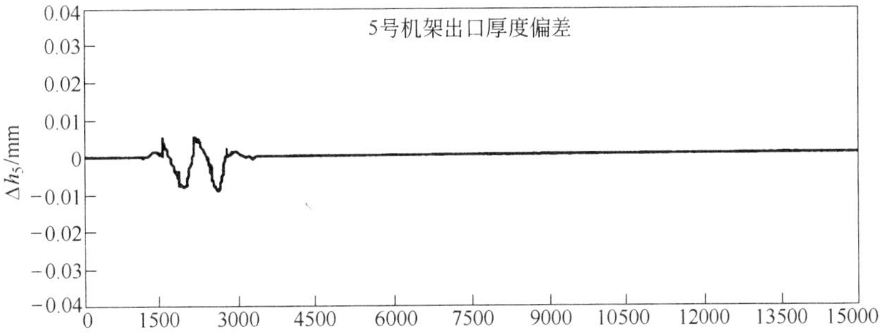

(b)

图 10-19 改进型流量 AGC 仿真结果

表 10-21 各机架出口厚度偏差及机架间张力偏差变化范围

偏差 \ 方案	传统 AGC（仅厚度扰动）	传统 AGC（加入硬度扰动）	改进的传统 AGC（加入硬度扰动）	流量 AGC（仅厚度扰动）	流量 AGC（仅厚度扰动）	改进的传统 AGC（加入硬度扰动）
1 号机架 $\Delta h_1/\mu m$	−8 ~ +8	−20 ~ +25	−12 ~ +11	−9.5 ~ +9.5	−19 ~ +20	−10 ~ +10
2 号机架 $\Delta h_2/\mu m$	−8 ~ +5	−18 ~ +18	−9 ~ +9	−4 ~ +4.5	−15 ~ +15	−8 ~ +7
3 号机架 $\Delta h_3/\mu m$	−7 ~ +5.5	−13 ~ +17	−8.5 ~ +7	−3.5 ~ +4	−12 ~ +15	−8 ~ +6.7
4 号机架 $\Delta h_4/\mu m$	−7 ~ +5	−14 ~ +16	−8 ~ +8	−3 ~ +3.5	−12 ~ +14	−7 ~ +5.5
5 号机架 $\Delta h_5/\mu m$	−6 ~ +4.8	−12 ~ +12	−8 ~ +7	−2.7 ~ +2.7	−10 ~ +10	−7 ~ +5
1 号 ~2 号 $\Delta \tau_{f1}$/MPa	−3 ~ +3	−5 ~ +6	−3 ~ +3	−2.2 ~ +2.3	−4 ~ +5	−3 ~ +3
2 号 ~3 号 $\Delta \tau_{f2}$/MPa	−1.8 ~ +1.8	−2 ~ +2.5	−1.8 ~ +1.8	−1.8 ~ +1.8	−2.2 ~ +2.2	−1.8 ~ +1.8
3 号 ~4 号 $\Delta \tau_{f3}$/MPa	−1.5 ~ +1.5	−2 ~ +2.8	−1.6 ~ +1.6	−1.4 ~ +1.5	−2 ~ +2.5	−1 ~ +1
4 号 ~5 号 $\Delta \tau_{f4}$/MPa	−4 ~ +5	−4 ~ +5	−3.8 ~ +5	−4.5 ~ +5	−8 ~ +8	−3.5 ~ +5

10.8 实时仿真系统

实时仿真实质上即是上节所述的动态仿真，不同之处是加了“实时”两个字，因而使其有了特殊的用途。

实时仿真要求仿真计算所用时间与实际设备动作时间相同或更少，即一个液压压下的实时仿真，其从给定位置输入到计算出位置变动后的位置反馈所用时间应和实际给定信号给到液压伺服阀到液压缸动作后磁尺的信号输出一样迅速。一个液压压下的实时仿真器或精轧机组 AGC 系统的实时仿真系统有了这样的性能即能用来作为虚拟液压压下或虚拟精轧机组用于液压 APC 或液压 AGC 控制软件的实时调试。由于这种调试可以在轧机投产前进行，可称其为离线“实时”调试，我们曾为鞍钢 1700mm 热连轧电动压下建立了实时仿真器，通过对这虚拟电动压下的实时离线调试使 APC 控制软件无论在逻辑上还是控制上得到考验并基本确定了可调参数的范围，当轧机进入冷负荷试车时仅用了一天即将精轧机组所有 APC 回路调试完毕，而过去可能需要花费一周时间才能使 APC 达到既能快速又能保证精度的要求。

一个单项功能的实时仿真器，一般可以与控制软件建在一台控制器中，即每一台控制器中除控制软件外应同时含有自调试（离线）的实时仿真器软件。对于涉及多个机构（甚至多台轧机）的控制，例如 AGC，ASC 等功能则需设立专门的实时仿真系统，可以由一台多 CPU 控制器或通过高速网连接的多台多 CPU 控制器组成，如果要对整个精轧机组进行综合研究，可建立包括了所有的控制机构，即包括了压下、主速度、板形控制机构，变形区及机架间（包括活套机构）模型的大规模实时仿真系统。一般建在技术中心或高校研究部门，这有利于对整个精轧机组的控制器进行离线实时调试，同时亦可以用来开发研究新的控制功能软件。

附　　录

附表1　中厚板典型轧制规程设定计算表

（$H_s=220mm$，$h_n=18mm$，$R=450mm$，$t_s=1250℃$）

参数＼道次	1	2	3	4	5	6
h_i/mm	195.8	172.0	148.0	124.0	99.0	74.0
ε	0.111	0.121	0.140	0.162	0.202	0.253
b_i/mm	2977	2979	2982	2985	2500	2505
l_c/mm	104.4	103.5	103.9	103.9	106.1	106.1
v_i(m/s)	2.5	2.5	2.5	2.5	3.6	3.6
t_i/℃	1120	1116	1110	1102	1095	1087
σ/MPa	65.6	70.2	76.7	83.6	100.1	113.4
P/kN	26850	27220	28200	28840	32330	31500
S_i/mm	193.2	169.4	145.3	121.1	95.6	70.7
n_i/(r/min)	53.1	53.1	53.1	53.1	76.3	76.3
N_n/kW	15310	15394	16010	16380	26984	26288
$\partial P/\partial h_0$	78.3	79.7	60.5	80.7	83.5	103.3
$\partial P/\partial h_1$	−79.9	−81.1	−82.3	−82.2	−84.7	−128.0
$\partial P/\partial K$	409.3	387.7	367.7	344.9	323.3	277.9
参数＼道次	7	8	9	10	11	12
h_i/mm	54.8	40.6	30.0	23.7	20.2	18.0
ε	0.260	0.260	0.260	0.211	0.150	0.109
b_i/mm	2510	2515	2520	2525	2530	2540
l_c/mm	93.0	79.9	69.1	53.3	39.7	31.5
v_i/(m/s)	4.3	4.3	5.2	6.2	6.5	7.0
t_i/℃	1077	1063	1049	1033	1015	990
σ/MPa	123.0	131.9	144.6	145.7	135.4	123.1
P/kN	31600	30830	31100	24500	16600	12320
S_i/mm	51.5	37.3	26.7	21.5	19.3	17.7
n_i/(r/min)	91.3	91.3	110.3	131.7	137.9	148.5
N_n/kW	27600	23160	24415	17684	9360	5930
$\partial P/\partial h_0$	136.7	184.0	253.3	358.7	465.3	566.5
$\partial P/\partial h_1$	−171.5	−232.5	−323.0	−434.7	−529.9	−622.7
$\partial P/\partial K$	256.9	233.7	215.1	168.3	122.7	95.0

附表 2　中厚板典型轧制规程设定计算表

（$H_s=220mm$，$h_n=12mm$，$R=450mm$，$t_s=1250℃$）

参数 \ 道次	1	2	3	4	5	6	7
h_i/mm	200. 0	181. 0	161. 0	142. 0	117. 0	92. 0	68. 0
ε	0. 091	0. 095	0. 111	0. 118	0. 176	0. 214	0. 261
b_i/mm	2977	2979	2982	2985	2500	2505	2510
l_c/mm	94. 9	92. 5	94. 9	92. 5	106. 1	106. 1	103. 9
v_i/(m/s)	2. 5	2. 5	2. 5	2. 5	3. 6	3. 6	4. 3
t_i/℃	1120	1117	1112	1108	1101	1097	1090
σ/MPa	60. 1	62. 5	68. 6	72. 3	94. 2	104. 8	117. 8
P/kN	20190	19870	21230	21010	27170	27880	32660
S_i/mm	198. 4	179. 5	159. 3	140. 3	114. 2	89. 3	64. 5
n_i/(r/min)	53. 1	53. 1	53. 1	53. 1	76. 3	76. 3	91. 3
N_n/kW	10468	10040	11003	10613	23345	23266	26706
$\partial P/\partial h_0$	72. 6	74. 8	74. 8	77. 3	74. 0	943	111. 1
$\partial P/\partial h_1$	-74. 0	-76. 1	-76. 0	-79. 0	-75. 0	-112. 0	-139. 0
$\partial P/\partial K$	336. 0	318. 2	309. 5	290. 7	297. 0	266. 0	277. 2

参数 \ 道次	8	9	10	11	12	13	14
h_i/mm	50. 6	37. 5	28. 0	20. 7	16. 0	13. 5	12. 0
ε	0. 256	0. 259	0. 253	0. 261	0. 227	0. 156	0. 111
b_i/mm	2515	2520	2525	2530	2540	2540	2540
l_c/mm	88. 5	76. 8	65. 4	57. 3	46. 0	33. 5	26. 0
v_i/(m/s)	4. 3	5. 2	6. 2	6. 5	7. 0	7. 0	7. 0
t_i/℃	1073	1059	1043	1025	1000	970	935
σ/MPa	129. 2	137. 9	150. 1	162. 3	171. 9	163. 9	158. 5
P/kN	32050	31490	30920	31610	27860	18780	13600
S_i/mm	47. 3	34. 2	24. 8	17. 4	13. 3	12. 2	11. 5
n_i/(r/min)	91. 3	110. 3	131. 7	137. 9	148. 5	148. 5	148. 5
N_n/kW	26653	22723	22977	20594	17360	8950	5408
$\partial P/\partial h_0$	154. 1	204. 5	284. 1	382. 8	550. 2	746. 2	932. 0
$\partial P/\partial h_1$	-193. 0	-259. 0	-360. 0	-492. 0	-683. 0	-861. 0	-1029
$\partial P/\partial K$	248. 1	228. 3	206. 0	194. 8	162. 1	114. 6	85. 8

附表 3　中厚板典型轧制规程设定计算表

（H_c =120mm，h_n =8.5mm，R =450mm，t_0 =1120℃）

参数 \ 道次	1	2	3	4	5	6	7	8	9
h_i/mm	106.3	87.8	72.6	47.2	30.6	19.8	13.7	10.3	8.5
ε	0.114	0.174	0.173	0.350	0.352	0.353	0.308	0.248	0.175
b_i/mm	2977	2979	2982	2500	2500	2505	2510	2515	2520
l_c/mm	78.5	91.2	82.7	106.9	86.4	69.7	52.4	39.1	28.5
v_i/(m/s)	2.5	2.5	2.5	2.5	3.6	3.6	4.3	4.3	5.2
t_i/℃	1080	1070	1052	1028	1012	990	975	945	910
σ/MPa	79.8	99.7	106.7	158.0	174.4	194.9	204.0	209.8	205.5
P/kN	21590	27760	26780	49650	48880	49220	41510	32740	22600
S_i/mm	104.5	85.1	70.0	41.1	24.6	13.8	8.85	6.80	6.56
n_i/(r/min)	53.1	53.1	53.1	53.1	76.3	76.3	91.3	91.3	110.3
N_n/kW	9262	13838	12101	41769	39704	38999	29473	18192	9841
$\partial P/\partial h_0$	109.8	98.8	156.2	145.3	225.7	360.1	584.8	897.9	1259
$\partial P/\partial h_1$	-111.9	-100.3	-179.3	-201.8	-319.3	-517.8	-802.0	-1150.0	-1487.0
$\partial P/\partial K$	270.5	278.4	250.7	314.2	280.3	252.5	203.5	156.0	110.0

附表 4　中厚板增量方程 A 系数表

道　次		1	2	3	4	5	6	7
18mm	A_H	0. 107	0. 109	0. 110	0. 111	0. 114	0. 133	0. 166
	A_K	0. 561	0. 530	0. 502	0. 471	0. 440	0. 357	0. 313
	A_S	0. 891	0. 889	0. 888	0. 887	0. 885	0. 836	0. 791
	A_F	0. 00059	0. 00059	0. 00059	0. 00059	0. 00059	0. 00056	0. 00053
12mm	A_H	0. 100	0. 103	0. 104	0. 105	0. 106	0. 124	0. 141
	A_K	0. 464	0. 438	0. 426	0. 410	0. 399	0. 351	0. 349
	A_S	0. 898	0. 896	0. 895	0. 893	0. 892	0. 853	0. 824
	A_F	0. 00063	0. 00061	0. 00060	0. 00059	0. 00058	0. 00057	0. 00055
8. 5mm	A_H	0. 134	0. 142	0. 173	0. 188	0. 233	0. 308	0. 403
	A_K	0. 355	0. 370	0. 372	0. 369	0. 289	0. 217	0. 140
	A_S	0. 863	0. 856	0. 784	0. 763	0. 671	0. 557	0. 448
	A_F	0. 00057	0. 00056	0. 00052	0. 00051	0. 00045	0. 00037	0. 00030

道　次		8	9	10	11	12	13	14
18mm	A_H	0. 208	0. 260	0. 331	0. 394	0. 445		
	A_K	0. 265	0. 221	0. 155	0. 104	0. 075		
	A_S	0. 737	0. 668	0. 599	0. 551	0. 511		
	A_F	0. 00049	0. 00045	0. 00040	0. 00037	0. 00034		
12mm	A_H	0. 183	0. 225	0. 281	0. 335	0. 413	0. 494	0. 555
	A_K	0. 294	0. 251	0. 204	0. 171	0. 122	0. 076	0. 051
	A_S	0. 771	0. 715	0. 644	0. 569	0. 488	0. 430	0. 387
	A_F	0. 00051	0. 00048	0. 00043	0. 00038	0. 00033	0. 00029	0. 00026
8. 5mm	A_H	0. 499	0. 589					
	A_K	0. 087	0. 052					
	A_S	0. 361	0. 304					
	A_F	0. 00024	0. 00020					

注：*A* 为各参数对轧出厚度的系数，其单位的分子为“mm”，分母为有关参数的单位。

附表 5　中厚板增量方程 *B* 系数表

道　次		1	2	3	4	5	6	7
18mm	B_H	69.80	70.90	71.50	71.61	73.92	86.29	108.1
	B_K	364.5	344.6	326.4	306.2	285.8	232.2	203.2
	B_S	-71.1	-72.3	-72.9	-72.9	-74.9	-106.9	-135.8
	B_F	-0.047	-0.048	-0.049	-0.050	-0.052	-0.071	-0.091
12mm	B_H	65.2	67.0	69.1	70.3	80.3	91.5	118.8
	B_K	301.7	284.8	277.1	259.3	266.2	226.9	228.3
	B_S	-66.3	-68.2	-68.7	-70.4	-67.5	-95.5	-114.5
	B_F	-0.044	-0.045	-0.046	-0.048	-0.056	-0.064	-0.076
8.5mm	B_H	93.8	85.6	102.4	110.9	151.3	200.4	261.8
	B_K	230.6	241.2	196.5	239.8	188.0	140.5	91.1
	B_S	-95.5	-86.9	-140.6	-154.0	-214.1	-288.2	-359.0
	B_F	-0.064	-0.068	-0.094	-0.103	-0.143	-0.192	-0.239

道　次		8	9	10	11	12	13	14
18mm	B_H	135.5	169.2	215.0	256.2	289.4		
	B_K	172.1	143.6	100.8	67.6	48.5		
	B_S	-171.3	-215.9	-260.5	-291.9	-318.1		
	B_F	-0.114	-0.144	-0.174	-0.194	-0.212		
12mm	B_H	14693	182.9	217.9	268.3	290.8	321.1	360.8
	B_K	191.3	163.3	132.6	110.9	79.0	49.3	33.2
	B_S	-148.8	-185.1	-231.5	-279.9	-333.1	-370.3	-398.3
	B_F	-0.099	-0.123	-0.154	-0.187	-0.222	-0.247	-0.266
8.5mm	B_H	324.3	383.1					
	B_K	56.4	33.5					
	B_S	-415.2	-452.3					
	B_F	-0.277	-0.302					

注：*B* 为各参数对轧制力的系数，其单位分子为“kN”，分母为有关参数的单位。

附表 6　中厚板增量方程 *C* 系数表

道　次		1	2	3	4	5	6	7
18mm	C_H	0.0070	0.0071	0.0072	0.0073	0.0074	0.0086	0.0108
	C_K	0.037	0.035	0.033	0.031	0.029	0.023	0.020
	C_S	-0.0071	-0.0072	-0.0073	-0.0074	-0.0075	-0.0107	-0.0136
	C_F	0.001	0.001	0.001	0.001	0.001	0.001	0.001
12mm	C_H	0.0065	0.0066	0.0067	0.0069	0.0076	0.0080	0.0092
	C_K	0.030	0.029	0.028	0.027	0.026	0.024	0.023
	C_S	-0.0066	-0.0067	-0.0068	-0.0070	-0.0078	-0.0095	-0.0115
	C_F	0.001	0.001	0.001	0.001	0.001	0.001	0.001
8.5mm	C_H	0.0094	0.0086	0.0122	0.0141	0.0151	0.0200	0.0262
	C_K	0.0230	0.0240	0.0196	0.0191	0.0188	0.0141	0.0091
	C_S	-0.0095	-0.0087	-0.0141	-0.0154	-0.0214	-0.0288	-0.0359
	C_F	0.001	0.001	0.001	0.001	0.001	0.001	0.001
道　次		8	9	10	11	12	13	14
18mm	C_H	0.0135	0.0169	0.0215	0.0256	0.0289		
	C_K	0.017	0.014	0.010	0.0068	0.0049		
	C_S	-0.0171	-0.0216	-0.0260	-0.0292	-0.0318		
	C_F	0.001	0.001	0.001	0.001	0.001		
12mm	C_H	0.0119	0.0146	0.0183	0.0218	0.0268	0.0321	0.0361
	C_K	0.019	0.016	0.013	0.011	0.008	0.005	0.003
	C_S	-0.0185	-0.0231	-0.0280	-0.0333	-0.0370	-0.0388	-0.0398
	C_F	0.001	0.001	0.001	0.001	0.001	0.001	0.001
8.5mm	C_H	0.0324	0.0383					
	C_K	0.0051	0.0033					
	C_S	-0.0415	-0.0452					
	C_F	0.001	0.001					

注：*C* 为各参数对凸度的系数，其单位的分子为“μm”，分母为有关参数的单位。

附表 7　热连轧粗轧典型轧制规程设定计算表

（$H_s=230mm$，$h_n=38mm$，$R=450mm$，$t_0=1250℃$）

参数＼道次	1	2	3	4	5
h_i/mm	180.0	152.0	87.0	57.0	38.0
ε	0.217	0.267	0.341	0.345	0.333
b_i/mm	1250	1250	1250	1250	1250
l_c/mm	150.0	147.0	142.3	116.2	92.5
v_i/(m/s)	2.5	3.0	3.3	3.6	4.0
t_i/℃	1183	1164	1144	1118	1085
σ/MPa	71.5	87.1	105.7	120.1	137.1
P/kN	15190	16370	19680	19710	19380
S_i/mm					
n_i/（r/min）					
N_n/kW					
$\partial P/\partial h_0$	20.1	21.0	31.2	46.9	73.9
$\partial P/\partial h_1$	-20.0	-20.8	-42.4	-65.7	-105.5
$\partial P/\partial K$	212.5	188.2	186.0	164.2	141.3

附表 8　热连轧粗轧典型轧制规程设定计算表

（$H_s=230\text{mm}$，$h_n=32\text{mm}$，$R=450\text{mm}$，$t_0=1250℃$）

参数 \ 道次	1	2	3	4	5
h_i/mm	180.0	130.0	82.0	52.0	32.0
ε	0.217	0.278	0.369	0.366	0.385
b_i/mm	1250	1250	1250	1250	1250
l_c/mm	150.0	150.0	147.0	116.2	94.9
v_i/(m/s)	2.5	3.0	3.3	3.6	4.0
t_i/℃	1183	1165	1144	1118	1083
σ/MPa	71.5	88.4	108.7	123.0	144.8
P/kN	15180	16790	21210	20700	22320
S_i/mm					
n_i/(r/min)					
N_n/kN					
$\partial P/\partial h_0$	20.1	20.5	30.4	47.8	74.4
$\partial P/\partial h_1$	-20.0	-20.2	-42.6	-69.2	-115.7
$\partial P/\partial K$	212.5	190.0	195.2	168.3	154.1

附表 9　热连轧粗轧增量方程系数

系数 A		R_1	R_2	R_3	R_4	R_5
38.0mm	A_H	0.0218	0.0229	0.0332	0.0486	0.0735
	A_K	0.231	0.204	0.197	0.170	0.141
	A_S	0.978	0.977	0.955	0.932	0.895
	A_F	0.00045	0.00044	0.00043	0.00042	0.00041
32.0mm	A_H	0.0218	0.0222	0.0322	0.0493	0.0732
	A_K	0.231	0.207	0.202	0.174	0.152
	A_S	0.978	0.976	0.955	0.929	0.886
	A_F	0.00045	0.00044	0.00043	0.00042	0.00041
38.0mm	B_H	19.6	20.6	29.9	43.9	66.1
	B_K	207.8	183.9	177.6	153.0	126.5
	B_S	−19.6	−20.4	−40.5	−61.2	−94.4
	B_F	−0.0089	−0.0093	−0.0184	−0.0278	−0.0429
32.0mm	B_H	19.6	20.0	29.0	44.4	65.9
	B_K	207.9	185.8	186.3	156.3	136.6
	B_S	−19.6	−19.7	−40.8	−64.0	−102.5
	B_F	−0.0089	−0.0090	−0.0184	−0.0292	−0.0466
38.0mm	C_H	0.0015	0.0016	0.0022	0.0032	0.0049
	C_K	0.0154	0.0136	0.0122	0.0113	0.0094
	C_S	−0.0015	−0.0016	−0.0030	−0.0045	−0.0070
	C_F	−0.00083	−0.00083	−0.00083	−0.00083	−0.00083
32.0mm	C_H	0.0015	0.0016	0.0021	0.0033	0.0049
	C_K	0.0154	0.0148	0.0138	0.0116	0.0101
	C_S	−0.0015	−0.0016	−0.0030	−0.0048	−0.0076
	C_F	0.00083	0.00083	−0.00083	−0.00083	−0.00083

注：A，B，C 的单位与附表 4 ~ 附表 6 相同。

附表 10　热连轧精轧典型轧制规程设定计算表

（轧制规程：$B = 1200\text{mm}$，A3F，$R = 380\text{mm}$，$H_0 = 32\text{mm}$，$h_7 = 2.0\text{mm}$，$t_{FT0} = 1020℃$，$t_{FC} = 870℃$）

参　数	F_1	F_2	F_3	F_4	F_5	F_6	F_7
h/mm	16.65	9.44	5.69	3.90	3.01	2.38	2.00
l_c/mm	76.37	52.34	37.75	26.08	18.36	15.58	11.95
e/%	48.0	43.3	39.7	31.5	22.8	20.9	16.0
t/℃	989.0	971.5	954.3	937.4	920.8	804.5	888.5
K/MPa	175.7	202.7	225.9	237.3	232.0	243.3	232.2
Q_P	1.537	1.785	2.055	2.166	2.118	2.237	2.146
P/kN	24692	22680	21449	16399	11053	10397	7298
R'/mm	391.4	402.6	422.0	449.4	477.3	511.6	541.5
l'_c/mm	77.51	53.88	39.8	28.4	20.6	18.1	14.3
P'/kN	25120	23390	22180	17520	12150	11820	8550
v/(m/s)	1.20	2.12	3.51	5.13	6.63	8.42	10.00
f	0.097	0.080	0.082	0.071	0.058	0.055	0.045
v_0/(m/s)	1.094	1.961	3.246	4.786	6.273	7.979	9.568
$\partial P/\partial h_0$	84.94	290.2	475.09	904.97	1421.6	1980.4	2577.8
$\partial P/\partial h$	-164.70	-515.30	-812.73	-1358.9	-1875.2	-2570.1	-3100.6
$\partial P/\partial K$	143.01	115.60	98.12	73.72	52.29	48.54	36.73
$\partial f/\partial h_0$	0.00168	0.00488	0.00821	0.01725	0.03285	0.04469	0.06870
$\partial f/\partial h$	-0.00323	-0.00861	-0.01365	-0.02527	-0.04282	-0.05726	-0.08283

附表 11　热连轧精轧典型轧制规程设定计算表

（轧制规程：$B = 1200mm$，Q235，$R = 380mm$，$H_0 = 34mm$，$h_7 = 3.62mm$，$t_{FT0} = 1030℃$，$t_{FC} = 875℃$）

参　数	F_1	F_2	F_3	F_4	F_5	F_6	F_7
h/mm	20.21	12.94	8.40	6.20	5.04	4.16	3.62
l_c/mm	72.39	52.56	41.54	28.93	21.01	18.27	14.30
e/%	40.6	36.0	35.1	26.2	18.7	17.5	13.0
t/℃	997.9	979.8	962.0	944.5	927.4	910.6	894.1
K/MPa	173.8	192.5	215.9	218.2	29.9	218.4	206.5
Q_P	1.411	1.553	1.751	1.768	1.709	1.769	1.693
P/kN	21254	18925	19222	13677	9222	9648	6121
R'/mm	390.9	398.6	410.7	425.8	439.5	455.1	468.0
l'_c/mm	73.42	53.83	43.2	30.6	22.6	20.0	15.9
P'/kN	21600	19310	19600	14170	9730	9270	6670
v/(m/s)	1.79	2.80	4.31	5.84	7.19	8.71	10.00
f	0.087	0.073	0.076	0.063	0.051	0.048	0.039
v_0/(m/s)	1.647	2.608	4.005	5.493	6.842	8.306	9.622
$\partial P/\partial h_0$	99.66	244.45	363.82	617.41	870.65	1124.1	1371.4
$\partial P/\partial h$	-165.52	-378.55	-564.65	-840.75	-1071.9	-1364.2	-1572.1
$\partial P/\partial K$	124.25	100.41	90.73	64.96	46.35	42.43	32.24
$\partial f/\partial h_0$	0.002050	0.004702	0.006839	0.013697	0.023741	0.030625	0.044382
$\partial f/\partial h$	-0.00345	-0.00735	-0.01055	-0.01862	-0.02937	-0.03734	-0.05147

附表 12　热连轧精轧典型轧制规程设定计算表

（轧制规程：$B=1200$mm，Q235，$R=380$mm，$H_0=36$mm，$h_7=5.2$mm，$t_{FT0}=1040$℃，$t_{FC}=880$℃）

参　数	F_1	F_2	F_3	F_4	F_5	F_6	F_7
h/mm	23.39	15.91	10.09	8.35	6.96	5.88	5.20
l_c/mm	69.22	53.31	43.60	31.15	23.01	20.26	16.02
e/%	35.0	32.0	36.6	17.2	16.7	15.5	11.6
t/℃	1006.8	988.1	969.7	951.7	934.0	916.7	899.7
K/MPa	160.3	177.8	197.7	197.6	188.7	196.5	185.1
Q_P	1.324	1.434	1.578	1.577	1.523	1.562	1.498
P/kN	17600	16274	116635	11898	8092	7617	5446
R'/mm	390.0	396.0	403.9	413.9	422.7	432.4	440.5
l'_c/mm	70.13	54.43	45.0	32.5	24.3	21.6	17.2
P'/kN	17860	16660	16850	12450	8380	7960	5720
v/(m/s)	1.63	2.39	3.48	4.55	5.46	6.46	7.30
f	0.080	0.067	0.071	0.059	0.047	0.045	0.036
v_0/(m/s)	1.509	2.236	3.251	4.294	5.213	6.185	7.046
$\partial P/\partial h_0$	97.48	210.40	292.42	460.49	621.18	777.29	927.06
$\partial P/\partial h$	-147.00	-304.50	-424.43	-598.08	-740.48	-914.88	-1039.9
$\partial P/\partial K$	111.43	93.64	85.11	61.54	44.35	40.50	31.01
$\partial f/\partial h_0$	0.002276	0.004533	0.006185	0.011530	0.019026	0.023880	0.033583
$\partial f/\partial h$	-0.00351	-0.00667	-0.00904	-0.01509	-0.02293	-0.02842	-0.03823

附表 13　热连轧精轧典型轧制规程设定计算表

（轧制规程：$B=1200\text{mm}$，Q235，$R=380\text{mm}$，$H_0=38\text{mm}$，$h_7=7.0\text{mm}$，$t_{FT0}=1050℃$，$t_{FC}=880℃$）

参　数	F_1	F_2	F_3	F_4	F_5	F_6	F_7
h/mm	27.52	19.7	14.57	11.25	9.39	7.92	7.00
l_c/mm	63.12	54.51	44.15	35.51	26.60	23.59	18.73
e/%	27.6	28.4	26.0	22.8	16.5	15.7	11.6
t/℃	1017	998	979	961	944	926	909
K/MPa	140.5	161.7	175.4	183.0	175.7	185.0	175.4
Q_P	1.228	1.328	1.402	1.451	1.414	1.452	1.403
P/kN	13350	14046	13080	11520	8090	7740	5630
R'/mm	389	393	398	405	411	419	425
l'_c/mm	63.86	55.44	45.19	36.66	27.69	24.76	19.81
P'/kN	13220	14280	13340	11680	8310	7980	5850
v/(m/s)	1.48	2.06	2.79	3.61	4.32	5.12	5.80
f	0.065	0.061	0.068	0.058	0.047	0.045	0.036
v_0/(m/s)	1.385	1.94	2.609	3.142	4.132	4.905	5.596
$\partial P/\partial h_0$	108.06	182.50	201.10	335.05	450.21	562.04	674.99
$\partial P/\partial h$	−145.33	−249.50	−280.50	−428.72	−533.47	−659.37	−756.57
$\partial P/\partial K$	94.10	88.28	76.02	63.83	46.96	43.14	33.34
$\partial f/\partial h_0$	0.00290	0.00430	0.005340	0.008810	0.014204	0.017608	0.024709
$\partial f/\partial h$	−0.0040	−0.0061	−0.00721	−0.01140	−0.01710	−0.021011	−0.02821

附表 14　热连轧精轧增量方程 *A* 系数表

系数 *A*		F_1	F_2	F_3	F_4	F_5	F_6	F_7
2. 0mm	A_H	0. 141	0. 235	0. 338	0. 454	0. 557	0. 604	0. 666
	A_K	0. 188	0. 120	0. 075	0. 043	0. 025	0. 019	0. 013
	A_S	0. 735	0. 586	0. 433	0. 324	0. 258	0. 206	0. 173
	A_F	0. 00074	0. 00060	0. 00043	0. 00032	0. 00026	0. 00021	0. 00017
3. 62mm	A_H	0. 148	0. 227	0. 304	0. 415	0. 501	0. 548	0. 616
	A_K	0. 168	0. 116	0. 086	0. 0516	0. 033	0. 026	0. 019
	A_S	0. 757	0. 650	0. 531	0. 435	0. 378	0. 326	0. 278
	A_F	0. 00076	0. 00065	0. 00053	0. 00044	0. 00038	0. 00033	0. 00028
5. 2mm	A_H	0. 150	0. 218	0. 286	0. 381	0. 454	0. 499	0. 571
	A_K	0. 155	0. 116	0. 089	0. 056	0. 037	0. 031	0. 024
	A_S	0. 776	0. 685	0. 587	0. 506	0. 455	0. 406	0. 348
	A_F	0. 00078	0. 00069	0. 00059	0. 00051	0. 00046	0. 00041	0. 00035
7. 0mm	A_H	0. 153	0. 201	0. 262	0. 327	0. 397	0. 444	0. 514
	A_K	0. 134	0. 115	0. 089	0. 067	0. 046	0. 038	0. 030
	A_S	0. 795	0. 727	0. 653	0. 581	0. 527	0. 475	0. 417
	A_F	0. 00080	0. 00073	0. 00065	0. 00058	0. 00053	0. 00048	0. 00042

注：系数 *A* 的单位与附表 4 相同。

附表 15　热连轧精轧增量方程 *B* 系数表

系数 *B*		F_1	F_2	F_3	F_4	F_5	F_6	F_7
2. 0mm	B_H	81. 7	136. 4	195. 9	263. 4	323. 2	350. 5	386. 3
	B_K	108. 8	69. 7	43. 5	24. 6	14. 5	10. 8	7. 6
	B_S	-153. 8	-240. 3	-329. 1	-392. 4	-430. 4	-460. 3	-479. 9
	B_F	-0. 154	-0. 240	-0. 329	-0. 392	-0. 430	-0. 460	-0. 480
3. 62mm	B_H	86. 1	131. 4	176. 4	240. 6	290. 3	317. 6	357. 2
	B_K	97. 5	67. 5	49. 7	29. 5	18. 9	15. 1	11. 2
	B_S	-141. 2	-203. 0	-272. 1	-327. 6	-360. 7	-391. 0	-419. 2
	B_F	-0. 141	-0. 203	-0. 272	-0. 328	-0. 361	-0. 391	-0. 419
5. 2mm	B_H	87. 0	126. 7	165. 8	220. 8	263. 4	289. 5	331. 4
	B_K	89. 8	66. 5	51. 9	32. 6	21. 7	17. 9	13. 8
	B_S	-130. 2	-182. 6	-239. 4	-286. 7	-316. 3	-344. 4	-378. 4
	B_F	-0. 130	-0. 183	-0. 239	-0. 287	-0. 316	-0. 344	-0. 378
7. 0mm	B_H	88. 6	116. 3	151. 7	189. 9	230. 3	257. 5	298. 4
	B_K	77. 9	66. 8	51. 7	38. 9	26. 4	22. 1	17. 1
	B_S	-118. 7	-158. 6	-201. 6	-243. 0	-274. 2	-304. 4	-338. 4
	B_F	-0. 119	-0. 159	-0. 202	-0. 243	-0. 274	-0. 304	-0. 338

注：系数 *B* 的单位与附表 5 相同。

附表 16　热连轧精轧增量方程 C 系数表

系数 C		F_1	F_2	F_3	F_4	F_5	F_6	F_7
2. 0mm	C_H	0. 0082	0. 0136	0. 0196	0. 0263	0. 0323	0. 0351	0. 0386
	C_K	0. 0109	0. 0070	0. 0044	0. 0025	0. 0015	0. 0011	0. 0008
	C_S	-0. 0154	-0. 0240	-0. 0329	-0. 0392	-0. 0430	-0. 0460	-0. 0480
	C_F	0. 00099	0. 00098	0. 00097	0. 00096	0. 00096	0. 00095	0. 00095
3. 62mm	C_H	0. 0086	0. 0131	0. 0176	0. 0241	0. 0290	0. 0318	0. 0357
	C_K	0. 0097	0. 0068	0. 0050	0. 0029	0. 0019	0. 0015	0. 0011
	C_S	-0. 0141	-0. 0203	-0. 0272	-0. 0328	-0. 0361	-0. 0391	-0. 0419
	C_F	0. 00099	0. 00098	0. 00097	0. 00097	0. 00096	0. 00096	0. 00096
5. 2mm	C_H	0. 0087	0. 0127	0. 0166	0. 0221	0. 0263	0. 0289	0. 0331
	C_K	0. 0090	0. 0067	0. 0052	0. 0033	0. 0022	0. 0018	0. 0014
	C_S	-0. 0130	-0. 0183	-0. 0239	-0. 0287	-0. 0316	-0. 0344	-0. 0378
	C_F	0. 00099	0. 00098	0. 00098	0. 00097	0. 00097	0. 00097	0. 00096
7. 0mm	C_H	0. 0089	0. 0140	0. 0152	0. 0190	0. 0230	0. 0257	0. 0298
	C_K	0. 0078	0. 0067	0. 0052	0. 0039	0. 0026	0. 0022	0. 0017
	C_S	-0. 0119	-0. 0159	-0. 0202	-0. 0243	-0. 0274	-0. 0304	-0. 0338
	C_F	0. 00099	0. 00098	0. 00098	0. 00098	0. 00097	0. 00097	0. 00097

注：系数 C 的单位与附表 6 相同。

附表 17　热连轧精轧增量方程 *D* 系数表

系数 *D*		F_1	F_2	F_3	F_4	F_5	F_6	F_7
2.0mm	D_H	0.0016	0.0042	0.0071	0.0111	0.0151	0.0171	0.0199
	D_K	-39.2	-49.3	-57.1	-51.5	-41.8	-40.7	-36.3
	D_S	-0.0045	-0.0090	-0.0132	-0.0166	-0.0188	-0.0193	-0.0198
	D_F	-0.05	-0.09	-0.13	-0.17	-0.19	-0.19	-0.20
3.62mm	D_H	0.0021	0.0043	0.0064	0.0099	0.0131	0.0145	0.0159
	D_K	-31.4	-36.3	-43.9	-38.3	-31.3	-31.0	-29.1
	D_S	-0.0044	-0.0076	-0.0108	-0.0139	-0.0161	-0.0172	-0.0174
	D_F	-0.04	-0.08	-0.11	-0.14	-0.16	-0.17	-0.17
5.2mm	D_H	0.0024	0.0041	0.0058	0.0087	0.0114	0.0126	0.0135
	D_K	-26.0	-30.6	-36.5	-31.9	-26.3	-26.1	-26.0
	D_S	-0.0042	-0.0066	-0.0092	-0.0118	-0.0138	-0.0149	-0.0151
	D_F	-0.04	-0.07	-0.09	-0.12	-0.14	-0.15	-0.15
7.0mm	D_H	0.0028	0.0038	0.0054	0.0072	0.0095	0.0106	0.0116
	D_K	-20.1	-25.1	-27.5	-28.0	-24.2	-24.0	-24.0
	D_S	-0.0041	-0.0057	-0.0077	-0.0097	-0.0115	-0.0126	-0.0131
	D_F	-0.04	-0.06	-0.08	-0.09	-0.12	-0.13	-0.13

注：*D* 为各参数对前滑的系数，其单位的分子为“%”，分母为有关参数的单位。

附表 18　热连轧精轧增量方程 E 系数表

系数 E		F_1	F_2	F_3	F_4	F_5	F_6	F_7
2. 0mm	E_H	0. 0017	0. 0082	0. 0230	0. 0530	0. 0945	0. 1360	0. 1900
	E_K	-43. 2	-96. 2	-185. 4	-246. 7	-262. 5	-332. 2	-347. 2
	E_S	-0. 0050	-0. 0176	-0. 0430	-0. 0795	-0. 1170	-0. 1540	-0. 1900
	E_F	-0. 05	-0. 18	-0. 43	-0. 80	-1. 17	-1. 54	-1. 90
3. 62mm	E_H	0. 0031	0. 0101	0. 0229	0. 0489	0. 0805	0. 1081	0. 1378
	E_K	-46. 7	-85. 0	-158. 2	-189. 1	-190. 7	-233. 9	-251. 5
	E_S	-0. 0065	-0. 0179	-0. 0390	-0. 0686	-0. 0988	-0. 1282	-0. 1505
	E_F	-0. 07	-0. 18	-0. 39	-0. 69	-0. 99	-1. 28	-1. 51
5. 2mm	E_H	0. 0034	0. 0087	0. 0180	0. 0360	0. 0571	0. 0749	0. 0914
	E_K	-37. 6	-65. 2	-113. 7	-131. 2	-139. 8	-155. 3	-175. 3
	E_S	-0. 0050	-0. 0176	-0. 0430	-0. 0795	-0. 1170	-0. 1540	-0. 1900
	E_F	-0. 06	-0. 14	-0. 29	-0. 49	-0. 69	-0. 89	-1. 01
7. 0mm	E_H	0. 0040	0. 0076	0. 0147	0. 0255	0. 0406	0. 0536	0. 0673
	E_K	-28. 7	-50. 2	-74. 7	-98. 9	-101. 1	-123. 9	-138. 7
	E_S	-0. 0059	-0. 0114	-0. 0210	-0. 0344	-0. 0493	-0. 0642	-0. 0757
	E_F	-0. 06	-0. 12	-0. 21	-0. 34	-0. 49	-0. 64	-0. 76

注：E 为各参数对入口速度的系数，其单位分子为“m/s”，分母为有关参数的单位。

附表 19 热连轧精轧增量方程 *F* 系数表

系数 *F*		F_1	F_2	F_3	F_4	F_5	F_6	F_7
2.0mm	F_H	-0.0133	-0.0376	-0.0848	-0.172	-0.293	-0.413	-0.573
	F_K	-22.4	-54.4	-111.6	-168.8	-202.2	-262.1	-291.0
	F_S	0.025	0.065	0.135	0.237	0.349	0.454	0.566
	F_F	0.25	0.65	1.35	2.37	3.49	4.54	5.66
3.62mm	F_H	-0.0193	-0.0451	-0.0885	-0.166	-0.260	-0.342	-0.429
	F_K	-27.7	-54.3	-102.5	-139.3	-154.7	-192.5	-218.3
	F_S	0.032	0.069	0.134	0.222	0.314	0.401	0.470
	F_F	0.32	0.70	1.34	2.22	3.14	4.01	4.70
5.2mm	F_H	-0.0194	-0.0392	-0.0715	-0.1265	-0.1900	-0.2442	-0.2918
	F_K	-24.4	-44.3	-77.7	-100.3	-107.9	-130.8	-154.6
	F_S	0.030	0.057	0.104	0.165	0.227	0.287	0.324
	F_F	0.30	0.57	1.04	1.65	2.77	2.87	3.24
7.0mm	F_H	-0.0201	-0.0345	-0.0591	-0.0943	-0.1401	-0.1804	-0.2203
	F_K	-20.8	-35.9	-55.2	-76.2	-84.2	-104.3	-122.3
	F_S	0.0277	0.0481	0.0799	1.223	0.1684	0.2142	0.2487
	F_F	0.28	0.48	0.80	1.22	1.68	2.14	2.48

注：*F* 为各参数对出口速度的系数，其单位分子为“m/s”，分母为有关参数的单位。

附表 20　冷连轧典型轧制规程设定计算表

（轧制规程：$B=1250mm$，Q235，$R=300mm$，$H_0=4.25mm$，$h_7=1.5mm$）

参　数	C_1	C_2	C_3	C_4	C_5
h/mm	3.29	2.47	1.93	1.58	1.50
e/%	22.6	24.9	21.9	18.1	0.05
l_c'/mm	18.3	17.4	14.6	12.2	7.04
K/MPa	419	531	588	619	631
U	0.113	0.104	0.093	0.083	0.080
Q_P	1.23	1.27	1.26	1.23	1.13
P'/kN	9410	11500	10200	8590	5080
S/mm	3.84	2.75	2.45	2.38	2.91
n_0/(r/min)	209.7	278.2	357.3	439.4	472.7
$\partial P/\partial h_0$	318.7	621.8	911.1	1192	2460
$\partial P/\partial h$	−900	−1038	−1243	−1458	−2430
$\partial P/\partial K$	22.5	21.7	17.4	13.9	8.04
$\delta P/\delta \tau_f$	−15.2	−15.3	−13.2	−11.0	−6.67
$\delta P/\delta \tau_b$	−15.2	−15.3	−13.2	−11.0	−6.67
$\partial f/\partial h_0$	0.0244	0.0304	0.0459	0.0607	0.1088
$\partial f/\partial h$	−0.0342	−0.0448	−0.0628	−0.0775	−0.1107
$\delta f/\delta \tau_f$	0.693	0.624	0.470	0.350	0.049
$\delta f/\delta \tau_b$	−0.633	−0.583	−0.437	−0.349	−0.058

附表21　冷连轧典型轧制规程设定计算表

（轧制规程：$B=1250$mm，Q235，$R=300$mm，$H_0=3.5$mm，$h_7=1.0$mm）

参　数	C_1	C_2	C_3	C_4	C_5
h/mm	2.55	1.81	1.37	1.08	1.00
D_h/mm	0.95	0.74	0.44	0.29	0.08
e/%	27.1	29.0	24.3	21.2	0.074
l'_c/mm	18.4	16.9	13.6	11.4	7.20
K/MPa	438	553	608	636	649
U	0.112	0.100	0.087	0.073	0.068
Q_P	1.31	1.35	1.32	1.28	1.16
P'/kN	10590	12500	10400	8680	5480
S/mm	2.93	1.97	1.90	1.89	2.38
n_0/(r/min)	214.6	301.2	400.5	511.5	564.9
$\partial P/\partial h_0$	364.5	765.2	1167	1458	2719
$\partial P/\partial h$	−1092	−1329	−1628	−1848	−2812
$\partial P/\partial K$	24.2	22.6	17.1	13.7	8.45
$\delta P/\delta\tau_f$	−16.4	−16.0	−13.1	−11.0	−7.07
$\delta P/\delta\tau_b$	−16.4	−16.0	−13.1	−11.0	−7.07
$\partial f/\partial h_0$	0.0291	0.0396	0.0644	0.0825	0.1463
$\partial f/\partial h$	−0.0447	−0.0631	−0.0918	−0.1117	−0.1549
$\delta f/\delta\tau_f$	0.808	0.695	0.493	0.408	0.081
$\delta f/\delta\tau_b$	−0.741	−0.652	−0.460	−0.407	−0.094

附表 22　冷连轧典型轧制规程设定计算表

（轧制规程：$B=1250\text{mm}$，Q235，$R=300\text{mm}$，$H_0=2.0\text{mm}$，$h_7=0.5\text{mm}$）

参　数	C_1	C_2	C_3	C_4	C_5
h/mm	1.35	0.90	0.60	0.53	0.50
d_h/mm	0.65	0.45	0.30	0.07	0.03
e/%	32.5	33.3	33.3	11.7	0.057
l'_c/mm	15.9	14.2	11.1	8.69	5.56
K/MPa	45.8	57.6	62.6	65.0	65.9
U	0.110	0.096	0.079	0.065	0.060
Q_P	1.54	1.59	1.50	1.36	1.17
P'/kN	1136	1299	1001	726	439
S/mm	1.69	1.12	1.38	1.66	2.11
n_0/(r/min)	221.6	331.5	457.6	576.2	629.1
$\partial P/\partial h_0$	601.2	1378	2176	2808	4887
$\partial P/\partial h$	-1968	-2625	-3244	-3594	-5048
$\partial P/\partial K$	24.8	22.6	16.0	11.2	6.63
$\delta P/\delta\tau_f$	-17.2	-16.8	-13.1	-9.78	-6.25
$\delta P/\delta\tau_b$	-17.2	-16.8	-13.1	-9.78	-6.25
$\partial f/\partial h_0$	0.0601	0.0905	0.1524	0.2147	0.3501
$\partial f/\partial h$	-0.0992	-0.1512	-0.2215	-0.2773	-0.3628
$\delta f/\delta\tau_f$	0.830	0.674	0.451	0.300	0.044
$\delta f/\delta\tau_b$	-0.765	-0.633	-0.421	-0.297	-0.051

附表 23　冷连轧典型轧制规程设定计算表

（轧制规程：$B=1200\text{mm}$，Q235，$R=380\text{mm}$，$H_0=1.5\text{mm}$，$h_7=0.3\text{mm}$）

参　数	C_1	C_2	C_3	C_4	C_5
h/mm	1.00	0.65	0.43	0.315	0.30
D_h/mm	0.50	0.35	0.22	0.115	0.015
e/%	33.3	35.0	33.9	26.8	4.76
l'_c/mm	3.29	2.47	1.93	1.58	1.50
K/MPa	32.9	24.7	19.3	15.8	15.0
U	3.29	2.47	1.93	1.58	1.50
Q_P	3.29	2.47	1.93	1.58	1.50
P'/kN	32.9	24.7	19.3	15.8	15.0
S/mm	3.29	2.47	1.93	1.58	1.50
n_0/(r/min)	3.29	2.47	1.93	1.58	1.50
$\partial P/\partial h_0$	3.29	2.47	1.93	1.58	1.50
$\partial P/\partial h$	3.29	2.47	1.93	1.58	1.50
$\partial P/\partial K$	3.29	2.47	1.93	1.58	1.50
$\delta P/\delta \tau_f$	−17.4	−17.7	−14.8	−9.75	−5.71
$\delta P/\delta \tau_b$	−17.4	−17.7	−14.8	−9.75	−5.71
$\partial f/\partial h_0$	0.0887	0.1326	0.1964	0.2522	0.5802
$\partial f/\partial h$	−0.1459	−0.2252	−0.3286	−0.3800	−0.5902
$\delta f/\delta \tau_f$	0.770	0.652	0.620	0.514	0.038
$\delta f/\delta \tau_b$	−0.710	−0.613	−0.580	−0.513	−0.044

附表 24　冷连轧增量方程 A 系数表

系数 A		C_1	C_2	C_3	C_4	C_5
1.5mm	A_H	0.212	0.318	0.494	0.579	0.812
	A_K	0.015	0.013	0.0094	0.0068	0.0027
	A_S	0.400	0.366	0.326	0.292	0.198
	A_F	0.258	0.236	0.210	0.188	0.128
	A_{TF}	-0.0101	-0.0093	-0.0071	-0.0053	-0.0022
	A_{TB}	-0.0101	-0.0093	-0.0071	-0.0053	-0.0022
1.0mm	A_H	0.216	0.398	0.524	0.600	0.797
	A_K	0.014	0.012	0.0077	0.0056	0.0025
	A_S	0.355	0.311	0.269	0.245	0.176
	A_F	0.229	0.201	0.174	0.158	0.114
	A_{TF}	-0.0096	-0.0083	-0.0059	-0.0045	-0.0021
	A_{TB}	-0.0096	-0.0083	-0.0059	-0.0045	-0.0021
0.5mm	A_H	0.234	0.427	0.566	0.670	0.865
	A_K	0.010	0.007	0.004	0.003	0.002
	A_S	0.234	0.186	0.156	0.143	0.106
	A_F	0.150	0.121	0.102	0.090	0.071
	A_{TF}	-0.0067	-0.0052	-0.0034	-0.0023	-0.0011
	A_{TB}	-0.0067	-0.0052	-0.0034	-0.0023	-0.0011
0.3mm	A_H	0.243	0.422	0.497	0.606	0.898
	A_K	0.007	0.005	0.004	0.002	0.001
	A_S	0.182	0.139	0.120	0.128	0.086
	A_F	0.117	0.089	0.082	0.079	0.056
	A_{TF}	-0.0053	-0.0041	-0.0030	-0.0021	-0.0008
	A_{TB}	-0.0053	-0.0041	-0.0030	-0.0021	-0.0008

注：系数 A 的单位与附表 4 相同

附表 25　冷连轧增量方程 *B* 系数表

系数 *B*		C_1	C_2	C_3	C_4	C_5
1. 5mm	B_H	127. 4	227. 7	296. 6	347. 5	487. 1
	B_K	8. 99	7. 94	5. 65	4. 05	1. 59
	B_S	-360. 1	-380. 4	-404. 7	-425. 1	-481. 2
	B_F	-0. 232	-0. 245	-0. 261	-0. 274	-0. 301
	B_{TF}	-6. 07	-5. 59	-4. 26	-3. 20	-1. 32
	B_{TB}	-6. 07	-5. 59	-4. 26	-3. 20	-1. 32
1. 0mm	B_H	129. 3	238. 1	314. 4	357. 3	478. 3
	B_K	8. 58	7. 03	4. 61	3. 34	1. 49
	B_S	-387. 2	-413. 4	-438. 4	-453. 1	-494. 5
	B_F	-0. 250	-0. 267	-0. 283	-0. 292	-0. 319
	B_{TF}	-5. 78	-4. 98	-3. 52	-2. 68	-1. 24
	B_{TB}	-5. 78	-4. 98	-3. 52	-2. 68	-1. 24
0. 5mm	B_H	140. 5	256. 4	339. 7	401. 7	519. 1
	B_K	5. 80	4. 20	2. 50	1. 60	0. 70
	B_S	-459. 8	-488. 4	-506. 3	-514. 2	-536. 2
	B_F	-0. 297	-0. 315	-0. 327	-0. 332	-0. 346
	B_{TF}	-4. 02	-3. 13	-2. 04	-1. 40	-0. 664
	B_{TB}	-4. 02	-3. 13	-2. 04	-1. 40	-0. 664
0. 3mm	B_H	145. 5	253. 3	298. 4	363. 4	538. 7
	B_K	4. 45	3. 18	2. 11	1. 41	0. 49
	B_S	-490. 8	-516. 9	-528. 1	-523. 2	-548. 4
	B_F	-0. 317	-0. 334	-0. 341	-0. 338	-0. 354
	B_{TF}	-3. 16	-2. 46	-1. 78	-1. 25	-0. 491
	B_{TB}	-3. 16	-2. 46	-1. 78	-1. 25	-0. 491

注：系数 *B* 的单位与附表 5 相同。

附表 26　冷连轧增量方程 C 系数表

系数 C		C_1	C_2	C_3	C_4	C_5
1. 5mm	C_H	0. 0150	0. 0268	0. 0349	0. 0409	0. 0573
	C_K	0. 0011	0. 0009	0. 0007	0. 0005	0. 0002
	C_S	-0. 0424	-0. 0447	-0. 0476	-0. 0500	-0. 0566
	C_F	-0. 0011	-0. 0011	-0. 0011	-0. 0011	-0. 0011
	C_{TF}	-0. 71	-0. 66	-0. 50	-0. 38	-0. 16
	C_{TB}	-0. 71	-0. 66	-0. 50	-0. 38	-0. 16
1. 0mm	C_H	0. 0150	0. 0280	0. 0370	0. 0421	0. 0563
	C_K	0. 0010	0. 0008	0. 0005	0. 0004	0. 0002
	C_S	-0. 0461	-0. 0490	-0. 0521	-0. 0532	-0. 0580
	C_F	-0. 0011	-0. 0011	-0. 0011	-0. 0011	-0. 0011
	C_{TF}	-0. 68	-0. 59	-0. 41	-0. 32	-0. 15
	C_{TB}	-0. 68	-0. 59	-0. 41	-0. 32	-0. 15
0. 5mm	C_H	0. 0165	0. 0302	0. 0400	0. 0472	0. 0611
	C_K	0. 68	0. 50	0. 29	0. 19	0. 083
	C_S	-0. 0540	-0. 0581	-0. 0601	-0. 0610	-0. 0630
	C_F	-0. 0011	-0. 0011	-0. 0011	-0. 0012	-0. 0012
	C_{TF}	-0. 47	-0. 37	-0. 24	-0. 17	-0. 078
	C_{TB}	-0. 47	-0. 37	-0. 24	-0. 17	-0. 078
0. 3mm	C_H	0. 0171	0. 0298	0. 0351	0. 0428	0. 0634
	C_K	0. 52	0. 37	0. 25	0. 17	0. 057
	C_S	-0. 0577	-0. 0608	-0. 0621	-0. 0636	-0. 0645
	C_F	-0. 0011	-0. 0012	-0. 0012	-0. 0012	-0. 0012
	C_{TF}	-0. 37	-0. 29	-0. 21	-0. 15	-0. 058
	C_{TB}	-0. 37	-0. 29	-0. 21	-0. 15	-0. 058

注：系数 C 的单位与附表 6 相同。

附表 27　冷连轧增量方程 D 系数表

系数 D		C_1	C_2	C_3	C_4	C_5
1.5mm	D_H	0.0171	0.0134	0.0148	0.0158	0.0189
	D_K	0.513	0.593	0.590	0.523	0.294
	D_S	-0.0137	-0.0164	-0.0204	-0.0226	-0.0219
	D_F	-0.088	-0.106	-0.132	-0.146	-0.141
	D_{TF}	0.0010	0.0010	0.0009	0.0008	0.0003
	D_{TB}	-0.29	-0.17	0.009	0.064	0.187
1.0mm	D_H	0.0195	0.0145	0.0163	0.0160	0.0229
	D_K	0.641	0.742	0.710	0.621	0.380
	D_S	-0.0158	-0.0196	-0.0247	-0.0274	-0.0272
	D_F	-0.103	-0.131	-0.162	-0.182	-0.180
	D_{TF}	0.0012	0.0012	0.0010	0.0009	0.0004
	D_{TB}	-0.31	-0.13	0.008	0.090	0.230
0.5mm	D_H	0.0319	0.0259	0.0270	0.0291	0.0362
	D_K	0.0010	0.0011	0.0009	0.0007	0.0004
	D_S	-0.0232	-0.0281	-0.0346	-0.0397	-0.0385
	D_F	-0.153	-0.162	-0.224	-0.261	-0.251
	D_{TF}	0.0015	0.0015	0.0012	0.0009	0.0004
	D_{TB}	-0.49	0.155	0.332	0.349	0.351
0.3mm	D_H	0.0533	0.0376	0.0330	0.0220	0.0503
	D_K	0.0011	0.0012	0.0012	0.0009	0.0005
	D_S	-0.0266	-0.0312	-0.0394	-0.0487	-0.0508
	D_F	-0.170	-0.201	-0.254	-0.322	-0.331
	D_{TF}	0.0015	0.0016	0.0016	0.0013	0.0005
	D_{TB}	-0.59	0.310	0.373	0.398	0.440

注：系数 D 的单位与附表 17 相同。

附表 28　冷连轧增量方程 *E* 系数表

系数 *E*		C_1	C_2	C_3	C_4	C_5
1.5mm	E_H	0.131	0.138	0.205	0.258	0.406
	E_K	-0.0043	-0.0070	-0.0089	-0.0101	-0.0068
	E_S	-0.107	-0.186	-0.311	-0.440	-0.483
	E_F	-0.058	-0.093	-0.148	-0.201	-0.210
	E_V	1.047	1.051	1.044	1.037	1.014
	E_{TF}	0.0068	0.0091	0.0103	0.0105	0.0044
	E_{TB}	-0.0019	-0.0014	0.0001	0.0009	0.0028
1.0mm	E_H	0.131	0.138	0.205	0.258	0.406
	E_K	-0.0043	-0.0070	-0.0089	-0.0101	-0.0068
	E_S	-0.107	-0.186	-0.311	-0.440	-0.483
	E_F	-0.069	-0.120	-0.201	-0.284	-0.312
	E_V	1.047	1.051	1.044	1.037	1.014
	E_{TF}	0.0083	0.0115	0.0130	0.0146	0.0071
	E_{TB}	-0.0021	-0.0012	0.0010	0.0015	0.0040
0.5mm	E_H	0.259	0.269	0.388	0.528	0.715
	E_K	-0.0067	-0.0110	-0.0132	-0.0134	-0.0084
	E_S	-0.161	-0.293	-0.497	-0.721	-0.762
	E_F	-0.104	-0.189	-0.321	-0.465	-0.491
	E_V	1.064	1.067	1.054	1.039	1.012
	E_{TF}	0.0104	0.0152	0.0173	0.0171	0.008
	E_{TB}	-0.0009	0.0016	0.0040	0.0063	0.0069
0.3mm	E_H	0.374	0.403	0.537	0.501	1.245
	E_K	-0.0076	-0.0128	-0.0189	-0.0202	-0.0118
	E_S	-0.186	-0.335	-0.642	-1.106	-1.257
	E_F	-0.120	-0.220	-0.410	-0.711	-0.812
	E_V	1.070	1.074	1.071	1.048	1.012
	E_{TF}	0.0108	0.0169	0.0260	0.0296	0.0129
	E_{TB}	0.0004	0.0033	0.0064	0.0083	0.0109

注：系数 *E* 的单位与附表 18 相同。

附表 29　冷连轧增量方程 *F* 系数表

系数 *F*		C_1	C_2	C_3	C_4	C_5
1. 5mm	F_H	-0. 817	-0. 940	-1. 225	-1. 589	-1. 038
	F_K	0. 0215	0. 0328	0. 0393	0. 439	0. 211
	F_S	0. 574	0. 907	1. 357	1. 896	1. 571
	F_F	0. 0004	0. 0006	0. 0009	0. 0012	0. 0010
	F_V	0. 804	0. 783	0. 812	0. 845	0. 959
	F_{TF}	-0. 0110	-0. 0190	-0. 0255	-0. 0307	-0. 0168
	F_{TB}	-0. 0177	-0. 0269	-0. 0334	-0. 0386	-0. 0183
1. 0mm	F_H	-0. 939	-1. 123	-1. 536	-2. 143	-1. 771
	F_K	0. 0261	0. 0412	0. 0490	0. 0600	0. 0351
	F_S	0. 637	1. 081	1. 719	2. 635	2. 484
	F_F	0. 0004	0. 0007	0. 0011	0. 0017	0. 0016
	F_V	0. 763	0. 746	0. 791	0. 818	0. 939
	F_{TF}	-0. 0134	-0. 0242	-0. 0328	-0. 0429	-0. 0279
	F_{TB}	-0. 0210	-0. 0332	-0. 0419	-0. 0532	-0. 0308
0. 5mm	F_H	-1. 460	-1. 791	-2. 531	-3. 392	-2. 275
	F_K	0. 0313	0. 0502	0. 0603	0. 654	0. 640
	F_S	0. 756	1. 336	2. 264	3. 511	3. 290
	F_F	0. 0005	0. 0009	0. 0015	0. 0023	0. 0021
	F_V	0. 718	0. 711	0. 779	0. 834	0. 955
	F_{TF}	-0. 0178	-0. 0328	-0. 0445	-0. 0529	-0. 0335
	F_{TB}	-0. 0253	-0. 0418	-0. 0537	-0. 0615	-0. 0352
0. 3mm	F_H	-1. 871	-2. 366	-4. 052	-6. 660	-3. 148
	F_K	0. 0320	0. 0528	0. 08213	0. 1149	0. 0529
	F_S	0. 786	1. 381	2. 792	6. 279	5. 629
	F_F	0. 0005	0. 0009	0. 0018	0. 0041	0. 0036
	F_V	0. 713	0. 698	0. 708	0. 768	0. 962
	F_{TF}	-0. 0192	-0. 0363	-0. 0623	-0. 0934	-0. 0527
	F_{TB}	-0. 0261	-0. 0451	-0. 0752	-0. 1105	-0. 0548

注：系数 *F* 的单位与附表 19 相同。

附表 30　单位换算表

量	国 际 单 位	工 程 单 位
力，应力	9.81N 9.81kN(≈10kN) 9.81MPa(≈10MPa)	1kg 1t 1kg/mm
功，能，功率	9.81N·m 或 9.81J 10^3J 3.6×10^6J $9.81\frac{N\cdot m}{s}=9.81W$	1kg·m 1kW·s 1kW·h 1kg·m/s = 9.81W
热能，能	4.187×10^3J 4270N·m	1kcal = 4.187kW·s (1kW·s = 0.239kcal) 1kcal = 427kg·m
传热率	比热容 4187J/(kg·℃) 热流密度 1.163W/m^2 辐射系数 1.163W/(m^2·K^4) 对流换热系数 1.163W/(m^2·℃) 导热系数 1.163W/(m·℃)	1kcal/(kg·℃) 1kcal/(m^2·h) 1kcal/(m^2·h·K^4) 1kcal/(m^2·h·℃) 1kcal/(m·h·℃)

参考文献

[1] 孙一康．带钢热连轧数学模型基础[M]. 北京：冶金工业出版社，1979.

[2] 刘玠，孙一康．带钢热连轧计算机控制[M]. 北京：机械工业出版社，1997.

[3] 孙一康．带钢冷连轧计算机控制[M]. 北京：冶金工业出版社，2002.

[4] 孙一康．带钢热连轧的模型与控制[M]. 北京：冶金工业出版社，2002.

[5] 唐谋凤．现代带钢冷连轧机的自动化[M]. 北京：冶金工业出版社，1995.

[6] 华建新，王贞祥．全连续式冷连轧机过程控制[M]. 北京：冶金工业出版社，2000.

[7] 张景进．中厚板生产[M]. 北京：冶金工业出版社，2005.

[8] 孙本荣，王有铭，等．中厚钢板生产[M]. 北京：冶金工业出版社，1993.

[9] 王廷溥，齐克敏．金属塑性加工学[M]. 北京：冶金工业出版社，2001.

[10] 王有铭，李曼云，等．钢材的控制轧制和控制冷却[M]. 北京：冶金工业出版社，1995.

[11] 赵志业．金属塑性变形与轧制理论[M]. 北京：冶金工业出版社，1999.

[12] 杨节．轧制过程数学模型[M]. 北京：冶金工业出版社，1993.

[13] 周纪华，管克智．金属塑性变形阻力[M]. 北京：机械工业出版社，1989.

[14] 刘相华，等．轧制参数计算模型及其应用[M]. 北京：化学工业出版社，2007.

[15] 丁修堃．轧制过程自动化[M]. 北京：冶金工业出版社，2006.

[16] 王国栋．板形控制和板形理论[M]. 北京：冶金工业出版社，1986.

[17] A. N. 采得柯夫．轧钢机力能参数计算理论[M]. 北京：冶金工业出版社，1965.

[18] 汪实能，丁修堃．现代带钢连轧机控制[M]. 沈阳：东北大学出版社，1996.

[19] 周筠清．传热学[M]. 北京：冶金工业出版社，1999.

[20] 金兹伯格．高精度板带轧制理论与实践[M]. 姜东明等译．北京：冶金工业出版社，2000.

[21] 宋佩纯，韦光．板带钢生产工艺学[M]. 西安：西安交通大学出版社，1989.

[22] 王国栋，刘相华．金属轧制过程人工智能优化[M]. 北京：冶金工业出版社，2000.

[23] 孙增圻．智能控制理论与技术[M]. 北京：清华大学出版社，1992.

[24] 孙一康．适用于轧钢过程的计算机控制系统[J]. 中国工程科学，2000，2（1）：73.

[25] 张超，等．攀钢冷连轧机轧制优化模型探析[J]. 冶金自动化，1997，(5)：43.

[26] 张宇，等．攀钢1220mm冷连轧机数学模型的长期自适应分析[J]. 冶金自动化，1998，(6)：47.

[27] 华建新．宝钢2030mm冷连轧机数学模型自适应算法[J]. 冶金自动化，1990，(4)：43.

[28] 华建新．宝钢2030mm冷连轧机的自学习[J]. 冶金自动化，1991，(1)：35.

[29] 王文浩，彭洪才．宝钢五机架冷连轧机控制策略分析[J]. 冶金自动化，1993，(1)：26.

[30] 许健勇，王骏飞．冷轧板形系统的控制[C]. 1999中国钢铁年会论文集

[31] 陈先霖．新一代高技术宽带钢轧机的板形控制[J]. 北京科技大学学报，1997（2）.

[32] 杨荃．冷轧机的板形控制目标模型[J]. 北京科技大学学报1995，(12).

[33] 胡仁安．虚拟技术在冶金工业的应用前景[C]. 1999年中国钢铁年会论文集．

[34] 张进之．冷连轧稳态数学模型及影响系数[J]. 钢铁，1979（3）P：59.

[35] 张树堂，刘玉荣．冷连轧动态过程计算机模拟[J]. 钢铁，1979，(2)：45.

[36] Electrical Equipment and Automation for Cold Strip Tandem Mills[G]. Siemens.

[37] R. Fanchini etc. The High Productivity Flexible Cold Revering and Temper Mill for Modern Cold Complexes [C]. 1999 CSM Annual Meeting Proceedings.

[38] Orowan E. Graphical Calculation of the Roll Pressure with the Assumption of Homogeneous Compression and Slipping Friction[J]. Proc. I. Mech. E. 1943，Vol. 150：141.

[39] D. R. Bland，H. Ford. The Calculation of Roll Force and Torque in Cold Strip Rolling with Tensions[J].

proc. Inet. Mech. Eng. 1948, Vol. 159: 144.

[40] H. Ford etc. Cold Rolling with Strip Tension part I&II[J]. Journal of the Iron & Steel Institute July, 1952, 239.

[41] Ohtemachi etc. Automation of an Advanced Tandem Cold Strip Mill with High Thickness Accuracy (1998) [C]. Proceeding of the 7th International Conference on Steel Rolling.

[42] Vladimir, B. Ginzburg. Profile and Flatness of Flat Rolled Products Volume 1 ~ 5[C]. 1994 Rolling Moll Technology Series.

[43] Kenichi Soda etc. Improvement in Flatress Control Rolled Produce for Tandem Cold Strip Mill[C]. Conference on Steel Rolling 1998.

冶金工业出版社部分图书推荐

书　　名	作　者	定价(元)
冶金过程自动化基础	孙一康　等编著	68.00
冶金原燃料生产自动化技术	马竹梧　编著	58.00
炼铁生产自动化技术	马竹梧　编著	46.00
炼钢生产自动化技术	蒋慎言　等编著	53.00
连铸及炉外精炼自动化技术	蒋慎言　编著	52.00
热轧生产自动化技术	刘　玠　等编著	52.00
冷轧生产自动化技术	孙一康　等编著	45.00
冶金企业管理信息化技术	漆永新　编著	56.00
带钢冷连轧计算机控制	孙一康　编著	36.00
带钢热连轧的模型与控制	孙一康　编著	38.00
薄板坯连铸连轧工艺技术实践	王天义　编著	56.00
钢铁工业自动化·炼钢卷	马竹梧　等编著	98.00
电气设备的故障监测与诊断	余道松　编著	14.50
连铸过程控制理论与技术	郭　戈　等著	15.00
变频器基础及应用(第2版)	原　魁　等编著	29.00
冶金工业自动化仪表与控制装置安装通用图册	中国冶金建设协会　编	280.00
中厚板外观缺陷的种类、形态及成因	张希元　编著	78.00
中国冷轧板带大全	轧钢学会　编著	138.00
冷轧薄钢板生产(第2版)	付作宝　编著	69.00
冷轧薄钢板酸洗工艺与设备	陈龙官　编著	28.00
材料成形工艺学	齐克敏　等主编	69.00
彩色涂层钢板生产工艺与装备技术	李鸿波　等编著	69.00
薄板坯连铸连轧钢的组织性能控制	康永林　等著	79.00
轧制过程自动化(第3版)	丁修堃　主编	59.00
小型连轧机的工艺与电气控制	编写组　编著	49.00
热连轧带钢生产	张景进　主编	35.00
板带冷轧生产	张景进　主编	42.00
高精度板带钢厚度控制的理论与实践	丁修堃　等编著	65.00
现代热连轧AGC控制系统	彭燕华　刘安平　主编	65.00
钢铁工业自动化·轧钢卷	薛兴昌　等编著	149.00